소나무와 청매실이 어우러지면

소나무와 청매실이 어우러지면

이광묵 지음

한국학술정보㈜

이 책을 읽기 전에

　우리나라도 이제 수명이 연장되어 노인들이 회갑을 맞이하면 큰 경사로 여기던 일은 과거의 것이 되었고 이제 젊은이들은 체위가 점점 향상되어 가는 것은 의학의 진보, 영양 상태 등의 개선을 비롯한 생활의 환경이 좋아진 데 기인하지만 영양의 과잉 섭취, 편중 등으로 비만이나 질병에 걸리는 사람이 늘어나고 있는 실태는 무시할 수가 없다. 옛 고서인 중국의 관자패언(管子覇言)에 "성인은 작은 것에서부터 두려워하지만 어리석은 사람은 분명해진 뒤에야 두려워하며, 성인은 마음속을 미워하지만 어리석은 사람은 겉을 미워하며, 성인은 앞으로 있을 움직임을 미리 알지만 어리석은 사람은 위험이 닥쳐도 그만두지 않는다.【성인외미이우인외명(聖人畏微而愚人畏命), 성인지증오아내(聖人之憎惡也內), 우인지증오아내(愚人之憎惡也內), 성인장동필지(聖人將動必知), 우인지위물사(愚人至危勿辭)】"라는 말이 있다. 현대 사회의 일면을 적나라하게 평한 것 같다.

　요즈음 언론매체는 식품의 위해(危害)를 비롯한 비위생, 환경을 적나라하게 밝혀내고 있는가 하면 한편으로는 식품을 만병을 고치는 약 이상으로 선전하고 있어 약품과 식품이라는 말의 구별이 때로는 애매하여 어느 것이 진짜인지 이율배반을 하는 시대에서 살고 있다. 그러나 성인은 스스로 판단하여야 한다. 성서에도 "어리석은 자는 온갖 말을 믿으나 슬기로운 자는 그 행동을 삼가느니라(잠 제14장: 15)."라는 교훈이 있다. 이 교훈을 명심하여 듣고 확인도 없이 믿는 우를 범하지 말아야 한다. 특히 주부들은 가족의 건강까지 챙겨야 하는 이중의 고통을 안고 살아가는 이 시대에 식품에 대한 최소한의 지식을 지니고 있어야 한다. 인간의 행동에 변화를 가져올지도 모를 천 가지를 넘는 식품 첨가물은 물론 헤아릴 수도 없는 식품도 사람의 성격을 여러 가지로 형성하는 작용을 발휘하기 때문에 먹을거리의 선택은 중요한 일부분을 차지하고 있다. 그러나 사람마다 나름대로 건강수칙을 지니고 살아가기 때문에 그리 걱정할 일은 아니지만 건강에 대한 새로운 정보가 홍수처럼 밀려들어 건강정보의 과잉 현상은 역설적으로 현대인의 건강에 적신호가 켜져 있음을 의미하게 된다. 끊임없는 스트레스, 잘못된 식생활, 공해 등 현대인은 생활 곳곳에서 건강을 위협하는 요소들과 마주치고 있어 이런 요소들과 맞서 자신의 건강을 제대로 지켜내기가 과거에 비해 훨씬 힘들어진 것이 현실이다. "건강은 그 무엇과도 바꿀 수 없는 소중한 것"이라는 말은 "자신의 건강을 지킬 수 있는 것은 결국 자신뿐"이라는 것으로 이는 마음이 우리 몸의 주인이라는 심자신지주(心者身之主), 즉 마음이 건전해야 육체도 건강하다는 것으로 불변의 진리다. 현대인의 건강을 지키기 위한 식양생(食養生)으로는 음식을 골고루 먹어서 우리의 몸이 살아 움직이게 하는 연료로 활용되어야 하지만 현재는 건강과 행복을 해치는 음식이 판을 치고 있다. "음식물을 먹는 것은 영양분이나 칼로리만 먹는 것이 아니라 그 속에 들어 있는 생명력을 먹는 것이다."라는 말이 있다. 그러나 첨가물이라는 독성물질을 넣어 가공식품을 만들어내는 요즘 굳이 권하라고 한다면 생명 자체를 유지하기 위한 자칫 부족하기 쉬운 영양소를 보충하는 데는 기가 살아 있는 발효식품이 제일 좋다고 권장하고 싶다. 우리 전통 음식 중 뛰어난 발효식품으로는 김치가 있다. 그러나 이것은 맵고 짠 것이 흠이면 흠이지만 그래도 세계에서 인정받는 훌륭한 발효식품이다. 여기에 짠맛을 없애주고 특히 일상적으로 쉽게 받는 스트레스 등으로 피로를 받는 현대인에게 가장 인체에 유익함을 주는 조미식품으로 보편적이고 쉽게 구할 수 있는 가장 경제적인 건강의 파수꾼인 발효식품은 바로 식초인데 이 식초는 최근 웰빙식품으로 값싸게 구입이 가능하며 효과는 상상할 수 없을 정도로 뛰어난 것이 특징이다. 이 식초는 피로물질인 유산의 생성을 막아줄 뿐 아니라 혈액신진대사를 촉진하여 어혈제거작용을 하고 각종 출혈성 질환에 응용될 뿐 아니라 어육 및 채소의 해독에 쓰인다. 특히 시큼한 맛을 내는 유기산은 갈증을 멈추게 할 뿐 아니라 신진대사를 활발하게 하는 작용을 하기 때문에 잘 마시면 '백약지장(百藥之長)'이다. 이러한 식초 중 소나무를 원료로 한 식초는 바로 천연자원 그대로를 자연적으로 발효시킨 식물(食物)이기 때문이다.

또한 말만 들어도 군침이 들 정도로 신맛이 강한 것이 매실이다. 그래서 망매지갈(望梅止渴)이란 고사가 있다. 위나라의 조조가 물이 없어 피로에 지친 병사들에게

“저 산을 넘으면 매실이 있다.”라는 말을 해서 입에 침이 나게 하여 갈증을 멎게 했다는 데서 유래했다고 한다. 사람들은 나이 들어 신맛이 강한 새큼한 음식을 싫어하는 경향이 있다. 그러나 정정한 노인이나 건강 장수하는 사람 중에는 새큼한 음식을 잘 먹는 사람이 많다. 신맛은 식욕을 돋우고 소화액의 분비를 촉진시키는 효력을 가지고 있어, 새큼한 음식을 좋아하는 사람은 체력이 젊은이와 같다는 말도 된다.

매실은 신맛이 강한 과실로 일찍이 2천 년 전부터 건강식품의 자리를 굳혀 왔다. 매실은 매화나무에 열리는 열매로서 핵과이다. 이 핵과는 처음 약용으로 중국에서 오매(烏梅)로 이용되었다. 오매는 빛깔이 까마귀처럼 검다고 붙여진 이름인데 덜 익은 매실을 따서 껍질을 벗기고 나무나 풀 말린 것을 태워 그 연기에 그을려서 말린 것이다. 해열, 지열, 진통, 구충제, 갈증방지 등에 유용하게 이용해왔다. 여행하고 물을 바꾸어 마시면 배탈이 나기 쉽다. 수질이 달라 몸에 이상이 올 때 매실을 먹으면 예방과 치료가 능하다. 또한 매실은 유기산을 5%나 가지고 있으며 구연산 3.4%, 사과산 1.5%와 미량의 피크린산과 카테킨산이 그 성분이다. 이 유기산은 신맛이 강해 원기회복과 식욕증진 효과뿐만 아니라 식중독균에 대한 살균 효과까지 가지고 있다. 매간(梅干)은 일본사람들이 애용해온 식품이다. 그들은 우메보시라고 하며 밥이 쉬기 쉬운 여름에 밥에 박아 변질을 막았고 반찬으로 애용해왔다. 매실에 많은 구연산은 체내에 흡수되기 어려운 칼슘의 흡수를 크게 도와주기도 한다. 임신 2-3개월이 되면 평소에 잘 안 먹던 새큼한 식품을 찾는 이가 많아진다. 태아에게 필요한 칼슘의 흡수를 촉진시키려는 자연의 섭리인 것이다. 구연산이 이렇게 좋다고 하나 농도가 짙은 화학제품은 위궤양 등 몸에 부담을 크게 주므로 자연 식품인 매실을 이용하는 것이 좋다. 가정에서 만들어두고 활용할 수 있는 것으로 매실 엑스, 매실주, 매실청 등이 있다. 매실은 해독작용도 있고 신진대사를 촉진하여 피로를 물리치므로 심장병, 고혈압, 저혈압 등 여러 사람에게 좋은 식재료이다. 이상 언급한 바와 같이 소나무는 십장생(十長生)의 하나이고 매실은 사군자(四君子)의 하나이며 소나무와 매실은 세한삼우(歲寒三友)라 불리었던 것들로 서로 어우러질 때에는 상상을 초월한 보양식품이 되는 것이다.

올바르지 못해서 생기는 성인병, 즉 식원병을 예방하려면 과학의 힘으로 합성된 식품이 아닌 흙과 태양의 공기에 의해서 생산된 식품을 가까이 해야 한다. 또한 이 것들은 약 중에서도 상약이고 바로 건강을 바로잡는 건강법의 요체이며 병을 고치는 첩경으로 식·약일체이며 의식동원이라고 말할 수 있다.

2008년 4월
농학박사 **이광묵**

목 차

제2장　소나무로 제조된 식초 / 119

제3장　　**식초의 발전과 건강 / 191**

Ⅰ. 문헌상의 식초 § 192

V. 식초에 대한 요약 § 320

제4장　사군자의 하나 과일 매실 / 325

I. 개　요 § 326

제5장　소나무와 매실의 궁합 / 411

I. 식품이라는 것은 § 412

II. 소나무와 매실이 어우러질 때 § 419

제 1 장

식초에 대하여

식초의 개요

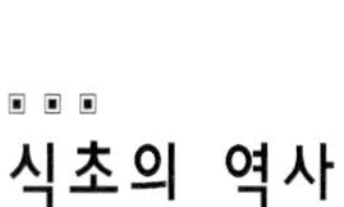

식초의 역사

인류의 역사에서 주목할 만한 사건이나 발명으로는 3000년 전 보리로부터 발효시킨 맥주, 4000년 전의 메소포타미아 지방의 대홍수, 5000년 전에 수메리아인이 발명한 바퀴와 이집트인이 발명한 쟁기 등을 들 수 있다. 그렇다면 식초는 정확하게 알 수는 없지만 1만 년 전에 이미 사용되지 않았을까 본다. 식초는 술이 우연히 변화하여 만들어진 것이기 때문에 인류가 최초로 만든 조미료라 할 수 있다. 이런 식초는 우연히 발견되었다고 한다. 그 기원은 이집트로 신들에게 바치는 술이 시간이 걸리자 변화되어 이른바 산패(rancidity: 유기물의 변화, 가수분해)를 거쳐 신맛이 없어졌다고 한다.

식초는 당분과 전분질이 있는 것은 알코올발효를 거쳐 초산균의 발효작용에 의해 식초가 되므로 양조초를 대표하여 영어의 vinegar(식초)의 어원은 프랑스어인 vin(와인)과 aigre(시다)의 합성어인데, 이로부터 알 수 있는 것은 식초는 술(와인)로부터 숙성되어 얻어진다고 생각되어 왔다는 점이다. 성서에는 "신맛 나는 포도주"가 산미료로 사용되었다는 기록이 있고, 그리스 로마시대에는 조리요리가 발달하였는데, 기원 1세기경의 『요리서』 및 학자 Cato의 『농업에 관하여』에서는 "양배추에 식초와 소금으로 맛을 내어 먹으면 건강에 좋다."라는 기록이 있는 것으로 보아 식초가 오래전부터 인류와 함께 있었다는 것을 보여준다. 또한 민간요법으로서 식초의 살균작용에 주목하여 호흡기병, 옴, 광견병에 물린 상처 등에 사용하였다. 현재 유럽에서는 포도식초(프랑스), 맥아식초(영국) 등 각 지역의 특산물과 관련하여 식초가 만들어지고 있으며 각종 샐러드드레싱 및 마요네즈 등의 소스류에 많이 사용되고 있다.

특히 식초(醋)의 한문 표기가 '酢'에서 '醋'로 달라진 데는 다음과 같은 이유가 있다. 조치식독지공(措置食毒之功)에서 비롯된 '醋'는 조(措) 자의 오른쪽 변을 유(酉) 옆에 붙여 만든 새 글자로서 조(措)는 '처리한다'는 뜻도 되고 '쫓아가 잡는다'는 뜻도 된다. 곧 초는 먹은 독을 쫓아가 잡아버리는 속성이 있기에 초(醋)라 한다고 풀이되고 있다. 이처럼 자연발생적으로 만들어진 과실주가 발효된 식초는 그 역사가 1만 년이 될 정도로 인류역사와 함께 이어져왔다.

식초가 생활 속에서 사용된 시기는 서양에서는 4~5세기경, 중국에서는 2~3세기경, 우리나라에서는 1~2세기경으로부터 추정된다고 한다. 좀더 자세하게 언급하면

서양에서는 그리스 역사가 헤로도투스(B.C. 484~424), 의사인 히포크라데스(B.C. 460~375), 철학자 아리스토텔레스(B.C. 384~322) 등이 쓴 글에도 식초(醋)라는 말이 나오며 클레오파트라(B.C. 69~32)는 식초에 진주를 녹여 마셨다는 이야기도 전해 내려오고 있다.

동양에서는 중국 공자시대(B.C. 553년)의 논어에 초(醋)에 관한 이야기가 실려 있으며 자(紫), 유(油), 염(鹽), 장(醬), 차(茶) 등과 함께 중국에서는 식생활 필수품이 되었다. 우리나라에서는 삼국시대 중국으로부터 식초 만드는 법이 전래되어 신문왕 시대에 폐백(幣帛) 품목이 되었으며 초 담그는 방법은 「삼국지위지」, 「고사촬요」, 「색경」, 「해동농서」, 「농정회요」, 「역주방문」, 「증보산림경제초항」, 「규호시의방」, 『지봉유설』 등에 나온다. 우리나라의 재래식 식초가 언제부터 만들어졌는지에 관하여는 분명하지 않으나, 중국의 농서인 『제민요술(濟民要術)』이나 이수광의 『지봉유설』에 의하

면 고대의 식초는 고주(苦酒)라 불리었던 것으로 미루어 볼 때 주류의 발달과 함께 이루어졌다고 추정할 수밖에 없다. 중국의 『삼국지』에 [고구려인들은 스스로 양조하기를 즐긴다]라는 기록이 있는 것을 보면, 이웃나라의 칭송을 받을 만한 위치에 있었던 것으로 미루어 식초 발효기술이 중국과 대등하거나, 그 우위였을 것이다. 중국에서는 한대(漢代)에 정립을 본 고대 중국의 식초가 4−5세기경에 개발되어 그 종류도 다양하였다고 하며 고려시대에 식초가 음식의 조리에 이용되었다는 기록들이 「고려도경」을 비롯하여 『해동역사』, 『향약구급방』 등에 나타나 있다. 특히 『향약구급방』에는 약방(藥房)으로 식초의 다양한 이용이 기술되어 있다. 식초의 종류에 있어서는 곡류식초(쌀, 밀)와 과실식초(매실, 감) 등이 주로 만들어졌으며, 조선시대에는 길일을 택하여 식초를 담그고 부뚜막에 초두루미란 것을 만들어 식초를 보관하였다고 하니 식초가 소중한 조미료로서 사용되었다는 것을 말해준다. 식초의 재료나 제조법에 관한 기록은 조선시대에야 비로소 발견되기 시작하는데 주로 곡식이나 과일류 등을 이용한 곡초나 과일초에 대해 설명되어 있다. 식초의 원료를 신국(神麴)이라고 하였을 정도로 길일을 택하여 만들고 정화수를 사용하였다고 한다. 그 최초의 자료는 「고사촬요」로 보리로 만든 양조식초가 소개되어 있다. 「규호시의방」에서는 밀을 이용한 곡초와 오매를 초에 담가 볕에 말려 가루로 만드는 방법에 대해 설명하고 있다. 또 「삼림경제」에서도 쌀이나 밀, 보리로 만든 곡초와 감, 대추를 이용한 과실초 외에 창포, 도라지로 만든 채초와 꿀로 만든 초 등 특이한 식초의 제조법이 기록되어 있다. 특히 삼국시대 식초(食酢)를 조, 찹쌀, 기장, 보리, 콩, 팥 등으로 만들어 사용하였다는 기록이 있으며 그중 「규합총서」에 의하면 "병일물 한 동이에 누룩가루 4되를 볶아 섞어 오지항아리에 넣어 단단히 봉했다가 정일에 찹쌀 한 말을 씻고 또 씻어 복숭아나무 가지로 저어 두껍게 봉한 다음 볕바른 곳에 두면 초가 된다."라고 설명하고 있다. 우리 조상들이 식초 만들기에 특별한 정성을 쏟은 흔적은 문헌 곳곳에서 나타난다. 여러 가지 식초 제조법의 공통점을 든다면 길일을 택해 온갖 정성을 기울여 순수한 초를 만든 점이다. 예전에 초병을 부뚜막에 들고 나가 자주 흔들어주던 풍습도 이유가 있었다. 일단 부뚜막이 아낙이 자주 드나드는 장소일 뿐 아니라 청결하여 식초 발효를 위한 온도 관리에 적합하고, 자주 흔들어주면 초산균의 발육에 필요한 산소가 충분히 공급되기 때문이었다.

이와 같이 식초는 고려시대부터 널리 사용되기 시작했으며 이때는 식초를 조미료나 의약용으로 폭넓게 이용하였다. 조선 초에는 보리, 쌀, 밀, 매실 등을 원료로 이용하였고 후기에는 밀, 찹쌀, 감, 꿀 등을 이용하여 식초를 만듦으로써 양조식초의 근간을 이루었고 식초의 양조법이 개발되어 많이 제조되었다고 한다. 명종 9년(1554)에 간행된 「방사섭요(放事攝要, 魚叔權 지음)」에 보리 초 제조에 대한 기록이 있으며 밀초, 찹쌀초, 술초, 대추초, 창포초 등의 양조법이 각종 문헌에 나타나 있는 것으로 미루어 다양한 원료와 방법이 이용되었던 같다. 식초가 상품화된 것은 한국농산(韓國農産)의 사과식초가 그 효시이다. 또한 일본에서는 '양초(洋醋)'라고 부른다.

■ ■ ■
노벨상을 3회나 수상한 위대한 식초

1945년 핀란드 바르타네 박사는 우리가 먹는 음식물이 소화 흡수되어서 에너지(기운, 활력)를 발생시키는 것은 식초의 성분인 오기자로 초산이 주동적 역할을 한다는 사실을 발견하여 제1차 노벨 생리의학상을 수상하였다.

1953년 식초를 마시면 2시간 이내에 피로가 가시고 탁한 소변도 맑아진다는 것을 연구한 학자는 영국의 크레브스(Krebs) 박사와 미국의 리프만(Lipman) 박사이다. 우리가 육체적 또는 정신적인 일을 해서 피로하거나 기타 병의 원인이 되는 일을 하면 우리의 몸속에 노화의 원인이 되는 유산이 생기는데 이것이 쌓이면 병→죽음의 길을 밟게 된다. 그런데 식초가 이 피로소인인 유산의 발생을 방지하거나 해소시키는 고마운 일을 해준다. 그러니까 식초는 우리의 병을 원천적으로 예방해주는 역할을 하는 것이다. 그들은 처음에 세균을 배양하는 배양액 속에 소량의 식초를 탔더니 세균이 왕성하게 증식되는 것을 발견했다. 그 과정을 자세히 관찰해본즉 식초를 투여하자 산소 소비량과 탄산가스 배출량이 증가하여 세균이 무럭무럭

자라고 번식하더라는 것이다. 그러면 우리 몸에 식초를 투여하면 우리의 세포에서
도 산소 소비량과 탄산가스 배출량이 증대해서 세포가 무럭무럭 자라고 번식한다는
결론이 나온다. 따라서 식초를 먹으면 모든 병을 예방 치료해서 건강해진다는 결론
을 얻을 수 있다. 이 연구로 크레브스(Krebs) 박사와 미국의 리프만(Lipman) 박사
는 제2차 노벨 생리의학상을 수상하였다.

식초를 마시면 현대인의 문명병의 원흉인 스트레스를 해소시키는 부신피질 호르
몬이 만들어진다. 1964년에 미국의 브롯호(Bloch) 박사와 서독의 리넨(Lynen) 박사
의 공동연구로 제3차 노벨 생리의학상을 수상한 학설에 의하면 식초의 주성분인 초
산이 부신피질 호르몬을 만든다고 한다.

초산과 기타의 식초성분(구연산, 단백질, 각종의 비타민과 미네랄)이 합작하여 부
신피질 호르몬이 만들어진다. 즉 초산이 주동적인 역할을 하는 것이다. 그리고 식초
가 피로 요소인 유산의 발생을 방지하거나 해소시키는 것도 식초의 성분인 구연산
이 주동적 역할을 하기 때문이다.

■■■
크레브스 회로의 이론

▶ 산소는 왜 우리 몸에 필요한가?

이때까지 인류는 우리가 먹는 음식물로 된 영양분이 체내의 어느 곳에서 연소하
여 에너지를 발생하고 체온을 조절하는지 몰랐다. 그런데 크레브스 박사가 인류사
상 처음으로 그것을 해명했다.

크레브스 박사가 해명한 바에 의하면, 우리가 먹는 음식물로 된 포도당은 우리의
세포 내에 있는 미토콘드리아에서 산소와 합작해 연소해서 에너지를 발생하기 때문
에 우리가 그 에너지로 살아간다는 것이다. 또 그 연소하다 남은 찌꺼기인 탄산가
스와 물을 몸 밖으로 몰아 내버리지 못하고 축적되면 온갖 병이 유발되는 것이다.
현대인의 암을 위시한 각종의 문명병(성인병)은 모두 산소부족 때문이다. 즉 산소가

부족해서 영양분이 연소되지 않고 또 그 찌꺼기인 탄산가스와 물이 배출되지 않기 때문에 병이 유발되는 것이다. 그런데 식초가 산소공급과 탄산가스 배출량을 증대시켜 주니 만일 식초가 산삼과 같이 희귀하다면 식초 한 병에 산삼 만 뿌리 이상의 값어치가 있을 것이다. 인생에 가장 고귀한 것은 저 깊은 산속에 묻혀 있는 산삼과 같이 희귀하고 값비싼 것이 아니라 그와는 정반대인 곳, 즉 우리에게 가장 가까운 곳에 있고 가장 값이 싸거나 공짜로 얻을 수 있는 것들 속에 숨어 있기 마련이다. 그래서 진시황, 오나시스, 카네기도 불로장수약을 못 구해서 일찍 죽고 만 것이다. 불로장수약이 그들이 찾아 헤매었던 곳과는 정반대의 방향에 있다는 것을 꿈에도 생각하지 못했기 때문이다.

— 안현필 씨의 저서 「천하를 잃어도 건강만 있으면」에서 일부 발췌 —

▶ 체내에서 연소됨으로써 생활 에너지 제공

심한 운동을 하거나, 운동을 해서 땀을 흘린 다음 새콤한 음식을 먹으면 피로가 신기하게 가신다. 또 식욕이 없을 때 식초를 친 음식을 먹으면 식욕이 되살아나는 것을 경험하게 된다. 독특한 신맛을 가진 식초는 중요한 조미료이면서 원기회복제로서의 효능이 커서 널리 이용되어 왔다. 신맛은 상상만으로도 입 속의 타액선을 자극하며, 위액의 내분비를 촉진하는 작용을 한다. 우리가 먹는 식품, 특히 녹말이나 당분과 같은 탄수화물은 타액이나 장액(腸液)으로 소화되고 소장에서 흡수되어 문맥을 통해서 간장으로 들어가 그곳에서 글리코겐으로 저장된다. 글리코겐은 필요에 따라서 포도당으로 화(化)하며 이 포도당이 연료가 되어 초성포도산이라는 물질이 된다. 이 초성포도산은 아세틸조효소 A가 되고 몸의 조직 중에 있는 오기자로초산과 반응해서 구연산으로 변한다. 이 구연산은 시스아코니트산 → 이소구연산 → 오기자로호박산 → 알파케토 글루탈산 → 호박산 → 프말산 → 사과산으로 변한 다음 다시 오기자로초산으로 되돌아간다.

이와 같이 대사물질이 화학반응을 일으키면서 빙글빙글 돌기 때문에 사이클이라고 한다. 크레브스 사이클이 한 바퀴 돌았을 때, 초산은 완전히 연소되어 탄산가스와 물이 되고 그동안에 에너지가 방출되어 찌꺼기가 하나도 남지 않게 된다.

한편 격심한 운동으로 체내의 오기자로초산이 부족하든지 활성초산의 생산이 제대로 되지 않으면 이 사이클이 잘 돌지 않게 된다. 즉 초성포도산은 젖산이 되고 마는데 그렇게 되면 삼천포로 빠지는 격이 되어 엉뚱한 길로 유도되고 만다.

▶ 피로는 미용에 나쁜 영향을 끼쳐

그래서 신진대사 사이클은 그곳에서 멎는다. 또 젖산이 많이 만들어지면 혈액은 산성으로 기울게 되고, 근육 단백질은 굳어져서 어깨가 뻐근하고 요통을 일으키게 하며 온몸에 피로를 느끼게 한다. 피로의 원인이 되는 젖산이 쌓이지 않게, 또 체내에 만들어진 젖산을 빨리 처분하기 위해서는 초산을 비롯해서 크레브스 사이클에 관계되는 유기산을 먹을 필요가 있다. 그 모든 것을 다 가지고 있는 식초는 매우 뛰어난 원기회복제이며 소화 흡수된 영양분을 에너지로 바꾸는 데 숨은 공헌을 하는 것이다. 임신부가 새콤한 것을 먹고 싶어 하는 것도 태아와 두 사람분의 영양을 취하기 위해 이것이 필요하기 때문이다. 제아무리 다른 조건이 갖추어져 있어도 피로가 쌓이면 미용은 있을 수가 없다. 피로를 풀어주고, 살균 효과까지 있어 여름철의 식중독을 예방하기도 하는 식초는 잘 이용하면 확실히 일석삼조(一石三鳥)의 효과를 거둘 수 있는 것이다.

식초의 제조 배경

식초라는 말은 위에서 언급한 바와 같이 본래 프랑스 말에서 온 것인데 그 의미는 술이 시어졌다는 뜻이다. 따라서 식초를 만들 때는 우선 술을 만든 다음에 그것을 그대로 방치해두면 초산균이 들어가서 초산발효를 일으켜 식초로 된다. 옛날엔 집에서 시어머니가 선대로부터 물려받은 식초단지를 부엌의 한쪽 구석에 소중하게 보관해두고 과일껍질, 누룩, 술지게미 등을 그 단지 속에 넣어두면 자연적으로 초산발효가 일어나서 식초가 만들어졌다. 이런 방법으로 이용하여 왔으나 인구의 도시

집중화현상과 과학문화의 발달로 하려고 하는 사람도 없으려니와 대중음식점의 범람으로 식초의 소요량을 충당할 수 없게 되자 오늘날과 같은 식초 생산 공장이 생겨나게 되었으며 수요에 충족을 하려고 하다 보니 속효 양조발효식초를 대량 생산하게 되었다.

우리나라에서 식초가 상업적으로 생산된 것은 1960년대로 알려져 있다. 일반적으로 식초제조에 사용되는 식초제조용 세균을 초산균이라고 하는데 여기에 속하는 것들은 Acetobacter orleanence, Acetobacter xylinoides, Acetobacter rancens, Acetobacter aceti 등이 알려져 있으나 상업적으로 가장 많이 사용되고 있는 것은 Acetobacter aceti이다. 이 세균은 매우 호기성, 그램음성의 단간균으로서 발효배지의 초산농도와 에탄올 농도 및 용존산소량에 따라서 발효의 형태와 생리적인 특성이 크게 달라진다. 공기공급이 중단되면 초산생성이 급속히 저하되면서 초산균도 사멸하게 된다.

빙초산은 석유를 원료로 하여 아세트알데히드 산화법으로 생산한다. 석유에서 분리한 메탄, 에탄, 프로판, 부탄 등 가스를 높은 온도에서 가열 분해하여 아세틸렌을 만들고 수은염을 촉매로 하여 아세트알데히드로 만든 후에 망간염을 촉매로 하여 산화시켜 빙초산을 제조한다. 이와 같이 제조공정 중에 중금속을 촉매로 사용하고 있고 또 기체나 액체상태의 화학물질이 중간물질로서 사용되고 있어서 이러한 물질들이 잔류하게 된다. 이렇게 만든 것을 공업용 빙초산이라 하며 이것을 한 번 더 정제한 것이 식용 빙초산이다. 특히 문제되는 것은 공업용 빙초산을 그대로 희석하여 식용의 합성식초로 유통하고 있다는 것이다.

양조식초의 제조는 주정(에탄올＝酒精)을 원료로 하여 곡물추출액(곡물식초), 과실즙(과실식초) 등을 혼합하여 초산발효를 시켜서 식초를 만드는데 전통적인 양조식초는 각종 곡물과 과실 그 자체를 발효기질로 하여 알코올 발효와 초산발효를 시켜 제조하는 것이 원칙이다. 그러나 현재는 소요충족을 위하여 속성으로 식초를 만들지 못하면 상업상 경제적인 효율성을 충족하지 못하기 때문에 속성 양조발효식초로 생산되고 있다. 저자는 이러한 점을 감안하여 소나무식초를 전통 우리 선조들의 얼을 그대로 답습하여 제품화하려고 한다.

현재 시판되고 있는 식초의 총 산은 다음과 같다.

식초의 종류		총산, w / v%	비 고
소나무식초	발효초(피부미용)	1.27	위생환경연구소
	식 초	6	
현미 및 과실초,		4	각종문헌
통상의 식초		7	
고산도 식초		10	
두배 식초		14	

조미식품 식초 제법

▶ 일반적인 식초제법

식초는 4-7%의 acetic acid를 함유하는 산성 조미료로 소량의 휘발성 또는 불휘발성 유기산류와 아미노산 및 에스테르를 함유하여 독특한 방향과 맛을 가진 것으로서 일반적인 제법으로는 다음과 같다.

−제조 공정−

원료 > 발효 > 여과 > 숙성 > 제품

종균, 산소

① **원료**: 원료는 여러 종류가 있으나 당질 및 주정을 함유한 것이면 모두 된다.

② **종균 및 산소**: 종균은 우량한 식초산균을 다량으로 번식시킨 것으로 종균의 선택은 산 생성 능력이 높고 초산 이외의 방향성분 생성과 알코올에 대한 내성 및 생산물인 초산에 대한 내성이 큰 것을 택해야 한다. 식초산 생성력은

Acetobacter acendance는 10.9%이며 알코올에 대한 저항은 12%에서 견디며 Acetobacter aceti는 6.6%의 산 생성력과 11% 알코올에 대한 저항력을 갖고 있다. 한편 Acetobacter oxydans는 초산 생성력이 가장 낮은 2%와 알코올에 대한 저항력 역시 7% 정도로 낮다. 이들 종균 중 가장 우수한 종균을 선택한 후 flask에 순수 배양한 초산균을 이식하여 35℃-40℃에서 2-3일 정도 배양하면 균막을 형성하게 된다. 종균을 만들 때 반드시 공기를 불어넣어 주어 산소를 공급하여야 한다.

③ **발효**: 발효방법은 여러 가지 있으나 그중 정치법과 속초법 및 심부배양법에 대해 설명하면

㉠ 정치법: 소규모 방법으로 일명 표면배양법이라 하며 그 방법으로는 알코올을 함유한 원료를 탱크에 가한 후 1-3개월 정도 발효시켜 잔유 ethanol이 0.3-0.4% 정도 남았을 때 발효를 끝낸다.

㉡ 속초법: 속초법은 단시간에 발효를 시키는 방법으로 ethanol 10%, 초산 1%의 원료에 diammonium, phosphate 등 무기염류와 맥아, 효모 extract 등 영양제 및 종초를 가하여 3-5일 정도 발효시킨 것이다.

㉢ 심부배양법: 일면 Fring acetator라 하며 원료액과 초산균의 혼합액에 균을 제거한 공기를 불어넣어 교반시켜 전면 배양하여 급속히 초산화시키는 방법이다.

④ 여과 및 숙성: 발효가 완전히 된 것은 여과시킨 다음 살균하여 숙성시킨다.

* 식초의 산미는 조미료로서 요리의 맛을 좋게 할 뿐만 아니라 미생물의 살균 혹은 발육을 억제하고 식물(食物)의 부패 방지 효과가 높다. 산미료로서는 알코올이 초산균에서 산화되어 생긴 초산을 이용하는 것이 주류를 이룬다. 과실(果實)의 산미를 직접 이용하는 것도 있고 성분, 풍미는 원료과실이나 제법에서 상당히 차이를 볼 수 있다

▷쌀초 제법(쌀초 제조 공정)

쌀겨, 백미, 쇄미 등 원료→ koji제조   종균
                                ↓   ↓
                → 증미 → 당화 → 알코올 발효 → 30～40℃에서 초산 발효

▷맥아초 제법(맥아초 제조 공정)

　보리, 밀 → 맥아 → 당화 → 알코올 발효 → 초산 발효
                                                 ↑
                                                종균

▷포도초 제법(포도초 제조 공정)

　포도 → 마쇄 → 착즙 → 알코올 발효 → 초산 발효
                                          ↑
                                         종균

▷사과초 제법(사과초 제조 공정)

　사과 → 마쇄 → 착즙 → 알코올 발효 → 초산 발효
                                          ↑
                                         종균

▷주정초 제법(주정초 제조 공정)

　알코올 → 희석(14%의 알코올)+pepton, polypepton, amino acid(함질소물) P, K, Mg(무기염류), glucose, maltose, koji extract, 주박, 당밀, 물엿, 효모 extrect, 맥아즙 → 초산 발효
                                                                            ↑
                                                                           종균

▷주박초 제법(주박초 제조 공정)

　주박초용 원료+물 → 밀폐저장 → 초산 발효(36～38℃)
                          ↑
                         종균

정의: 과실초는 산미를 직접 이용하는지 초산 발효에 의하여 생기는 초산이 산미를 이용하는지에 의하여 다음과 같이 대별할 수 있다.

－발효초: 소나무식초, 포도초, 사과초 등

－비발효초: 귤초, 레몬초, 유자초, 전분초, 매실초 등

많은 경우 산의 함량은 3－5%이다.

알코올 4, 온수 4, 살균한 기성초 6, flask 배양한 종균 1의 비율로 혼합하여 30℃ －40℃로 유지하면 2－3일에서 야간에 균막이 생긴다. 이 균막이 밤중에 알코올을 활발하게 초산으로 변화시켜 10－20일에서 산도 5%의 종초(種醋)가 생긴다. 종초를 대신하여 양호한 발효를 하고 있는 제조(製造) 중의 초 일부를 넣는 것도 있다.

■ ■ ■

식초의 특성과 규격

식초는 특유한 신맛 때문에 각종 가공식품 또는 조리식품에 첨가하고 있는데 과거에는 원기회복, 고혈압, 동맥경화에 뚜렷한 효과가 있어 건강증진용, 의약품으로 취급되어 왔다. 현재는 일부 건강식초를 제외하고는 보통 조미료로 사용하고 있다. 식품 가공 산업에서 식초를 완충작용, 미생물 생육 억제, 산패 및 갈변방지 synergist, 반죽 및 제과 제빵에서 물성 및 조직감 향상, 반죽의 융점조절, 육제품의 색깔, 향미 등의 보존효과, 육류의 숙성효과 등의 목적으로 사용하고 있다. 식초 규격은 곡물초와 쌀초는 산도 4.2% 이상, 무염 가용성 고형분 1.3～8.0%(쌀초 1.5～8.0%), 과실초는 산도 4.5%, 무염 가용성 고형분 1.2～5.0%, 합성식초는 산도 4.0% 이상, 무염 가용성 고형분을 1.2～2.5%로 규정하고 있는데(일본의 경우) 대부분의 양조식초는 합성식초에 비해 무염 가용성 고형분 함량이 많은 편이다. 우리나라의 식초 규격은 1968년 7월 29일 보사부령(228호)으로 처음 제정되었고 1969년 개정, 1977년, 1983년 규제 항목을 조정하여 식품위생법 시행규칙에 명시하였는데 법적으로 양조, 합성 및 혼성식초 등 세 종류를 모두 인정하고 있다.

식초의 생산요령

식초는 신비의 식품이다. 이것은 맛을 내는 것 외에 천연방부제나 의약용으로도 이용되고 있으며 사용하는 방법에 따라 신맛을 내는 조미료이지만 짠맛, 단맛을 약하게 또는 부드럽게 해주기도 하며 비린내를 제거해주는 필수적인 조미료이다. 신맛은 식욕을 돋우어주는 효과를 가지고 있을 뿐만 아니라 섬유질을 부드럽게 하여 줌으로 초절임하여 오랫동안 저장하면서 먹는데도 이용되는 조미료로서 음식의 맛을 내는 데 필요한 것으로 소금과 같이 가장 오래된 것이나 인간이 만든 조미료로서는 식초가 가장 오래된 것이다. 식초는 지난 수 세기 동안 여러 가지 원료를 사용하여 많은 종류의 식초를 제조하여 왔으며 천연의 당류를 사용하여 1차로 알코올 발효를 시킨 다음에 초산발효를 시켜서 식초를 만든다. 이러한 기본적인 식초의 제조 원리는 변하지 않고 있다. 즉 당을 효모로 발효시켜 알코올이 생성된 후에 초산균을 접종하여 배양하면 초산이 된다. 식초를 쉽게 만들려면 우선 초산 3%, 에탄올 2~3%, 효모추출액 0.1%를 혼합하여 방치하면 표면에 흰 막이 생성되면서 식초가 된다. 오늘날의 식초라는 것은 양조식초(초산발효로 만든 식용식초)와 합성식초(석유화합물로 만든 빙초산)로 나누어지며 빙초산은 특정용도에 사용하며 일반적으로 식용식초는 모두 양조식초를 말한다.

▶ 주정초 【Spirit (white, distilled) vinegar】

90~95%의 주정을 주원료로 하여 양조한 초이며 독일에서 처음으로 공업화가 되어 현재 구미에서 가장 많이 생산되고 있다.

－원료주정: 1% 이상의 총사양을 가지고 주정분 15% 이하가 되게 종초나 물을 혼합하거나 주정 100에 대하여 ethylacetate 5를 가하는 등으로 변성시킨 주정을 쓴다. 주정에는 초산균의 발육에 필요한 영양분이 없으므로 부원료로서 peptone, 아미노산, P, K, Mg, Ca 등 무기물과 당질, 국(麴: 곰팡이), 주박, 물엿, 당밀, 탁주, 맥아즙, 효모추출물, 대두증자액 등을 쓴다.

▶ 포도주초(Wine vinegar)

포도초에는 원료 포도의 색에 따라 백초(白醋, white wine vinegar)와 적초(赤醋)가 있으며 원료는 포도과즙, 산패포도주 또는 보통 포도주 등이 쓰이고 이들 원료는 60~70℃로 가열 살균하며 단백질 기타 colloid물질을 응고 침전시켜 제거한다. 포도초는 예부터 프랑스에서 많이 생산하였으므로 그 제법은 프랑스법 특히 프랑스의 Orleans지방에서 발달된 Orleans process가 잘 알려지고 있다. 이 방법은 지하실에서 한쪽 측면에는 중심부보다 다소 높은 곳에 또 다른 측면에는 중심부보다 훨씬 높은 곳에 직경 5㎝ 정도의 통기공을 1개씩 가지는 약 200ℓ들이의 떡갈나무통을 횡치(橫置)하여 쓰는 1종의 정치법이다. 이 통에 맑은 종초를 약 1/3 용량 정도를 넣고 여기에 가온 살균한 포도주 10~15ℓ를 가하여 25~30℃로 유지하면서 1주일 후에 다시 같은 양의 포도주를 추가한다. 이와 같이 4회를 하면 액면에 초산균 막이 형성되어 초화가 진행되며 약 5주경에 초화된 식초가 통의 반가량 정도로 채워진다. 이때 10~15ℓ의 초를 취하고 같은 양의 포도주를 다시 보급한다. 이와 같이 반복하면서 연속적으로 포도주초를 양조한다. 제품은 5~7%의 산을 함유하며 포도주와 같은 향기를 가진다. Orleans법은 주정초(酒精醋)의 생산에도 이용하지만 발효기간이 길고 대량생산에는 적합하지 않다.

▶ 사과초(Cider vinegar)

원료사과는 완숙한 당분이 많은 것이 좋으며 홍옥(紅玉: 당분과 산량이 적당함), 국광(國光: 당분은 많으나 산이 적다) 등이 많이 쓰인다. 미숙과(未熟果)는 pectin이 많으며 부패나 외상이 있는 것은 초지렁이【線虫類(Nematoda)에 속하는 자웅이체이며 암성충은 길이 1.5~2㎜, 수컷은 1㎜ 정도, 생육적온은 27~29℃가 되고 44℃에서 1분간에 사멸】가 간혹 기생하고 있는 것이 있으므로 주의하여야 한다. 원료사과는 잘 세척하고 hammer-mill 등으로 잘 파쇄하여 압축 즙을 취하여 알코올발효를 시킨다. 1967년 古川 등은 과즙을 95~98℃에서 살균을 하는 것이 좋다고 하였으며 살균을 하지 않으면 알코올 발효 후반기에 젖산균에 의한 malo-lactic발효로 젖산이 증가되고 사과산이 많이 감소된다고 하였다. 알코올발효가 끝나면 곧 정치법, 속초법 또는 acetator를 이용하는 방법 등으로 초화시켜 사과초를 양조한다. 사과초는 과즙 중의 pectin으로 혼탁이 되기 쉬우므로 알코올발효 전에 pectinase처리를 하는 것이 좋다. 사과초는 방향이 있고 함유하는 사과산으로 온화한 산미가 있다.

▶ 기타 양조초(釀造醋)

보리, 밀, 옥수수 등 곡류를 호화(糊化)시켜 엿기름가루와 물을 가하여 당화(糖化)한 다음 살균하고 효모로 주정 발효를 시키고 다시 살균하여 여과한 액을 일반적 방법으로 초화(醋化)시켜 만드는 엿기름초(malt vinegar)와 쌀국으로 쌀 등 곡류를 당화시켜 위와 같이 제조하는 쌀초 그리고 일본에서 주로 생산하는 청주박을 재숙성시켜 물로 추출한 액이나 여기에 알코올을 보충하여 초화를 시켜 제조하는 주박초 등이 있다.

▶ 합성초

초산이나 빙초산을 산도 약 3~5%로 하여 설탕, 포도당, 물엿, 인공감미료 등과 sodium glutamate와 기타 아미노산, 식염 그리고 호박산, 구연산, 주석산 등 향미료를 가하여 제조한다.

▶ 가공초

주정초, 과실초 또는 엿기름초 등에 마늘, 양파, pimento, tarragon 등 향신료를 넣어 만든다.

한국의 전통식초 양조법

과정 1, 누룩을 만든다: 누룩을 우리 조상들은 신국(神麴)이라고 했다. 신의 의도에 따라서 잘 뜨기도 하고 못 뜨기도 한다고 믿었기 때문이다. 누룩을 만드는 것은 식초 양조법의 기본임과 동시에 방법 또한 까다로워 많은 정성과 경험이 요구된다. 젊은 주부들은 경험 있는 할머니들의 도움이 필요하다. 누룩의 제조시기로는 6월이 가장 적기이며 가능하면 여름에 만드는 것이 좋다.

① 토종 밀에 10%의 녹두를 첨가하여 거칠게 빻는다(방앗간에 가서 누룩용이라고 하면 됨).

② 밀기울이 겨우 엉킬 정도의 물을 넣고(20% 정도) 비빈 것을 누룩 틀이나 그릇 같은 것에 보자기를 싸서 눌러 단단히 밟아 누룩의 형을 만든다. 누룩을 반죽할 때 물기가 많아서 질면 술에서 붉고 고리타분한 누룩 냄새가 나고, 너무 건조하면 발효가 부족하여 주도(酒度)가 낮다. 손으로 쥐면 엉킬 만큼 반죽한다.

③ 밟은 누룩을 뒤집어 가면서 2일 정도 말려 누룩 사이사이에 짚을 채워 차곡차곡 세운다. 여름에는 헛간에 짚을 깔고 가마니 등으로 덮어두어도 된다. 삼복더위가 아닐 때에는 전기장판을 이용한다. 적정온도는 30℃ 정도이다.

④ 20일 정도 발효시킨 후 건조한 곳에 1개월 정도 숙성시켜 빻는다. 빻은 가루를 4−5일간 밤낮으로 이슬을 맞힌다. 햇볕을 쬐고 이슬을 맞히는 이유는 누룩 자체의 나쁜 냄새를 없애서 좋은 향의 술을 만들고 곰팡이 등 잡균을 살균하기 위해서이다. 좋은 술이 좋은 식초가 되는 것은 두말할 필요도 없다. 이렇게 만든 누룩을 일반적으로 막누룩 또는 곡자라고 한다.

시장에서 판매되고 있는 거의 모든 밀과 누룩은 수입된 것으로 이것은 수확 후에만 21종의 농약을 치기 때문에 심지어는 '아플라톡신'이라는 발암물질까지 검출되고 있다. 반면 토종 밀은 늦가을에 씨를 뿌리고 초여름에 거두기 때문에 농약을 쓰지 않아도 되는 무공해 식품이다. 식초는 부정(不淨)을 타기 때문에 수입 밀로 만든 누룩을 사용하면 실패가 많을 뿐 아니라 품질이 좋은 식초를 만들 수도 없다.

과정 2, 술을 만든다:
① 현미 2되(3.2kg)를 생수에 하룻밤(7−8시간) 불려서 전기밥솥에 밥을 한다.

② 엿기름으로 식혜를 만든다(약쑥과 사철 인진쑥, 생강, 감초, 오갈피 등으로 약
식혜(감주, 약 단술을 만들면 더욱 좋다), 이것이 천연 현미 쑥초이다).

③ 현미밥을 완전히 식혀서 누룩 가루와 골고루 섞는다. 비율은 현미 2되 + 식
혜 1되 + 엿기름가루 2홉이다.

④ 항아리에 2/3 정도 채우고 가제로 덮어 고무줄로 동여맨다.

⑤ 겨울에는 온돌방이나 전기장판의 높은 온도, 봄·가을에는 전기장판의 중간
온도에 놓고 항아리 전체를 담요 등으로 푹 싼다. 오뉴월에는 전기장판이 없
어도 된다. 가장 좋은 발효 온도는 30℃ 정도이다.

⑥ 2−3일이 지나면 술이 발효되기 시작한다. 술이 끓기 시작하면 상부를 조금
열고 담요로 몸통만 싸둔다.

가만히 귀 기울이면 술의 정담이 들린다. 성격이 급한 사람은 부글부글, 와자지
껄, 성격이 차분한 사람은 보글보글, 소곤소곤, 사람에 따라서 술이 익는 기간도 다
르다. 시어머니는 7일, 며느리는 하루 만에 술이 되는 경우도 있는데 그러면 그 집
며느리는 동네에서 인기가 좋다. 초상이 나면 가장 먼저 모시러 온다. 보통 4−5일
이 지나면 술의 발효가 중단되고 맑은 술이 보이게 된다. 술을 만들 때는 반드시
현미(가능하면 유기농법으로 재배한 무공해 현미가 좋다)를 사용해야 한다. 또 생수
를 이용하는 까닭은 생수에 포함된 광물질이 주 효모에 작용하기 때문이다.

과정 3, 초를 안친다:

① 맑은 술을 걸러서 초 항아리에 담는다. 이것을 '초를 앉힌다'라고 말한다.

② 걸러낸 술은 초두루미에 담는 것이 가장 좋고 실패도 적지만 구하기 어려우므
로 옛날부터 사용하던 옹기에 담는다. 근래에 만든 반짝거리는 항아리에는 화
공약품으로 만든 유액을 바르고 가스 불로 구운 불량품이 많다. 조상의 지혜
를 어리석은 후손들이 망치고 살고 있는 것이다.

천연식초는 효소원액이라고 말할 수 있으므로 용기를 부식시키고 이 물질을
우려내는 성질이 있다. 그러므로 플라스틱이나 금속통 등으로 만드는 것은 큰
잘못이다. 천연식초는 재료선택, 숙성과정만큼이나 발효용기가 중요하다. 옛날

부터 간장, 된장, 김장용으로 사용하던 윤기가 없는 투박한 항아리라면 무난하겠다.

③ 항아리는 안팎으로 깨끗하게 씻고 깨끗한 마른 수건으로 물기를 완전히 제거한다. 짚을 태워 그 연기로 독 안을 소독하는 것이 좋지만 여의치 않을 경우 알코올식초(100% 양조식초라고 선전하는 시장의 거의 모든 식초)로 소독한다.

④ 항아리 입구를 가제로 덮고 고무줄을 동여맨 다음 뚜껑을 덮는다.

초를 앉힐 때는 즐거운 마음으로 정성을 다해야 한다. 그릇도 도자기 그릇을 사용하고 특히 술맛을 본다고 입술에 닿은 그릇을 다시 독 안에 넣는다든지 불결한 그릇에 묻은 식용유 등이 들어가서는 안 된다. 그렇게 되면 술은 변질되어 뿌옇고 두꺼운 막이 생긴다. 이를 '꽃가지 폈다'라고 말한다. 꽃가지 핀 식초는 산소가 차단되기 때문에 실패한 식초이다. 술을 거를 때 며느리 입에 꽃가지를 물리는 풍습에서 우리 조상들이 얼마나 식초의 청결에 유의하였는가를 짐작할 수 있다.

과정4, 서늘한 곳에 보관한다:

① 초를 안친 후 20일이 지난 뒤에 벌꿀 2홉과 구연산 성분이 많은 과일(석류, 홍옥사과, 포도)을 적당량 넣는다. 초를 앉힌 후 넣으면 과일의 수분으로 인하여 변질될 우려가 있다. 인삼+대추+토종꿀을 넣으면 그것이 인삼초이고 소나무 잎, 솔방울 송피 등을 토종꿀에 발효시켜 넣으면 그것이 소나무식초이다.

② 항아리 뚜껑을 닫고 직사광선이 비치지 않는 서늘한 곳에 보관한다. 바람이 잘 통하는 아파트 베란다, 마루, 재래식 부엌의 구석 등이 적격이다. 방에 둘 때는 방바닥의 온기가 직접 항아리에 닿지 않도록 받침대를 깐다. 항아리를 이리저리 옮기거나 함부로 다루지 않는다. 식초는 빚는 사람의 마음을 알고 있고 인품이 그대로 나타난다. 또한 맑은 공기가 좋은 식초를 만든다.

③ 매일 식초를 자식처럼 끌어안고 '초야' 니캉 내캉 백 년 살자 하면서 흔들어준다. 공기 중의 초산균이 식초 표면에 엷은 초막을 형성하는데 이것을 흔들어줌으로써 초산의 침투를 용이하게 하고 발효를 촉진시킨다.

서양의 식초는 기계로 표면을 흔들어준다고 한다. 사람의 체온을 전달하고 기원하여 만들어지는 한국식초는 물리적으로만 대응하는 서양의 식초와는 차원이 다르다. 이는 하늘을 우러러 탄복할 조상의 지혜이다. 건강 장수는 조상에 대한 경외심으로부터 비롯된다.

　과정 5, 사계절을 느껴야 한다:

　좋은 식초를 만들기 위해서는 재료 선택만큼이나 초산이 발효되는 시간이 중요하다. 겨울에는 효소가 잠복하고 여름에는 활짝 피어나는 세월의 섭리를 느껴야 한다. 인위적으로 시설을 만들고 온도를 조절한다든가 자체 생성된 알코올과 초산이 아닌 외부의 어떠한 알코올(소주, 양주, 주정)이나 농촌 할머니들이 초 원료라 부르는 빙초산이 한 방울이라도 섞이면 화학작용이 일어나 본질을 망치게 된다. 식초가 성숙되면 작은 날파리(양파나 과일에 모이는 하루살이 같은 것)들이 초 냄새를 맡고 모여든다. 이것을 '초할마이'라고 하며 항아리 바닥에 생기는 작은 벌레를 '초눈'이라고 한다. 식초의 생명은 살균, 해독작용을 하고 부신피질 호르몬을 만들고 칼슘을 용해하여 흡수를 도와주는 촉매역할을 하는 초산에 있다. 최소한 1년 이상 자연 숙성시켜야만 강력한 초산이 생성되며 3년이 지나야 제 빛깔이 난다.

전통식초를 만드는 용구 및 용어

▶ 초두루미

　초두루미는 숨을 쉬며 자동으로 온도를 조절하여 초산발효를 용이하게 하고 씨앗을 담으면 장기간 부패하지 않고 생수를 담으면 용존산소가 살아 있고 수돗물을 담으면 제독 정화효과가 나타나는 신비한 용기이다. 달나라를 가는 첨단과학도 단순하게 생긴 한국산 초두루미의 신비를 규명하지 못한다. 수줍은 듯 유려한 곡선은 한국의 곡선미 그대로이다, 초두루미는 시대마다 지방마다 가마마다 모양과 문양이 다르다.

호남지방의 초두루미는 용량은 작고 목이 길어 아름다운 곡선을 자랑하는 예술품이다. 걸작품은 대체로 호남의 해안이나 도서에서 수집되는데 부엌에서 사용하던 조미료 항아리를 그토록 아름답고 과학적으로 제조했던 조상의 슬기에 탄복할 뿐이다. 영남지방의 초두루미는 목이 짧고 견고하고 용량이 크다. 경주나 안동지방에서는 20ℓ 용량의 초두루미도 다소 수집되는데 식초를 한 말이나 만들던 집안이라면 문중의 번영을 짐작할 만하다. 충청도 지방의 초두루미는 독특한 모양이며 용량은 6~8ℓ 정도로 호남과 영남의 중간 정도이다. 영·호남 지방은 공히 물결무늬나 빗살무늬를 사용하는 데 반해 충청도 지방은 나뭇잎 무늬나 요철조각이 많은 것이 특색이다.

▶ 용 수
술독에 박아서 술을 거르는 대나무로 만든 기구

▶ 종초(種醋)

1년이 경과하여 완숙된 식초를 따르면 초 지게미가 남는다. 이것이 종초이다. 종초를 확보한 이후에는 술만 부으면 또 식초가 되는 것이다. 처음 빚는 식초의 맛이 평생의 맛이 된다. 어렵게 확보한 종초를 마음에 안 든다고 버리고 다시 만들기는 매우 어려우므로 처음부터 정성을 다해야 한다. 식초도 여자의 마음과 같아서 정성스럽게 대해 주어야 한다. 함부로 식초를 만들다 실패를 거듭하게 되면 영원히 식초를 만들 수 없는 석녀(石女)가 되는 것이다. 식초는 3회의 노벨 생리·의학상이 입증하는 최고의 과학임과 동시에 논리로는 도저히 설명할 수 없는 불가사의한 것이다. 종초를 나누어주는 것은 부정 탄다고 해서 절대 금물이다. 예부터 직계나 은인이 아니고서는 종초를 얻을 수 없었다.

▶ 초 눈
초두루미 속에 생기는 작은 벌레를 초눈이라고 한다. '누룩에 오 꽃이 폈다'라는 말은 식초가 잘 숙성된 것을 나타내고 '식초에 초눈이 생겼다'라는 말은 식초가 잘 숙성되었다는 것을 뜻한다.

▶ 초할마이(할머니)

식초 냄새를 맡고 날아드는 작은 날파리를 초할마이라고 한다. 잘 숙성된 식초는 새콤달콤한 향기가 난다. 식초냄새는 뱀, 지렁이, 지네 등을 가릴 것 없이 온갖 미물들이 좋아한다. 식초를 따를 때는 많은 꿀벌들이 찾아와서 붕붕거린다. 그중 특히 초할마이는 식초 냄새를 참 좋아해서 식초의 초산에 온몸을 던진다. 식초를 잘 빚는 할머니는 짚이나 솔잎으로 막아둔 초두루미 입구를 개봉했을 때 폴폴 날아오는 초할마이만으로도 식초의 숙성 정도를 알 수 있다. 초눈과 초할마이는 식초 빚는 자의 기쁨이다.

▶ 초 아제비

미숙초를 지칭하는 말이다. '아제', '아제비'라는 말은 촌수가 5촌이 넘는 먼 친척 아저씨뻘 되는 사람을 대충 그렇게 부른다. 그러니까 미숙초는 신맛이 나긴 하지만 진짜 식초와는 좀 거리가 있다 이런 뜻이다. 신맛이 강하다고 해서 진짜 식초는 아니고 겨울에 움츠리고 여름에는 활짝 피어 만개하는 자연의 조화가 녹아들어야 하는 것이다.

▶ 꽃가지 피다

주도 12도 이하의 술을 장기 보관하면 썩거나 식초가 된다. 술의 재료가 농약 등에 오염되거나 이물질로 인하여 술의 표면에 두꺼운 막이 생기면 공기와 차단되기 때문에 식초를 만들 수 없게 된다. 이때를 그 막의 모양이 나뭇가지나 꽃을 닮았다 하여 '꽃가지 폈다'라고 말한다. 꽃가지가 핀 식초는 부정을 탄 것이므로 실패한 식초이다.

▶ 전배기

물을 혼합하지 않은 전주를 말한다. 식초 만드는 용어 가운데에는 사전에도 없는 말이 많다. "전배기(전주)에 취하면 제 아비도 모른다."라는 속담이 있을 정도로 전배기는 독하다. 사돈이 온다는 기별이 오면 술을 담아서 위의 깨끗한 청주를 뜬다. 이것이 전배기다. 아래에 남은 술지게미를 물을 섞어 만든 것이 막걸리다. 식초는 전배기로만 만들 수도 있다.

초를 만드는 미생물자원

미생물의 세계는 대단히 광범위하고 생명자원으로서 중요한 위치를 차지하고 있으며 지구의 표면, 바다 밑, 공중의 먼지, 온천물, 북극의 얼음 덩어리 속, 사람의 창자 속에도 생존하고 있다.

유익한 세균과 해로운 세균

미생물 중에는 사람에게 유익한 것도 있고 해로운 것도 있다.

▶ 유익한 미생물(세균)

유산균, 비피더스균, 초산균, 프로피온산균, 청국장균(Bacillus subtilis)

▶ 유해한 미생물(세균)

결핵균, 대장균, 이질균, 장티푸스균, 비브리오, 리스테리아, 성병(임질, 매독), 충치 치주염, 무좀균, 결핵

초산 세균

1623년 네덜란드의 A. V. Leeuwenhoek가 현미경을 만듦으로써 미생물에 대한 탐구가 시작되어 1732년 역시 네덜란드의 H. Boerhaave는 처음으로 종초(種醋)는 식물적 성질을 가지는 것이라고 하였다. 1822년 C. H. Persoon은 포도주와 맥주의 표면에 생기는 피막에 대한 생물학적 연구를 하여 이것을 *Mycoderma*라고 불렀으며 1826년 L. Desmaqieres는 포도주 액면의 피막을 *Mycoderma vini*, 맥주 액면의 것을 *Mycoderma cerevisiae*라 하고 그 세포모양은 난형(卵形)이며 길이는 8μm으로 동물계에 속하는 것이라고 하였다. 이어서 1837년 F. I. Kutzing도 이 피막이 연쇄되어 있는 미소한 생물이라는 것을 인정하고 이것을 일종의 조류(藻類)로 생각하여 *Ulvina aceti*라고 하였으며 포도주나 맥주가 초로 되는 것은 이 미생물의 작용에 의한다고 하였다. 그 후 1852년 R. T. Thompson은 이것을 *Mycoderma aceti*로 개칭하고 1864년 L. Pasteur은 종초 중에는 초산발효에 관하여는 많은 미생물이 있는 것을 발견하고 이 *Mycoderma aceti*가 없으면 초산발효가 일어나지 않는다고 하였다. 1878년 Denmark의 E. C. Hansen은 초산균의 단세포분리에 성공하고 1900년 Netherlands의 M. W. Beijerink가 초산균 속의 학명을 *Acetobacter*라고 명명하여 현재에 이르고 있다.

*Acetobacter*는 Pseudomonadaceae에 속하는 절대호기성(絕對好氣性)의 gram($-$), 무포자(無胞子)의 단간(短桿) 또는 타원형의 세균으로 주모(周毛)나 극모성(極毛性)의 편모(鞭毛)를 가지는 것과 갖지 않는 것이 있으며 때로는 긴 연쇄(連鎖)를 하는 수도 있다. 생육 적온은 약 30℃, 최적 pH는 3.5~6.5가 된다.

초산균은 종류가 많아 등은 포도주초 양조에 잘 이용되며 *Ac. aceti*, *Ac. oxydans* 등은 주박초(酒粕醋) 양조에 그리고 *Ac. schuzenbachii*는 속초법(速醋法)에서 잘 이용된다. 또 식초 발효액에 혼탁을 일으키고 불쾌한 ester를 생성하고 또는 생성한 초산을 물과 CO_2로 과산화하는 유해한 *Ac. kutzingianum*, *Ac. ascendans*, *Ac. xylinum* 등도 있다.

식초를 만드는 초산균의 항암효과

식초를 만드는 데 필요한 초산균에서 분비하는 다당체가 항암효과 및 면역활성이 높은 것으로 알려져 있다. 초산균에서 식초를 발효시킬 때 생성되는 다당류는 heteropolysacchride의 구성성분으로 생리활성이 높은 것으로 알려지고 있으며 독성이 없는 것이 특징이다. 쥐를 대상동물로 Sarcoma-180 세포에 대한 저지율은 50 ㎎/㎏의 식초균의 다당체가 64.96%로 우수한 저지효과를 나타내고 있다. 한편 식초균에 의하여 생산되는 다당류는 ICR 마우스에서 백혈구 수와 총복강 세포 수가 현저히 증가하였고 면역관련 장기의 무게도 증가하는 경향으로 보아 면역활성이 높음을 알 수 있다.(표 참조)

또 Macrophage의 phagocytosis에 미치는 영향은 phagocytic index와 corrected phagocytic index에서 별 차이가 없었고, anilline으로 유도한 methemoglobin의 함량은 유의성 있는 영향을 나타내지 않았다.

식초균의 다당류가 마우스의 혈액 중에 효소활성 및 생화학적 성분치를 측정해본 결과 S-GOT, S-GPT 및 alkaline phosphatase는 대조군과 차이가 없었고, 동 단백질, 알부민 및 글로불린도 투여농도의 증가에 관계없이 대조군과 별 차이를 보이지 않았다. 지질에 미치는 영향도 cholesterol은 다소 저하하였으나, triglyceride는 거의 비슷한 수준으로 나타났고, 요소, blood urea nitrogen 및 glucose에서도 별 차이는 나타내지 않았다.

특히 실험에서 투여한 다당류가 humoral immunity 및 cell-mediated immunity 모두에 작용하여, 특히 DTH 및 PFC 실험에 투여한 다당체가 마우스의 T-lyphocyte 및 helper T-cell에 반응성을 증가시켜 준 반면에 RFC의 실험결과인 effector T-cell에 대하여는 별다른 효과를 보이지 않았다.

Sarcoma−180 육종암에 대한 다당체의 항암효과

실험군	투여량(∞ / ∞)	쥐의 수	종양의 무게(g) (Mean±S.E)	저지율(%)
대조군	−	7	8.99±1.54	−
다당체	25	7	7.74±1.26	13.90
	50	7	3.15±0.92	36.26
	75	7	5.73±0.85	64.96
	100	7	6.29±1.17	30.03

Sarcoma−180 육종암을 쥐에 주사하고 다당체를 투여한 후 면역기관의 무게의 변화(Ⅰ)

실험군	투여량 (∞ / ∞)	쥐의 수	몸무게(g)		간의 무게 (∞/∞)	증가율 (%)
			1일째	18일째		
대조군	−	12	21.15±1.83	24.94±3.79	1,421±174	−
다당체	50	12	21.98±1.18	26.05±2.31	1,632±293	14.79
	75	12	21.71±0.91	26.49±2.34	1,743±261	22.53

Sarcoma−180 육종암을 쥐에 주사하고 다당체를 투여한 후 면역기관의 무게의 변화(Ⅱ)

처리군	투여량 (∞ / ∞)	비장의 무게 (∞ / ∞)	증가율 (%)	갑상선 (∞ / ∞)	증가율 (%)
대조군	−	242±46.79	−	71.2±11.63	−
다당체	50	294±55.19	20.83	81.1±28.14	14.08
	75	311±65.82	29.17	108.3±18.96	52.11

이상을 종합해보면 식초균으로부터 분리 정제가 다당류가 in vivo에서 Sarcoma−180 tumor cell에 대하여 강한 항암활성이 있음을 알 수 있었으며, 이러한 항암작용은 tumor cell에 대한 직접적인 세포독성보다는 체내의 면역기능을 증가시켜 줌으로써 간접적으로 암의 성장을 억제한다는 것을 알 수 있다. 따라서 현재 일반적으로 사용되고 있는 화학요법제 등의 독성과 비교해보면 식초균은 독성이 없으므로 안전한 항암제로서의 개발이 가능하다고 믿는다.

식초 중의 아세트산 정량

아세트산의 카르복실기(COOH)는 알코올을 2번 산화하여 얻을 수 있다. 식초 중의 아세트산의 함량을 알아보기 위해서, 시중에서 구할 수 있는 식초와, 실험으로 얻은 f=1.0776의 NaOH를 표준용액으로 사용하여 적정한다. 역가의 의미를 이해하고, 아세트산의 함량(%, w / v)을 구하는 식(e×v×f / s×100)을 이용하여 나온 식초에 함유된 아세트산 함량은, 6.6872%이다.

식초에 포함된 아세트산, 각종 유기산, 아미노산 등은 사람의 체내 에너지대사에 관여해 인체에 해로움을 주는 과산화지질, 젖산 등 피로물질을 분해하는 효과 외에도 체내에서 지방을 축적시키는 당분이나 글리코겐을 분해하여 고혈압 예방과, 비만을 방지하고, 식초 속의 초산은 결석의 원인이 되는 수산화칼륨을 몸 밖으로 배출시키기 때문에 결석을 예방하여 주며, 피부 건강과 미용에 좋을 뿐만 아니라 강력한 살균력으로 인체 내 독성 제거 및 숙취 제거에 효능이 높아 식생활 속에서 빠질 수 없는 현대인의 영향식품이라 말할 수 있다.

식초는 곡류, 과실류, 알코올성 음료 등을 원료로 하여 양조한 양조 식초와 빙초산 또는 초산은 주원료로 하여 만든 합성식초로 구분된다. 모두 4~5%의 초산(acetic acid) 을 주성분으로 하고, 그 이외에도 각종 유기산, glycerine, ester류, 아미노산, gluconic acid 등이 함유되어 있어 독특한 향기와 맛이 있다. 양조 식초는 담황색~담갈색의 투명한 액체로서 고유의 향미가 있어야 하고, 원료에 따라 주박식초, 포도식초(wine vinegar), 사과식초(cider vinegar), 쌀식초, 맥아식초, 등이 있으며 당분이 알코올로 되고 여기에 초산균인 Acetobacter aceti, A acetosus 등이 작용하여 주성분인 초산, 젖산, 호박산, 구연산 등 여러 종류의 유기산을 생성하는데 이때 초산은 수용액 중에서 해리하여 초산이온(CH_3COO-)과 수소이온(H^+)으로 되며 식초의 신맛은 주로 H^+의 맛으로 H^+ 농도에 비례하고, CH_3COO- 에 의하여 부미가 생긴다. 식초의 신맛은 청량감을 주고 식욕을 돋우어 주며 pH가 낮아 저장성을 부여하기도 한다. 또한 독특한 향기를 갖고 있어서 생선회, 초절임, dressing

류, 비린내 제거 등의 재료로 널리 사용되고 있다.

유산균 중 초산을 유일하게 생성하는 비피더스균(Bifidobacterium)

▶ 비피더스균(Bifidobacterium) 발견

1884년 독일의 비인대학 소아과 엣쉐리히 교수는 모유 영양아의 분변으로부터 대장균을 분리하고 이것이 아기의 장내에서 가장 많은 세균일 것으로 생각하였다. 그때부터 모유를 먹는 아기가 우유를 먹는 인공영양아에 비하여 질병에 대한 저항력이 강하고 건강하다는 것을 생각하게 되었다. 엣쉐리히 교수에 의하여 발견된 대장균은 그 후 약 80년이나 장내세균의 대표적인 것처럼 인식되어 왔다. 그러나 1899년 파스퇴르 연구소의 티이제가 모유 영양아의 장내에는 공기가 있는 곳에서는 생육하지 않는 혐기성 유산균이 가장 많이 존재한다는 사실을 발견하고 이것을 바칠러스 에시도필러스(Bacillus acidophilus)라고 이름 지었다. 이 균이 지금 말하는 비피더스균(Bifidobacterium)으로 이 세균이 증식할 때 영문자 Y형을 하거나 V자형을 하기 때문에 이러한 형태가 나무의 가지＝비피더스(Bifidus)와 같다고 하여 그대로 부르게 된 것이다.

▶ 비피더스균(Bifidobacterium) 특징

산소가 있는 곳에서는 생육하지 못한다는 것이다. 이러한 성질을 편성혐기성(偏性嫌氣性)이라고 한다. 사람이나 동물도 산소가 없으면 생존할 수가 없는 것이며 질식하여 죽고 마는 것이다. 그러나 세균 중에는 그와 반대로 산소가 있으면 생육할 수 없고 사멸 해버리는 것이 있다는 것이다. 세균에서도 대장균이나 포도상구균은 산소 있는 곳에서 생육한다. 그러나 장내에 있는 세균은 대부분이 비피더스균과 같이 산소를 싫어하고 무산소 상태에서 잘 생육한다. 왜냐하면 그렇게 될 수밖에 없는 소화기관의 구조적 특성이 있기 때문이다. 즉 입에서 들어온 음식물은 초기의 소화흡수과정에서는 산소가 혼합되어 있는 상태이므로 이러한 환경에서 잘 생육할 수 있는 대장균과 같은 세균이 산소를 이용하면서 증식하다가 음식물이 점차 창자 부위로 흘러 내려가면 산소가 모두 이용되어 버리고 산소가 전혀 없는 환경으로 변한다. 이렇게 되면 혐기성 세균만이 증식하게 된다. 또한 비피더스균의 또 하나의 특징은 요구르트의 제조에 사용되고 있는 유산균과 같이 당을 발효하여 유산을 만드는 작용을 한다. 그러나 그 발효에 있어서 일반 유산균은 발효 생산물로서 유산을 주로 만드는데 비하여 비피더스균은 유산과 초산을 중량으로 1 대 1.5의 비율로 만든다. 이러한 발효에서는 탄산가스나 메탄가스 등은 전혀 생산되지 않는다. 또한 비피더스균은 다른 유산균에서와 같이 단백질을 분리하여 암모니아, 아민, 황화수소 등 독성물질을 만들지 않는다. 따라서 음식물을 썩게 하는 작용은 전혀 없다. 이 세균이 창자 속에서 아무리 많이 증식하여도 독성물질을 만들지 않으며 몸에 해롭지 않다. 오히려 여러 가지 유익한 물질을 만들어 주기 때문에 몸에 유익한 작용을 하는 균이다.

▶ 비피더스균(Bifidobacterium)과 모유의 관계

여러 종류의 유산균이 많이 있는 가운데 유일하게 초산을 생성하는 유산균을 비피더스균이라고 한다. 이 유산균은 모유를 먹는 젖먹이 아기의 창자 속에 매우 많이 생존하고 있기 때문에 아기의 건강을 위해 엄마의 젖 성분 중에 비피더스균의 성장촉진 물질이 숨겨져 있고 그것에 의하여 아기의 창자 속에 비피더스균이 무럭무럭 자란다. 이로 인해서 초산(식초의 주성분)이 생성됨에 따라 체내의 노폐물질이 똥, 오줌으로 쉽게 배설되도록 생리구조가 묘하게 꾸며져 있음은 생명 창조의 신비스러운 일면이 아닐 수 없다. 이렇게 모유의 성분 중에는 비피더스균의 성장을 촉진시키는 물질이 함유되어 있다. 또한 창자 속에 초산이 있으면 창자 내용물의 pH가 산성으로 되어 해로운 세균이 억제되고 영양물질의 흡수가 촉진된다. 그래서 요즘음 유산균 식품이 많이 소비되고 있지만 다른 유산균보다 비피더스균의 의료효과가 가장 좋은 것으로 알려져 있다. 이 비피더스균은 유산을 많이 생성하는 유산균의 일종이지만 일반 유산균과 다른 점은 유산보다는 초산을 더 많이 생성하고 산소가 없는 환경에서 생육하는 혐기성 세균이라는 점이다. 일반 유산균과 비피더스균의 차이점은 이러한 생리적인 특성 외에도 건강증진작용에 있어서 여러 가지 효능이 비교 연구되고 있는데 비피더스균이 더 효과적이라는 것이 많이 보고되고 있다.

▶ 비피더스균(Bifidobacterium)이 장관에서의 역할

비피더스균이 증식하면 그 대사산물로써 젖산, 초산과 같은 유기산을 생산해 준다. 이 산으로 장관 내는 산성이 되므로 갖가지 나쁜 균의 배양을 막아줄 수 있고 또 장관의 연동운동이 촉진되어 대변이 정상화된다. 또한 세균성의 설사에도 효과가 있으며 정장작용(整腸作用)이 있다. 또한 비피더스균은 체내의 비타민, 특히 B1과B2의 생산을 도와서 우리 몸에 좋은 비타민 공급자원이 되기도 한다. 그러나 이 때 아노이리나제균 같은 나쁜 균이 번식하게 되면 체내의 비타민 B_1은 모두 파괴되므로 우리가 아무리 비타민 B_2를 복용하더라도 실제의 비타민 효과는 없게 된다. 특히 노인에서는 좋은 균보다 나쁜 균이 더 많이 번식하기 쉽다고 한다. 오로라야센이라는 세균학자가 노인에 대해 조사한 바에 의하면 대변 1g 중에 좋은 균인 비피더스균이 1억 이상 있는 사람은 아주 건강하다고 했다. 장관 내에 나쁜 균이 많아지면 노화가 빨라지며 수명도 단축된다고 했다.

러시아 태생의 장수 학자인 '메치니코프'는 20세기 초에 요구르트 장수 효과를 제창하였다. 그는 요구르트를 먹게 되면 그 젖산균이 장관 내에서 번식하고 있는 나쁜 균의 발육을 억제해준다는 것을 주장하였다. 그러나 요구르트에 포함된 불가리아균이나 요구르트균은 위산과 같은 강한 산에서는 살수가 없으므로 위에서 죽고 만다는 것이 발견되자 이 메치니코프의 학설은 매장되고 말았다. 그 후 우리들의 장관 내에서 가장 중요한 구실을 하고 있는 것이 비피더스균임이 발견되었다. 그래서 요즈음은 비피더스균으로 만든 요구르트가 판매되고 있다. 이 비피더스균이 우세하면 우리들의 장관은 산성이 되므로 대변이 황갈색이고 썩은 냄새가 나지 않으며 약간 산미(酸味)를 띠고 있는 냄새가 나게 된다. 반대로 나쁜 균이 우세하면 우리들의 장관은 알칼리성으로 되어 대변은 좀 검은 빛깔을 띠게 되면서 그 양도 적게 되고 대변 후에 부패한 썩은 냄새가 많이 나게 된다. 그러나 최근의 연구 결과 비록 위산에 의해 젖산균이 죽는다 하더라도 100% 죽는 것이 아니고 얼마 정도는 살아서 장으로 갈 수 있다는 실험을 발표했다. 뿐만 아니라 이 젖산균에 의해 생성된 물질과 젖산균의 균체 성분들이 생체의 면역기능을 자극하여 저항력을 높여주며 간 기능도 촉진시킨다고 한다. 비피더스균과 채소의 섬유질은 수분을 흡수하여 부풀게 되어 대변의 양을 많게 해주므로 장관을 적당히 자극하여 장의 연동운동을 정상화 시켜 배변을 도와주어 유해물질을 체내에 흡수되지 않도록 방지해 주기도 한다. 옛말에 "호랑이는 죽어서 가죽을 남긴다."는 말이 있는데 요즈음은 "젖산균이 죽어도 면역기능을 자극하는 효과를 남긴다."라고까지 말하고 있다. 일본의 光岡 박사는 이 비피더스균의 영양분이 되는 것은 푸룩트 올리고당(양파, 아스파라거스, 우엉, 마늘 등)과 갈락토 올리고당(콩, 온두콩, 팥, 녹두, 호콩, 캐슈, 효모 이스트, 요구르트 등)이라 했다. 이런 것을 섭취하면 장내의 비피더스균의 증식이 잘 되므로 대단히 좋다고 강조하고 있다. 그러므로 우리는 이 좋은 균인 비피더스균의 번식에 필요한 영양분을 충분히 섭취하여 비피더스균을 많이 번식시키는 데 유의해야 한다.

초 발효에 관계하는 미생물 곰팡이 국균(麴菌)

곰팡이는 굴이나 떡에 번식하여 콜로니(집락)를 만들므로 육안으로 확인할 수 있지만 이것은 곰팡이의 포자나 균사가 다수 엉켜져 집합체이기 때문에 눈에 보이는 것이며 본체인 포자는 육안으로는 관찰 불가능할 정도로 작다. 곰팡이의 포자나 효모, 세포의 크기는 4~8㎛(μ이라고도 하며 1㎛은 1,000분의 1㎜)로 거의 같은 크기이나 세균은 평균 0.4~0.8㎛로 더 작다. 참고로 인간의 적혈구는 약 7㎛, 가장 미세한 생물인 비루스 중 influenza virus는 0.02~0.08㎛이다. 곰팡이의 형태는 배율 100~150배, 효모는 400~600배, 세균은 1,500~2,000배의 현미경으로 관찰이 가능하다.

특히 발효에서 빈번히 이용되는 곰팡이를 국균(麴菌: 누룩곰팡이)로 포자와 그것을 지지하는 경자(梗子), 그 기반이 되는 정낭(頂囊)이라는 두부(頭部), 분생자병(分

生子柄)이라는 동부(胴部), 균사나 각세포(脚細胞)라는 근부(根部)로 되어 있다. 균사 중에는 핵이 있고 그 세포벽에는 cellulose나 chitin을 함유하고 있어 경고한 조직으로 되어 있다.

곰팡이의 포자가 날아다니다가 이것이 새로운 배양기에 낙하하면 포자는 곧 영양원을 취하면서 발아한다. 이것이 점차 성장하여 균사가 되고 이 균사의 일부에서 분생자병(分生子柄)을 만들어 일어서고 그 선단에 정낭을 형성하면서 포자를 만든다. 이 포자는 마찬가지로 정낭에서 떨어져 나와 배양기에 낙하하여 발아하여 균사를 만든다. 이러한 생활사를 반복하여 곰팡이는 늘어나지만 이 증식의 단계에서 여러 가지 대사 물질을 균체 내에서 생산하고 그 일부는 균체 외로 분비하게 된다. 이것이 발효생산물 곰팡이며 약, 탁주, 술, 쌀초, 된장, 미림, 감주 등의 제조에 이용되어온 곰팡이는 고오지곰팡이(국균: Aspergillus) 속으로 Aspergillus oryzae(아스페르길루스 오리재)이며 황국균(黃麴菌)이라 부르고 대표적인 유용 국균이다. 이것은 예로부터 이용되어 왔고 원료 중의 전분을 당화시켜 포도당으로 분해하는 amylase(전분분해효소)의 역가가 매우 강하다.

국균은 일본에서 이름을 붙인 것이고 이 중 황국균은 청주, 미림, 감주, 된장, 간장, 식초 등의 제조에 쓰이는 Aspergillus oryzae와 된장에 쓰이는 Aspergillus sojae가 있다. Aspergillus oryzae는 전분의 분해력이 우수하고 Aspergillus sojae는 단백질의 분해력과 cellulose의 분해력도 우수하다.

초의 제조법

초는 다양한 원료로 제조되는데, 원료를 술로 만들어 그것을 식초발효균으로 하여 초로 바꾼다는 과정은 동일하다. 여기서는 일본에서 인기 있는 쌀초(米酢)의 제조공정을 소개한다.

우선 찐 쌀에 쌀누룩과 물을 넣고 당화시켜 전국(거르지 않은 술, 간장)을 만든다.

여기에 효모를 넣고 알코올 발효시켜, 술을 제조한다. 완성된 술에 종초(種酢: 발효가 끝난 상태의 초, 식초균이 많이 포함되어 있다)를 섞어서 가온하여, 발효조에 넣고, 식초균막을 이식하여 식초 발효시킨다. 약 2주 후, 완성된 초를 다시 숙성탱크에 넣고, 최소 1~2개월간 숙성시켜, 여과·살균하면 마침내 제품이 되는 것이다.

▶ 알코올의 역할

곡물초와 쌀초의 원재료에 가끔 양조 알코올이라고 표시되어 있는 경우가 있다. 이것은 알코올 발효시킬 때 첨가한 것으로, 사탕수수 등을 주원료로 하여 만들어진다. 병용하면, 감칠맛은 약간 떨어지지만 상큼하고 가벼운 느낌의 풍미를 가진 초가 되는데 독특함이 없는 대신 폭넓게 이용된다.

한편 알코올을 전혀 사용하지 않은 초는, 법률에서 순쌀초와 순사과초라는 식으로 '순'자를 제품에 붙여도 된다. 이들은 맛도 풍미도 진하며, 잘 쓰면 요리를 개성적으로 만들 수 있고, 맛에 깊이를 줄 수 있다. 제조 시에 알코올을 첨가하는 것은 JAS의 규격으로 허가되어 있으며, 알코올이 들어간다고 해서 품질이 떨어지는 것은 아니다. 어느 것을 사용할 지는 용도와 기호에 따라 정하면 되겠다.

신맛과 다른 맛과의 상호관계

단맛이나 쓴맛을 가지고 있는 물질은 종류가 많아서 상호 화학적 반응을 규명하기는 매우 힘든 일이지만 신맛 가진 물질의 경우에는 화학적 공통성질을 가지고 있기 때문에 다소 쉬운 편이다. 신맛은 유기산, 무기산 또는 산성염의 특유한 맛으로 수용액 중에서 해리된 수소이온의 맛으로 표현된다. 이러한 신맛과 다른 맛과의 상호관계는 ① 최저 정미농도 수준에서 소금은 초산, 염산, 구연산의 신맛을 감소시키며 젖산, 사과산, 주석산의 신맛도 많이 감소된다. ② 염산은 소금의 짠맛에 영향을 미치지 않지만 기타 모든 유기산류는 소금의 짠맛을 증가시킨다. ③ 포도당의 단맛은 초산, 염산에 의해서 감소되지만 다른 산에 의해서는 영향을 받지 않는다. ④ 설탕의 단맛은 젖산, 사과산, 구연산, 주석산에 의해서 증가되며 염산이나 초산에 의해서는 영향을 받지 않는다. ⑤ 탄수화물은 일반적으로 짠맛과 신맛을 감소시키며 특히 설탕은 다른 당보다 사과산이나 주석산의 신맛에 영향을 받지 않는다. 예를 들면 간장이 최고의 맛을 가질 때의 pH는 4.5~4.8인데 이때는 신맛을 느낄 수가 없으며 귤, 사과, 포도 등 천연과실에는 유기산 함량이 많아도 신맛을 그렇게 강하게 느끼지 못하는 것은 단백질, 아미노산, 유지류, 기타 산, 염류와 같은 완충작용을 갖는 물질이 함유되어 있기 때문이다.

식초산

▶ 초의 주성분·산도(酸度)

우선 초의 주성분으로 초산을 들 수 있다. 이것은 초의 산미의 주체가 되는 물질로 무색투명하며 자극적인 냄새를 갖는 유기산이다. 초산은 주류의 초산발효에 의해 얻어지기도 하지만 천연 향기 성분인 에스텔로 과실류에 함유되어 있다. 한편 레몬 등 감귤류도 초로 이용되는데 그 주성분은 쿠엔산이다. 초산의 직선적인 산미에 비하면 향기가 약간 순하다. 초의 성질을 재는 기준의 하나로 산도가 있다. 산도란 "초 속에 포함되어 있는 각종 유기산의 산미성분의 비율"을 말한다. 산미의 강도를 표시하는 단위이므로, 일반적으로 이 수치가 높을수록 산미를 강하게 느낀다고 할 수 있는데, 실제 맛은 초에 포함되어 있는 각종 아미노산 등과의 균형으로 정해지는 것이다. 일본인이 일반적으로 사용하는 곡물초와 쌀초의 산도는 4.2~5.0%인 데 반해 와인비네거와 몰트비네거 등 서양 초는 6.0~8.0%의 초가 많다. 이것도 사용할 때 하나의 기준이 된다고 할 수 있다. 초에 코를 가까이 가져가면 자극적인 냄새가 느껴진다. 주성분인 초산을 비롯하여 휘발성 물질이 많이 포함되어 있는 것이 초의 특징 중의 하나다. 그렇기 때문에 풍미를 유지하기 위해서는 특히 가열 요리하는 경우, 가능한 조리 마지막

단계에 넣고, 장시간 가열하는 것을 피하도록 한다. 조리에 사용할 경우, 초를 단순히 소재에 산미를 더하기 위해 사용할 뿐 아니라, 양조에 의해 만들어진 각종 아미노산의 맛과 향기성분이 가져오는 향·풍미를 목적으로 하는 경우도 많다.

▶ 초산균(Acetobacter 속)

알코올을 산화하여 초산을 생성한 것으로 A. aceti, A. asetosum, A. pasteurinum 등이 있다.

▶ 식초산 균주의 필수요건

① 빠른 생육속도
② 강 내산성
③ 높은 생산수율
④ Acetic acid 외 여러 가지 방향성분 부생 가능
⑤ 생성한 식초산을 과산화(overoxidation) 하지 않는 것

▶ 초산발효의 기작

$$CH_3CH_2OH + 1/2O_2 \longrightarrow CH_3CHO + H_2O$$

$$CH_3CHO + H_2O \longrightarrow H_3C-\overset{\displaystyle H}{\underset{\displaystyle OH}{C}}-OH + 1/2O_2 \longrightarrow CH_3COOH + H_2O$$

▶ 식초의 성분

초산, 유기산(fumaric, lactic 등), 당(포도당, 과당, 설탕 등), 아미노산(glutamic acid, aspartic acid 등)

▶ 유기산이란?

유기산이란 산성을 띠는 유기화합물을 일컫는 말로 구연산, 사과산, 초산, 주석산, 호박산 등 유기화합물을 의미한다. 유기산은 유해균에 대한 살균효과 및 장내 세균 밸런스 조정작용을 하며 신진대사를 도와 체력을 증진시켜 주며 또한 원기회복 및 미용에도 효과가 있다. 유기산 중 hydroxy acid(AHA) 성분은 피부 노화 방지, 여드름 개선, 색소 침착 방지 등 효능이 있어 최근 이 AHA 성분을 함유한 화장품이 많이 개발되고 있기도 하다. 유기산이란 산성을 띠는 유기화합물을 일컫는 말로 구연산, 사과산, 초산, 주석산, 호박산 등 유기화합물을 의미한다. 유기산은 유해균에 대한 살균효과 및 장내 세균 밸런스 조정작용을 하며 신진대사를 도와 체력을 증진시켜 주며 또한 원기회복 및 미용에도 효과가 있다. 유기산 중 hydroxy acid(AHA) 성분은 피부 노화 방지, 여드름 개선, 색소 침착 방지 등 효능이 있어 최근 이 AHA 성분을 함유한 화장품이 많이 개발되고 있기도 하다.

▶ 유기산은 어떻게 작용하는가?

유기산은 수용성의(물에 녹는) 항산화제이다. 조직의 수분이 있는 곳에 있으면서 활성산소를 잡아 안전한 것으로 만든다. 또 칼슘의 흡수를 촉진시키고 활성산소를 찾아서 파괴하는 효소를 활발하게 한다. 그러므로 늙어가는 스피드를 떨어뜨리기 위해서는 칼슘과 유기산 양쪽이 세포에 충분히 있는 것이 대단히 중요하다. 칼슘과 유기산은 문을 지키는 2마리의 사자이다. 싸우는 방법은 달라도 힘을 합쳐서 활성산소에 맞선다. 우리들의 몸은 물에 녹는 유기산을 보존해둘 수가 없으므로 언제나 유기산을 입을 통해서 세포에 계속 공급하지 않으면 안 된다. 유기산과 칼슘은 식초식품인 초산칼슘에 듬뿍 들어 있다. 유기산이 풍부한 식초를 매일 마시고 있으면 백내장이나 암, 간장병을 예방할 수 있다. 천연식초의 지속적인 섭취는 나이와 함께 늘어나는 효소와 칼슘과 유기산의 수요에 대한 보험으로서 반드시 필요한 존재이다.

식초[食醋, vinegar]의 용도

　식초는 약간 달면서 시고 산뜻한 맛이 있어서 주로 요리용의 조미료로 이용되어 식욕을 돋우어 주는 효과가 있다. 특히 자연발효식초는 자연의 이치에 따라 제조함으로서 감식초와 과실식초가 가지고 있는 영양성분이 어우러져 있으며 초산의 농도가 낮아 음료용으로 가장 적합하다. 동의보감의 탕액편권일곡부(湯液篇卷一穀部)에서 보면 "초는 性이 溫하며 맛이 시고 독이 없으니 옹종(癰腫)을 없애고 혈운(血暈)을 부수고 모든 실혈(失血)과 심통(心痛), 인통(咽痛)을 다스리고 일체의 어육(漁肉) 및 채소독(菜蔬毒)을 소멸시킨다."라고 하여 약으로서의 효능을 기술하고 있다. 또 중국의 본초강목제이십오권곡지사(本草綱目第二十五卷穀之四)에 초(醋)는 종기를 삭히고 부은 것을 낮게 한다는 등의 기술도 있다.

　식초에는 발효시켜 양조한 것, 과실의 신맛을 이용한 것, 합성한 것 등이 있다. 이것은 입맛을 자극하여 돋우며 원기회복과 미용에도 효과가 있다. 영어의 비니거(vinegar)는 프랑스어의 포도주 vin과 신맛 aigre를 합친 vinaigre에서 온 말이다. 원래는 포도주를 초산 발효시켜 식초를 만들었으므로 이렇게 불렀으리라 생각된다. 또 염매(鹽梅)라는 것이 있는데, 옛 중국의 산미료인 살구식초를 일컫는 것 같다. 문헌상으로 가장 오래된 '식초'라는 말은 아라비아어인 '시에히게누스'인데 이스라엘의 지도자인 모세가 붙인 말로서 BC 1450년경에 이미 식초가 있었던 것을 나타낸다. 중국에는 공자(孔子) 시대에 이미 식초가 있었고 한국에는 삼국시대에 중국에서 식초 만드는 법이 전래되었다고 본다. 식초의 종류는 많다. 그것은 알코올 성분을 가지는 것에 아세트산균을 번식시키면 비교적 간단하게 식초가 생성되기 때문이다. 아세트산발효를 일으키는 아세트산균은 산소성(호기성)의 산막균(産膜菌)으로 발효 탱크의 표면에 깨끗한 균막(菌膜)을 만드는데, 통기를 시키면서 연속적으로 아세트산 발효를 일으키는 방법이 개발되었다. 각국에서 주로 사용하는 식초는 그 나라에서 많이 제조되는 알코올음료와 많이 재배 수확되는 과실류와 깊은 관계가 있다. 예를 들면 발효식초로 사과주스를 발효시킨 미국의 사과식초(cider vinegar), 포도주스를 발효시킨 프랑스의 포도식초(wine vinegar), 맥아즙을 발효시킨 영국·독일의 맥아식초(malt vinegar), 청주 찌꺼기를 원료로 한 일본의 청주박식초, 순수 알코올을 발효시킨 알코올식초(spirit vinegar), 발효식초를 다시 증류시킨 미국의 증류식초가 잘 알려져 있다. 합성식초는 빙초산 또는 초산을 물로 희석하고 여기에 아미노산이나 당류를 첨가한 것으로 한국의 요식업소 등에서 현재 많이 사용한다. 과일주스의 신맛을 이용한 것으로는 레몬식초·살구식초 등이 있고, 식초를 다시 가공한 가공식초가 있다. 식초는 살균력이 강하여 대부분의 병원균을 약 30분 이내에 사멸시킨다. 따라서 식초에 담근 식품은 보존성이 높다. 또 식초는 소금의 짠맛을 부드럽게 해주는 작용이 있으므로 생선 소금구이나 여러 가지 요리에 잘 쓰인다. 그 밖에 채소류의 갈변을 일으키는 효소작용을 억제하는 구실을 하므로 우엉·연근의 식초조림에 이용되기도 하고 안토시아닌계 색소에 작용하여 예쁜 적색이 되게 하므로 생강을 식초에 절이는 등 조리할 때 필수품으로 사용된다.

▶ 가공식초 [加工食醋]

양조법에 의해 만든 식초를 가공한 조미용 식초·농축식초·분말식초 등의 총칭한 것이다.

조미용 식초는 양조법에 의해 만든 식초에 조미료와 향신료 등을 첨가하여 만든 것으로, 요리의 재료나 용도에 따라 가공된 것이다. 서양에서는 가공한 식초가 많이 상품화되어 널리 사용되고 있는데, 만드는 법은 식초에 첨가하는 재료에 따라 다르다. 서양의 향미초인 프레버드비네거는 사과나 포도로 만든 식초에 향신료(후추·양파 등)와 조미료를 섞어서 만든 것으로, 빛깔이 맑고 식초 속에 향신료의 분말이 떠 있거나 침전되어 있다. 프렌치드레싱은 비교적 많은 양의 샐러드유에 식초를 섞고 소금·파프리카·후춧가루·설탕·머스터드, 또는 타바스코소스 등의 조미료와 향신료를 섞은 가공식초로 샐러드의 드레싱으로 가장 많이 사용된다. 사용하기 직전에 심하게 흔들어서 유화상태로 만든 후 샐러드에 끼얹는다. 마요네즈도 프렌치드레싱과 비슷하게 샐러드유와 식초가 주재료이기는 하나 난황에 기름과 식초를 번갈아가며 조금씩 넣으며 계속 저어 반고체의 유화액으로 만든 가공식초이다. 소금·설탕·머스터드 등의 조미료와 향신료를 소량 사용한다. 마요네즈도 프렌치드레싱과 마찬가지로 흔히 사용되는 샐러드드레싱이다.

농축식초는 양조법에 의해 만든 식초의 수분의 일부를 제거한 후, 농축하여 산도를 아주 높게 가공한 것이다. 증류식초는 양조법에 의해 만든 식초를 가열하여 증발된 초산만을 수거한 후에 다시 조미하여 만든 것이다. 또한 식초를 냉각하여 수분을 결빙시킨 후, 이를 제거하여 산도를 높인 것도 있는데, 이것은 주로 식품가공의 원료로 이용된다.

분말식초는 양조법에 의해 만든 식초 또는 농축한 양조식초를 가용성 탄수화물 등에 살포하여 흡착시키거나, 염기로 중화시켜서 염으로 만들어 불휘발성 유기산류·향료·조미물질 등을 배합한 것으로, 물로 녹이면 식초와 같이 된다. 이 밖에 화학적으로 조합한 것도 있다.

▣▣▣
식품산미료[食品酸味料, food acidulant]기능과
신맛 정도에 따라 분류

식품에 신맛을 내기 위하여 사용하는 식품첨가물로 시트르산·아세트산·타르타르산·젖산·푸마르산·말산·숙신산·글루코노델타락톤이 허가되었다. 산미료는 식품에 신맛을 줄 뿐만 아니라, 향미료이기도 하고 pH 조절을 위한 완충제 또는 식품

보존료의 구실도 하므로 가공식품에 널리 사용된다. 대표적인 것으로 분말주스(시트르산)·합성식초(아세트산)·젤리과자(말산)·합성주류(푸마르산)·도넛·셔벗(글루코노델타락톤)·청량음료(시트르산·말산·푸마르산·젖산) 등이 있다. 이것들은 사용량에 특별한 제한이 없다.

산미료(Acidulant)는 신맛을 부여하여 청량감을 주며 상쾌한 자극으로 식욕을 증진시키기 때문에 식품조리 및 가공에 많이 사용되어 왔으며 천연과일과 채소에 많이 함유되어 있다. 산미료의 향미는 신맛이며 이 맛을 가진 화합물은 주로 산(acids)이다.

산미료의 기능은 신맛 부여 이외 식품에 첨가할 때 매우 다양한 기능을 수행하게 되는데 주요 기능(functions)은 다음과 같다.

① flavoring agents: 방향물질로서 강한 맛, 불쾌한 맛, 맛을 은폐하고자 할 때 산미료를 사용한다.

② buffers: 식품 제조 가공 시 pH 변화를 방지하기 위한 완충작용.

③ preservations: 식품변패(또는 부패)를 야기하는 미생물의 생육 억제효과.

④ synergists to antioxidants: 산패와 갈변화를 방지하는 데 synergist로서 작용한다.

⑤ viscosity modifiers: 반죽(dough) 또는 제과, 제빵에 있어서 물성적 특징을 변화시켜 최종제품의 조직감을 향상시키는 기능수행.

⑥ melting modifiers: 치즈, 치즈 스프레드(cheese spreads), hard candy 등 원료 반죽의 융점 조절 가능.

⑦ meat curing agents: 육제품의 색깔, 향미, 보존효과를 증진시키기 위한 다른 숙성 첨가제와 함께 육제품 개량역할을 함.

산류는 특히 산미료로써 뿐만 아니라 영양적으로도 유익하며 보존제 효과상승, 향료와 유지의 산화, 분해방지 등의 안정화에 도움을 준다.

또한 이러한 산미료는 독특한 신맛 정도에 따라 다음과 같이 분류할 수 있다.

① 감칠맛 나는 신맛: 호박산(succinic acid), 글루탐산(glutamic acid)

② 상쾌한 신맛: 구연산(citric acid), L−아스코르빈산(L−ascorbic acid), 글루콘

　　　　산(gluconic acid), 탄산(hydrocarbonate)

③ 쓴맛이 나는 신맛: DL－사과산(malic acid)

④ 떫은맛이 나는 신맛: 인산(phosphoric acid), 젖산, D－주석산(tartanic acid), DL－주석산, 푸말산(fumaric acid)

⑤ 자극적인 신맛: 초산(acetic acid)

　신맛은 단맛(甘味), 짠맛(鹽味), 쓴맛(苦味), 감칠맛(旨味) 등 다른 맛, 감 가운데 가장 기본적인 맛(primary taste)으로서 옛날부터 가장 중요시되어온 맛이다. 신맛을 감지하는 혀의 부위는 혀 양옆에서 가장 강하고 중앙으로 갈수록 신맛을 그다지 느끼지 않는다.

　정미물질의 온도변화에 따른 최저 신맛농도(threshold concentration)의 변화는 다른 단맛, 짠맛, 쓴맛과 같이 현저한 변화를 나타내는 것이 아니고 구연산처럼 0℃에서는 상온보다 최저 신맛농도가 약 20% 증가한다. 그러나 상온보다 온도가 더 높은 경우에는 신맛의 변화는 없고 단맛의 변화가 있으므로 음료수 음용 시에는 온도의 변화에 따라 당류와 산과의 균형이 달라지므로 유의해야 한다. 따라서 식품의 취급 및 사용온도를 결정한 후 산미료 첨가량을 결정하는 것이 좋다.

산미료의 종류

▶ 구연산

　무색~투명한 결정·입자 또는 덩어리이거나 백색의 결정성 분말로 냄새는 없으나 강한 산미를 가지고 있다. 본 품은 한 분자의 결정수를 가지고 있는 사방정계의 프리즘 결정이고 건조한 공기 중에서는 결정수를 잃어 풍화되고 습한 공기 중에서는 서서히 조해된다. 물에는 쉽게 용해되며 에탄올, 메탄올에도 잘 용해되는데 유기용매에는 용해되기 어렵다. 비중은 1.542이고 m.p는 153~154℃이다. 구연산은 유리상태 또는 염류로 식물 중에 널리 존재하고 특히 감귤류 산미의 주성분으로 알려졌다. 구연산의 산미는 타르타르산, 말산에 비하여 순하므로 산미료로 널리 사용하고 있으며, 항산화제와 병용하면 효력증진제(Synergist) 역할을 하여 산화방지효과를 증진하는 성질이 있다.

● 제조법

감귤류의 과즙이나 발효법으로 얻어진 구연산칼슘을 황산으로 분해하여 제조하는 공업적으로는 현재 발효법이 주로 행하여지고 있다. 이는 설탕·당밀·전분찌꺼기 또는 포도당을 원료로 하여 여기에 흑국균(Aspergillus niger)을 작용시켜 액체배양법 또는 고체배양법에 의하여 구연산이 생성되도록 하고 이를 칼슘염으로 분리한 다음 황산을 작용하여 생성된 황산칼슘을 제거한 여액을 농축 결정화한다. 이 결정은 조잡한 결정이고 이를 재결정하여 정제 한 다음 순수품으로 제조한다. 최근에는 석유로부터 얻는 노르말 파라핀을 탄소원으로 하여 Arthrolacter속의 세균, Penicillium속, Aspergillus속이 곰팡이, Candida속의 효모 등을 배양하고 배양액 중에 구연산을 축적시키는 방법을 이용하고 있다.

● 사용법

사용기준 없이 널리 사용하고 있는데 25~30g을 일시에 섭취하면 치사에 이른다. 본 품은 향료 증강, 보존성 효과 증강, 양호한 겔강도의 형성과 가공치즈에서 좋은 조직을 형성하게 하고 품질을 좋게 하며 유지 함유식품의 변패방지, 가공을 쉽게 하는 pH의 조절, 갈변방지, 절단된 과일과 야채의 색 보유, 냉동생선의 변패·변색 방지에 효과가 있다. 본 품은 금속이온과 안정된 착염을 형성하여 불활성화한다. 또 구연산나트륨은 가공치즈 제조에서 유화제로 사용하는데 유화성은 조직, 가소성 및 분리되지 않는 균일한 용융성을 발휘한다. 청령음료수에 0.13~0.3% 첨가하고 분말 주스, 과즙, 과일통조림, 젤리, 냉과, 알사탕, 캔디류에 1% 사용하며 잼, 소스 등에도 이용되고 있다. 맛을 부드럽게 하기 위해서는 구연산나트륨과 병용하는 경우가 많다. 우유제품에서 크림의 생지를 개량하거나 산패방지를 위하여, 그리고 가공치즈, 아이스크림 등의 안정제 및 유화제로서 구연산나트륨과 함께 0.2~0.3% 사용한

다. 산화방지제(비타민 C의 안정제)로서 냉동과일, 과일가공품에 사용하고 식용유지
의 산패방지를 위하여 0.001~0.05% 정도 첨가한다.

▶ 젖 산

많은 식품에 두루 널리 포함되고 있어 예전부터 섭취되어온 유기산이다. 식품가
공에 있어서 부드러운 신맛을 주는 산미료로서, 또 pH조정용 및 풍미개량용으로 널
리 사용되고 있다. 젖산은 제균성이 있는 유기산으로서도 널리 이용되고 있다. 또
젖산에는 특정한 단백질을 연화 가소화하는 작용도 있어 장차 용도가 더 넓어질 것
이라고 생각된다.

▶ 사과산(DL-MALIC ACID)

백색 결정 또는 결정성 분말로 냄새가 전혀 없거나 약간의 특이한 냄새와 산미를
가지고 있다. 물에는 잘 용해되며 알코올에도 용해되나 에테르에는 용해되지 않는
다. 흡습성이 있고 1%의 수용액은 pH2.4이다. L-말산은 미세한 비늘모양의 결정
으로 강한 조해성을 가지고 있으나 DL-형은 조해성이 없다. L-형은 천연계에 널
리 존재(포도, 사과 등)하고 약간의 자극성이 있는데 고급스런 산미가 있고 산미강
도는 거의 구연산과 같다. DL-형은 합성에 의하여 제조하는데 천연과즙으로부터
추출, 제조한 것은 값이 비싼 편이나 합법성과 발효법으로 공업생산이 가능하게 되
면서 가격이 저렴하게 되었다. 산미도는 구연산보다 약 20% 강한 것이 특징이다.

● 제조법

벤젠의 촉매산화에 의하여 무수말레산을 만들고 이를 가압상태에서 수증기를 작
용하여 제조한다.

● 사용법

사용기준 없이 널리 사용한다. 본 품은 산미료 외에 식품가공에 이용되는데 융점

이 낮아 하드캔디 제조에 중요하게 사용한다. 그리고 향의 순화, 유해 중금속의 봉쇄, pH조절, 향보유와 젤라틴을 이용한 디저트에 양호한 조직을 형성한다. 천연과일에 함유된 산미의 조성이 말산인데, 수박의 산미 중 100%, 건포도는 99%, 사과는 97%, 바나나는 92%, 복숭아는 87%, 오렌지의 산에는 80%가 말산이다.

① 순한 산미를 주기 때문에 젖산균음료에 적합하고 구연산 대용으로 주스류에 산 전체의 80%까지 대체 사용한다.

② 각종의 젤리류, 과일 기초에 사용하고 특히 젤리과자에는 말산이 잘 조화된다.

③ 마가린, 마요네즈에 사용하며 독특한 산미를 주고 유화의 안정에도 우수한 효과를 발휘한다. 말산은 W/O형 유화제를 사용할 때 적합하고 내열안정성이 좋은 제품이 만들어진다.

④ 기타 펙틴(Pectin) 추출 조제 및 발효의 증진제로 사용하고 맥주에도 5～10㎎ 첨가한다.

[생화학]

말산은 크레브스 회로의 중간체로 거의 대사에 관여하는 것으로 알려졌다. 특히 L－형에 대하여는 D－형보다 명확하게 알려졌고 DL－형은 체내에서 용이하게 산화되어 D－형으로 된다. L－형은 동맥경화나 고혈압에 유효한 것으로 알려졌다.

▶ 호박산나트륨

● 특 징

호박산나트륨은 호박산보다 신맛이 다소 적으나 특히, 조개 국물 맛이 강하다. 감칠맛은 호박산의 약 1/4 정도이다. 조개 가공품, 양조식품(간장, 식초 등) 기타 일반식품에 조미료로서 사용되며 0.03%～0.06% 정도 첨가한다. 호박산을 단독으로 사용하는 경우보다는 MSG 또는 핵산계 조미료와 병용하는 것이 좋다. 호박산나트륨은 식품의 가공, 조리조건(pH, 가열온도, 시간)에서 분해가 전혀 일어나지 않으므로 사용상 주의할 필요가 없다. 또 결정형은 패류(대합)의 감칠맛을 가지고 있으나 분말식품에 첨가할 경우 보관 중 덩어리가 생성될 우려가 있으므로 무수물을 사용하는 것이 좋다. 시중에 판매 중인 훈연오징어에 0.03%~0.06% 정도 첨가하고 있는데 이것은 훈연향미를 보완 또는 완화할 목적으로 첨가하는데 MSG나 핵산계 조미료와 함께 혼용하고 있다

● 성　상

무백색의 결정 또는 백색의 결정성분말로서 냄새가 없고 특이한 맛(진미)이 있다. 알코올에는 약간 녹고 에테르에 녹지 않는데 물 100g에 21.5g(0℃), 34.9g(25℃), 56.3g(50℃), 83.4g(65℃)이 녹는다.

● 특　성

패류 및 발효양조식품에 첨가하면 맛을 돋우어 준다.

● 사용법

조미료로서 양조제품, 식육제품, 어육 연제품, 간장, 식초 등에 사용하는데 대체로 0.005~0.06% 정도의 사용이 무난하다. L－글루타민산나트륨 또는 5″－이노신산2나트륨 등 핵산계 조미료와 병용하는데 그의 1／10을 사용한다. 훈제 오징어, 어육 연제품에 0.03%~0.06% 첨가해 사용한다. 글루타민산나트륨, 핵산계 조미료와 병용하면 효과가 더욱 좋다.

식초의 기능

　식초는 단순히 신맛을 내는 조미료뿐만 아니라 초산 외에 여러 가지 유기산, 아미노산, 무기물 등의 영양성분을 함유하고 있어 중요한 기능을 가지고 있다. 특히 흑초는 생산량이 적지만 신맛이 약하고 적당한 감미와 특유의 향을 지니고 있어서

양념용이 아니라 직접 마시는 건강식초로 이용되고 있으며 흑초에는 초산 외에 구연산, 사과산, 호박산, 주석산, 아미노산(알라닌, 류신, 글타민산, 아이소류신, 페닐알라닌), 무기질(칼슘, 마그네슘, 철) 등을 함유하고 있어서 영양 공급원이 된다. 양조식초에는 아세트산, 후말산, 알파케토글탈산, 젖산, 숙신산, 글리콜산, 피루글루타민산, 구연산, 사과산, 주석산(포도식초에 많음) 등의 유기산과 20여 종의 아미노산 그리고 각종 향기성분과 미네랄을 함유하고 있다. 때문에 조미료로서의 가치뿐만 아니라 영양보충의 효과도 있는 알칼리성 식품으로 식탁을 보조한다.

식초의 맛은 신 것인데 산성식품이 아니고 어째서 알칼리성 식품이냐고 묻는 사람이 의외로 많다. 그러나 이것은 신맛으로 판정하는 것이 아니라 그 식품에 함유되어 있는 무기물의 성질로 평가하게 된다. 식품을 완전히 연소시키면 회분만 남는데 회분을 물에 녹였을 때 산성을 나타내느냐 알칼리성을 나타내느냐에 따라서 평가하게 된다. 알칼리성 식품에는 Ca^+, Mg^+, K^+, Na^+, Fe^+ 등 양이온 무기물이 많고 산성식품에는 S^2, PO^3_4, Cl^- 등 음이온이 많다. 따라서 식초 제조용 원료의 특성과 무기물 함량의 정도 그리고 무기물 조성에 의하여 양조식초의 경우에도 알칼리성 식품이냐 혹은 산성식품이냐가 달라지게 된다. 쌀에는 인(P)의 함량이 많기 때문에 산성식품일 가능성이 강하며 과일식초의 경우에는 알칼리성 식품이 되는 것이다. 양조식초를 먹으면 실제로 혈액의 칼슘을 증가시키고 인을 감소시켜 알칼리성 체질로 만든다는 연구도 보도되어 있다. 또한 식초는 섭취되어 소화기관에 들어가면 TCA대사경로의 중요한 중간 생성물로 전환되어 에너지 생성을 활발하게 해주므로 원기회복에 효과가 있고 젖산과 같은 대사성 노폐물의 체내 축적을 막아주기 때문에 건강을 유지하는 데 도움이 된다.

▫▫▫▫
식초에 대한 일반적인 상식

식초는 동서양을 막론하고 예부터 애용되어온 전통발효식품이다. 곡류 중의 전분질이나 포도를 비롯한 각종 과실의 당분이 알코올발효에 의해 술이 되고 이 술이 오래되면 초산 발효에 의해서 산화되어 식초가 된다. 이 모든 과정이 옛날에는 자연발효에 의해서 이루어졌으며 따라서 술이 있는 곳에는 식초가 있었고 오래된 과실주나 쌀로 빚은 탁주로부터 양조식초를 만들게 되었다. 식초는 신맛을 내는 초산 성분을 비롯하여 25종의 유기산과 감칠맛을 내는 글루탐산 등 20여 종의 각종 아미노산을 함유한 알칼리성 식품이다. 식초는 소화기관을 자극하여 소화액 분비를 촉진하고 청량감을 주어 식욕을 돋운다. 비린내를 없애고 생선뼈를 부드럽게 하여 각종 요리에서 빠질 수 없으며 원기회복에 큰 효과를 나타낸다. 마지막 순간에 두세 방울, 입가에 군침을 돌게 하는 요리의 마무리는 언제나 식초의 몫이다. 이렇듯 가정에서 빼놓을 수 없는 식초! 하지만 식초의 역할이 여기서 끝나는 건 아니다. 그 외 여러 가지 집안 살림에 활용할 수 있는 만능탤런트 식초, 식초의 숨은 테크닉을 소개한다.

● 음식 / 요리
- 조리의 명조연: 초는 단독으로 조미에 사용하는 경우는 거의 없고, 다른 조미료와 함께 사용했을 때 실력을 발휘하는 경우가 많다. 소금과 기름을 쓴 요리의 마지막에 한 방울 떨어뜨리면 그 강한 개성을 부드럽게 만들고 소재의 향과 맛을 돋보이게 해주는 명조연이기 때문이다. 또, 서양 초에 많은 조리법인데, 강한 불에서 살짝 끓이면 초산이 적당히 사라져 함유된 포도당에 의해 단맛을 느낄 수가 있다.
- 소스를 만들 때 사용하면 풍미에 깊은 맛을 준다. 원료·제조법에 차이가 있기 때문에, 종류에 따라서 함유되어 있는 유기산과 좋은 맛 성분 등의 양과 비율이 다르다. 따라서 맛이 미묘하게 다른 것도 초의 매력 중의 하나라고 할 수 있다.
- 묵은 쌀로 밥 지을 때 식초 물에 씻는다. 묵은 쌀의 냄새를 없애려면 전날 저녁에 식초 물에 쌀을 씻어 소쿠리에 밭쳐둔다. 아침에 이 쌀을 한 번 더 미지근한 물로 헹군 뒤 밥을 짓는다. 겨울에 먹을 김밥용 밥을 지을 땐 설탕을 조

금 넣는다. 쌀이 딱딱하게 굳는 것을 방지할 수 있다.

- 소재의 비린내를 없앤다. 고등어나 전갱이, 정어리 등 비린내가 나는 생선을 조리할 때 마지막에 초를 넣으면 냄새 성분 트리메틸아민을 중화하여 냄새를 막을 수 있다. 초절임에도 같은 효과가 있다. 양파 요리 후 양파냄새, 도마에 묻은 파 냄새에 식초를 탄 물을 써서 닦으면 냄새가 없어진다.
- 밥통의 밥을 오래 보존하려면 옮겨 담기 전에 밥통에 식초를 한두 방울 떨어뜨린다.
- 식초에 칼을 담갔다 김밥을 자르면 힘들이지 않고 김밥을 자를 수 있다.
- 세균번식 억제(항균성): 식품의 부패를 유발시키는 세균의 번식을 억제(식초를 첨가한 김밥 및 초밥)하여 식품의 신선도를 향상시키며 대장균 등 세균을 소독해준다.
- 석쇠에 생선을 구우면 눌어붙는 데 이것을 방지하기 위해 식초를 한두 방울 바르면 눌어붙지 않고 깨끗하게 구워진다.
- 갈증이 날 때 물에 식초를 약간 타서 마시면 갈증을 해소한다.
- 겨자를 풀 때 식초를 몇 방울 떨어뜨리면 오래간다.
- 오이의 쓴맛은 식초를 탄 물에 오래 담가 놓으면 없어진다.
- 오이를 얇게 썬 후 식초를 섞은 물을 오이에 바르고 한동안 놓아두었다가 식초를 바른 오이를 끓는 물에 담가 차로 만들어 마시면 입 안의 악취를 깨끗이 지울 수 있다.
- 다시마를 삶을 때 식초를 탄 물에 삶으면 색깔이 고와지며 잘 물러진다.
- 연근, 우엉 등을 삶을 때 식초 몇 방울을 넣으면 아린 맛이 가시고 빛깔이 희어져 더욱 맛있는 반찬이 된다.
- 요리 후 거메진 손을 식초 물로 닦으면 깨끗해진다.
- 카레를 불에서 내려놓기 전에 식초를 조금 넣으면 독특한 풍미가 난다.
- 너무 짠 음식에 식초를 몇 방울 떨어뜨리면 짠맛이 없어진다.
- 식초를 서너 방울 떨어뜨리면 달걀이 깨지지 않고 그대로 잘 삶아진다.
- 달걀지단을 구울 때도 식초를 약간 넣으면 찢어지지도 않고 얇게 잘 부쳐진다.

- 질긴 고기는 식초를 발라 2~3시간 두면 연해지고 산적이나 생선을 구울 때는 꼬챙이에 식초를 적셔 꽂으면 고기나 생선살이 붙지 않고 잘 빠진다.
- 사과나 감자 등은 껍질을 벗겨 놓으면 금세 누렇게 변한다. 이때 물을 탄 묽은 식초를 뿌려주면 누렇게 변하는 것을 막을 수 있다.
- 시든 야채는 약간의 식초와 설탕을 탄 물에 담가두면 싱싱해진다.
- 마늘은 식초에 재웠다가 사용하면 냄새가 나지 않는다.
- 채소와 과일에 묻은 농약 제거를 위해 흐르는 물에 몇 번 씻은 다음 식초를 탄 물에 5-10분 정도 담갔다가 다시 씻으면 농약 걱정 없이 안심하고 먹을 수 있다.
- 방사능 물질의 제거효과: 식초로 희석된 물로 방사능의 먼지가 부착된 야채를 세척하면 방사능 물질을 효과적으로 줄일 수 있어서 환경물질의 오염으로부터 신체를 보호할 수 있다.
- 비타민의 보호: 비타민 B군과 비타민 C는 알칼리성에 약하기 때문에 식초를 첨가해서 조리한 음식의 경우 비타민 손실을 최소화할 수 있다. 특히 야채와 식초가 만나면 파괴되기 쉽고 다루기 까다로운 비타민 C가 오래 보존된다.
- 파세리, 양파, 피망, 샐러리 등 먹다 남은 야채는 빈 병에 넣어 식초를 부은 뒤 일주일 정도 지나면 풍미 있는 향미식초가 된다. 식초는 드레싱에 사용하고 야채는 카레나 스튜에 사용하면 맛이 일품이다.
- 작은 조개는 식초를 2-3방울 정도 넣은 물에 넣어두면 모래뿐만이 아니라 개펄의 흙까지 빠지게 된다.
- 요리하다 남은 햄과 소시지는 잘라낸 자리에 식초를 묻힌 뒤 랩으로써 싸두면 살균 효과도 있고 맛이 가지 않는다.

● 의류 / 세탁
- 빨래를 헹굴 때 섬유 유연제 대용으로 식초를 넣은 물에 헹궈 보면 식초는 세제의 알칼리 성분을 중화시켜 섬유를 부드럽게 할 뿐 아니라 물의 오염을 막는 데도 효과적이다.

-주름이 진하게 잡혀 아무리 다리미질을 해도 펴지지 않는 부분에 조그만 통에 식초를 담아서 주름진 곳에 떨어뜨린 후 다리면 주름이 확 펴진다.

-옷에 밴 산성 과일 얼룩은 거즈에 식초를 묻혀 톡톡 두드린 뒤 비눗물로 씻어 내면 깨끗하게 없앨 수 있다.

-식초로 뺄 수 있는 의류의 얼룩은 과일즙, 케첩, 감물이다. 과일즙은 식초를 거 즈에 묻혀 두드리거나 물로 50배 희석시킨 암모니아로 닦은 뒤 비눗물로 지운 다. 케첩이 묻었을 경우 물수건으로 대강 털어낸 후 식초를 진하게 물에 풀어 그 속에 몇 분간 담근 뒤 물로 헹군다. 감물얼룩은 연한 소금물에 몇 분간 담 갔다가 물로 빤 다음 식초를 진하게 물에 풀어 몇 분간 담근 뒤 물로 헹군다. 또는 물수건으로 대강 씻어낸 다음 헝겊에 식초를 묻혀서 누르듯이 닦아내고 물로 씻으면 깨끗해진다.

-스타킹을 빨 때 마지막에 식초 1큰술을 넣고 헹구면 올 풀림 방지와 여름철 발 냄새도 제거할 수 있는 일석이조의 효과가 있다.

-누렇게 바랜 흰옷을 식초를 넣고 삶아주면 더욱 하얗게 되고 식초의 살균작용 으로 한결 청결해진다.

-식초 탄 물을 뿌려 옷을 다리면 합성 섬유의 정전기를 막을 수 있고 먼지 또한 잘 묻지 않는다.

-장마철 젖은 운동화 빨 때 식초로 마무리 헹굼을 하면 퀴퀴한 냄새가 제거된다.

-견직물이나 모직물의 물 빠짐 예방을 위해 중성세제를 물 1ℓ에 2g의 비율로 섞 어 풀고 식초 한 큰술을 넣으면 물이 빠지는 것을 막을 수 있다.

-염색이 잘 되게 한다. 털실, 비단, 모직물을 다른 색으로 염색하고 싶으면 털실 1파운드당 식초 1컵을 넣고 물을 들이면 예쁘게 염색이 되며 특히 식초엔 색소 를 정착시키는 성분이 있어 반영구적으로 색을 보존할 수 있다.

-소중한 아기 피부를 위해 아기 기저귀는 세탁 후 식초를 몇 방울 떨어뜨린 물 에 잠깐 담가두면 해로운 성분이 중화되거나 없어지고 빛깔도 하얗게 된다. 즉 아기 기저귀는 아무리 자주 빨아도 오줌에서 나오는 암모니아 성분과 비누 성 분이 남아 아기의 피부를 상하기 쉽다. 기저귀를 세탁한 다음 물에 식초를 몇

방울 떨어뜨려 기저귀를 잠깐 담가두면 해로운 성분이 중화되거나 없어지고 빛깔도 하얗게 된다.
- 검정색 옷을 잘못 빨아 군데군데 탈색되어 얼룩진 것처럼 된 것이나, 오래되어서 빛바랜 까만색 티셔츠나 바지가 있을 때는 큰 통에 식초를 넣어 빨면 색상이 선명하게 살아나 다시 원색으로 돌아온다.
- 옷이 번들거리는 것을 방지한다. 물과 식초를 2:1 비율로 섞은 후 타월을 그 물에 적셔 번들거리는 양복바지 등에 올려놓고 다리게 되면 원래 상태로 되돌릴 수 있다.

● 가정생활용품
- 그릴이나 생선을 구운 판은 뜨거울 때 식초를 떨어뜨려 씻으며 비린내를 쉽게 제거할 수 있다. 중요한 건 뜨거울 때 한다는 것이다.
- 도마나 행주는 세균의 온상이 되기 쉽다. 식초 원액으로 훔치거나 뿌려두면 식초의 살균작용에 의해 청결히 보존할 수 있고 여러 가지 냄새도 없애준다.
- 도마에 밴 파 냄새나 손에서 나는 양파 냄새, 마늘 냄새는 식초를 탄 물로 씻으면 없어진다.
- 새 프라이팬에 뿌려준다. 새로운 프라이팬은 익숙해질 때까지는 착 달라붙거나 눋기 쉽다. 식초를 한 방울 정도 떨어뜨려 사용하면 타는 것을 막을 수 있다.
- 요리 후 손에 남은 여러 가지 잡냄새를 없앤다. 요리 후 손에 남아 있는 생선 비린내, 양파나 마늘 냄새, 우엉의 검은 물은 식초 물로 씻으면 간단하다.
- 주전자 속의 물때를 없앤다. 주전자 안의 물때를 없앨 때는 물을 가득 넣고 식초를 서너 방울 떨어뜨려 끓여보자. 주전자 속이 반짝반짝 깨끗해진다.
- 냉장고 안을 식초 물로 청소하면 살균, 방부, 곰팡이 방지의 효과를 얻을 수 있다.
- 악취 나는 주방 배수구에 식초 물을 흘려 보내면 식초의 살균작용으로 썩은 냄새와 세균을 제거해주어 항상 청결한 주방을 유지할 수 있다.
- 배수관이 막혔을 때 뿌린다. 싱크대 배수관이 막혔을 때는 반 컵 정도의 식초에 소다를 소량 넣어 용해시킨 액체를 흘려 넣으면 막힌 곳이 시원하게 뚫린다.

－담뱃진을 제거한다. 재떨이에 붙은 담뱃진은 식초를 스펀지에 묻혀 닦으면 깨끗해진다.

－그을린 솥을 깨끗하게 한다. 우엉이나 연근 등 야채류의 검은 물이 든 솥에는 2배로 묽게 한 식초를 넣어 삶으면 좋다.

－천장이나 싱크대를 마른 행주에 식초를 찍어 닦으면 비누로도 잘 없어지지 않는 곰팡이가 깨끗이 없어진다.

－사용한 돗자리를 보관하기 전에 식초를 탄 물로 닦아주면 때도 제거되고 누렇게 변색되는 것도 막을 수 있다.

－유리창 얼룩을 없앤다. 유리창을 닦을 때 더운물 1/2ℓ에 백포도주나 식초를 60g 정도 섞어서 닦으면 깨끗하게 닦이며 광택이 난다.

－물에 두세 방울 식초를 타서 유리그릇이나 사기그릇을 닦으면 반짝반짝 윤이 나는 그릇을 만들 수 있으며 묵은 때까지 깨끗하게 빠진다.

－샤워기 구멍이 막혔을 때 이용한다. 샤워기 구멍이 막혀서 물이 나오지 않을 경우 물 1컵 분량의 식초를 넣고 그 속에 샤워기를 1시간 정도 담가두면 샤워기 구멍의 하얀 가루가 없어지며 그곳을 칫솔로 닦아주면 더욱더 막힘없이 물이 잘 나오게 된다.

－식초는 청소할 때 여기저기 쓰면 좋다. 일단 물에 희석해서 분무기통에 넣어 놓고 청소할 때 슬쩍 뿌려 닦아보라. 식초냄새, 그거 생각보다 오래 안 간다. 휘발성이라 시간 좀 지나면 날아간다. 락스 냄새는 좋고 식초냄새는 싫은가? 그렇다! 락스 대신 식초를 물에 희석해서 쓰면 살균작용이 최고이고 값도 싸고 더 활용도 높고 더 환경 친화적이고 덜 자극적이다.

－형광등 덮개나 손때 묻은 전화기는 식초를 탄 맑은 물로 닦으면 얼룩 제거는 물론 살균 효과까지 있다.

－새로 산 가구에 냄새가 날 때 식초와 소주를 적신 헝겊으로 닦아내면 냄새 제거 효과가 있다.

－스티커 자국은 천에 식초를 묻혀 스티커 위에 1－2분간 붙여두면 깔끔하게 제거할 수 있다.

−가구광택제 대신 식초와 식용유를 3 대 1로 섞어 쓴다.

● 피부 미용 소재로
−식초는 혈액 순환을 돕기 때문에 손발이 차갑거나 숙면을 취하고 싶을 때 이용하면 좋다. 또한 식초의 유기산이 피부를 부드럽게 해주고 땀내 등 악취도 제거해줄 수 있다. 따라서 목욕할 때 식초 한 컵(물컵)을 탕 속에 넣으면 물을 깨끗하게 하여줄 뿐 아니라 원기회복에 좋으며 피부도 매끈매끈해진다.
−식초를 팩으로도 사용할 수 있다. 차가운 물 250㎖에 식초 1큰술을 넣어 잘 섞은 후 그 물에 거즈를 적셔 얼굴에 덮고 10~15분 후에 떼어 내고 피부에 자극 없는 약산성 비누로 세안하면 좋다.
−세수하는 물에 200cc의 식초를 섞어 세수하면 얼굴이 매끈해지고 기분도 좋아진다.
−머리 감은 뒤 마지막 헹구는 물에 식초 몇 방울을 넣으면 머릿결이 좋아지고 비듬 방지 및 겨울철 정전기로부터도 벗어날 수 있다. 식초의 신 냄새는 휘발성이 강해 금방 사라지므로 걱정할 필요는 없다.
−한 컵 물에 식초 큰술 하나, 소금 작은술 두 개를 넣고 양치질하면 감기 예방에 좋고 목이 아플 때도 효과가 있다.
−주근깨, 거친 피부 방지를 위하여서는 식초를 물에 연하게 희석하여 피부에 듬뿍 바른 후 우유에 식초, 꿀을 첨가하여 저은 다음 로션 대용으로 사용한다.
−식초를 이용한 음식이나 구연산을 계속 마시면 노화와 주름방지, 기미를 치료한다.
−세안 또는 클렌징, 마사지에도 소량의 식초를 사용하면 효과적이다.
−과산화지질은 피부의 팽창이나 탄력, 주름이나 처짐, 피부의 윤택이나 촉촉함 등 여러 가지 영향을 미치는데 이것을 억제하는 데는 비타민 E가 효과적이다. 자연발효식초는 피부나 근육 내의 젖산을 분해해서 혈액의 흐름을 원활하게 하는 작용을 하여 피부의 노폐물을 남기지 않으므로 기미, 피부노화를 방지한다.
−헤어 만들기: 머리에 식초를 약간 분사한 후 드라이를 하면 머리 모양이 오래

갈 뿐 아니라 색깔도 검게 된다. 또 모발이 윤이 나고 부드러워져 머리 모양을 내기에도 수월하다.

- 끓는 물에 식초 5~6방울 떨어뜨리고 그 수증기를 얼굴에 쏘여준다. 여드름이나 붉은 뾰루지 등 염증성 질환에 효과적이다.

● 일상생활에서 / 건강

- 불면증, 딸꾹질, 구토: 불면증 환자는 냉수에 식초를 조금 진하게 타서 자기 전에 마시면 쉽게 잠이 온다. 또는 우유에 식초를 타서 마셔도 불면증에서 벗어날 수 있다. 단 우유에 식초를 넣기 전에 설탕을 먼저 넣어주면 우유가 응고되는 것을 막을 수 있다.

- 딸꾹질이 날 때 식초를 한 스푼 정도 마시면 쉽게 그치며 구토증은 식초에 소금을 타서 마신다.

- 식초로 외이도염을 치료할 수 있다. 이 방법은 일반 식초를 생리식염수와 1 대 1로 섞어 귀를 세척하는 것이다. 세척액의 온도를 체온으로 맞추면 큰 불편함이 없다.

- 여름을 타는 증세에 빠지면 물을 조금씩 마시되 식초를 넣으면 좋다. 식초는 스트레스로 인한 피로물질의 축적과 체질의 산성화를 방지, 여름철 질병을 막아주는 효과가 있다.

- 어깨 결림이나 요통이 있을 때 따뜻한 물에 식초와 소금을 약간 푼 다음 타월로 적셔 찜질한다.

- 손이나 발뒤꿈치가 텄을 경우 매일 소금물에 담근다.

- 벌레에 물렸을 때 환부에 식초를 바르면 부기도 내리고 통증도 가신다.

- 벌레가 귀에 들어간 경우에는 식초, 알코올, 글리세린을 떨어뜨려 벌레를 죽인 후 반드시 병원에 가서 죽은 벌레를 제거한다.

- 무좀, 발 냄새: 무좀은 온수에 식초와 소금을 타서 그 물에 발을 씻으면 효과가 있으며 땀이 밴 발에서 나는 지독한 냄새도 씻은 듯이 없어진다. 따뜻하게 하여 10-15분 정도 담근다.

－살 속 파고든 발톱 깎으려면: 발톱이 살 속으로 파고들어 고통스러울 때가 있다. 이런 발톱은 깎아내려 해도 딱딱해서 깎기가 힘들다. 이럴 땐 탈지면에 식초를 흠뻑 적셔서 발톱 위에 10분 정도 올려놓으면 발톱이 물러지면서 통증이 멎는다. 또 손톱깎이로 깎아내도 아프지 않고 잘 깎인다.

－화상: 불이나 끓는 물에 화상을 입었을 때는 즉시 식초를 탄 냉수에 상처를 씻어주면 통증도 사라지고 부어오르거나 물집이 생기지 않고 흉터도 생기지 않는다. 즉 피부 세포의 재생을 촉진시킨다.

－코피: 코피가 날 때는 식초를 묻힌 솜으로 콧구멍을 막아주면 지혈이 되며, 연탄가스에 중독된 경우에도 이렇게 하면 빨리 회복된다. 아마도 산소의 흡입을 촉진시키는 역할을 하는 것으로 생각된다.

－스테미나 효능: 임산부가 시큼한 과실을 좋아하듯 식초는 다른 열량소를 빨리 칼로리로 내기 때문에 옛날부터 식초를 많이 먹는 사람 중에 힘이 없는 사람이 없다고 했다. 따라서 에너지 소비가 많은 사람의 경우 식초를 첨가한 음식을 섭취함으로써 스테미나 효과를 기대할 수 있다.

－고혈압에는 매일 아침 식사 후 식초 반 잔을 마시면 좋다. 식초는 피를 항상 깨끗한 상태로 유지시켜 준다.

－감기가 들 때 집 안에서 식초를 끓여 그 수증기를 들이마시면 훌륭한 예방작용을 한다.

－배에 오르기 전에 적당량의 식초를 물에 타서 마시면 멀미 증상을 크게 줄여주거나 예방하는 작용을 한다. 또는 여행 중에 손수건에 식초를 묻혀 그 냄새를 맡으면 뱃멀미를 방지하는 데 큰 도움이 된다.

－달걀을 먹고 체했을 때 식초 한두 숟가락을 먹으면 효과가 있다.

● 관엽 식물 가꾸는 데
－묽은 식초 물을 분무기에 넣어 잎사귀에 뿌려주면 방충, 방균의 효과를 얻을 수 있고 잎사귀도 더욱 싱싱해진다.

－꽃꽂이에 식초 물을 약간 넣으면 물 흡수가 좋아지고 꽃이 오래간다.

● 기타 초에 대한 상식

초에 다양한 유용성이 있음이 인정되고 있는데, 알려져 있을 법하지만 의외로 알려져 있지 않은 유용한 것도 있다.

- 방부효과: 재료에 0.3~0.4% 이상 농도의 초가 더해지면 미생물의 번식을 억제할 수 있기 때문에 방부효과가 있다.
- 단백질에의 작용: 초에는 단백질을 응고시키는 작용이 있다. 대표적인 이용법이 생선의 초절임이다. 단백질을 응집시켜 생선살을 단단하게 만든다. 또 초를 끓는 물에 넣으면 달걀의 열응고를 빠르게 해 포치도에그를 깔끔하게 만들 수 있다. 그 밖에 삶은 달걀의 흰자가 나오는 것도 막을 수 있다. 또 불판 등에 발라두면, 소재가 금속에 붙는 것을 방지할 수 있다.
- 조직에의 작용: 하나는 침투압의 영향으로 소재에 있는 수분을 빼서 부드럽게 만든다. 생선이나 야채의 초무침요리가 대표적이다. 또 조직의 난화작용이 있다. 생선 마리네에 사용하면 초산이 칼슘에 작용하여 뼈까지 부드럽게 하여 먹을 수 있게 되는 이용법이다. 다시마 등을 삶을 때 사용하면 부드럽고 맛이 더 잘 배어나온다.
- 색소에의 작용: '희게 만드는 작용'과 '붉게 만드는 작용' 두 가지가 있다. 흰색은 두릅이나 연근 등 색소 후라보노이드에 반응하여 표백하는 작용, 적색은 생강 등 안토시안에 반응하여 빨갛게 만드는 작용이다.
- 효소를 억제한다. 산화효소를 억제하여 우엉과 콩나물 등 갈변을 막는 작용이 있다. 또 무즙에 넣으면 효소 밀로시나제(무에 포함되어 있는 화합물을 분해하여, 매운 맛을 낸다)를 억제하여 매운맛을 막는 작용이 있다.
- 소재의 미끈거림을 없앤다. 초와 물을 같은 비율로 섞어 전복 등 패류를 씻으면 미끈거림이 없어진다. 또 토란을 삶을 때 넣으면 물에 씻을 때 미끈거림이 없어진다.
- 떫거나 아린 맛을 없앤다. 표백작용과 연동하여, 우엉, 두릅, 참마의 껍질을 벗기고 초물에 담가두면 떫거나 아린 맛을 없앨 수 있다.
- 기타: 붓글씨를 쓰기 위해 먹을 갈 때 식초 몇 방울을 떨어뜨리면 그 먹으로

쓴 글씨는 신기하게도 물이 묻어도 잘 지워지지 않는다. 또한 소변을 못 가리는 애완동물은 소변 본 자리를 식초로 닦아주면 다음번엔 그 자리를 피하게 되고 고운 모래나 흙으로 남들 눈에 띄지 않는 곳에 안락한 자리를 만들어주면 소변을 가리게 된다. 만약 카펫에 소변이 묻었다면 휴지로 닦아낸 뒤 식초를 뿌려두었다가 다시 따뜻한 물로 닦아내면 냄새와 얼룩을 동시에 제거할 수 있다. 못이 잘 빠지는 경우 못의 끝을 식초에 잠깐 담갔다가 박으면 잘 빠지지 않는다. 목수들이 못 끝에 침을 묻혀 박는 것과 같은 원리이다.

식초로 고칠 수 있는 질병

식초는 갑자기 졸도하는 졸심통(卒心痛), 피의 순환이 잘 안 되는 혈기통(血氣痛), 머리가 어지러운 현벽(眩癖), 연기나 숯불 때문에 생기는 어질병, 갑자기 쓰러지는 귀계졸사(鬼繫卒死) 등에 좋다고 한다. 이와 같은 병들의 공통점을 현대 과학으로 조명해본다면 일산화탄소에 의한 가스 중독 현상임을 알 수가 있고 연탄가스 중독에 식초가 특효라는 발견도 바로 이 민간요법의 체험적 효과를 입증하는 것이 된다. 특히 참외서리를 하다가 주인에게 잡혀 인도된 손자에게 초를 먹이고 초로 입을 씻기는 전래 풍습도는 초를 단순한 식품으로서만이 아니라 도둑질하고 싶은 사심을 쫓는 정신적 약으로도 믿었다고 한다.

 –당뇨: 당뇨병이란 췌장에서 분비되는 호르몬의 일종인 인슐린이 부족하게 됨으로써 혈액 중의 영양성분인 당분이 많아져서 소변과 함께 배설되어 버리는 병이다. 여기서 인슐린이라는 것은 장에서 분비되는 호르몬으로 근육 안으로 당을 밀어 넣는 기능을 갖고 있다. 그러나 실제로 인슐린은 혈압이나 혈당치를 높이는 작용을 하는 아드레날린과 글루카곤이라는 호르몬 사이의 양의 '언밸런스'의 원인이 되기도 한다. 당뇨로부터 몸을 지키기 위해서는 탄수화물, 지방 등 에너지원의 분해를 촉진하여 신진대사를 활발하게 촉진해주면 된다. 특히

인간 활동의 근원이 되는 열에너지는 탄수화물과 지방, 단백질 3개의 에너지원의 분해로 생산되기 때문에 그 최종단계의 기능을 높이는 것이 무엇보다 중요하다. 식초는 에너지원의 분해와 흡수를 촉진하고 탄수화물의 이용률을 높이며 유해물질을 체내에 남기지 않게 하는 작용을 하는 아미노산과 유기산을 풍부하게 함유하고 있어 이러한 기능을 충분하게 수행하고 있다.

−고혈압: 심장에서 세게 밀려나오는 순간 혈압을 최고혈압이라 하고, 가장 낮게 흘렀을 때의 혈압을 최저혈압이라 하고 평균혈압은 120 정도이며 최고혈압은 160 이상으로 합병증인 심장병, 뇌졸중, 신장병 등에 주의를 기울여야 한다. 여기에서 식초는 유효하게 작용하는 힘이 있어 지방의 합성을 저지하는 작용과 더불어 지방의 분해를 촉진하는 기능이 있다. 또한 염분 섭취를 억제하는 기능을 하며 이뇨(利尿) 작용을 돕는 기능을 한다. 또한 스트레스가 쌓이면 차츰 부신피질 호르몬이라는 소위 우리들의 정신적·육체적 긴장을 풀어주는 호르몬의 분비량이 줄어서 그것이 혈관이나 내장에 부담을 주는 원인이 되고 혈압이 오르게 함과 동시에 혈액순환을 저해하게 된다. 그러나 식초에 함유된 구연산은 이 부신피질 호르몬의 분비를 높여준다. 그 밖에 최근에는 혈관을 수축시켜서 혈압을 높이는 작용을 하는 호르몬의 일종을 억제하는 힘을 식초가 가지고 있다는 것도 입증되었다. 그러나 고혈압 환자에게 가장 무서운 것은 화나 분을 내는 것이라고 한다. 꼭 기억해야 한다. 성경에서도 가르치고 있다. "분을 내어도 죄를 짓지 말며 해가 지도록 분을 품지 말고 마귀가 틈을 타지 못하게 하라.(엡 4: 26, 27)"

혈압 낮추는 물질 풍부: 식물섬유 중에는 변비를 없애주고 혈압을 안정시키며 대장암 예방에 유효한 것이 많다. 전통식초도 그중 하나인데, 여기엔 또 필수아미노산도 많이 포함되어 있다.

아미노산은 단백질을 구성하는 성분이다. 필수아미노산은 우리 몸이 필요로 하는 아미노산 가운데 체내에서 스스로 합성할 수 없기 때문에 밖으로부터 섭취할 수밖에 없는 아미노산이다. 이 밖에 전통식초에는 비타민, 미네랄류도 많이 들어 있다. 뿐만 아니라 아데닌, 이노신 등 핵산관련 물질이 풍부하게 들어 있다. 핵산은 인간의 기본구조를 만든다든지 유전자 정보까지 관여하고 있는 물질이다. 전통식초에는 페프치토의 한 종류로 혈압을 내리는 효과가 우수한 물질도 많이 들어 있다. 이것이 안디오텐신 변환효소 활성물질이다. 고혈압을 크게 나누면 2차성 고혈압과 본태성 고혈압으로 나눌 수 있다. 2차성 고혈압은 혈압을 높이는 원인이 되는 병을 가지고 있는 경우 일어나는 것으로 신장병, 심장병 등에 의한 고혈압이 이에 해당한다.

본태성 가운데 거의 반은 유전적 기질, 나머지 반은 안디오텐신과 관련이 있다. 이런 사람들은 식초와 초밀란을 이용하여 변환효소 활성물질을 섭취하면 좋다. 이 물질뿐 아니라 식물섬유가 풍부한 것도 고혈압에 도움을 준다. 식물섬유는 동맥경화를 예방한다든지 혈압을 안정시키고 변비 해소, 대장암의 예방에도 도움을 준다. 전통식초는 그냥 마시는 음료로 생각하기에는 훨씬 효과가 있는 음료이다. 고혈압인 사람은 물론 건강한 사람도 일상생활에서 자주 식초를 마시면 건강유지에 더욱 좋을 것이다. 식초에 계란을 녹여 마시는 초란은 글로는 다 표현할 수 없는 건강음료이다.

－동맥경화: 동맥경화는 동맥 속에 콜레스테롤이나 중성지방이 축적되어 혹처럼 돌출되거나 혈관이 노화함으로써 일어나게 된다. 즉 동맥 내 혈액의 흐름이 나빠진 것이므로 관을 대청소해서 혈액이 잘 흐를 수 있도록 해주면 된다. 이 병은 매일 자연발효식초 60cc~90cc씩 3회에 나누어 식후에 마시면 콜레스테롤의 좋은 기능을 높이고 나쁜 기능을 억제하는 방향으로 유도하는 데 높은 효과를 볼 수 있다.
－간장병: 간장의 기능으로는 소화액인 담즙을 만들고, 여분의 탄수화물을 글리코겐으로 바꾸어 저장하며, 해독작용을 한다. 그러나 간장에 병이 들면 이들의 기능은 저하되어 흡수되지 않음과 동시에 각종 유해물질이 해독되지 않고 전신으로 퍼져가는 병이다. 간장이라는 곳은 모든 영양분이 모여 이곳에서 처리·분해되어 몸의 각 기관으로 보내지며 여분은 저장되기도 하는 곳이다. 최근에 들어서 우리나라에서는 각종 간장병이 늘고 있어 '21세기 국민 병'이라고까지 일컬어지게 되었다. 주된 원인은 포식으로 인한 간장의 부담증가, 약물, 화학물질의 체내 축적, 스트레스의 증가이다. 이렇게 분해와 흡수를 원활하게 하지 못할

때 식초는 매우 효과적이다. 또한 아미노산이 체내에 흡수되므로 단백질을 보강할 수 있다.

옛날부터 피로할 때나 음주 후에 식초를 마셔왔다. 최근 일본에서는 식초가 알코올성 간염을 예방하는 음료로 화제가 되고 있다. 식초는 인류 최고의 발효식품으로 누룩균과 함께 유산균과 유기산 등을 함유하고 있는 건강식품이다. 또한 식초의 초산균은 직접 간세포에 작용하여 살균, 해독, 이뇨, 합성을 돕고 여러 가지 병을 예방, 치료하는 효과를 가지고 있다. 자연계에는 많은 세균이 존재하고 있다. 공기 중이나 수중, 우리들의 손과 몸 안에도 다양한 세균이 살고 있다. 그중에서 우리 몸에 도움을 주는 것이 유산균을 비롯한 식초의 유기산(초산, 구연산, 사과산, 주석산)이다. 유기산은 탄수화물 등 당을 사용하여 유산 등 산을 만들어내는 세균의 총칭이나 균에 따라 활동하는 장소가 다르다. 유산균이 당으로부터 산을 만드는 것이 유산발효이다. 유산균은 유산발효에 의해 요구르트를 비롯한 발효식품을 만드는 데 쓰인다. 발효식품에는 식초, 김치, 식혜, 효모빵, 된장, 간장 등이 있고 식품에 따라 사용되는 유산균의 종류가 결정된다. 이 밖에 우유에 종균을 넣어 만든 여러 발효 요구르트가 있다. 식초, 김치 등 유산균을 포함한 식품을 섭취하면 인체에 좋은 효과를 볼 수 있다. 그중 가장 기본적이고도 큰 효능은 장 안의 환경을 깨끗이 해주는 것이다. 장 안에는 발암물질을 만드는 나쁜 균이 있어 강력한 발암 작용을 갖는 물질을 만들어낸다. 그러나 유기산에 의해 이 물질은 독이 없는 물질로 분해되든지 흡착된다. 장내 환경이 깨끗해지면 암은 물론 그 밖의 병원균에도 쉽게 감염되지 않는다. 식초의 원료인 누룩균과 장내 환경과는 연관이 크다. 누룩균과 같은 발효식품으로 장 안에는 좋은 균이 많이 살게 되고, 이것이 장내 환경을 깨끗이 만드는 것이다.

● 간장 강화하고 머리카락 풍부하게

식초는 젊어지게 하는 묘약으로, 간장 기능을 활성화시키는 등 놀랄 만한 효과가 있다. 식초에 이와 같은 효용이 있다는 것은 청주 성분을 연구하던 중 밝혀진 사실이다. 찐쌀과 쌀누룩, 물을 넣은 그릇에 청주효모를 증식시키면 술이 된다. 이것을 10일 정도 발효시켜 면 보자기에 싸서 누른다. 아예 보자기 밖으로 나온 것이 청주이고 보자기 안에 남은 것이 술지게미이다. 천연식초는 이 청주를 초산 발효시킨 것으로서 영양상, 유기산과 비타민 C와 같다고 해도 틀린 말은 아니다. 다만 초산균은 강력한 살균, 해독작용이 강하다. 그렇다면 식초의 어떤 성분이 간 기능을 비롯하여 몸 전체를 젊게 하는 것일까.

술을 담글 때 사용하는 밀 누룩은 밀을 분쇄하여 누룩균이라는 곰팡이를 증식시킨 것이다. 밀을 반죽하여 거기에 누룩균의 포자를 넣어 30℃ 정도의 온도를 유지하여 20일이 지나면 전통 막누룩이 생긴다. 이 누룩 속에서 우리 몸에 중요한 기능을 갖는 물질들이 차례로 발견되어 관련학계의 주목을 받고 있다. 그것은 식초의 누룩이 인체의 건강유지와 노화방지에 필요한 물질을 만들어내고 있다는 사실이다. 그 대표적인 것이 페프치토이다. 페프치토는 쌀이나 청주효모의 균체 속에 있던 단백질이 분해되어 아미노산으로 변하는 과정에서 만들어지는 물질이다. 효모균체는 청주 속에서 자기소화를 일으키고 균체를 구성한 단백질을 분해하여 아미노산을 늘려나간다. 연구결과 청주에 포함되어 있는 페프치토는 몸의 세포 강화, 특히 약한 간장을 활성화시키는 것으로 밝혀졌다. 알코올을 지나치게 흡수하면 간장에 부담을 준다. 그러나 식초는 알코올을 초산 발효시킨 식품이다. 이것을 적당량 섭취함으로써 간장을 튼튼하게 할 수 있다. 누룩균은 페프치토 외에도 여러 가지 흥미로운 물질을 만들어낸다. 그 대표적인 것 중 하나가 누룩산이다. 이 산에는 노화를 막아주고 젊어지게 하는 효과가 있다. 지구상에는 수많은 미생물이 존재하고 있으나 누룩산이라는 물질은 누룩균만이 만들어낼 수 있는 특수한 물질이다. 이 누룩산은 최근 발모제와 육모제에도 들어간다. 누룩만의 특수한 환원작용이 노화되어 약해진 두피와 모공을 교정하고 활력을 되찾아주기 때문이다. 누룩산이 원료인 전통식초를 적당히 마시면 몸의 노화된 세포에 작용하여 머리카락이 나고 미용에도 효과를 볼 수 있다고 한다. 게다가 전통식초에는 비타민 B_1, B_2를 비롯하여 몸 안에서 중요한 활동을 하는 비타민과 미네랄이 많이 들어 있다. 간장 기능이 약한 사람과 알코올로 인하여 간장이 지나치게 손상된 사람에게 전통식초는 권할 만한 식품이다. 그러나 누룩산이 없는 과일식초는 간장의 해독기능이 미약하며 빙초산 합성식초는 오히려 간 기능을 크게 해치게 되므로 유의해야 한다.

- **위장병**: 위액의 분비가 적은 사람에게 있어서 식초는 위액의 분비를 촉진시켜 줄 뿐만 아니라 강한 살균작용까지 있어 위장 내의 유해한 세균의 번식도 억제해주므로 매우 좋다. 비타민 B_1을 많이 함유하고 있어 식욕부진 해소에 효과가 있다.
- **신장병**: 끊임없이 대량의 혈액이 흘러들어가 혈액의 정화작용을 해주는 곳이 바로 신장이다. 신장은 혈액 속에 있는 노폐물을 제거하여 소변으로 배설해준다. 또 혈압을 조절하는 호르몬이나 뼈를 튼튼하게 해주는 비타민 D를 만들어 내기도 한다. 특히 신장에(신우염이나 신장염) 이상이 생기면 불필요한 물질을 체외로 배출하는 역할을 다하지 못하는데 자연발효식초는 항이뇨 호르몬을 조절하며 신장이 제 기능을 찾도록 만든다. 즉 식초는 소변의 양을 증가시킴으로써 체내의 유해물질을 씻어내는 역할만 하는 것이 아니라 혈액 중의 단백질량을 증가시키고 신장의 약해져 있는 조직을 회복시키는 힘도 가지고 있다.
- **변비**: 체내의 신진대사를 높이는 기능을 가지고 있으며 장내의 활동이 원활해지고 탄산가스가 발생하여 변의를 일으켜 변비가 해소된다.
- **비만**: 날씬한 몸매를 갖고 싶은 것은 남녀 모두의 희망사항이다. 비만은 체내에 너무 많이 받아들인 탄수화물이나 당질이 지방으로 변해서 피하지방으로 축적됨으로써 일어나기 때문에 탄수화물이나 당질이 지방으로 변하는 것을 막거나 지방으로 변한 후라면 이것을 분해해버리면 된다. 또 비만인 사람을 보면 소위 '지방 비대' 외에도 몸에 쓸데없는 수분이 축적되어 생기는 '수분 비대' 체질인 사람도 있다. 식초에는 양쪽의 기능은 물론 이뇨 효과가 있으므로 '수분 비대'의 해소에도 도움이 된다. 그러나 주부들의 경우 다이어트에 도전을 해보지만 번번이 실패하게 된다. 자연발효식초는 당질이 지방으로 변하는 것을 막고 지방의 분해를 돕기 때문에 지방 축적이 억제되므로 자연히 살이 빠지게 되므로 하루에 작은 술잔으로 1~2잔 마시면서 정상적인 식사를 하여도 비만은 해소된다.
- **불면증**: 불면증은 스트레스로 오는 경우가 많은데 이때는 칼슘을 많이 섭취하

도록 하는 것이 중요하다. 칼슘은 신경세포에 작용해서 정신적 긴장을 완화시키는 기능을 가지고 있기 때문이다. 자연발효식초에는 칼슘은 포함되어 있지 않지만 칼슘을 효율적으로 흡수시키는 힘이 있다. 그러므로 칼슘을 많이 함유한 식품을 식초에 절여서 먹도록 하면 칼슘의 흡수율을 훨씬 높일 수 있으며 이렇게 흡수된 칼슘은 정신적인 긴장을 완화시키기 때문에 자연히 불면증도 해소시킨다.

- 골다공증: 식품 속의 칼슘이 체내에 흡수되는 것을 돕고 칼슘의 체내흡착을 원활하게 하는 역할을 한다. 또한 부신피질 호르몬을 조절하여 골다공증에 대단한 효과가 있다.

"마음의 즐거움은 양약이라도 심령의 근심은 뼈로 마르게 하느니라.(잠 17: 22)"

- 면역기능 향상 및 치매 예방: 최근 일본에서 과실초를 대상으로 한 연구에서 식초는 체내 면역력 증가 효과가 있다고 보고되었으며 이와 함께 치매를 야기하는 '알츠하이머병'에도 효과가 있는 것으로 보고되었다.(日本 韶華 醫科大學 나까야마 사다오 교수)

- 암내: 암내가 나는 사람은 대개 땀을 많이 흘리는 여름철이 되면 공공장소에 가는 것은 꺼려할 것이다. 암내는 일명 액취라고도 하는데 겨드랑이 아래에 있는 아포크린 선에서 분비된 땀이 세균에 의해 부패되면서 심한 악취를 풍기는 것이다. 우선 청결이 제일 중요하지만 적극적으로 치료한다면 강한 자연식초나 구연산을 겨드랑이 밑에 바르는 방법이 있다. 세균을 억제하고 악취를 근본적으로 제거해줄 것이며, 식초를 자주 마셔주므로 세균의 발생을 억제하는 방법도 병행함이 좋다.

- 식초의 특효성: 요즈음에 와서 어깨 결림, 요통을 호소하는 사람이 많다. 이는 피로물질이라 하는 유산이 체내에 쌓여 있는 것이 그 원인의 하나가 된다. 에너지원인 당질 또는 탄수화물이 체내에서 연소하면 피루빈산과 탄산가스 그리고 물이 된다. 이 피루빈산은 구연산, 시스어코닉산, 이소 구연산, 호박산, 사과

산, 옥살로초산, 다시금 구연산으로 모습을 바꾸면서 에너지를 방출한다. 이 작용의 사이클은 TCA(Tricarboxylic acid)회로인데 구연산 회로, 크레브스 회로라 부르며 이것이 원활치 않으면 유산이 증가해 쉽게 피로해지고 어깨 결림이나 요통이 오게 된다. 이 물질대사의 사이클 작용을 원활하고 활발하게 하는 것이 식초의 주성분인 여러 가지 유기산이다. 즉 신 것을 싫어하는 사람은 어깨 결림이나 요통을 앓기 쉽고 쉽게 피로해진다. 그래서 천연식초와 같은 양질의 식초를 곁들인 식생활을 해야만 하는 것이다.

- **요통**: 자연발효식초에는 초산, 구연산 등 유기산이 많이 함유되어 있어 젖산의 분해도 촉진하기 때문에 피로를 방지하여 허리의 유연성을 갖게 해준다.

- **어깨 결림**: 이 병은 어깨의 근육이 굳어지고 혈액순환이 원활하게 이루어지지 않음으로써 나타난다. 어깨 부분에 혈액이 운반해오는 영양분이나 산소가 부족해서 결림 또는 통증을 느끼게 되는 것이다. 그러므로 문지르거나 두드리거나 마사지를 해주는 물리적 요법을 통해 혈액의 흐름을 원활하게 함으로써 결림을 풀 수가 있다. 근육이 굳어지는 것을 경직이라 한다. 워드프로세서나 퍼스컴 작업 등 일정한 동작을 계속하면 어깨의 근육에 무리가 오는데 이때는 어깨의 근육을 풀어주는 운동을 수시로 할 필요가 있다. 어깨 결림의 증세가 심해지면 후두부가 아파 오거나 눈의 피로가 심해지기도 한다. 더군다나 식욕도 없어지고 불면증에 걸릴 우려도 있다. 또 간장, 위장, 폐, 심장 등 내장의 기능이 나빠져서 어깨가 결리는 증상이 나타나는 경우도 있으므로 그런 면에도 주의를 기울일 필요가 있다. 이때에는 우선 물리적으로 통증을 제거하고 나아가서는 젖산이 체내에 축적되지 않도록 신진대사를 원활하게 해주면 되는데 식초를 마시면 혈액을 약알칼리성으로 조절하여 점도가 낮은, 흐르기 쉬운 상태로 만들어주기 때문에 전신의 혈액순환 및 신진대사가 원활하여 어깨 결림을 풀어준다.

- **통풍**: 단백질의 과잉 섭취 등으로 아미노산의 부산물인 암모니아가 현저히 늘어나면서 체내에 요산이 높아지는 것이 주원인이 되어 발가락이나 무릎 등 하체에서 통증이 시작된다. 이때 식초를 섭취하면 아미노산에서 요소가 생성되는 과정에 크게 작용을 하며 요산의 배설량도 증가시키고 산성으로 기울고 있던

혈액도 본래의 약알칼리성으로 되돌려 놓는 효과도 볼 수 있다.

● 피부염에 효과

천연식초의 유기산은 변의 상태도 좋게 한다. 숙변이 제거되기 때문인데, 이 숙변 제거로 장이 깨끗해질 뿐 아니라 피부도 좋아진다. 게다가 하루에 한 잔씩 매일 마시면 알레르기의 한 종류인 아토피성 피부염 치료에 효과가 있다.

동양의학에서는 피부의 윤택성이 소화 기능과 깊은 관련이 있다고 본다. 또 아토피성 피부염에 효과가 있는 천연식초는 위장약으로도 알려져 있다. 이는 장내 환경과 피부와는 밀접한 관계가 있다는 뜻이며, 아토피성 피부염의 개선에도 깊은 관련이 있다는 얘기다.

식초와 같은 자연의 신맛은 예부터 자양식으로 마셔왔다. 또 공복일 때나 피곤할 때 마시면 중요한 에너지원이 된다. 동양의학에서 허약체질인 아이의 체질을 좋게 하고 신진대사를 활발하게 하고자 할 때는 이 자연의 신맛을 이용했다고 한다.

　－방사능에 이기는 식초: 일본 히로시마에서 원폭 피해를 입은 사람이 우연히 귤을 많이 먹었더니 그 사람만은 원폭증에 걸리지 않았다고 한다. 이처럼 식초는 방사능 등 공해병(公害病)을 이기는 특효약이 될 수 있다.

　－암 예방에 식초: 예로부터 [신 것을 좋아하는 사람은 암에 걸리지 않는다]고 전하여지고 있는데 확실히 암으로 죽은 사람은 모두 평소에 신 것을 싫어한 사람이 많다. 따라서 평소에 식초를 자주 먹으면 암 예방에 효과가 있다는 것을 알 수 있다.

● 식초를 이용한 자궁경부암 진단

식초를 이용하면 '자궁경부암'을 진단하는 데 도움이 된다고 한 예비 연구에 참여한 남아프리카 공화국 의사들이 밝혔다. 즉 남아프리카 공화국에서 행하여진 연구에 따르면, 식초를 자궁경부에 묻히면 암 세포들이 잘 발견될 수 있다고 한다. 이 예비 연구 결과에 따르면 식초를 사용하여 자궁경부암을 진단하는 방법은, 현재 자궁경부암을 진단하기 위하여 흔히 사용되는 '자궁경부 세포진(Pap Smear)'검진 방법만큼 효과가 있을 것으로 보여지고 있다. 따라서 연구에 참여한 의사들은 그들의 연구를 통하여, 개발도상 국가에 효과적이고도 적은 비용으로 자궁경부암을 진단할 수 있는 방법의 실마리를 제공할 수 있을 것으로 보고 있다. 식초는 물과 5%의 초산으로 이루어져 있는데, 식초가 자궁경부에 닿게 되면 잠재적인 암 세포들은 하얗게 변색이 된다고 한다. 따라서 식초에 의하여 하얗게 변색된 부분을 육안으로 확인만 하면 '자궁경부암' 부위를 찾아낼 수가 있는 것이다. 현재 사용되고 있는 '자궁경부암' 진단법은 '자궁경부 세포진' 방법을 통하여 얻어진 조직을 실험실에서 분석하는 것이다. 남아프리카 공화국 케이프시의 Groote Schuur 병원 산부인과 의사인 Lynn Denny 박사는 식초를 이용하여 자궁경부암을 진단하고자 시도하였는데, 그 결과는 좋았다고 말하며 "우리는 식초를 이용하여 자궁경부암 부위를 찾는 방법이 기존의 '자궁경부 세포진' 진단 방법만큼 암 부위를 진단하는 데 효과적임을 발견하였다." 라고 강조했다. 또한 경우에 따라서는 이 새로운 진단 방법이 '자궁경부 세포진' 진단 방법보다 더 효과적인 것도 발견하였다. 따라서 식초를 이용하면 종래의 "'자궁경부 세포진' 진단법으로 찾아낼 수 있는 정도만큼, 암으로 발전하기 이전 단계에 있는 자궁경부의 병소 부위를 효과적으로 찾아낼 수 있을 것"이라고 하였다. 현재 많은 개발도상 국가들에서는 경제적인 이유로 국가 차원의 자궁경부 검진 프로그램을 시행하지 못하고 있는 실정이다. Denny 박사는 이러한 나라들에게서 식초를 이용하여 자궁경부암을 진단하는 방법이 하나의 대안으로 가능할 것으로 내다보고 있다. 연구에 참여하였던 의사들은 식초를 일반 마켓에서 구입하였다. Denny 박사는 "식초를 이용한 자궁경부암 검진 방법은 비용이 적게 소모될 뿐만 아니라 검진 방법도 간단하다. 그리고 식초를 이용하여 검진 시 별다른 장비도 필요도 없다. 식초를 이용하여 경부암을 진단하는 방법의 한 가지 단점은 실제로 자궁경부암이 없는 여성에게 자궁경부암이 있다고 진단을 내리는 오진의 경우가 있을 수 있다는 것인데, 그러나 '자궁경부 세포진' 검진 방법도 이와 똑같은 오진을 내릴 수 있다. 그리고 이 방법을 통하여 현재 자궁경부암을 진단하기 위해 시행되고 있는 과잉 진료의 경우들을 많이 감소시킬 수 있을 것"이라고 하였다. Denny 박사는 현재 자궁경부암 예방 협회로부터 지원을 받아 과잉 진료가 여성들에게 어떠한 좋지 않은 영향을 주는지에 대하여 연구를 계속 진행 중이다. Denny 박사는 "우리는 현재 과잉 진료가 사람의 생명에 어떠한 여파를 주는지 조사 중"이다. 국제 암 연구 협회의 Rengaswamy Sankaranarayanan 박사는 "식초를 이용한 자궁경부암 진단법을 다른 지역에 적용하기 전에 좀 더 많은 임상 실험들이 필요하다. 그리고 문제는 식초를 이용한 자궁경부암 검진 방법이 장기적으로 보았을 때 검진 효과가 있는지 여부에 대한 정보들을 수집하여야 한다."라고 하였다.

식초이용법과 주의할 점

• 물 대신 식초를 음료로 만들어 마셔도 좋다.

생수 한 컵(200cc)에 천연식초 50cc 정도를 잘 섞어 저어주면 된다. 식초음료는 하루 두세 번 정도 마시는 것이 좋다. 건강유지 차원에서 마실 때는 식초의 농도를 조금 묽게 하고 꿀을 약간 섞어 마셔도 된다. 식초에는 가공초와 천연 발효초가 있는데, 곡식이나 과일을 발효시켜 만든 천연식초는 시중에 파는 가공 식초보다 톡 쏘는 맛이 적고 부드러운 것이 특징이다. 건강을 위해 식초를 이용할 때는 속성 제조된 것보다 1년 이상 숙성시킨 천연식초를 쓰는 것이 좋다.

식초를 잘못 선택하면 효능을 기대할 수 없을 뿐 아니라 부작용이 생길 우려도 있으니 주의해야 한다.

• 각 증상에 따라 효과적으로 이용하는 법
-고혈압, 변비: 3개월 이상 꾸준히 식초 콩절임을 먹는다.
-원기회복: 스테미나 증진: 식초 달걀을 만들어 먹는다.
-비만해소: 10~15cc의 천연식초를 3~7배 분량으로 생수에 타서 마신다.
-피부건조, 습진: 목욕물에 적당량의 식초를 넣고 목욕한다.
-무좀: 현미식초나 과일식초를 솜이나 거즈에 적셔 무좀 부위에 바른다.
(※ 출처: http://www.yori.co.kr/design/health100/mansung/list_htm/sikcho.htm)

● 식초를 매일 복용하는 것에 대하여!

발레나 운동하시는 분들이 몸을 유연하게 하기 위해서 식초를 복용하는 경우가 있는데, 40대 중반이시라면 뼈에 무리가 갈 수도 있다. 대체 용품으로는 요즘 음료로 많이 나오는 현미초, 사랑초, 미초 감식초, 소나무식초 등이 있다.

이 식초는 식이섬유도 함유되어 있고, 식물섬유의 초성분이 적당량 함유되어 있어서 배변과 미용, 다이어트에 도움이 된다고 한다. 마트에 가면 1.5리터짜리 페트병으로도 판매를 하고 있다. 또한 가끔씩은 검은콩을 식초에 재워 두었다가 콩도 먹고(5알 정도) 식초 물도 페트병뚜껑 두 잔 정도씩 가끔 먹는다. 매일은 아니고, 2~3일에 한 번씩 하는데도 식욕은 많이 줄어들었고 살도 빠졌다.

● 식초를 매일 복용하는 것에 대하여!

식초를 매일 한 컵 정도 먹어보면 건강에 좋은데 구역질 나고 비위가 좋지 않아 먹기가 거북할 때에는 설탕이나 꿀을 조금만 타서 음용하면 된다.

□□□
식초 한 병, 요리조리 활용법

어느 집에나 한 병쯤은 꼭 있는 식초, 여태껏 입맛 돌우는 새콤달콤한 반찬 만들 때만 사용했다면 이제부터라도 제대로 활용하자. 팔방미인 식초를 제대로 활용하는 쿠킹 노하우 18가지.

● 된장국 맛 살리기

초보 주부들을 위한 비법 하나, 친정엄마가 끓인 것과 달리 자신이 끓인 된장국은 왠지 밍밍하다면 된장국에 식초를 아주 조금만 넣어보자. 식초의 양을 1인분에 1방울 정도로 넣으면 한층 깊은 맛이 난다. 된장을 풀어 넣고 끓어오르기 전에 파와 함께 넣으면 된장국이 파르르 끓어오르며 시큼한 향은 날아가고 깊은 맛은 살아난다.

• 시든 채소 싱싱하게 살리기

냉장실에 있던 채소를 장시간 꺼내놓으면 수분을 잃고 축 처져 신선함이 떨어져 보인다. 이럴 때는 차가운 물에 식초와 설탕을 약간 풀어 시든 채소를 담가두면 채소가 다시 파릇파릇 싱싱해진다.

• 바삭한 튀김옷 만들기

바삭바삭한 튀김옷을 만들고 싶다면 식초를 적극 활용하자. 반죽 1컵에 1작은술 비율로 식초를 넣고 고루 섞은 뒤 재료에 옷을 입혀 튀기면 바삭바삭 맛있는 튀김이 완성된다. 시큼한 향은 날아가고 깊은 맛은 살아난다.

• 입맛 돋우는 드레싱 만들기

웰빙 시대답게 요즘은 샐러드가 기본 반찬이다. 올리브유와 발사믹식초를 섞어 설탕, 다진 마늘, 후춧가루, 소금으로 간해 드레싱으로 즐겨보자. 새콤한 맛이 입맛도 돋워주고 몸에도 좋다.

• 오래된 재료 잡내 없애기

묵은 쌀로 지은 밥에서 나는 군내를 없앨 때도 식초가 유용하다. 식초를 한 방울 떨어뜨리고 밥을 지으면 햅쌀로 지은 듯 포실포실 윤기 나며 맛있는 밥이 완성된다. 오래된 재료나 음식의 갖은 잡내를 없애는 데도 요긴하다.

• 껍질째 먹는 과일 씻기

대부분의 과일은 껍질에 영양분이 가득하다. 하지만 농약 걱정에 보통 껍질을 제거하고 먹는다. 과일이나 채소를 씻을 때 물로 헹구는 것만으로는 안심할 수 없다면 식초의 살균 효과를 활용하자. 흐르는 물에 과일과 채소를 씻은 뒤 볼에 물을 받아 식초를 한두 방울 떨어뜨려 헹구면 간단하게 농약 걱정을 덜 수 있다.

• 잎채소 싱싱하게 데치기

초록색 잎채소를 데칠 때도 식초가 한몫한다. 팔팔 끓는 물에 식초를 몇 방울 넣고 시금치와 같은 잎채소를 살짝 데치면 소금을 넣고 데쳤을 때보다 더 파릇파릇하고 색이 더 선명하며 비타민 C도 덜 파괴된다.

• 갓 지은 밥에 한 방울 넣기

요즘은 아파트 생활을 하는 사람이 많아 실내가 늘 따뜻하기 때문에 겨울철이라도 아침에 한 밥이 저녁이면 상할 때가 있다. 혹시 상할 우려가 있다면 갓 지은 밥에 식초를 한 방울만 떨어뜨려 고루 섞어두자. 그러면 장시간 지나도 밥이 쉴 염려가 없다. 식초의 살균 효과를 이용한 것이다.

• 짜고 단 음식 간 맞추기

조리하던 중 지칫 설탕을 많이 넣어 요리 맛이 너무 달 때도 식초를 활용한다. 식초를 약간 넣으면 어느 정도 단맛이 줄어든다. 짠 요리에도 마찬가지다. 찌개나 국을 끓였는데 생각보다 간이 짜면 물을 더 넣는 경우가 있는데 이렇게 하면 전체적으로 간이 밋밋해져 맛이 없다. 이럴 때 식초를 약간 넣으면 짠맛이 훨씬 덜하다.

• 감자튀김에 레몬식초 뿌려 먹기

맥주 안주로 최고인 감자튀김은 계속 먹다 보면 느끼하다. 이럴 때 칼로리 높은 케첩 대신 레몬식초를 살짝 뿌려보자. 기름으로 인한 느끼한 맛이 사라지고 감자의 고소한 맛만 남는다.

• 절임 조리 시간 줄이기

급히 요리를 해야 하는데 기본 절임 시간이 필요한 요리를 내야 한다면 식초를 살짝 뿌려주자. 물론 아주 조금만 넣는 것이 포인트. 이렇게 하면 절이는 기본 조리 시간을 줄일 수 있다.

• 딱딱한 재료 식초로 조리하기

딱딱하거나 뻣뻣한 재료를 그대로 먹으면 입 안이 죄다 헐고 씹는 느낌도 좋지 않다. 이럴 때는 식초를 넣어 조리한다. 식초는 재료를 부드럽게 하는 효과가 있어 뼈째 먹는 생선이나 다시마와 같은 요리에 넣으면 좋다.

• 시큼한 김치찌개 맛내기

김치찌개는 역시 신 김치로 끓여야 제 맛이다. 갓 담근 김치로 김치찌개를 끓이면 맛이 없어 인기가 없다. 익은 김치가 없을 때 식초를 약간 넣으면 신 김치로 끓인 김치만큼 시큼하고 맛있는 찌개 맛을 낼 수 있다.

• 매끈한 생선 부치기

석쇠에 생선을 굽다 보면 생선 껍질이 눌어붙어 모양이 엉망이 되기 일쑤다. 석쇠에 식초를 살짝 바르고 생선을 올려 구우면 눌어붙지 않고 맛있게 잘 익는다. 생선을 손질할 때 사용한 칼이나 도마에 생선 비린내가 남아 있을 때도 식초가 요긴하다. 식초와 물을 1: 2 비율로 섞어 씻으면 비린내가 말끔히 가신다.

• 면발 탱탱하게 만들기

라면을 끓일 때 식초를 약간 넣으면 면발이 붙지 않고 오랫동안 탱탱하다. 달걀말이나 지단을 부칠 때도 마찬가지. 달걀물에 식초를 한두 방울 넣고 달군 팬에 올리면 찢어지지 않고 고르게 잘 익는다.

• 달걀 삶을 때 활용하기

달걀을 삶을 때 껍질이 터지거나 노른자가 파래진다면 식초를 넣자. 달걀 삶는 물에 식초를 한두 방울 넣으면 달걀껍질이 매끈하게 삶기는 것은 물론 껍질도 잘 벗겨진다. 노른자도 맛있는 노란색을 띤다.

• 햄 보관할 때 활용하기

먹고 남은 햄을 냉장실에 그대로 넣어두면 칼로 자른 면이 미끈미끈해져 기분이 영 좋지 않다. 이때는 식초의 살균 효과를 이용한다. 칼로 자른 면에 식초를 살짝 발라두면 다음에 사용할 때도 처음 포장지를 뜯었을 때처럼 신선하다.

• 채소의 떫은 맛 우리기

연근이나 우엉, 토란과 같은 뿌리채소는 특유의 떫은맛이 있다. 그러므로 깨끗이 손질한 뒤에 반드시 식초를 섞은 물에 담가둔다. 이렇게 하면 떫은맛은 빠지고 색은 하얗게 유지되며 아삭아삭하니 맛있다.

끓인 식초 요법

식초에는 휘발성 성분이 함유돼 있지만 살짝 데워서 이용해도 크게 변화되는 일은 없다. 식초를 직접 마시거나 피부에 발라도 건강상 아주 큰 효과가 있다. 우선 볶는 요리, 끓이는 탕류 등 요리의 조미료로서도 물론 좋고 면(국수)류의 스프와 함께 사용하거나 뜨겁게 해서 드링크제로 마실 수도 있다. 추운 겨울철 냄새에 신경이 가지 않게 적당히 데워서 마시는 방법은 식초를 맛있게 마시는 방법이라고 할 수 있다. 여러 가지 형식을 통해 일상적으로 계속 섭취해야 식초의 효력이 살아난다. 자연식초를 사용한 실험이나 연구를 통해 식초를 섭취하게 되면 각종 성인병, 스트레스나 피로 축적에 의한 위장장애, 신경통, 어깨 결림 등 여러 가지 증상의 예방, 개선에 요긴한 역할을 한다는 사실이 밝혀졌다. 또 외용으로는 식초 목욕이나 환부에 바르는 무좀 요법 등이 있으며 세수할 때 사용하는 사람도 있다. 식초는 톡 쏘는 맛이 있지만 겨울철에 따뜻하게 데워서 사용하면 몸이 찬 사람이나 추위를 타는 사람들도 이용하기가 쉽다. 몸이 차가워지기 쉬운 사람은 뜨거운 드링크도 좋은 방법이지만 손발이 찰 경우엔 뜨거운 물에 식초를 타서 그 따뜻한 식초 물에 손발을 담가 부분 욕을 해보는 것도 한 방법이다.

피부에 대한 식초의 효용은 초산의 살균력 말고도 식초에 함유되어 있는 아미노산의 작용으로 이루어진다. 동물실험에서는 피부의 상처를 재생하는 역할까지 확인되고 있다. 자연식초 등에 함유되어 있는 아미노산은 극소에서 단백질을 합성하여 피부를 재생시키는 작용을 지니고 있다(메티오닌, 시스틴 등 아미노산).

끓인 식초 요법은 식초 선택이 중요하다. 원재료나 제조방법에 따라 맛, 향, 효력 등이 차이가 있기 때문이다. 합성초는 피하고 양조초 중에서 원재료의 영양성분이 풍부하게 함유되어 있는 양조기간이 긴 것을 선택해야 한다. 특히 따뜻한 끓인 식초의 이상적인 섭취방법과 사용방법은 소개하면 여러 가지 요리를 통하여 식초를 먹는 것이 기본이지만 마실 경우라면 식초를 2~3배로 희석(연하게 탄다)시켜야 한다. 그리고 공복 시는 피하고 소화흡수도 높여주기 때문에 식후나 식사 중이 좋다. 양은 약 30㎖의 식초를 하루에 두 번 정도 마시는 게 보통의 경우이며 벌꿀 등을 섞어도 괜찮다. 외용으로 사용할 경우에도 기본적으로 5~10배로 연하게 희석 상처 등이 따갑지 않으면 그냥 사용할 수도 있지만 5배 정도로 연하게 한 것이 피부의 재생작용에 뛰어나다. 외용에서는 손가락으로 바르거나 거즈 등에 묻혀서 닦거나 세수 대야 등에 담아 담그는 방법 등이 있다. 담글 경우엔 기분이 좋을 정도로 데워도 좋다.

■ ■ ■
발효식품을 먹어야 한다

기원전 6000년부터 효모를 맥주 제조에 사용했던 인류는 곰팡이를 이용해 치즈를 만들고 초산균을 이용해 식초를 만드는 등 발효라는 단어가 생기기 전부터 곰팡이와 유산균을 발효에 이용해왔다. 발효는 넓은 의미에서 미생물이 자신의 효소로 유기물을 분해 또는 변화시켜 각기 특유의 최종산물을 만들어내는 현상이며 좁은 의미로는 탄수화물이 무산소적으로 분해되는 복잡한 반응계열로 이루어지는 과정을 말한다. 또는 미생물이 각종 효소를 분비하여 유기화합물을 산화, 환원 또는 분해 합성시키는 반응이라고 말할 수도 있다. 부패도 발효와 마찬가지로 미생물이 유기물에 작용해서 일으키는 현상이라는 점에서는 같으나 보통 우리가 이용하려는 물질이 만들어지면 발효라 하고 유해하거나 원하지 않는 물질이 되면 부패라 한다. 발효에 관여하는 미생물인 세균, 효모, 곰팡이의 종류는 매우 다양하고 재료와 계절에 따라서도 분포가 다양하기 때문에 민족, 지역에 따른 특성이 있게 마련이다. 발효의 맛은 단맛, 쓴맛, 신맛, 짠맛, 매운맛, 떫은맛, 구수한 맛이 함께 어우러질 때 느낄 수 있는 총체적인 맛이다. 식품을 발효시키는 목적은 맛과 향, 저장성을 증진시키기 위한 것이며 이러한 발효식품의 기능을 과학적으로 해석해내는 시도가 지속적으로 이루어지고 있다. 그러나 우리나라는 예로부터 더럽거나 썩은 것을 싫어하는 전통을 지녀왔다. 또한 경신사상(敬神思想)과 관계를 맺고 더러운 것을 금기한 기예사상(忌穢思想)이 발전되어 왔으며 더러우면 병이 생긴다는 장기설이 보편화되어 왔다. 그러나 과학문명의 발달로 음식의 분해과정인 부패와 발효가 다르다는 것을 과학적으로 밝혀낸 것이 겨우 100년도 되지 않는다. 그전까지만 해도 부패는 발효와 혼동하였는데 그 예로 '아플라톡신'사건이 이를 입증하게 한 최초의 사건이다. 오랫동안 묵힌 옥수수를 조사해보니 발암성물질인 '아플라톡신'이 많이 검출되어 있기 때문에 자연 상태에서 발효시킨 된장, 간장, 김치 등에 의심이 쏠리기 시작한 것이다. 그러나 많은 연구결과로 우리의 전통발효식품이 안전하다는 것을 입증하였으나 아직까지도 음식은 신선한 것을 먹는 것이 바람직하며 발효식품을 먹으면 부정하고 부패한 식품을 먹는 것같이 말하는 자연식 예찬 가들이 우리 주변에는 많다. 그러나 발효식품은 음식의 맛을 돋우어 줄 뿐만 아니라 젖산을 만들어내고 음식을 소화 흡수되기 쉬운 상태로 만들어서 우리 음식의 병폐인 소금의 섭취량도 줄일 수 있는 훌륭한 건강식품이며 영양식품이다. 불가리아의 '메치니코프'가 가장 좋은 장수식품으로 추천했던 식품이 유산균 발효식품이라는 것이다. 따라서 발효식품이야말로 건강관리에 가장 좋다는 것을 잊지 말아야 한다. 특히 발효과정에서 생겨나는 다양한 영양소는 깊은 맛을 내면서 정장작용이 탁월해 각종 성인병으로부터 우리 몸을 지켜주기 때문에 발효를 일으키는 곰팡이와 유산균에게 고마운 마음을 가져야 한다.

발효식품인 식초는 건강의 적, 산화현상을 막는다

몸속에서 왜 산화현상이 일어나는가?

사람은 산소에 의존하여 살아가고 있다. 그 이유는 세포 속에서 일어나는 신진대사과정에 산소가 반드시 필요하기 때문이다. 신진대사과정에서 산소는 전자를 빼앗겨 아무것과도 결합하지 않은 상태(free radicals)의 산소가 발생하는데 이 산소는 화학적으로 대단히 불안정하여 생성되는 즉시 주위의 단백질, 지방, 세포 내의 각종 조직 그리고 세포핵 내의 DNA와도 결합하여 세포와 조직에 손상을 입힌다. 이 free radicals 또는 아무것과도 결합하지 않는 불안정한 상태의 산소를 우리말로 유해산소 또는 활성산소라고 칭하고 있다. 세포 속에서 신진대사가 일어나면 정상적으로 반드시 오염물질 또는 폐기물이 나온다. 즉 이것을 노폐물이라고 부르고 있는데 이 노폐물의 화학성분을 분석해본 결과 그 속에 상당량의 free radicals 상태의 산소가 포함되어 있다는 것을 알게 되었고 이 유해산소가 다른 조직과 결합하는 것은 곧 몸속에서 산화현상을 일으킨다는 것을 의미한다. 나이가 들어가면서 건강이 나빠지고 노화하고 퇴행성, 신생물성 변화가 일어나는 것은 바로 이 산화현상에 의한 것이다. 유해산소가 유전인자와 결합하여 그 기능에 손상을 입히면 정상세포가 암세포로 이행하게 된다. 각종 퇴행성 변화, 즉 심혈관의 동맥경화 현상, 노인성 백내장, 피부의 주름이나 뇌 세포의 소실과 각종 장기의 노화현상 등도 유해산소로 인한 산화현상의 결과로 설명한다. 그 이외에도 나이가 들면 면역능력이 저하되는데 이것도 면역세포의 산화현상으로 인한 노화현상의 하나로 설명한다.

따라서 우선 생활방식의 개선을 통하여 유해산소를 최소화하는 방법이 있다. 무엇보다 먼저 식 습관의 개선으로 가장 핵심이 되는 것은 하루에 필요한 열량 이상의 음식을 섭취하지 않아야 하는 것이 중요하다. 따라서 음식의 양을 줄여 하루에 필요한 음식보다 30% 정도 적은 양의 음식을 섭취하는 소식(小食)을 하면 건강하고 성인병의 이환율이 떨어지며 세포의 부담을 줄여 유해산소의 생성을 최소화해준다. 또한 항산화 물질을 많이 포함하고 있는 채소나 과일 그리고 식물성의 재료를 이용하여 발효시킨 식초 등을 많이 섭취하는 식 습관을 갖는 일이 중요하다. 이 것들은 항산화물질이 많이 포함되어 있고 특히 비타민 C, E 그리고 베타카로틴과 같은 항산화 비타민, 세레니움 같은 항산화 무기질이 많아 이미 생성된 유해산소로 인한 산화작용을 중화시켜 준다.

식초는 건강을 지키는 소중한 자연물질

▶ 식초가 다이어트에 좋은 이유

의사들의 격언에 "적게 먹은 병은 다시 먹으면 낫는데 많이 먹어 걸린 병은 화타(華陀)나 편작(編鵲)이 와도 못 고친다."라는 말이 있다. 화타(華陀)와 편작(編鵲)은 죽은 사람도 살린다는 중국의 전설적인 의사들이다. 적게 먹어 걸린 병은 다시 먹으면 낫는다. 에를 늘어 비타민 A가 부족하넌 야맹증에 걸리는데 다시 먹으면 낫는다. 비타민 C가 부족하면 걸리는 괴혈병도 비타민 C를 섭취하고 2주면 낫는다. 그러나 많이 먹어서 걸리는 비만, 당뇨병, 심장병, 암, 뇌졸중 등은 의학이 아무리 발달해도 고치기 쉽지 않다. 많이 먹어서 걸리는 대표적인 질환이 비만이다. 무섭다는 암도 완치 기준인 5년 생존율이 30%에 달하는데 비만은 치료율이 5%가 되지 않는다고 한다. 미국의 경우 천만 명에 달하는 사람들이 비만으로 인해 자기 구두끈을 매지 못하고 혼자 차를 타지 못한다는 통계가 있다. 인스턴트식품이 판을 치는 우리나라도 예외가 될 수 없다. 미국이나 선진국의 경우 고도 비만이 많은 반면 우리나라는 복부비만이 많다. 특히 우리나라 사람들은 근육량이 서양인보다 적어 복부비만으로 인한 피해가 크다. 대표적인 질환이 당뇨병이다. 우리나라는 매년 당뇨 합병증으로 2만 명에 달하는 사람들이 발가락을 절단하고 있다. 또 만 명이 넘는 사람이 시력을 상실하고 있고 매년 새로 신장투석을 하는 사람들도 5천 명에 달한다고 한다. 합병증까지 합하면 당뇨병으로 인한 사망률이 1위라는데 이견을 다는 전문가는 없다고 한다. 이렇듯 비만은 당뇨병을 일으키고 심장병, 암 등 모든 질환들이 걸릴 확률을 현저히 높이는 작용을 한다. 비만을 치료하기 위해 현대 의학은 많은 연구와 노력을 하고 있지만 쉽지 않은 것이 현실이다. 비만 치료약으로 FDA에서 승인한 의약품은 식욕을 억제하는 '리덕틸'과 지방 흡수를 억제하는 '제니칼'이 있으나 근원적인 치료는 요원하고 입 마름과 지방 변 등 부작용을 감수해야 한다. 이론적으로 비만을 치료하는 일은 먹는 만큼 에너지를 쓰면 되는 일이며, 반드시 규칙적인 식사생활을 하여야 한다. 다시 말해서 아침은 반드시 먹어 허기를 채우는 과식은 말아야 한다. 또 간식을 철저히 배제하여야 한다. 특히 엄청난 열량을 내는 술은 꼭 끊어야 한다. 이러한 생활 속에서 식초를 가까이하면 앞에서 설명한 바와 같이 다이어트에 좋은 결과가 온다. 그 이유로서 식초는 소화 작용을 돕기 때문이다. 식초는 소화효소의 분비를 촉진시켜 소화 작용을 돕고 장 속의 유산균 증식을 도와 그 유산균은 배변을 촉진시킬 뿐 아니라 노폐물을 배출해서 복부비만을 예방하기 때문이다. 그리고 식초는 에너지대사를 돕는다. 음식물이 에너지로 바뀌는 과정에서 젖산이라는 대사물이 나오게 되는데 이 물질이 피로와 노화의 원인이 된다. 이때 식초는 대사를 도와 지방분해를 촉진시켜 지방의 축적을 막고 젖산의 생성을 줄이고 생긴 젖산을 물과 이산화탄소로 분해해 배출한다. 또한 식초는 아데노신(ATP)을 생성시켜 혈관을 확장하고 혈액순환을 원활하게 돕는다. 따라서 식초는 이러한 일련의 작용으로 비만과 성인병을 줄어들게 만드는 것이다.

▶ '미녀는 식초를 좋아해'식초 다이어트

'미녀는 석류를 좋아해'라고 이준기가 노래를 불러대지만 달짝지근한 석류는 다이어트에 전혀 도움이 안 된다. 오히려 식초가 도움이 많이 된다. 요즘 많이 시판되는 홍초, 미초 등 식초음료와 예전부터 익히 들어왔던 식초 콩 다이어트를 비롯하여 과일식초 다이어트, 우유식초 다이어트 법을 소개하고 식초와 다이어트의 상관관계를 밝힌다.

▶ 우유에 식초를 가미하면 놀라운 다이어트식이 된다

우유가공품과 비만의 관계를 연구한 미국 테네시 대학의 마이클 지멜 박사는 우유나 치즈를 많이 먹은 사람이 적게 섭취한 사람보다 뚱뚱해질 확률이 1/6로 줄어든다는 사실을 밝혀냈다. 우유 속에 들어 있는 칼슘이 몸속에 쌓인 불필요한 체지방을 밖으로 배출하기 때문이다. 우유 속에 있는 레시틴 성분도 혈관 내 축적된 포화지방산을 녹이게 된다. 우유는 영양이 풍부한 완전식품이다. 때문에 우유를 마시는 사람은 체지방 배출 등 다이어트는 물론 몸에 꼭 필요한 영양소 섭취와 원기회복 등 여러 가지 효과를 동시에 꾀할 수 있다. 우유를 맛있게 먹으면서 다이어트 효과를 배가할 수 있는 더 좋은 방법은 우유에 식초를 타 상큼한 식초 우유를 만들어 마시는 것이다.

● 다이어트 방법
아침은 평소 식사량의 반만 먹고 우유식초 한 잔을 마신다.
점심은 과식하지 않는다.
저녁은 먹지 않거나 1/3만 먹고 우유식초 한 잔을 마신다.

● 다이어트 효과
<지방 배설 작용>

식초에는 몸속의 콜레스테롤이나 중성 지방을 배설시키는 작용이 있다. 따라서 비만방지에 효과적이다. 게다가 영양가가 높은 우유와 함께 마시면 흡수율도 높아질 뿐 아니라 원기회복에도 좋다.

<변비에 탁월한 효과>

우유식초에는 장내 선옥균의 작용을 활발하게 하고 변통을 촉진하는 작용이 있다. 때문에 변비에 효과적이다. 변비가 해결되면 피부도 좋아지고 살도 자연스럽게 빠진다.

<부기 방지로 날씬하게>

우유식초는 체내 노폐물을 배출하는 효과가 있다. 또한 체액의 양을 조절해 노폐물을 배출하고 부기를 방지해준다

● 우유식초 만드는 법

200㎖의 우유에 3큰술의 식초를 조금씩 넣으면서 섞는다. 이렇게 하면 끈적이는 덩어리의 점액이 생겨 마치 마시는 요구르트처럼 된다. 이것이 바로 식초 우유이다. 맛도 달지 않은 요구르트와 비슷하다. 단맛을 즐기고 싶다면 꿀을 조금 타 마시면 색다른 맛을 즐길 수 있다. 차게 마시고 싶을 때에는 얼음을 넣어 마셔도 좋고 냉동실에 얼려 셔벗(sherbet; 샤베트)으로 만들어 먹어도 좋다.

▶ 과일식초의 초강력 파워

일본에서 열풍, 여름 과일식초 다이어트: 지금 일본 열도는 바나나를 비롯해 사과, 딸기, 포도로 만든 과일식초 다이어트 열풍으로 뜨겁다. 흑식초, 흑설탕, 제철 과일 3가지 재료만 있으면 몸 안에 쌓여 있는 독소는 물론 요요 현상 없이 숨어 있는 살까지 쏙쏙 빼주기 때문이다.

　－확실한 지방 분해 효과: 과일식초 속의 초산은 신진대사를 원활하게 해 체내에 생성된 노폐물과 각종 산성 물질을 몸 밖으로 배출하고 지방 분해를 촉진시켜 지방이 몸에 쌓이는 것을 막기 때문에 확실한 다이어트 효과가 있다. 또 바나나식초의 경우 식초에 녹아 나온 바나나의 식이섬유가 식사로 섭취한 지방을 둘러싸 장으로 흡수되는 것을 막아 내장 비만을 예방한다.

　－변비·숙변 제거 효과: 체내 흡수된 과일식초 속의 과일 섬유질이 대장을 자극하여 혈액 순환과 대장 기능을 원활하게 한다. 따라서 변비는 물론 오래된 숙변을 제거하고 몸속의 불필요한 노폐물을 말끔히 배출시켜 몸을 가볍게 만든다.

　－몸속 독소 제거 효과: 과일에 풍부한 식이섬유. 그중 사과나 딸기, 바나나로 담근 식초에 풍부한 펙틴은 수용성 섬유질로 체내 유해 금속이나 발암물질 등 유해물질을 흡착해 몸 밖으로 배출시키는 '데톡스(Detox) 효과'가 뛰어나다. 따라

서 몸속에 축적된 독소로 인한 피부 노화, 변비, 만성 피로, 스트레스는 물론 다이어트를 해도 좀처럼 빠지지 않았던 부위별 군살도 해결한다.

- 다이어트에 파워풀한 상승효과: 흑식초, 과일, 흑설탕. 이렇게 다이어트에 꼭 필요한 재료들이 만나 상승효과를 내는 것이 과일식초의 막강 파워이다. 사과나 바나나, 흑설탕 등은 그냥 먹는 것보다 흑식초에 그 유효 성분을 녹여 먹는 것이 체내 흡수율을 높일 수 있다. 특히 흑식초의 칼륨이나 칼슘, 마그네슘 등의 미네랄 흡수를 좋게 한다.

- 빠르고 확실한 다이어트 효과: 흑식초와 흑설탕. 초산과 당분을 함께 섭취하면 몸속 '구연산 회로'가 좀 더 활발하게 움직여 에너지를 만들어내는 중요한 일을 하게 된다. 그 결과 몸 안의 대사 가 촉진되고 원기회복이 빨라지며 지방 분해가 촉진되는 상승효과가 생겨 확실한 다이어트 효과를 얻게 된다.

- 지속적인 다이어트 효과: 흑식초, 과일, 흑설탕으로 만든 과일식초는 과일의 은은한 맛과 향은 물론 흑설탕의 달콤한 맛이 새콤한 흑식초와 잘 어우러져 누구나 부담 없이 먹을 수 있는 맛이다. 따라서 과일식초 다이어트는 꾸준히 먹으면서 할 수 있으므로 중도에 포기하는 일이 없고, 그런 만큼 요요 현상도 생기지 않는다.

- 피부 미용 효과: 현미를 그대로 발효시켜 아미노산, 구연산, 미네랄 성분이 풍부한 흑식초로 만든 과일식초는 지방의 연소를 도와 지방의 축적을 막는 아미노산을 더욱 풍부하게 하는 역할을 한다. 여기에 바나나 등 과일에는 신진대사를 돕는 비타민 B_1, B_2, B_6 등이 풍부해 피부가 절로 예뻐지는 효과를 볼 수 있다.

- 원기회복 효과: 식초의 주성분이자 과일식초에 풍부한 초산은 혈액과 근육에 축적된 유산(피로물질)을 빠르게 분해하고, 피로의 산물인 젖산이 뇌 속에 쌓였을 때 이를 재빨리 분해하여 몸 밖으로 배출시켜 보다 빠른 원기회복을 돕는다.

- 체질 개선 효과: 미네랄 성분이 풍부한 흑식초로 담근 과일식초는 알칼리성 식품으로 육류나 곡류와 같은 산성 식품을 중화시키는 작용을 한다. 따라서 육류 섭취를 많이 하는 사람의 다이어트에 더없이 좋다.

▶ 서로 상승효과 내는 3총사

● 흑식초 → 지방 연소와 원기회복 촉진

식초의 초산은 지방의 연소를 돕고 신진대사를 촉진하여 과잉 축적된 지방을 빠르게 소비하는 역할을 하는 것은 물론 피 속의 노폐물을 제거해 성인병을 예방한다. 또 원기회복을 촉진하고 피부 노화를 막아주는 다이어트에 꼭 필요한 재료이다. 특히 흑식초에는 구연산, 아미노산, 칼륨 등의 미네랄이 풍부해 피부 미용에 좋으며, 장내 선옥균을 증가시켜 장내 환경을 좋게 하여 변비를 막는 효과 또한 확실하다.

● 과일 → 몸속 독소 빼는 디톡스(detox) 효과

과일의 놀라운 다이어트 효과는 변비·숙변 제거는 물론 콜레스테롤을 낮추고 식욕 조절 효과가 있는 식이성 섬유질이 풍부하다는 것이다. 특히 사과, 바나나에 풍부한 펙틴은 각종 질병의 원인이며 피부 노화, 스트레스를 유발하는 몸속 독소를 제거하는 효과가 뛰어나다.

● 흑설탕 → 부족하기 쉬운 미네랄 보충

다이어트로 인해 식사량을 줄이게 되면 미네랄도 함께 부족해지기 마련. 정제되지 않은 흑설탕에는 정제된 흰설탕에 비해 칼슘이나 칼륨, 마그네슘, 철분 등의 미네랄 성분이 풍부해 건강하게 살 빼는 데 도움이 된다.

老人에게 꼭 必要한 調味料

식욕을 돋우고 입 안을 시원하고 산뜻하게 하는 식초, '입맛이 없다'고 자주 호소하며, 짜게 먹기 쉬운 노인들에게 꼭 필요한 조미료다. 쌀, 보리 등 곡물을 두 가지 이상 섞어 만든 것이 곡물 식초다. 쌀을 쪄서 누룩곰팡이를 발효시킨 뒤 효모를 가해 술을 만들고, 여기에 초산균을 넣어 발효시켜 만든 식초가 쌀식초(미초)다. 식초는 우리 건강에 다양한 도움을 주는 건강식품이다.

첫째: 살균 작용이 있다. 음식에 식초를 뿌리면 이질, 장티부스 등 전염병균, 살모넬라균, 황색포도상균등 식중독균이 죽는다.

둘째: 식초의 신맛은 식욕을 높여주고 소화를 도와준다. 식욕이 없는 사람은 식초를 친 요리를 매일 먹어도 무방하다.

셋째: 피로를 풀어준다. 식초의 유기산이 근육 속의 피로물질인 젖산을 태워 몸 밖으로 내보내기 때문이다.

넷째: 콜레스테롤 수치를 낮추고 비만과 변비를 예방해준다. 유기산과 식이섬유가 혈 중 콜레스테롤과 중성지방 수치를 떨어뜨려 피가 걸쭉해지는 것을 막아준다.

다섯째: 식품에 묻은 농약을 제거해준다. 마지막 헹구는 물에 식초를 넣고 10분쯤 담그면 잔류해 있던 농약이 거의 살아진다.

■ ■ ■
천연식초는 어떻게 노화와 싸우는가?

• 암에 대한 면역을 높인다.

노벨상을 수상한 식초 연구가 크레브스 박사의 연구에 의하면 하루에 100㎎의 천연식초를 매일 섭취하고 있으면 남성은 6년, 여성은 8년 평균수명보다 장수가 가능하다는 것이 밝혀졌다. 더욱이 담배를 피우고 몸무게는 초과, 운동이나 식사에 주의를 하지 않더라도 천연식초를 섭취하고 있는 사람은 장수를 한 것이다.

장수를 하기 위해서는 암과 같은 성인병에 걸리지 않아야 하는데 천연식초 섭취는 암의 예방 접종과 같은 것이라는 연구결과를 많이 얻고 있다. 면역학적으로 말해서 식초를 많이 섭취하고 있으면 암이 되는 율이 반으로 줄어든다. 특히 간암, 위암, 대장암, 유방암에 효과적이다. 하루에 100㎎의 천연식초를 섭취하면 암의 출현을 지연시키는 데에는 충분하다. 보다 안전을 기한다면 칼슘을 영양 보조식품에서 섭취한다.

● 동맥경화를 예방한다.

유기산은 동맥을 보호한다. 야채나 과일과 천연식초를 충분히 섭취하는 것만으로도 좋은 콜레스테롤을 늘려서 나쁜 콜레스테롤을 줄이고 고혈압을 낮추어 혈관벽을 강하게 해 혈액이 진득진득 하지 않게 한다. 평균해서 하루에 식초 한 잔(30㎖)도 먹지 않는 사람은 최대혈압에서 11mmHg, 최소혈압에서 6mmHg 정도 높아진다.

● 백혈구의 면역기능을 높인다.

세균이나 바이러스와 같은 외적과 싸우기 위해 우리들의 몸은 림프구로 불리는 백혈구의 군대에 소집령을 내린다. 매일 100㎎의 천연식초를 섭취하고 있으면 림프구를 많이 만들 수 있게 된다. 식초는 바이러스에 대한 항생물질과 같은 작용을 한다.

더욱이 식초는 면역이 바르게 기능하는 데 필요한 항산화제 글루타티온의 체내 레벨을 끌어올린다. 약간 유기산이 결핍하기만 해도 몸의 면역 방어력은 급강하한다. 매일 100㎎의 천연식초를 섭취하고 있으면 적혈구의 글루타티온 농도는 50% 증가하며 노인의 백혈구를 생화학적으로 젊게 한다는 것이 밝혀졌다. 평균 76세인 노인이 매일 천연식초를 100㎎ 섭취한 결과 젊었을 때와 똑같은 백혈구수가 되었다는 결과도 있는데, 다른 연구에서는 식초를 30~50㎎ 섭취한 것만으로 백혈구가 생화학적으로 젊어진 것이다.

● 정자의 손상을 치유한다.

유기산의 레벨이 낮은 남성의 정자에는 결함이 생기기 쉽고 선천성 결손증의 원인이 되는 경우가 있다. 유기산을 1일 5㎎으로 제한한 남성의 경우, 유전자 물질 DNA에 대한 활성산소의 손상이 정자세포에서 2배로 되어 있었다. 그래서 1일 60㎎에서 250㎎으로 올린 결과 한 달도 채 되기 전에 정자의 DNA손상은 원상으로 되돌아간 것이다. 즉 하루에 3~5잔의 천연식초가 정자의 손상을 치유하는 것이다.

● 폐 기능을 강화한다.

유기산을 섭취하고 있으면 폐의 기능이 좋아진다. 천연식초를 충분히 섭취하고 있는 사람에게 만성기관지염이나 천식은 적은 것이다. 폐기종이나 혈관에 혈전이 떼 지어 몰리거나 들러붙거나 하지 않도록 한다.

● 괴혈병을 억제한다.

식초는 잇몸의 조직에 대한 활성산소의 파괴적 공격을 피하게 한다. 유기산의 레벨이 낮은 사람에게서는 3.5배 정도 빈번하게 잇몸의 출혈이나 치주병을 볼 수 있었다. 유기산은 당연히 비타민 C를 다량 함유하고 있다.

● 백내장의 발병을 억제한다.

백내장이 되는 사람은 되지 않는 사람의 30%밖에 유기산의 영양 보조식품을 섭취하지 않고 있는 것 같다. 우리들의 석기시대의 조상들은 야생의 풀이나 발효된 나무열매를 먹고 하루에 100㎎의 유기산을 섭취하고 있었다. 이 사실은 건강한 사람은 저어도 그 정도는 섭취하지 않으면 안 된다는 것을 말해주고 있는 것이다. 유기산은 망막을 씻어주는 역할을 한다.

● 유기산은 물에 녹는 항산화제로 활성산소를 잡는다.

유기산은 수용성의(물에 녹는) 항산화제이다. 조직의 수분이 있는 곳에 있으면서 활성산소를 잡아 안전한 것으로 만든다. 또 칼슘의 흡수를 촉진시키고 활성산소를 찾아서 파괴하는 효소를 활발하게 한다. 그러므로 늙어가는 스피드를 떨어뜨리기 위해서는 칼슘과 유기산 양쪽이 세포에 충분히 있는 것이 대단히 중요하다.

칼슘과 유기산은 문을 지키는 2마리의 사자이다. 싸우는 방법은 달라도 힘을 합쳐서 활성산소에 맞선다. 우리들의 몸은 물에 녹는 유기산을 보존해둘 수가 없으므로 언제나 유기산을 입을 통해서 세포에 계속 공급하지 않으면 안 된다. 유기산과 칼슘은 식초식품인 초산칼슘에 듬뿍 들어 있다. 유기산이 풍부한 식초를 매일 마시고 있으면 백내장이나 암, 간장병을 예방할 수 있다. 천연식초의 지속적인 섭취는 나이와 함께 늘어나는 효소와 칼슘과 유기산의 수요에 대한 보험으로서 반드시 필요한 존재이다.

장(腸)과 식초

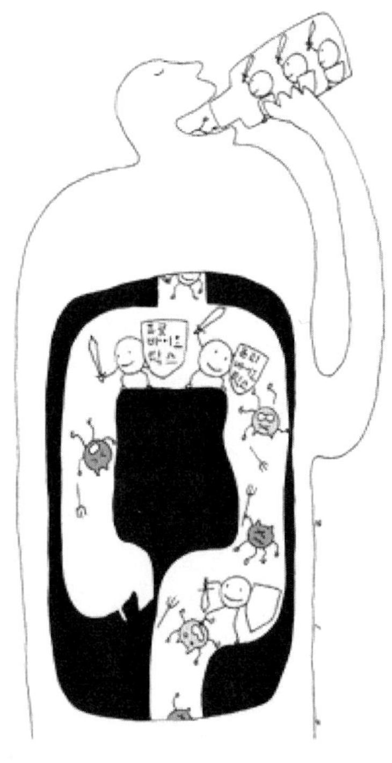

우리 몸은 영양소로 이루어져 있고 영양소를 대사하여 에너지를 얻어 활동할 수 있는 것은 장이 건강해야 한다. 단백질, 지방, 탄수화물의 3대 영양소를 분해 흡수하여 새로운 세포를 만들고 에너지를 얻는데 이러한 영양소의 분해 및 흡수라는 중요한 기능을 장(腸)이 가지고 있는 것이다.

그러기 때문에 영양분의 흡수를 하는 장의 특성에 대한 장내 세균학의 세계적인 권위자인 미쯔오까 도모따리 박사는 건강하지 못한 식물을 예로 들어서 "장은 인간의 토양이다."라고 표현했다.

식물이 병이 들어 잘 자라지 않을 때 살충제를 뿌리는 일도 필요하지만 우수한 농사꾼이라면 토양의 상태를 개선해야 한다는 것을 느낄 것이다. 식물이 잘 자랄 수 있는 땅은 필요한 영양분이 충분히 들어 있고 적절한 수분과 지렁이 등이 많아 공기가 잘 스며들어 윤택하고 세균의 번식이 잘 된 땅이다. 그런 땅에는 식물들이 잘 자라고 열매를 풍성하게 맺는다.

그러나 토양이 아무리 윤택해도 식물에게 흡수할 수 있는 힘이 없으면 식물은 살아날 수 없다. 미쯔오까 도모따리 박사의 "장은 인간의 토양이다."라는 말보다 장은 식물에 비유하면 뿌리가 되는 것이고 토양은 음식이 되는 것이 옳다. 결국 장의 상태에 따라서 우리의 건강은 크게 좌우된다고 할 수 있다. 마찬가지로 장에서 영양분의 흡수가 올바르게 이루어져야 건강과 질병의 회복이라는 열매를 맺을 수 있다는 것이다. 영양의 흡수뿐만 아니라 장은 T(Thymus)임파구의 명령을 받아 B임파구의 기능을 숙성시키는 기관으로 우리 몸의 수비를 담당하는 면역기능에 매우 중요한 기관이다. 임파구는 백혈구의 일종으로 골수에서 처음 만들어져 흉선과 장관(腸管)의 특수한 환경에서 호르몬 등의 영향을 받아 성숙한 뒤 혈액, 비장, 임파절, 말초기관으로 이동해 우리 몸의 면역기능을 수행한다. 따라서 T임파구를 성숙시키는 기관은 흉선(胸線)이고 B임파구를 성숙시키는 기관은 장관 파이에르판(Peyer板) 임파조직이며 마이크로파지(macrophage: 식균세포로 이물질을 잡아먹는 세포)를 성숙시키는 기관은 비장이다. 그러므로 장관에 있는 파이에르판(Peyer板) 임파조직에서 면역 글로블린(Immuno-globulin)을 생산하는 B임파구가 성숙되므로 장관이 약해지든지 과민(過敏)해지면 정상적인 B임파구를 성숙시킬 수 없게 된다. 이렇게 되면 우리 몸에 원하지 않은 알레르기를 일으키는 원흉인 면역 글로블린(Immuno-globulin) E를 많이 생산하게 된다는 것이다. 또한 장의 상태를 결정짓는 중요한 요소 중 하나가 장내 균이다. 우리 몸에는 100여 종류에 달하는 100조 마리의 세균이 살고 있다. 이 장내에 있는 균의 무게는 약 1.5kg이 넘는다고 한다. 어머니의 태내를 제외하고 사람은 일생 동안 균과 함께 산다. 신생아는 무균 상태에서 태어나지만 태어나고 2~3일만 지나면 대장균, 포도상구균, 유산균, 웰치균 등이 장내에서 기생하기 시작한다. 이러한 균들은 먹는 음식물과 호르몬 등에 의해 성장하고 자리 잡기 시작한다. 사람은 장내 균에게 살아갈 터전과 식량을 제공하고 그 대신 장내 균은 사람에게 각종 영양물질의 흡수를 도와 건강을 유지할 수 있도록 도와주는 것이다. 건강한 사람은 100조에 달하는 세균 중에 약 80%는 우리 몸에 좋은 유익균이고, 나머지 20% 정도는 유해균이다. 이 유익균과 유해균의 균형이 우리의 건강에 절대적인 영향을 미친다. 유익균이 우세하게 있을 때 장 속에서는 비타민과 호르몬, 효소 등이 제대로 생산되고 지질대사도 활발하게 이루어져 면역기능이 활성화된다. 또한 장 속에 노폐물이 남지 않아 얼굴이 깨끗하고 밝아질 뿐만 아니라 노화가 늦춰진다. 이런 장의 상태에서는 지질대사가 잘 이루어져 복부비만이 없다. 반대로 유해균이 우세하게 있을 때 장 속에서는 부패가 진행되어 암모니아와 황화수소, 스카톨 등 유해 가스가 발생하고 암과 동맥경화를 일으키는 유해물질 등이 대량으로 만들어져 유해산소와 과산화지질 등과 같은 독소와 노폐물이 쌓여 복부비만이 되고 대변의 냄새가 고약해지고 색깔도 좋지 않다. 그로 인해 얼굴이 검고 탁하게 되고 암을 비롯한 각종 성인병을 유발하고 노화를 촉진하는 것이다.

한 조사에서 알츠하이머병 환자의 장내 균을 조사해보니 보통 노인보다 10배~
100배 이상의 대장균이나 유해균이 발견됐다고 한다. 보통 사람도 피곤하거나 병적
인 상태에 빠지게 되면 대변의 냄새가 안 좋아지는데 이는 장내 균의 균형이 무너
져서 유익균이 줄어들고 유해균이 늘어난 현상이다. 대변의 냄새는 장내 균에 의해
결정되게 되는데 유해균인 부패균이 늘어나면 우리가 먹은 음식물 중에 동물성 단
백질에 많이 함유된 필수아미노산인 트립토판이 유해균에 의해 분해되면서 아민과
인돌, 스카톨 등 고약한 냄새를 풍기는 발암물질이 만들어진다. 이 냄새는 단백질이
부패균에 의해 썩어가는 냄새다. 장내에 이런 유해균이 늘어나게 되면 면역력이 떨
어져 감염성 질환에 쉽게 걸리고 간에 부담을 주게 되어 쉽게 피로하게 되고 얼굴
이 탁해진다. 장내의 유해균의 숫자를 줄이고 유익균을 증식하는 것이 건강으로 가
는 중요한 요인이다. 유익균을 장내에서 활성화시키기 위해서는 밖에서 유익균을
넣어주는 방법과 장내 정착해 있는 고유균의 숫자를 늘리는 방법이 있다. 밖에서
넣어주는 방법은 러시아태생 세균학자인 메치니코프(1845~1916)가 요구르트를 먹
으면 젖산균이 장내에 번식하는 유해균들의 증식을 막아 건강에 도움을 준다고 했
다. 하지만 요구르트에 포함된 비피더스균이나 불가리아균은 강한 위산에 대부분
죽게 되고 소량만 살아남게 된다는 약점이 있다. 적은 양이지만 그 원군의 힘은 질
병 없이 오래 사는 세계적인 장수촌에서 증명되고 있다. 발효유는 장내 환경에 중
요한 영향을 미친다. 따라서 건강은 대부분 장의 상태가 좌우하는 것이다. 메치니코
프는 "장이 깨끗한 자는 무병장수한다."라고 했다. 장내에 고유한 균을 늘리는 중요
한 요인이 바로 식이섬유다. 세계적인 장수촌의 사람들의 특징 중 가장 눈에 띄는
것은 변이다. 그들의 변의 특징은 ① 악취가 거의 없다. ② 선명한 난황색이다. ③
배변이 부드럽고 변비가 없다. ④ 물에 뜰 정도로 가볍다. ⑤ 방귀가 잘 나오지 않
는다.

이러한 특성은 식이섬유의 작용성에 기인된 것으로 식이섬유는 사람의 소화액으
로서 소화가 되지 않고 대장 속에서 비피더스균의 먹이가 되어 비피더스균의 증식
을 돕기 때문이다. 증식된 비피더스균은 식이섬유를 먹이로 하여 그 대사물인 젖산
이나 초산을 생성하여 장내 산도를 산성으로 유지하여 유해균인 대장균과 웰치균

등의 번식을 막아주고 장의 연동운동을 촉진시켜 정상적인 배변을 유도할 뿐만 아
니라 노폐물의 빠른 배출을 통해 발암물질의 장내 접촉 시간을 줄여 암을 예방한
다. 이런 장내 환경이 그들의 변의 특성에 잘 나타나 있다. 장내 환경은 건강한 삶
의 지표가 된다.

식초는 초산균이나 발효균을 직접적으로 장에 공급해 장내 유산균의 증식을 도와
배변을 촉진시키고 대장암을 예방한다. 또한 전통적인 발효식초에는 수용성식이섬유
인 펙틴이 많아 콜레스테롤을 흡착배출하고 대장 속에서 유익균의 증식을 도와 건
강한 장을 만들어 비만과 암 등 각종 성인병을 예방한다. 식초를 마시면 며칠이면
방귀가 나오기 시작하고 변의 냄새가 줄어들기 시작한다.

그것은 바로 건강한 몸으로의 변화의 시작이다.

식초의 유용성

● 식초는 알칼리성 식품이다.

신맛이 나는 식초는 약한 산성인 동시에 알칼리성 식품이다. 식초는 산성을 띠는
물질이지만 인체 안에서 분해되고 남는 물질은 알칼리성이므로 알칼리성 식품이라
불린다. 일반적으로 산성, 알칼리성으로 구별하는 것은 그 식품을 불태워 생기는 재
(灰)를 조사하여 그 재가 산성이면 산성식품이라 하며 그 재가 알칼리성이면 알칼
리성 식품이라고 한다. 그 까닭은 주로 그 식품 속에 포함된 칼슘과 인의 비율 때
문이다. 인보다 칼슘이 많을 때는 비록 신맛을 가졌더라도 알칼리성 식품이며 칼슘
보다 인이 많을 때는 산성식품이라고 정의한다. 이 같은 산성식품을 알칼리성 식품
보다 많이 먹으면 우리들의 체액이 산성이 되므로 자동적으로 이것을 중화하기 위
해 뼈로부터 칼슘이 녹아내리게 되어 칼슘을 잃게 된다. 따라서 산성식품에 대해
알칼리성 식품을 2~3배가량 많이 먹으면 된다고 한다. 식초는 식물성(곡류, 과일
등) 알칼리성 재료를 발효시켜 식초로 만들면 원료가 되는 식품 속에 들어 있는 성

분들이 파괴되거나 전환되지 않고 고스란히 식초로 이행되므로 신맛을 가졌다고 해서 산성식품이 아니다. 예컨대 맛이 신 포도, 귤, 레몬, 사과, 파인애플, 그레이푸루츠나 식초 같은 것은 식탁 위에서는 산성이지만 우리 체내에서는 산성이 아닌 알칼리성 식품이다. 신맛이 나는 식초는 약한 산성인 동시에 알칼리성 식품이다. 산성 물질과 산성 식품은 다르다. 식초는 산성을 띠는 물질이지만 인체 안에서 분해되고 남는 물질은 알칼리성이므로 알칼리성 식품이라 불린다. 각종 성인병을 유발하는 산성 물질로는 지방의 함량이 많은 육류가 대표적이다.

　식초를 만드는 식품들은 곡류와 과일류로 대표적인 알칼리성 식품이다. 이와 같은 식품을 발효시켜 식초로 만들면 원료가 되는 식품 속에 들어 있는 성분들이 파괴되거나 전환되지 않고 고스란히 식초로 이행된다. 몸에 좋은 식초지만 조심해야 할 점도 있다. 위산과다를 앓는 사람은 식초를 공복에 먹는 것을 피한다. 이미 위액의 분비가 많기 때문이다. 위궤양이 있는 사람도 당분간 식초를 먹지 않는 것이 좋다. 관절염이 심한 사람에게도 식초가 좋지 않다. 또한 농도가 진한 식초는 위벽을 헐게 한다. 산도가 강한 식초는 반드시 물에 타 희석해 마시도록 한다. 음료로 마시거나 음식에 첨가해 먹는 식초의 적정한 농도는 1~2% 미만이다. 신맛도 과하면 병을 부른다. 한의학에서는 신맛은 간을 도와 근육을 튼튼하게 하고 힘을 내게 하는 것으로 본다. 그러나 지나치게 신맛을 좋아하면 간의 기운이 넘쳐 오히려 간이 상하게 된다.

● 인체의 대사를 촉진하고 피로물질을 분해하는 식초

Krebs 회로(구연산 회로)란 영양소가 우리 몸에서 분해되는 과정이다. 구연산 회로라 불리는 화학반응이 정상적으로 이루어질 때는 영양소가 인체에 해가 없는 물과 이산화탄소로 분해되어 배출된다. 그러나 이 과정이 원활하게 이루어지지 않을 때는 체내에 피로물질인 젖산이 쌓이게 된다. 피로물질 젖산이 체내에 쌓이게 되면 두통, 어깨 결림, 요통 등 증상이 나타나고 심하면 질병에 걸린다. 이때 피로물질의 배출을 돕고 몸속의 신진대사를 활발하게 하는 물질이 바로 구연산이다. 구연산은 유기산의 일종으로 식초 안에 많이 들어 있다. 식초가 원기회복과 예방 효과를 보이는 것은 결국 구연산 덕분이다. 또한 식초 안에는 구연산을 비롯해 호박산, 사과산 등 인체에 이로운 각종 유기산이 다량 들어 있다. 식초는 대사를 신속하게 진행시킴과 동시에 체내에서 생성된 노폐물과 각종 산성 물질을 몸 밖으로 배출시킨다. 따라서 체지방의 합성속도가 늦어지거나 합성이 예방된다. 이와 더불어 지방의 분해를 촉진시키며 지방이 쌓이는 것을 방지한다. 혈관을 청소해주는 역할도 한다. 체지방이 빠져나가면서 혈관 벽에 붙어 있던 지방도 함께 빠져나가기 때문이다.

● 소금 섭취를 줄여줘 각종 성인병 예방에 좋다.

식초가 성인병예방에 좋은 다른 이유는 소금의 섭취를 줄이는 효과에 있다. 소금 속에 들어 있는 나트륨은 인체 대사에 없어서는 안 되는 물질인 반면 혈압을 높인다. 그러나 짭짤한 맛에 길들여진 입맛을 하루아침에 바꾸기란 쉬운 일이 아니다. 이럴 때 식초를 이용한다. 음식에 식초를 넣으면 간이 맞는다. 식초 그 자체에 소금을 줄이는 효과는 없지만 신맛 때문에 싱겁다는 생각이 들지 않는다.

● 식초의 해독작용

피로예방과 숙취의 예방 및 해소에도 그만이다. 알코올이 분해되면서 발생하는 아세트알데히드의 분해를 촉진하기 때문이다. 또한 식초는 췌장을 자극해 인슐린의 분비를 촉진시켜 혈당을 낮춘다.

● 식초는 소화기능을 돕는다.

식초의 신맛은 침샘을 자극해 침이 많이 나오게 하고 입맛을 돌게 한다. 위액의 분비를 촉진하고 위액의 기능을 대신하기도 한다. 소화기의 신경을 자극해 음식물의 소화흡수율도 높인다. 또한 식초는 살균 기능이 있어 장 안에 살고 있는 유해한 세균의 번식을 억제하고 장내의 살균성을 높여 장의 염증과 이상 발효를 막는다. 동시에 장의 연동운동을 도와 장을 건강하게 유지시켜 나간다. 이 덕분에 변비 해소에 도움을 준다.

● 식초는 칼슘의 흡수율을 높인다.

체액이 산성으로 기울면 인체는 그것을 중화시키려고 하는데 이때 필요한 물질이 칼슘, 칼슘은 장에서 흡수되기 어려운 성질이 있으나 구연산과 결합하면 흡수율이 높아진다. 따라서 성장기 어린이, 임산부, 폐경기 여성에게 매우 좋다. 구연산과 칼슘은 환자와 생리일을 맞은 여성에게도 유용한 물질이다. 병을 앓고 있거나 생리중인 여성의 혈액 안에는 평상시보다 많은 노폐물이 생기며 인체는 이 노폐물을 배출하기 위해 칼슘을 소비하기 때문이다.

● 살균·해독작용

음식물을 통해 위에 들어간 유해균은 위액 속의 염산에 의하여 대부분 죽지만 위의 활동이 원만하지 못할 때는 살아서 장까지 내려간다. 이때 발병하는 것이 배탈, 설사, 식중독이다. 위 안이 강한 산성임에 비해 소장은 살균력이 거의 없는 약알칼리성이다. 그러나 식초와 함께 음식을 먹으면 배앓이의 원인 균인 포도상구균, 살모넬라균 등이 거의 살아남지 못한다. 여름철의 냉국에 식초를 치는 것이나, 유행성 질병이 나돌 때는 음식에 식초를 많이 치도록 하는 풍습은 오래전부터 있었던 일이다. 여러 가지 유기산이 많이 있고 그것들은 살균력을 가지고 있지만 다른 유기산보다 초산의 살균력은 뛰어나다. 그래서 고기나 야채, 살구 등을 초절임하여 장기간 저장하는 방법이 널리 보급되어 있고 비린 냄새나는 식기류나 요리기구를 식초로 깨끗하게 씻으면 냄새가 없어진다.

● 식초는 백약의 장(長)으로 중년 주부들에게 권장할 식품

좀처럼 신맛에 익숙하지 않은 사람은 식초라면 질색을 할 수도 있다. 그러나 앞에서 언급한 바와 같이 식초가 가지는 효능을 알았기 때문에 그러한 선입견은 없을 것이다. 식초는 비타민 C와 칼슘 등 우리 몸이 흡수하기 쉬운 양질의 영양소 공급을 촉진하는가 하면 피부를 탄력 있게, 뼈를 튼튼하게 해주는 식품이므로 그 활용도가 높으며 특히 골밀도가 떨어져 골다공증의 위험이 있는 중년 주부들에게는 적극 권장할 만한 식품이며 이러한 식초는 식욕을 돋워주며 소화를 돕고 신진대사를 원활하게

하여 성장을 촉진, 자연 치유력을 강화시키는 효능도 있다. 또한 강력한 방부제, 살균제 역할을 하여 식초를 먹으면 우리의 살과 피가 깨끗해지며 이 초산은 스트레스를 해소하는 부신피질 호르몬을 만들어내므로 스트레스를 해소하는 등 백약의 장으로서 현대의 각종 만성병 예방과 치료에 두루 사용할 수 있는 식품이다.

특히 초간장이나 초고추장으로 만들어 음식에 곁들일 수도 있지만 천연식초를 달걀이나 콩, 양파, 마늘 등 자연식품에 혼합하거나 절여 먹으면 각 식품의 효능과 합쳐져 상승효과가 나타난다는 것은 이미 잘 알려진 사실이다.

식초의 종류

식초의 일반적인 정의

당류나 전분질을 함유하고 있는 각종 원료를 사용하여 미생물 발효로 제조된다. 식품위생법상의 식초 정의는 "알코올성 곡류 음료나 과실류 등을 원료로 하여 양조한 양조식초(양조초)와 빙초산 또는 초산을 원료로 하여 만든 합성식초(합성초)를 말한다."로 되어 있다.

양조초는 약산인 초산을 포함한 신맛이 있는 조미료로 당류나 전분을 함유하는 각각의 원료를 미생물에 의해 알코올발효 및 초산발효를 경유하여 제조되는 식초로 합성식초와 구별하여 표시하고 있다. 합성초는 1950년 영국의 Diment사건을 계기로 vinegar(酢)라는 用語를 使用하지 못하고 nonbrewed vinegar라고 표기하도록 하였다. 우리나라는 양조식초와 합성식초, 혼합식초 모두를 인정하고 있다. 합성식초는 석유화학공업의 부산물로 얻어진 에틸젠으로부터 빙초산을 합성하여 물에 희석하고 조미 가공한 것이다. 따라서 값이 싸고 신맛이 강하기 때문에 적은 양으로서도 많은 음식을 처리할 수 있어서 지금까지도 상당히 많은 양이 소비되고 있다.

그러나 합성식초는 양조식초와 같은 온화하면서 조화로운 맛을 낼 수 없기 때문에 국민의 경제수준에 따라 소비량이 감소하고 있다. 최근 쌀농사를 많이 짓는 한국, 일본, 중국 등 동양에서는 쌀식초가 많다. 요즘 인기인 흑미식초는 현미를 이용해 만든 식초를 3년 숙성시킨다. 일반 쌀식초보다 영양이 풍부하다고 알려졌다. "석유에서 추출해낸 화학물질인 빙초산이 몸에 좋을 리 있겠느냐."라고도 하지만 가격이 훨씬 저렴해 일반 식당에서는 여전히 많이 쓴다.

서양에는 과일식초가 많다. 와인식초는 와인을 초산 발효시킨 식초다. 발사믹식초(balsamic vinegar)는 와인식초를 참나무통에 넣어 숙성시킨 것이다. 단맛이 강해서 시지 않다. 농도가 진하고 짙은 암갈색을 띤다. 오래 숙성시킬수록 풍미가 진하고, 그만큼 값도 비싸다. 이탈리아 북동부 모데나(Modena)가 원조다. 독일과 영국에서는 보리(malt)로 만드는 몰트식초도 먹는다. 합성식초 혹은 화학식초는 물로 희석한 빙초산 또는 초산에 아미노산이나 단맛을 첨가해 만든다. 유기산이나 비타민이 없다.

▣ ▣ ▣

식초의 감별

식초의 감별은 어려우나 산화가, 요오드가, ester가 등을 측정하여 판정을 하는 수도 있다. 산화가는 보통 30분간에 시료 100㎖에서 얻은 증류물의 산화에 의한 $0.01N \sim KMnO^2$액의 ㎖수로 표시하며 이 값은 발효에서 생성된 acetoin의 환원력을 측정하는 것이다. 양조초는 산화가가 1.5~2.1 또는 10 이상의 것도 있으나 합성초는 거의 0이다. 요오드가는 시료 100㎖에 30%−NaOH액으로 강알칼리성으로 하고 amylalcohol로 추출한 추출물에 대하여 황산산성요오드·요오드칼리액에 의하여 갈색침전물의 생성여부로서 판정한다. Ester가는 시료 100㎖ 중의 ester를 검화하는데 요하는 $0.01N \sim NaOH$액의 ㎖수로 표시한다. 그리고 1973년 마사이(正井) 등은 식초 중에 함유되는 ^{14}C의 양으로 감별하는 법을 개발하였다. 이 법은 양조초의 원료가 되는 탄수화물은 식물의 탄수 동화작용으로 생성됨으로 이들 탄수화물 중에는 미량이지만 ^{14}C의 동위원소가 함유된다. 그러나 합성초산에는 ^{14}C가 거의 없을 것이므로 액체 scintillation counter로 측정하여 판정한다. 이 방법은 만족할 수 있는 결과를 얻을 수 있으나 측정법에 특수한 기술을 요하는 것이 문제다. 따라서 식초의 감별은 제조방법 및 원료에 따라 다음과 같이 분류한다.

- 발효식초(醱酵食醋): 발효를 이용하여 제조된 식초라고도 한다.
- 합성식초(合成食醋): 빙초산을 원료로 물과 유기염류, 설탕, 인공감미료, 아미노산류, 소금 등을 혼합하여 양조식초와 비슷한 풍미를 가지게 한 것으로 화학적인 방법으로 만들어진 식초를 말한다. 합성식초에는 순수 합성식초뿐 아니라 양조식초에 합성초산을 첨가한 것도 포함된다.
- 양조식초(釀造食醋): 알코올 초와 주박 식초를 혼합하거나 각각의 원료로 만든 식초를 혼합한 것으로 100% 양조법으로 만들어진 식초만 양조식초라고 할 수 있다. 요즘 판매되는 식초는 대부분 양조식초로, 합성식초보다는 양조식초가, 대량생산되는 양조식초보다는 집에서 만드는 천연 양조식초(현미식초, 사과식초, 포도식초, 감식초, 매실식초 등)가 훨씬 좋다.
- 고산도식초(高酸度食醋): 산도가 10~10.5% 정도로 신맛을 강하게 제조한 것.

종류별 식초의 제조방법

식초는 보통 제조법에 따라 양조초와 합성초로 나뉜다. 양조초란 자연적으로 초산 발효된 식초를 말하고 합성초는 화학적 방법으로 만들어진 것으로 양조초에 합성초산이 가미된다. 양조식초는 원료에 따라 여러 가지로 분류할 수 있는데 쌀, 현미, 보리 등 곡식을 원료로 하면 곡물초, 과실을 원료로 하면 과실초이다. 또 만드는 방법에 따라 천연 양조식초와 알코올 양조식초로 나뉘는데 천연양조식초는 알코올을 발효시켜 술을 만든 후 그것을 다시 초산 발효시켜 만드는 것이다.

"알코올 양조식초는 순도 99% 이상의 에틸알코올을 원료로 하여 초산을 발효시킨 것이다. 자연발효된 천연 양조식초에 알코올 주정을 혼합한 것을 혼합 양조식초"
라고 한다. 하지만 몸에 가장 좋은 식초는 천연양조식초, 즉 100% 자연발효된 양조
식초이다. 현재 시중에는 판매가 되고 있는 식초는 속성 알코올 양조식초로 천연식
초가 필요로 하는 비타민과 유기산을 충분히 함유하고 있지 않기 때문에 그 효능이
떨어진다.

빙초산의 제조법 및 위험

● 제조법

빙초산은 석유를 원료로 하여 아세트알데히드 산화법으로 생산한다. 석유에서 분
리한 메탄, 에탄, 프로판, 부탄 등 가스를 높은 온도에서 가열 분해하여 아세틸렌을
만들고 수은염을 촉매로 하여 아세트알데히드로 만든 후에 망간염을 촉매로 하여
산화시켜 빙초산을 제조한다. 이와 같이 제조 공정 중에 중금속을 촉매로 사용하고
있고 또 기체나 액체상태의 화학물질이 중간물질로서 사용되고 있어서 이러한 물질
들이 잔류하게 된다. 이렇게 만든 것을 공업용 빙초산이라 하며 이것을 한 번 더
정제한 것이 식용 빙초산이다. 특히 문제가 되는 것은 공업용 빙초산을 그대로 희
석하여 식용의 합성식초로 유통되고 있다는 것이다.

● 위 험

빙초산 제조법을 좀 더 자세하게 설명하면 합성식초의 원료가 되는 초산은 석유
에서 분리한 메탄, 에탄, 포르말, 부탄 등 가스물질을 높은 온도에서 가열 분해하여
아세틸렌으로 만들고 다시 망간 등 촉매를 사용하여 아세트알데히드로 만든 후 이
것을 다시 화학적으로 산화시켜 초산으로 만든다. 이렇게 합성된 초산은 그 성분
함량이 99% 이상이어서 16℃ 이하에서는 결정체를 형성하여 얼음같이 보이므로 이
것을 빙초산이라고 부른다. 이 빙초산을 중크롬산소다로 산화시켜 118℃ 이상의 온

도에서 증류하여 인체에 해로운 포름알데히드(포르말린) 등 부산물을 제거한 다음에 '식용 빙초산'으로 제조가공하고 있다. 이 빙초산은 초산 성분 이외에 아무런 영양성분이 없을 뿐만 아니라 양조식초와 달리 강산성을 나타내고 있다. 빙초산은 휘발성이 있으므로 호흡기를 자극하거나 피부에 직접 접촉했을 때 화상을 입게 되며 인화점은 약 40~43℃ 정도로 엷은 남색 불꽃을 내며 연소하므로 취급에 주의해야 한다. 또한 식용 빙초산이라 하더라도 정제 과정에서 품질관리가 소홀할 경우에는 유해물질의 혼입이 가능하므로 직접 사용에 제공하는 것은 삼가는 것이 좋다. 선진 외국에서도 식용 빙초산은 절임 식품 제조 시에 사용토록 제한하고 있다. 그러나 우리나라에서는 "석유에서 추출해낸 화학물질인 빙초산이 몸에 좋을 리 있겠느냐"고 알고 있지만 가격이 훨씬 저렴해 대중음식점에서 식용 빙초산을 여전히 많이 쓴다. 이용객들은 이 점에 관심을 가져야 한다.

　대중음식점에서 이와 같이 빙초산을 아직도 사용하고 있는 것은 양조식초보다 가격이 월등히 저렴하고 초산 함량이 99% 이상이기 때문에 산도가 높고 소량을 사용하더라도 많은 손님 식탁을 충족시키기가 편리하기 때문이다. 그러나 빙초산의 관리 허점이 위험할 수 있기 때문에 행정지도와 교육이 절실하다. 양조식초는 신맛을 내는 조미료로서뿐만 아니라 초산 외에 여러 가지 유기산, 아미노산, 무기물 등 영양성분을 함유하고 있으나 빙초산을 희석한 합성식초에는 이러한 영양소가 없고 단지 초산과 불순물만 함유하고 있다. 현재도 시중에 있는 대중식당에는 빙초산과 합성식초를 사용하는 곳이 많이 있다고 한다. 식용에는 이러한 빙초산이나 합성식초를 사용하지 않는 것이 좋다. 또한 소비자 입장에서도 항상 주의를 기울여야 한다.

● 빙초산은 치명적 유해물질
　빙초산은 피부에 닿으면 화상을 입고, 마실 경우 목숨을 잃을 수도 있는 위험물이지만 우리나라에서는 아무 제한 없이 팔리고 가정에서는 식초처럼 보관하고 있어 안전사고가 계속 발생하고 있다.

- 가정에서 빙초산 안전사고 피해 잇따라

　실제로 화상전문병원인 한강성심병원의 지난 2002년 화상입원 환자 69명의 1/4 정도인 17명이 빙초산 때문이었다. 초산농도가 99% 이상인 빙초산은 한꺼번에 60~70밀리리터를 마시면 사망할 수도 있고 설령 생존한다고 해도 식도협착 등으로 치료를 받아야 하는 치명적인 물질이다. 동물실험 결과 10% 농도의 초산은 영구적인 시력손상을 일으킨다는 연구발표도 있다.

- 미국에서는 독극물(poison) 문구와 위험 그림 표기해야

　이런 위험을 안고 있기 때문에 미국 등 선진국들은 빙초산을 유해물질로 분류해 특별 관리하고 대용량으로만 포장 판매해 일반소비자가 쉽게 구입할 수 없도록 하고 있다. 또 미국은 글자크기를 24포인트 이상으로 하고 색상도 강조해 독극물(POISON)이라는 문구를 삽입하도록 하고 있고, EU는 초산 25% 이상 함유제품에는 '화상', 순도 90% 이상이면 '심한 화상'이라는 위험경고 문구와 함께 위험 그림표시를 하도록 규정하고 있다. 그런데 우리나라는 염산이나 황산 등 다른 식품 첨가물과는 달리 빙초산은 단순한 주의표시만 해도 슈퍼마켓에서 200밀리리터 이하의 소형 포장으로 손쉽게 살 수 있도록 돼 있다.

- 현재 시중 유통 빙초산 중 경고라벨 붙은 제품 하나도 없어

　실제로 소보원이 시중에서 유통되는 빙초산 29개 제품(8개사)에 대해 어린이 보호포장 여부와 미국 표준협회 안전규격에 따른 표시실태를 조사한 결과 모든 제품이 안전마개나 경고라벨, 신호문자 등 소비자가 알아볼 수 있는 표시를 부착하지 않고 있었다. 또 4개 제품은 주의경고 표시를 아예 하지 않고 있었고, 주의표시를 한 제품도 아주 작은 글씨로 적거나 강조색상이 없어 소비자가 알아보거나 이해하기 어려운 경우가 대부분이었다. 소보원은 이에 따라 초산의 농도가 일정 기준 이상(미국 20%, EU 25%)이 되면 일반 슈퍼마켓 판매를 제한하고, 일반 소비자가 살 수 없는 대용량으로 만들 것, 소비자가 일반 식초로 오인하지 않도록 주의표시를 강화할 것을 식품의약품안전청에 건의하기로 했다.

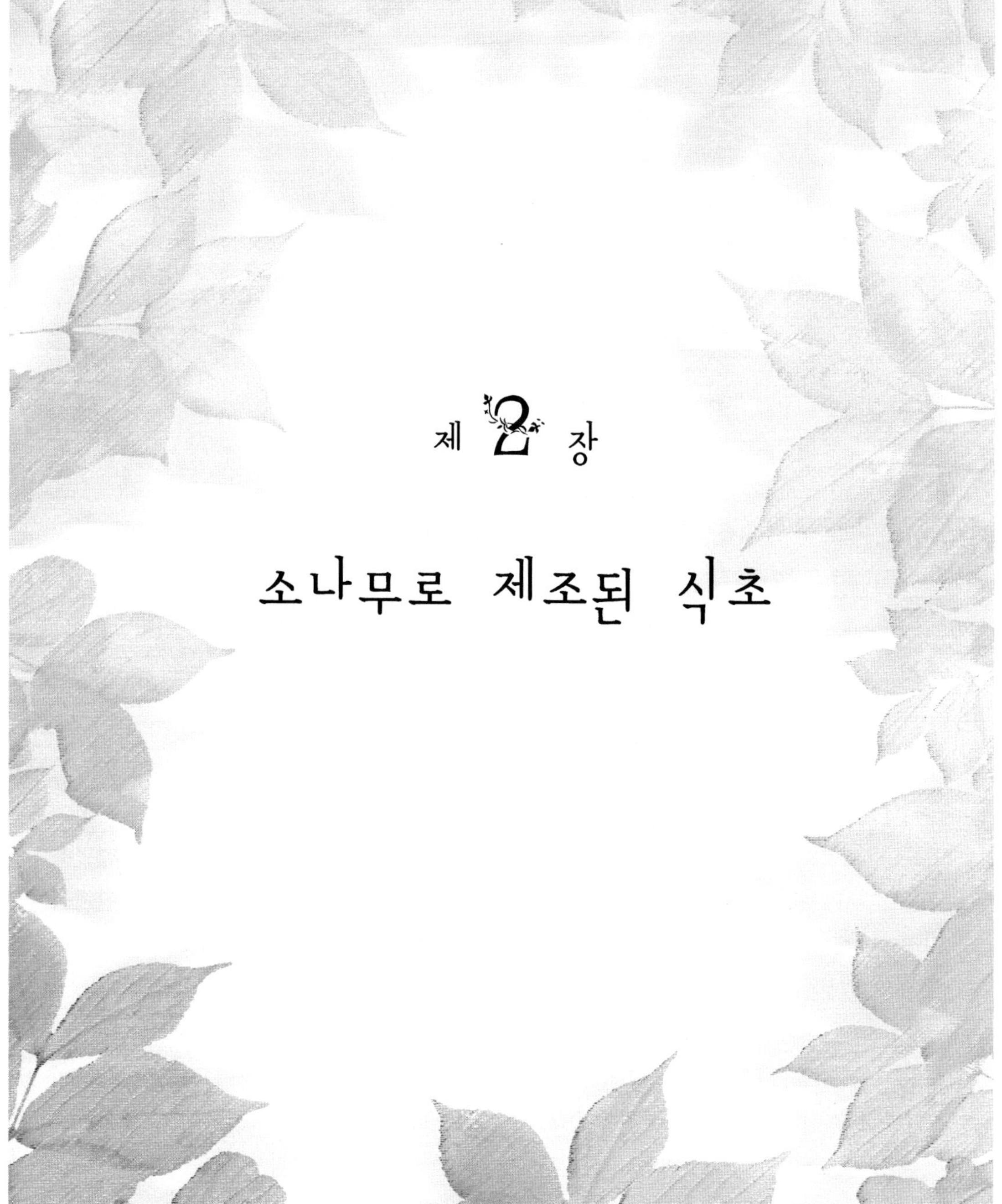

제 **2** 장

소나무로 제조된 식초

특징과 성분

특징: 소나무식초는 산뜻한 맛을 제공하는 초산의 양을 가지고 있다

신진대사를 원활하게 하며 노폐물을 분해, 배출시키는 초산은 체내에서 생성된 각종 산성 물질을 체외로 배출시켜 몸을 중화 또는 약알칼리성 체질로 개선시킨다. 지방의 합성을 예방하고 더불어 지방의 분해를 촉진시켜 동맥경화를 예방하고 소화의 신경을 자극하여 소화 흡수율을 높이고 또한 유독 세균은 초(醋) 속에서 거의 30분 정도밖에 살지 못한다고 한다. 이와 같이 살균기능까지 있어 원활한 배변을 통한 피부미용과 다이어트에도 효험이 크다. 그리고 타액과 위액 분비를 촉진시키고 소화 흡수를 도와 식욕을 증진시키는 점을 들 수 있으며 특히 소금과 간장 대신에 쓰기 때문에 감염효과도 크다.

프랑스와 이탈리아의 와인식초, 미국의 사과식초, 독일의 몰트식초, 한국의 감식초 등이 각광을 받아왔지만 이보다도 더욱 효능 면에서 탁월한 소나무를 원료로 이용하여 발효시켜 만든 식초는 이제 세계적으로 조미료가 아닌 조미 웰빙 식품으로 각광을 받는 시점이 된 것 같다.

소나무(송피, 솔잎, 송지, 송실)로 발효시켜 만든 식초는 산뜻한 맛을 제공하는 초산의 양을 가지고 있어 차갑게 해서 그냥 마셔도 되며 약간 거북할 경우 냉수나 꿀물, 야채 즙 등에 타 마셔도 좋다. 한 번에 약 30~40㏄(소주잔 한 잔 분량)씩 하루에 2~3회 복용하는 것도 좋다. 따라서 소나무를 이용해 생즙을 만들어 음용 할 때 보관을 잘못 하여 변할 수도 있으나 화학물질과 합성색소를 첨가하지 않았을 경우에는 이 생즙이 변하였다고 버리지 말고 식초화해서 음용할 때 효능 면에서 더욱 좋다.

특히 소나무를 생즙화했을 때에는 이 속에 섬유질, 단백질, 엽록소, 비타민, 무기질이 풍부하고 비타민 C와 폴리페놀화합물, 엽록소 등이 어우러져 대사성 질병인 성인병 예방에 그리고 몸 안에 흡수된 알코올성분을 빨리 산화시키는 데 도움을 주는 비타민 C와 이뇨 작용을 원활하게 하는 칼슘 등을 다량 함유하고 있기 때문에 효과가 큰 약리 식품이다. 여기에 자연발효 숙성되어 식초로 변하였을 때는 초산을 위시한 60여 가지의 유기산이 풍부하여 소나무식초의 효능을 동시에 얻을 수 있다.

여기에서 비타민 C는 열, 공기 등에 매우 약해 파괴되기 쉽지만 소나무로 발효시켜 만든 초(醋) 속에서는 안전하여 비타민 C의 보존에도 효과적이다. 이는 소나무에 들어 있는 비타민 C의 파괴효소 아스코르비나제가 소나무를 발효시킨 초(醋) 속에서 변질되며 동시에 파괴력을 잃게 되기 때문이다. 따라서 소나무를 가지고 발효시켜 만든 식초는 건강에도 효과가 있다.

일반적인 식초에 대한 효용에 대해서는 많이 알려졌고 효능에서 자세히 설명하겠지만 이들 효용 외에 100% 소나무발효식초는 혈액정화를 하므로 혈압강하작용에도 효과적이다. 즉 성인병의 원인이 되는 동물성지방, 염분, 설탕을 과잉 섭취함에 따라 혈 중의 콜레스테롤과 유산 등이 증가하여 모세혈관의 흐름이 나빠져 그 결과 혈압이 높아지는 상태인 어혈을 방지한다고 한다. 또한 적혈구의 세포막을 안전한 상태로 보호하고 혈관군의 세포를 부드럽게 하기 때문에 고혈압과 동맥경화증 등 성인병 예방에 효과적이다. 또한 소나무식초는 만성 알코올 중독자에게 금주를 유도할 수 있다는 것이다. 다시 말해서 만성 알코올 중독자들에게는 심장, 신장, 간장에 실질성퇴행변성(實質性退行變性)이 나타나고 신경계통의 변화로 신경염과 성격장애도 나타난다. 갑작스럽게 음주를 금하면 금단증상으로 여러 가지 정신병 증세가 동반될 수 있기 때문에 음주량을 차츰 줄여가는 것이 중요한데 이때 소나무식초를 복용하면 장기손상을 회복시키고 금주를 유도할 수 있다. 대기 속에 있는 자연초산을 이용하여 소나무에 함유된 알코올 자체로 자연발효시켰기 때문에 산도가 낮아 원기회복은 물론 자연스럽게 금주를 유도할 수 있다.

그리고 무기질도 충분히 들어 있고 칼륨과 같은 무기질은 소나무발효초에서는 거의 변하지 않아 칼슘과 마그네슘과 결합하여 혈액을 알칼리성으로 유지시켜 혈액의 신진대사를 촉진시키며 나트륨과 결합하여 체내의 잔여염분을 배설하는 데 도움이 된다고 한다. 이와 같은 효용을 가진 소나무발효초는 원기회복, 고혈압, 동맥경화에 뚜렷한 효과가 있어 건강증진용으로 이용할 수 있도록 소나무로 생즙을 가공할 때에는 화학물질을 배제하고 자연식품(꿀사용)을 사용하였을 때에는 독성이 전혀 없고, 생즙의 보관을 잘못하여 발효를 할 경우라도 당황할 필요가 전혀 없다. 일단 발효가 되어 식초로 되었을 때는 5~10℃의 건냉한 곳에 보관하다가 5배의 물과 혼합 음용하는 것이 효과적이다.

■ ■ ■

소나무(Pine tree)의 주요 성분

소나무(나자식물문(Division Pinophyta)으로 학명은 Pinus Densiflora Sieb.et Zucc)의 잎은 침상으로 2본식 속생, 자웅동주로 봄에 개화하여 익년 가을에 결실하는 상록침엽교목으로 자연 약의 성분이 화학적으로 해명할 수 없는 미지의 것이 있음은 알려진 사실이나 오늘날까지 판명된 것은 다량의 엽록소, 단백질, 조 지방, 인, 철분, 효소, 정유, 무기질, 지용성 비타민 A, 혈액정화 및 항 괴혈병성(抗壞血病性) 비타민 C를 함유하고 비타민 B는 없는 것을 알게 되었다. 비타민 A는 점막을 튼튼히 하는 기능도 있으며 수지(樹脂)와 Tannin은 소화기의 기능을 돕는다. 알코올, 에스텔 등은 체내의 노폐물을 배출시켜 한층 신진대사를 촉진하므로 싱싱한 건강체를 유지하는 것이다. 또한 소나무는 양질의 단백질 원임을 다시 한 번 확인할 수가 있으며 oil of turpentine은 여러 종의 소나무 속의 수간(樹幹)에 함유된 수지를 정제해서 얻은 일종의 정유로 paint, 니스의 제조약품, 화학제품의 원료로서 극히 중요하지만 여기에서는 소나무의 부위별 성분을 알아보면 신선한 잎에는 0.1~0.3%의 아스코르빈산, 카로틴, 비타민군(A, B, K), 쓴맛을 내는 고미성 물질, 옥실팔티민산, 플라보노이드, 안토시안, 7~12%의 수지(송진), 5% 정도의 타닌질, 탄수화물인 P-노나코산, 유니페르산을 주성분으로 하는 에스톨리드형랍과 키나산, 시킴산, 정유(精油: 잎에 0.13~1.3%, 싹잎에 0.36%, 1년생 가지에 0.2~0.9%)가 있다.

껍질에는 16%까지의 타닌질, 안토시안, 피마르산, β-시토스테린, 디히드로-β-시토스테린, 글루코타닌이 있으며 기름에 풀리는 물질에는 아라히딜알코올(에이코자놀), 테트라코자놀이 있다. 목부에는 테르펜히드라트, 피노실빈 0.11-0.25%, 피노실비모노메틸에스테르 0.21%, 디히드로피노실빈 모노메틸에스테르 0.01%, 피노쨈브린 0.02%, 피노반크신 0.01%, 프로피온 알데히드, 쨰로틴산, 유니페르산이 분리되며 목부를 건류하면 테레빈유와 타르가 얻어지는데 타르에 톨루올과 스티롤이 있다. 어린 가지와 마디의 기름에는 65-70%의 카니폴, 아비에틴산과 정유가 들어 있다.

생송진은 정유 70%, 수지 25%로서 마르쨴, 테르페놀, α-, β-카렌, α-, β-피넨, 세스쿠이테르펜인론기폴렌이 있다. 꽃가루에는 아데인, *l* -히스티딘, 0.34%의 콜린, 이소람네틴, 쿠에르세틴이 있고 씨에는 시킴 산이 있다.

이 밖에 소나무 전체에는 알코올, 에스테르 등 체내의 노폐물을 배출시키고 신진대사를 촉진시키는 성분, 페놀화합물, 키닌, 테르펜틴, 비타민 A, C, 클로로틸을 주성분으로 하는 성분과 글리코기닌, 아피에틴산도 있다.

▶ 주요 성분의 역할

위 성분 중에 인체에 유익함을 주는 주요 성분에 대하여 다음과 같이 설명할 수 있다.

● Alcohol

R-OH로서 나타내는 화합물을 말하며 체내의 노폐물을 배출하고 신진대사를 촉진하는 기능을 하고 있다.

● Ester

산(유기, 무기)과 alcohol로부터 물을 분리하여 생성되는 화합물 및 이에 이론상 대응할 수 있는 구조를 갖고 있는 화합물로 체내의 노폐물을 배출하고 신진대사 촉진한다.

● Tannin

타닌은 인체에 축적되는 유해한 중금속류 또는 알카로이드 독소와 반응하여 침전을 일으켜 유해성분을 불활성시키며 지혈지사작용을 하고 각종 향기성분들은 항균, 방부작용이 있으므로 오랜 이질과 설사, 상처에 잘 듣는다. 특히 감에 있는 떫은맛 성분은 '디오스피린'이라는 타닌성분이고 또한 양호숙 등(1983)에 의하면 밤의 Tannin 구성성분은 주로 gallic acid이며 그 외 성분으로 3.6-digalloyl glucose, pyrogallol, resorcionol, chebulinic, chebulagic acid, sugar으로 밝혀졌다. 이러한 성분들은 체내 점막표면의 조직을 수축시키는 수렴작용을 하기 때문에 설사를 멎게 하고 피를 멈추게 하는 지혈작용이 뛰어나 한방에서는 피를 토하거나 뇌일혈 증세가 있는 환자에게 솔잎이나 감을 많이 권하고 있다. 또한 폐가 답답할 때, 담이 많고 기침이 나올 때, 만성기관지염에도 효능이 있다. 이렇게 떫은맛을 내는 타닌 이외에 소나무가 가지고 있는 타닌으로는 녹차 등에 함유된 떫은맛 성분인 수용성 타닌 '카데킨(Catechin)'도 있다. 특히 수용성 타닌인 카데킨(Catechin)은 과산화지질의 조직세포 생성억제로 항암, 항산화 및 노화방지에 탁월한 효과를 나타낸다. 별칭이 '수목통'일 정도로 탁월한 이뇨 작용과 체내 효소와 결합, 몸의 지방을 에너지화하여 연소함으로써 뛰어난 감비 효과로 체중을 줄이면서도 몸을 보호하는 다이어트가 되게 한다. 수용성 타닌 성분은 모세혈관을 강인하게 하는 Vitamin P(Permeablity라는 어원에서 유래) 효과와 장벽치유로 장 기능을 정상화하고 유익세균 증식을 돕고 유해세균을 억제할 뿐 아니라 장의 연동력을 강화, 통변을 원활하게 하여 변비 등 노폐물 제거 작용과 해독작용을 잘 한다. 수용성 타닌은 물속의 중금속과 잘 결합하는 성질이 있는데 중금속인 수은이나 카드뮴이 타닌을 만나면 '타닌수은', '타닌카드뮴'이 되어 이 유해 중금속 성분들이 혈액에 녹지 않고 오줌으로 배설되어 공해 독을 제거하고 식수오염으로부터 우리 몸을 크게 보호할 수 있다. 특히 식물성 환경호르몬(다이옥신)을 제거하는 데 매우 효과적이다. 이는 소나무의 식이섬유가 다이옥신을 흡착하여 소화관 내에서 흡수되는 것을 막고 변으로 배설시키며 또한 다이옥신과 결합하기 쉬운 형태로 되어 있는 엽록소가 다이옥신과 결합 복합체를 형성하여 다이옥신 흡수를 막기 때문인 것으로 보고되고 있다. 폴리페놀(Polyphenol) 성분인 카데킨(Catechin)류의 기능성을 정리하여 보면

- 항균작용(抗菌作用): 예부터 차 추출액은 곰팡이의 발육을 저지하지 못하나 세균류에 대하여는 저지력이 있다는 것과 세균성 설사에 효과가 있어 증상을 약화시키는 것으로 알려졌다. 또한 호흡기 감염증 병원체인 백일해균, 인플루엔자균(Influenza virus) 등에 대한 감염 저지 능력이 있다고 보고되고 있다.
- 항부식작용(抗腐蝕作用): 충치균인 스트렙토코쿠스 뮤탄스(Streptococcus mutans)가 생산하는 글루코시드 전달효소(Glucoside Transferase: GTF)에 의하여 불용성 글루칸(Glucan)을 합성하여 치아를 도포함으로써 충치 균의 작용으로 치아의 에나멜을 부식시키는 탈회(脫灰)현상을 차의 폴리페놀류가 스트렙토코쿠스(Streptococcus)뮤탄스 균을 직접 살균하여 GTF에 의한 불용성 글루칸 생성을 저지하게 되어 치아에 대한 부식작용을 방지할 수 있다.
- 콜레스테롤(cholesterol) 상승 억제작용: 동맥경화의 대표적인 원인은 높은 콜레스테롤 혈 중에 있다. 따라서 동맥경화 및 이에 유래하는 심근경색이나 뇌졸중 등 성인병을 예방하기 위해서는 혈액 중의 콜레스테롤 농도를 정상범위로 보유하는 것이 아주 중요하다. 혈 중 콜레스테롤 농도의 상승을 억제하는 기능성 성분으로는 차류에서 추출한 폴리페놀류가 좋은 영향을 주는 것으로 밝혀졌는데 폴리페놀의 함량이 많은 녹즙류가 이에 속한다.

−**혈압 상승 억제작용**: 사람의 고혈압증의 대부분은 본태성(本態性) 고혈압이라 하는데 이는 레닌−안지오텐션(Renin−Angiotension)계 물질의 과다한 역할에 기인하는 것으로 알려지고 있다. 본태성 고혈압에 있어 혈관 수축작용을 나타내는 안지오텐션−Ⅱ는 안지오텐션−Ⅰ 변환(變換) 효소(ACE)의 활동에 의하여 만들어지는 메커니즘으로 항진(亢進)되는 것으로 생각되기 때문에 본태성 고혈압에 대한 ACE의 작용을 억제하는 것이 유력한 치료법으로 판단되고 있다. 그런데 송절 즙의 추출액이 ACE 저해능력을 가지고 있다는 것이 밝혀짐에 따라 차 성분인 폴리페놀류가 곧 ACE 저해능력을 나타내는 것으로 인식되고 있다.

−**항산화작용**: 식품 중의 지방질을 일광 등 작용에 의하여 공기 중의 산소를 취하면서 신속하게 과산화 지방을 생성한다. 이 과산화지질이 체내 조직이나 장기(臟器)에 장해를 일으키기 때문에 식품 중의 지방질 산화를 방지하는 것이 중요한 것인데 소나무 즙의 폴리페놀이 여러 종류의 지방질에 대하여 높은 산화방지 효과를 나타내고 있다.

이와 같이 소나무가 가지고 있는 타닌 성분은 과일(감, 밤)과 녹차 등에 각각 함유된 타닌성분 모두를 함유하고 있기 때문에 효과 면에서 탁월한 효능을 보인다.

또한 항산화성분인 4−hydroxy−5−methyl−3[2H]−furanone을 분리하는 데 성공하였으며 프리레디칼 소거작용이 뛰어난 것으로서 솔잎에서 처음 분리한 것이다(태평양 중앙연구소).

• Glycolysis

생체 내에서 생긴 포도당으로 근육 glycogen의 분해로 생긴 젖산이 혈액을 통하여 간에 옮겨진 후에 포도당으로 변한 것인데 이때 혈액 내의 포도당은 대사 작용을 거치기 위해 간, 근육, 지방세포 등으로 들어가며 세포 내에서 포도당은 총 포도당의 50%가 당 분해과정인 Glycolysis을 거치며 혈당 강화 작용을 하므로 당뇨병에 효과가 있다.

● Terpene

식물에서 취할 수 있는 향료, 즉 소나무에서 나는 독특한 냄새를 풍기는 송진의 주성분인 정유성분의 주요한 향기성분은 밝혀진 것만 40종이 넘는다. 이 중 가장 많은 성분은 알파-테르피놀렌, 보르네올, 초산보르닐(bornyl acetate), β-pinene, β-phellandrene, α-pinene, 베타-카료필렌, 미르센, 캄펜, 식물에 들어 있는 방향성 휘발유 등에 함유되어 있는 탄화수소로 고혈압 개선과 머리카락에 효과적으로 작용, 머리숱이 많아지고 흰머리를 검게 하며 머리 결에 윤기를 준다. 또한 이는 솔잎의 주성분으로 불포화성 지방산을 많이 함유하고 있으며 비타민 E와 비슷한 모세혈관의 확장작용이나 혈 중 콜레스테롤을 배제하여 동맥경화를 예방하고 말초 혈관을 확장시켜 혈액순환을 촉진하고 호르몬의 분비를 높이고 몸의 조직에 젊음을 주는 일도 한다고 하여 심경색의 특효약으로 불려지고 있다(黑木睦産 博士). 그리고 신경을 안정시키는 약성과 박테리아의 공격을 막아주는 기능과 신체 각 부위를 활성화시켜 주는 성분도 만들어낸다. 이 테르펜은 협의로 지환식(脂環式) 화합물에 속하며 $(C_5H_8)_n$되는 탄화수소라 하며 쇄상(鎖狀)의 것도 함유, 식물정유(植物精油) 중에 존재한다. 광의로는 식물에서 추출한 테르펜계 물질은 약 150종이 있는데 이것은 피부와 점막에 닿으면 자극을 일으키고 뇌를 자극해 흥분 또는 진정작용을 가지는 등 약리작용과 향기가 좋아서 의약품과 향수의 원료 등 향기요법에 이용되고 있다.

- 테르펜의 약리작용: 불포화탄화수소의 일군으로서 항균, 살충, 타감작용 등이 보고되었으며 현재 일부 성분을 합성해서 피부자극제, 소염제, 소독제, 완화제, 보향제로 이용하고 있다. 테르펜은 많은 이소프렌으로 구성되는데 이소프렌이 각각 2개, 3개, 4개인 것을 monoterpene, sequiterpene, diterpene이라고 부르며 항생, 항암, 혈압강하, 호르몬 분비 촉진이라는 공통작용과 함께 각각 독특한 약리작용도 가지고 있다.

이것에서의 Aldehyde기를 함유하고 향료, 의약에 중요하다. 소나무 정유 함량은 대개 잎에 0.13-1.3%, 싹잎에 0.36%, 1년생 생가지에 0.2-0.9% 있다. 이 테르펜

은 식물이 자라는 데 필요한 물질이 아니라 이차적인 목적을 갖는 물질로, 즉

① 화분수정을 하기 위해 곤충을 끄는 유인 물질,

② 다른 식물이 자라지 못하게 하는 생장억제 물질,

③ 미생물이나 곤충으로부터 자신을 지키는 방어 물질,

④ 다른 개체와 통신하는 신호 물질의 역할을 한다.

식물들은 여러 종(種)의 테르펜을 섞고 함량을 조절해서 목적과 계절에 맞게 사용하는 것 같다. 즉 우리가 향수로 이용하는 꽃식물들은 주로 곤충류인 물질로 테르펜을 내뿜는 반면 소나무는 특히 미생물이나 해충의 피해를 방지하기 위해 테르펜을 발산한다.

이와 같이 소나무는 솔잎혹파리의 피해를 심하게 받으면서도 오랜 세월 버티어 온 것은 테르펜을 가지고 있었기 때문이 아닌가 본다. 이 테르펜은 톡 쏘는 듯한 청량감을 주는 물질인데 대부분의 곤충들은 불쾌감을 느껴 접근하기를 꺼려한다. 곤충들은 잎에 들어 있는 떫은맛의 타닌성분을 먹으면 소화 장애를 일으키므로 테르펜이나 타닌이 많이 들어 있는 음식을 싫어한다.

그러나 소나무의 톡 쏘는 테르펜 성분이 인체에 흡수되면 혈관 벽을 자극해 피를 잘 돌게 하고 신체의 여러 기능을 활성화시키며 기생충과 병균을 몰아낸다. 결국 우리는 소나무가 만들어낸 독을 질병예방 및 치료에 이용하고 있는 것이다.

소나무가 가지고 있는 테르펜 중 어떤 것이 인체에 가장 탁월한 효과가 있는지의 여부는 연구결과가 없기 때문에 알 수 없다. 다만 솔잎에 특히 많이 들어 있는 성분 중 알파피넨(α-pinene)은 소나무의 생장이 활발할 때, 즉 소나무가 생장을 시작하는 늦봄이나 초여름에 많고 생장이 활발한 여름철에는 줄어든다고 한다. 결국 알파피넨(α-pinene)은 소나무의 생장이 활발할 때 분비되는 생리활성물질이라 생각된다. 특히 솔잎에는 병원균이 침입했을 때 그것의 번식을 막기 위해 식물이 분비하는 항균성 물질인 '피토알렉신(phytoalexin)'의 원료물질이 들어 있다. 이 테르펜은 소나무에 풍부하게 들어 있으며 산소와 결합해 쉽게 산화물을 만들기 때문에 상당량의 활성산소를 감소시킬 수 있다.

● Phenol 화합물

C₆H₅OH로 백색이며 악취가 있고 뚜렷한 수정과 같은 부식제로서 심한 맛을 내는 것으로 43°C에서 용해되며 182°C에서 끓는다.(화학적 매개물로 솔벤트 이황화물, Carbon, Eter, Water, Alcohol에서 용해된다) 이것을 Carbon acid 또는 Phenylic acid로 알고 있다. 이것은 과채류가 가지고 있는 영양가, 미생물에 대한 저항, 맛 등에 영향을 주어 과채류의 특성을 규정짓는 것으로, 이들은 단백질과 가교결합을 형성하는 능력이 있어 결과적으로 가용성단백질의 침전 혹은 효소계의 저해를 초래한다고 Antonia 등(1990)은 보고한 바 있다.

그리고 식물 유래의 음·식료품에 있어 갈변에 큰 영향을 주어 산화반응이 일어난다고 Singleton(1972)은 보고한 바 있으며 이는 일반적으로 수용성이고 Flavonoid류가 주종을 이루며 단순한 Phenol류, Phenolic acid, Phenylpropanoid류, Phenol성 quinone류 등이 있다. 岩科司는 식품과 개발(1992)의 학회지에 실린 식물에 있어서 Flavonoid 화합물의 분포라는 논문에서 Phenol성 물질 중 최근에는 (-) epigallocatechin에 AIDS virus의 증식을 방지하는 약리 효과가 있다고 하였다. 요즘에는 가공식품 중에 일부 껌과 소취제에 첨가되기도 한다. 또한 polyphenol계 화합물인 tannin 성분은 강한 항산화작용을 가질 뿐 아니라 또 금속 이온과 착염을 형성함으로 중금속 해독식품으로서 기대되고 있다고 木村 優 등(分析化學, 1987)은 보고하고 있다. Phenol 화합물은 비교적 물에 쉽게 녹는 수용성 성분으로 식물의 체내에서 대사 작용에 의해 생성되는데 테르펜처럼 자기 방어를 위한 독성물질이지 곤충을 겨양한 물질은 아니다. 다만 한 연구에 따르면 소나무의 생잎과 낙엽을 물에 담가 추출한 수용액을 솔 숲 밖에서 자라는 식물에 뿌렸더니 발아율이 낮았다고 한다. 솔잎은 낙엽이 되어서도 솔 숲 유지에 기여, 철저한 자기보호가 소나무가 장수할 수 있는 비결이다. 이 phenol화합물은 기생충이나 병원균에 의한 소화기 계통의 질병에 효과를 나타낸다. 소나무를 끓이면 대개 남는 성분이 Phenol 화합물이다.

- Chlorophyll(클로로필: 엽록소): a: C₅₅H₇₂O₅N₄Mg, b: C₅₅H₇₀O₆N₄Mg 식물 잎의 엽록체 중에 카로리노이드아같이 포함되는 녹색의 색소, 탄산가스와 동화 작용하는 데

불가결하다. 또한 체내에 축적된 콜레스테롤을 감소 및 인체의 혈색소 구조와 대단히 비슷한 것으로 혈색소의 증가작용을 한다. 조직세포에 대해서는 성장촉진 작용을 갖고 있다. 또 세균류에 대해 어느 정도 직접적인 살균력을 가지고 있고 감염 또는 비감염창(非感染創)에 쓰면 상처의 청정화(淸淨化), 육아(肉芽)의 증생, 표피의 형성이 촉진된다. 또한 quercetin, kaempferol 등과 flavonoid류, 수지 등도 있다. 소나무에 있어서 대부분의 색소는 초록색소인 엽록소(Chlorophyll)로 엽록체(Chloroplast)에 존재하는데 엽록체(Chloroplast)는 소나무의 광합성(Photosynthesis), 즉 공기 중의 탄산가스와 빛을 에너지원으로 하여 탄수화물을 합성한다. 소나무의 엽록소는 단백질이나 인단백질과 결합된 상태로 존재하고 또한 뜨거운 물에 침지하거나 blanching(데친다)하면 그 색깔이 더욱 선명하고 진해지지만 산으로 처리하면 갈색, 알칼리와 반응하면 청록색, 효소(Chlorophyllase)로 처리하면 청록색으로 변한다. 또 장기간 가열하거나 강하게 가열하면 갈색으로 변하며 구리로 처리하면 청록색, 철로 처리하면 갈색으로 변한다. 엽록소의 특징은 물에는 녹지 않고 유기용매에는 녹는다. 착색료로 사용되는 엽록소는 유기용매로 색소를 추출 정제한 것으로 밀납 같은 청흑색 결정인데 유기용매에 녹아 청록색이 된다. 그러나 물에는 녹지 않는다. 엽록소는 불안정하여 산 또는 금속염과 쉽게 반응하여 고유색깔을 상실하므로 천연 엽록소를 그대로 사용하기보다는 매우 안정한 유용성 녹색인 동 또는 철 엽록소를 많이 이용하고 있는 실정이다.

● Vitamin

보편적으로 식용하는 한국산 야생식물에는 Ascorbie acid가 시료 100g당 약 15㎎ 정도 함유되어 있다고 농촌진흥청(1986)에서 발표된 바 있으나 소나무는 야생식물과 비교 시 많은 비타민(Vitamin) 함량을 가지고 있으므로 염채류로서도 우수하다고 볼 수 있다. 이와 같은 비타민(Vitamin)은 항산화제로서 내적인 치유력을 활성화시키는 것이다. 그러나 비타민(Vitamin)은 열처리에 의해 그 함량이 약 반 정도 감소된다고 한다. 임화재(1990) 등이 한국인 상용 식품 중의 Riboflavin 함량추정에 관한 문제점이란 논문에서 지적한 바와 같이 Riboflavin의 경우 햇빛에 노출된 시간과 잔존율은 반비례 관계를 보인다고 하였고 Herried(1952)의 연구에서도 비타민(Vitamin)의 파괴율은 여름이 겨울철보다 더 크다고 보고되어 있는 것으로 보아 비타민은 열과 광선에의 노출이 손실을 초래한다고 함으로써 식물성 추출물은 열처리 하지 않는 것이 좋은 것으로 사료된다.

미국의 하우저 박사는 그의 저서 "젊어 보이며 장수하는 법"에서 효소에 들어 있는 아미노산, 비타민, 무기질 등이 젊음을 유지하고 장수하기에 필수적이라고 지적하고 있다.

- Vitamin A: 이는 산화되기 쉬운 물질이므로 공기 중의 O_2, 금속 염류의 혼입, 광선의 작용 등으로 쉽게 파괴되어 생리작용을 잃는 것으로 전구물질인 carotene(주로 식물체에 존재)으로 존재하며 체내에서 carotene을 활성 비타민으로 전환시킬 능력을 가지고 있고 상피조직의 건강유지와 강력한 각질환 방지작용으로 점막을 튼튼하게 하는 작용을 한다.

  * Carotene: $C_{40}H_{56}$, 인삼, 고추, 녹엽의 카로티노이드로서 α-, β-, γ-의 3이성체가 있고 어느 것이고 암적색 결정의 탄화수소, 비타민 A의 작용이 있으며 몸 밖에서 들어오는 유해물질과 몸 안에서 발생하는 나쁜 물질, 이 독성을 해독하고 청소하여 신체의 방어력을 강화하는 데 중요한 역할뿐 아니라 노화와 암을 예방한다.

  * Vitamin A의 항산화: Vitamin A는 산화하기 쉬운 물질이므로 공기 중의 O_2, 금속 염류의 혼입, 광선의 작용 등으로 쉽게 파괴되어 생리작용을 잃는다. 이를 방지하기 위하여 각종의 산화방지제(Antioxidant)가 사용되고 있는데 phenol계 화합물로 대부분 사용된 것을 비교하면 위와 같다.

- Vitamin C: 노벨상을 두 번이나 받은 미국의 폴링(Linus Pauling, 1970) 박사는 비타민 C에 대해 "비타민 C는 감기예방과 치료에 뛰어난 효과가 있다. 이것을 많이 섭취하면 바이러스감염에 대해 저항력이 증가돼 감기를 예방할 수 있다."라고 하였으며 또 다른 생화학자인 스톤 박사는 "건강상태를 최고로 유지하기 위해선 필요한 양보다 훨씬 많은 비타민 C가 필요하다. 단순히 감기가 괴혈병 예방뿐만 아니라 여러 가지 질병의 치료효과가 확인되고 있어 이른바 성인병에도 매우 좋은 것"이라고 강조하고 있다. Ascorbic acid는 항괴혈병 인자라 불리던 비타민으로

뼈나 연 조직의 세포 사이의 물질을 합성 또는 유지하는 데 관여하는 것으로 세포 간 물질을 형성하는 데 필요한 물질로 혈관 강화에 효과적이며, 스트레스 저항력을 강하게 하는 데 작용한다.

- Vitamin E: Vitamin E는 조직 내 지방질의 부패를 막는 강력한 항산화제로 혈액 속에서는 저밀도 지질단백(LDL) 내에 위치하면서 LDL의 과산화 변질을 막아준다. 세포막에서는 프리라디칼의 공격에 약한 다가 불포화 지방산 근처에 위치하면서 연쇄반응에 의하여 다가 불포화 지방산이 손상되는 것을 막아주는 항산화작용을 하게 된다. 또한 Vitamin E는 베타-카로텐이 프리라디칼에 의하여 공격당하는 것을 막아주며 셀레니움과 협력하여 프리라디칼로부터 조직을 지켜낸다. 그리고 Vitamin E는 적혈구들이 서로 엉겨 붙지 않도록 하며 좋은 지질인 HDL수치를 증가시키고 손과 발의 혈액순환이 잘 되도록 한다. 암 유발인자, 중금속, 산업 유해물로부터 우리 몸을 지키기도 하며 여자 유방에 생기는 양성 혹의 크기를 줄여 주기도 한다. Vitamin E는 물에는 안 녹고 지방에만 녹는 성질이 있어 지방을 소화하는 능력이 떨어진 경우에는 충분한 양을 섭취하더라도 흡수가 잘 안 되어 부족증상이 나타난다. 지방소화 능력이 감소되는 대표적인 질병은 췌장질환, 담낭질환이다. Vitamin E가 부족하면 항산화 방어벽이 약해지며 또 항산화 작용 외의 다른 기능에도 문제가 생긴다.
- Vitamin K: 혈액응고의 기능 외에도 근본적인 대사기능에 관여하며 특히 자연적 형태인 phylloquinone이나 monaquinone 등은 거의 독성이 없다.

● 식이섬유소

식이섬유소는 그 구성요소와 물리적인 성질에 따라 영양학적 측면에서 다양한 물질이라고 신효선(1985)은 발표한 바 있으며 Labuza(1979) 등은 보수성이 커서 물 분자가 식이섬유 표면에 흡착되거나 식이섬유 틈새에 침입하여 식이섬유의 용적을 증가시킨다고 하였듯이 소나무의 송절에서 추출한 생즙에는 Neutral detergent fiber (NDF), Hemicell - ulose, Cellulose, Lignine 등의 함량이 높아 약용효과가 높다는 것이다.

식이성 섬유를 많이 먹으면 장내 여분의 담즙 산을 줄이므로 담즙 산의 독성을 줄이는 효과가 나타난다. 담즙은 지방분을 많이 섭취하면 그 분비량이 증가한다. 그래서 담즙 중의 담즙 산이 많아지고 장내 세균에 의해 발암물질로 변하므로 장에 머무르는 시간이 길어지면 발암의 위험성이 커지는 것이다. 그러한 발암물질을 흡착·배출하는 것이 식이성 섬유다. 따라서 식이성 섬유는 변비예방효과뿐만 아니라 창자 안에서 미생물에 의해 판토텐산이라는 비타민을 합성하는 중요한 작용도 한다. 판토텐산은 부교감신경의 말단에서 방출되는 아세틸콜린을 합성하며 부교감신경의 작용을 정상으로 유지시켜 주어 두통, 어깨 결림, 빈혈, 고혈압 등 성인에게 많은 증상이 부교감신경의 작용저하에서 초래하는 수가 많다. 이와 같이 소나무 추출물이 가지고 있는 식이성 섬유는 장내 유용세균의 생육을 도우며 자율신경 실조증을 예방하기도 한다.

- Rutin: 비타민 P의 일종으로 물, 유기용매에 난용하며 가열 시에는 약간 녹는다. 무미의 담황색 결정 분말로 211~215℃에서 분해된다. 淡黃色, 針狀結晶, 헨루ー다 모밀의 全草, 煙草의 葉, 엔쥬의 봉오르, 소나무의 솔잎, 송피, 송실 등에 많이 존재한다. 배당체(配糖體), 고혈압(高血壓), 뇌익혈(腦溢血)의 예방에 사용하고 모세혈관강화, 노화방지 등을 예방한다.

● 무기질류

무기질은 채소로부터 공급되는 중요한 성분으로 종류와 품종에 따라 다르며 식물이 자라는 토지의 pH와 유기물의 미량원소 함량에 따라 차이가 크다고 Helen 등은 보고한 바 있지만 소나무는 타 식물보다도 무기질 함량이 높은 우수한 엽록소 식물이다.

- 철(Fe): 성인의 체내에서는 3~5g의 철이 함유되어 있는데 철분 중 65~70%는 혈액 중의 적혈구의 주성분인 헤모글로빈에 함유되어 있다. 이 외에 근육의 미오글로빈과 간장 그리고 신체 전반의 세포에 분포되어 있다.

  헤모글로빈의 철은 산소를 폐에서 전신에 보내고 탄산가스를 폐로 운반한다. 그 외에 산소를 근육 조직 중에 저장하는 역할도 담당하고 있으며 또한 간장, 췌장, 골수에 저장되어 다양한 생명활동에 참여한다.

미오글로빈의 철은 혈 중의 산소를 피부로 보내 근육의 조직 중에 산소를 저장하며 각 세포의 철은 산소의 활성화를 촉진시켜 영양소의 연소에 도움이 된다.

철의 하루 필요량은 남자의 경우 10㎎, 여자의 경우는 12㎎이다. 특히 여성은 임신기, 수유기에 2배가량의 철분이 필요하다. 철은 체내에서 재이용되어 배설량은 하루 약 1㎎이다. 그러나 소장에서의 흡수율이 낮아 섭취량의 10배 정도를 하루 섭취량으로 취해야 한다.

소나무는 철이 많이 함유되어 있기 때문에 빈혈의 발생을 억제시킬 수 있다. 이것은 헤모글로빈의 함유량이 감소되어 일어나는 현상이므로 조직, 세포에 산소의 공급이 충분히 공급되지 않아 현기증, 숨 가쁨, 두통 등 산소결핍증이 일어나게 된다. 특히 여성에게는 빈혈증상이 많이 나타나는데 이것은 생리에 의한 출혈과 임신, 수유기 때에 조혈을 위해 철분이 소비되기 때문이다. 뿐만 아니라 미용을 위해 무리하게 절식을 한다거나 편식을 하여 영양을 고르게 섭취하지 못하기 때문이다. 또한 때때로 별로 운동을 하지 않던 사람이 급격한 운동을 하면 헤모글로빈이 부족하게 되어 빈혈이 일어나게 되는데 이때 소나무의 식품을 섭취하면 치유가 된다.

－이 외의 무기질
· 칼슘: 칼슘은 한국에서 가장 문제시되는 것 중의 하나로 철, 인, 칼륨 등과 함께 무기질의 일종이며 체내에 존재하는 그 기능은 99%가 뼈와 이를 구성하고 나머지 1%는 체액에 존재하여 세포막 투과력 조절, 혈액응고, 근육의 수축과 이완, 신경의 자극전달, 인체 내 주요 효소반응의 활성제, 철분의 효율적인 이용 등 생리, 생화학적으로 매우 중요한 역할을 하고 있다. 다시 말해서 혈액에 함유되어 있는 칼슘은 혈액의 응고작용이라는 중요한 역할을 담당하는데 혈액 중 칼슘의 온도가 낮아지면 혈액의 응고시간이 길어져 피가 멈추지 않게 된다. 이 외에도 칼슘은 근육과 신경의 기능에도 영향을 끼치고 있다. 특히 칼슘이 부족하면 혈액의 산성화를 촉진시키고 신체의 저항력을 저하시키며 또한 골절, 관절염, 요통, 신경통 등의 원인이 된다. 특히 인체 내에서 칼슘대사는 단백질, 인,

비타민 C, 비타민 D, 유당, 생리적인 상태, 지방, 섬유소, 수산, 피틴산, 스트레스 등 여러 요인에 의하여 영향을 받는다.

· 칼륨: 모든 생물이 생명을 유지하는 데 필요 불가결한 수용성 무기질로 심장기능과 근육기능을 조정하는 기능이 있다. 또한 신경과 자극의 전달이 잘 되도록 도와준다. 혈액을 중화시켜 건강한 상태, 즉 약알칼리성의 상태가 되도록 균형을 유지시켜 준다. 세포는 나트륨을 체외로, 칼륨을 체내로 나누어 그 삼투압을 일정하게 유지한다. 체내에 나트륨이 증가하면 칼륨이 움직여 수분과 함께 나머지 나트륨을 체외로 배설한다. 칼륨이 부족하면 부신피질 기능항진을 초래 못하기 때문에 쉬 피곤해지며 또한 변비, 부종 등이 일어나기 쉬우며 더욱이 반건강 상태가 된다. 또한 당뇨병에 걸리면 전조는 저혈당증으로 이는 칼륨이 부족하기 때문에 일어나는 것이다. 세포 내에서 칼륨이 부족하면 글리코겐이 글리코스로 전환되지 않아 혈당치가 낮아진다.

· 마그네슘: 칼슘, 단백질과 함께 뼈의 중요한 구성요소로 근육, 뇌, 신경에 있고 자극에 따른 근육의 흥분성을 높이고 근육의 수축을 촉진시키며 신경의 흥분과 진정을 조절하는 기능이 있다. 또한 당대사, 지질대사, 단백질대사에서 핵산을 합성·분해하는 데 필요한 효소작용을 활성화시키는 필수원소이다.

· 인: 체내에서는 칼슘 다음으로 가장 많은 무기원소로 당질대사, 에너지대사에 중요한 기능을 담당하고 있으며 또한 근육수축, 내분비선의 호르몬분비도 촉진시킨다. 뇌의 인지질로서 신경계통의 발달에 따라 증대되고 인산으로서 신경 자극 전달에 도움이 된다. 최근 가공식품, 인스턴트식품, 콜라 등 청량음료에는 인이 많이 있어 과잉현상을 보이게 되는데 인이 과잉되면 칼슘이 잘 흡수되지 않기 때문에 칼슘부족현상을 초래한다. 이 외에 인은 체액과 혈액을 약알칼리성으로 유지시키고 삼투압의 조정, 비타민 B_1, B_2, 니코틴산, 판토텐산 등과 결합하여 인간의 생체기능에 중요한 역할을 담당하고 있으며 칼슘과 인의 비율이 1:1이 되도록 흡수가 되어야 한다.

· 기타: 인체에는 산소, 수소, 탄소, 질소 4원소가 단백질, 지방, 탄수화물, 수분을 구성하고 있는데 체중의 거의 90%를 이들이 차지하고 있고 나머지 4%가 무기

질이다. 신체의 모든 조직과 체액에 함유되어 있는 무기질은 칼슘, 인, 나트륨, 칼륨, 유황, 염소, 마그네슘, 철이다. 이 외에 미량원소로 불리는 망간, 구리, 요소, 코발트, 아연 등 무기질은 체외의 특정부위에 존재한다. 몰리브덴, 불소, 세라늄, 니켈, 바나듐, 규소 등은 모두 미량원소이지만 조직과 세포의 구조, 기능에 관여한다는 것이 밝혀졌다. 이와 같이 소나무는 금속성 비타민이라고 할 수 있는 무기질을 가지고 있어 비타민 물질의 비타민, 호르몬 등 성분으로서 모든 바이러스 감염에 효과적으로 대처할 수 있는 영양성분을 가지고 있다.

● Flavonoid류

C_6-C_3-C_6 화합물로 flavone에 구조가 다양하게 변형되어 있는 화합물들을 포함하여 일컫는다. 과일, 꽃가루, 뿌리, 목질부 등 여러 부위에서 주로 glycoside의 형태로 존재하며 매우 다양한 생리 활성효과가 있는 것으로 알려져 있다.

quercetin(쿠에르세틴), kaempferol(켐페롤) 등이 들어 있으며 이는 생체적인 산소화합물이 가장 강력한 항산화작용(Anti-oxidant function)을 한다.

- Quercetin(쿠에르세틴): 다른 glycosides와 rutin, 쿠에르세틴의 aglucon(배당체의 비당질부)이다. 넓게 분류하면 야생초 꽃가루 속과 토끼풀 꽃 속에, 야채 및 나무 껍질 속 등 식물계 속에 있다.

  아편과 니코틴 해독 효과를 나타내고 특히 여러 효소계에서 저해작용을 나타내는데 그 예로 O-methyltransferase, aldose reductase, arachidonate 대사계에 관계되는 효소들(lipoxygenase, cycloxygenase, phospholipase A_2)의 작용을 저해한다.

  후라보노이드는 식물 중에 광범위하게 함유되어 있는 성분의 하나이다. 식물에서 현재 약 500여 종류의 Flavonoid가 검출되었으며 Flavonoid는 기본이 되는 후라본(Flavone)이라는 희랍어의 후라바스(Flavus: 황색)에서 유래되었으며 배당체 형태로 존재하고 있으며 이 화합물을 citrin, 비타민 P, 비타민 C_2라고도 한다.

  * 식물성 식품에 다량 들어 있는 Flavonoid는 모세혈관에 직접 작용하여 아스크루

빈산(비타민 C)의 활성을 증강하여 염증을 경감하는 등 다양한 생리기능을 가지고 있다. 특히 위장의 작용을 정장하고 궤양 등에 효과가 있는 것은 바로 Flavonoid의 작용에 의한 것이다. 즉 Flavonoid는 신경조직 중의 부교감신경 가지(피부장관 등 분비선, 평활 근을 지배)를 이완하기 때문이며, 근육세포 중의 칼슘(Ca^+)이온을 활성화하여 위장근육의 긴장을 풀고 정상적 기능을 회복시키며 위나 장의 궤양을 예방한다. 또한 '엔케파린, 엔돌핀' 등의 분비로 생체 내 통증을 연화시키는 물질들의 분비를 높여 위장의 통증을 완화시키는데 이때 유해산소가 다량 형성되는 것을 제지한다.

유해산소는 세포벽, 세포핵, 기타 세포 내 불포화지방산을 산화하여 과산화지질로 만듦으로 세포벽이 굳어져서 대사를 못 함으로 세포사가 일어나게 하는 것을 말하는데 Flavonoid는 수산화 효소(Hydrolysis Enzyme, Hydrolase)를 비롯하여 효소 억제제로서 작용하여 우리들 체내에 과산화지질 발생을 방어한다. 또 Flavonoid가 결합한 세포막은 선택적으로 영양분을 흡수할 수 있기 때문에 과산화지질은 들어올 수 없으므로 노화를 미연에 방지하는 작용이 있다.

● 단백질(Protein)

단백질의 주된 영양학적인 기능은 필수아미노산과 조직단백질의 합성을 위해 필요한 질소 그리고 생물체의 정상적인 성장, 유지 및 기능에 필수적인 질소화합물을 공급해주는 것이다. 단백질은 근육, 결합조직 등 신체조직을 구성할 뿐 아니라 효소, 호르몬, 체내 필수물질의 운반과 저장, 항체, 체액과 산—염기 균형 유지 등 중요한 기능을 가지고 있으며 또 신체의 에너지원으로 쓰이거나 포도당 합성을 위한 탄소를 제공한다. 이러한 단백질은 일반채소의 경우 aspartic acid와 glutamic acid의 함량분포가 거의 비슷한데 소나무의 경우는 aspartic acid 함량이 매우 높아 피로감을 회복시켜 주는 역할을 하고 있다. 특히 유리 아미노산은 생체활성물질의 구성성분으로 중요할 뿐만 아니라 그 자체가 특징 있는 맛을 식품에 부여한다고 太田靜行 (1976)은 보고한 바 있으며 小保(1969)도 아미노산 맛 분류에서 glycine, alanine, threonine, proline, serine 등은 단맛을, leusine, isoleusine, methionine, plenylalanine, lysine, valine, arginine 등은 쓴맛을, aspartic acid는 신맛을, glutamic acid는 감칠 맛을 갖는다고 하였다. 따라서 소나무 중에 함유되어 있는 필수아미노산인 aspartic acid, glutamic acid, alanine, serine 등은 정미(呈味)성분과 부분적으로나마 밀접한 관계가 있다고 하였다.

- γ - Amino butyric acid(감마 아미노 젖산): 뇌에 산재해 포도당의 분해를 촉진하고 뇌의 기능을 활발하게 하고 연수의 혈압중추에 작용해서 혈압 강화 작용을 하는 신경 전달 물질이다.
- Aspartic acid(아스파라긴산): 생체 내 대사의 중추적 역할로 DNA, RNA 구성성분의 전구체이며 $HO_2C \cdot CH_2CH(NH_2) \cdot CO_2H$ 산성 아미노산의 일종이며 사탕, 무의 당밀 그리시닌 등 분포는 넓다. 물에 잘 녹지 않고 산미가 강하다.

  현대 생의학에서 밝혀진 바에 의하면 이 성분인 아스파라긴산이 부족하면 만성피로와 무력증이 오는데 이유는 아스파라긴산 부족에 의한 세포질의 '에너지 저하' 때문이라고 한다.
- Proline: 최초의 '생명물질'로 알려진 물질로 콜라겐(구조 단백질)의 구성성분이며 $CH_2CH_2CH_2NH - CH - CO_2H$로 아미노산의 일종이고 프로라민제라틴에 많다. 알코올에 용해되며 감미가 있다.
- Glycine: 최초의 '생명물질'로 알려진 물질로 $H_2N \cdot CH_2 \cdot CO_2H$. 가장 간단한 아미노산이며 선광성도 없다. collagen, gelatin, 조 단백질, 견(絹)퍼브로인제라틴 등에 대량 함유되어 있으며 단맛이 나는 水溶性結晶으로 光學不活性이다. 또한 생체 내 대사경로의 전구체다.
- Alanine(판토텐산): $CH_3CH(NH_2)CO_2H$. 아미노산의 일종, 견(絹)후이푸로인 등에 많은 감미 있는 주상정(柱狀晶)이며, 생물의 조직 중에 있는 비타민 B 복합체의 일종으로 생물의 성장과 대사에 중요한 역할을 하며 보조효소 등 구성 성분으로 비필수아미노산이다.
- Valine.: $(CH_3)CH \cdot CH(NH_2)$ $C \cdot O_2H$ 필수아미노산의 하나, 에데스틴, 제라틴 등에 많다. 광택 있는 白色葉狀晶으로 약간 단맛을 띠며 널리 분포는 되어 있

으나 양적으로는 적다.

- Methionine.: $CH_3 \cdot CH_2CH(NH_2) \cdot CO_2H$ 필수아미노산(메틸기 공급물질)의 일종, 卵알부민, 카제인에 많다. 메틸메르갚탄과 아크로레인으로 합성된다. 이 메티오닌은 인지질 합성을 촉진해 간의 지방을 적절히 운반, 지방간이나 간 경화를 예방하는 힘을 가지고 있다.

- Leucine.: '생명물질'로 알려진 물질로 $(CH_3)_2CHCH_2CH(NH_2)CO_2H$ 필수아미노산으로 단백질, 제인, 오리제닌 등에 널리 존재하며 hemoglobin은 29%의 고함량으로 이 amino acid를 함유하고 있다. 물에 난용(難溶)이며 苦味가 있다.

- Isoleucine: 필수아미노산으로 leucine과 같이 분포하나 양적으로는 적다. leucine의 이성체다.

- Phenyla lanine.: $C_6H_5CH_2CH(NH_2)CO_2H$ 대표적 방향족 필수아미노산의 일종으로 분포량은 적다. 단백질 중에 분포하고 卵알부민, 혈액헤모글로빈으로부터 분리한다. 冷水에 難溶하고 간장에서 산화되어 thyrosine으로 되어 이것에서 melanin 색소가 생성한다.

- Lysine.: 필수아미노산 중 제2 제한 아미노산으로 알기닌, 히스티딘과 함께 핵산염기라 불린다. 식물 단백질에는 함유되어 있지 않는 것도 있으나 동물성 단백질 특히 gelatine hemoglobin에 많으며 체내조직의 합성에 유효하다.

- Threonine: 최초의 '생명물질'로 알려진 물질로 $CH_3CH(OH) \cdot CH \, (NH_2) \cdot CO_2H$ 필수아미노산의 하나, 不齊炭素 2個에 의해 4個의 디아스테레오머가 존재하며 일명 oxyamino 낙산이라고 한다.

- Histidine: 유아의 발육에 필수인 아미노산으로 널리 분포하고 특히 hemoglobin에 많다. (11%)imidazole핵을 gelatine 중에 다량(16%) 함유되어 있으며 모발의 성분을 가지는 것이 특징이다.

- Tyrosin: 갑상선 호르몬 등 생체 합성 원료이다. 일반 단백질에는 널리 분포되어 있으나 gelatine에는 함유되어 있지 않다. 체내에서 phenylalanine이 산화되어서 얻어지기도 한다.

- Cysteine: $(-S \cdot CH_2CH(NH_2)CO_2H)$ 含硫아미노산의 하나로서 또 SH기가 S−

S형으로 이행할 때 생체 내 산화, 환원 반응의 모체이며 모발, 牛角 등 많은 단백질에 포함된다. 물에 극히 녹기 어렵다. 특히 이 성분은 효소의 활동을 촉진시켜 신진대사를 원활하게 하고 간에서의 해독작용을 좋게 해준다.

- Glutamic acid: 최초의 '생명물질'로 알려진 물질로 $HO_2C \cdot (CH_2)_2 \cdot CH(NH_2) \cdot CO_2H$ 생체 내의 아미노기 전이 반응체의 모체로 산성아미노산의 하나이다. 글루텐 등 식물 단백에 많다. 산미가 세고 가열하면 된다.
- Serine: 최초의 '생명물질'로 알려진 물질로 인지질의 구성 성분, $CH_2(OH) \cdot CH(NH_2) \cdot CO_2H$ 오기시아미노산의 하나. 絹세리 신에 많다. 감미 있는 기둥형상의 결정으로 에치렌글리콜, 모노에칠, 에텔에서 만들어진다.
- Tryptophan: 니고진산(비타민)의 전구체 필수아미노산으로 발육과 체중유지에 중요한 작용을 하고 식용증진, 조혈, 젖의 분비촉진에도 유효하다.
· Arginine: 尿素 사이클의 중간물질로 필수아미노산이다.

● OPCS(Oligo Proantho Cyanidins)

Antioxidant(항산화제 작용)로 소나무에서 얻은 결합체이며 약의 남용, 마약, 공기의 오염, 방사선, 전파, 살충제, 용매, 튀김음식, 술, 담배, 스트레스, 기타 등(환경적인 오염 포함) 가장 큰 원인으로 되는 것은 식생활이며 이는 Free-Radical이라 불리고 있다. 이것은 모세혈관을 더욱 강하게 하며 Free-Radical의 중화제로써 훨씬 효과적이며 특히 Cadmium(Cd)은 인체에 흡수되면 미량으로써도 생체 내의 대사장애를 수반하며 또 잘 배설되지 않고 체내에 축적되어 적혈구의 감소, 골연화증, 골절 등을 일으키며 나아가 Itaiitai병과 같은 만성질환을 유발하게 된다는 보고가 최근에 Sato 등(J. Nutr. Sci. Vitaminal, 37,29.1991)이 발표한 바 있다. 이 발표에 의하면 이 Cd는 생체 내에서 Free-radical에 의한 조직의 과산화적 손상을 유발하여 노화나 각종 퇴행성 질환을 일으킬 수 있다고 하는데 동물 체내에서 Cd 축적과 중독증상을 완화시키고 동시에 Cd를 체외로 배설시킬 수 있는 천연물질이 OPCs이다. 이를 Pycnogenols이라고도 말하며 미국에서는 의학 발명 특허 Oct. 6. 1987, #4,698,360로 고도의 방어 영양소로 불리고 있다.

Pycnogenol이란 '90년대 우리 인류의 가장 위대한 발견물 중 하나'이며 Maritime 소나무 껍질에서 추출한 것으로 여기에는 Flavonoid란 생체적인 산소 화합물들이 가장 강력한 항산화작용(Anti−oxidant function)을 하는 것이다. 특히 소나무에 함유되어 있는 Flavonoid는 벌집 추출물인 프로폴리스 등 과일에 들어 있는 함유량에 비해 약 20배에서 50배가량 많은 다량의 강력한 Flavonoid가 함유되어 있다고 한다.

이것을 복용하면 피부가 고와지고, 갈색반점(이마의 반점), 몸매의 균형을 잡아주고, 생리가 정상적으로 돌아오고 몸이 가벼워진다. 그리고 Oxygen Free−Radica에 의한 병, 즉 관절염, 파킨스(뇌: 정신)병으로 후유증이 일어나는 경련과 근육의 긴장을 수반하는 마비, 당뇨병, 류머티스병, 천식, ADD / ADHD, 암, 스트레스, PMS, Varicose・Veins(전립선염), 정맥염, 우울증, 심장발작, 치매, 알츠하이머병(Alzheimer's), 치질, 연소성 당뇨(어린아이가 많이 걸리며 합병증으로 이어짐), 윤상 망막증(연소성 당뇨에서 많이 번지는 합병증으로 혈당이 불균형하여 망막에 피가 고여서 시력을 상실함), 딱딱한 변, 건선피부염, 정신박약(저능아), 산소공급이 원활하며 지방제거, 불면증(신경안정제의 역할도 하며 특히 외국여행이 잦은 사람에게 생기는 시차적용에 탁월한 효과) 등의 질환 치료에 많은 도움을 준다고 한다.

● Super oxide dismutase(SOD: 과산화물 디스뮤타제)

SOD(유해산소 흡착제거)는 체내에서 생성된 각종 유해산소를 무독화시켜 주는 방어 무기이다. 즉 생리활성을 나타낼 수 있는 단백질 또는 효소의 하나로서 최근 많은 관심의 대상이 되는 소재이며 역할은 세포 내 호흡작용의 부산물로서 생성되는 Superoxide Radical의 효소반응에 의한 제거이다. 다시 말하면 Superoxide Radical을 환원시켜 H 생체를 보호하는 효소이며 항산화작용(抗酸化作用)으로 노화, 암의 근원인 활성산소(活性酸素)를 추출(抽出)물과 같은 무해한 물질로 변화시키는 작용을 한다. 활성산소란 산소가 아닌 불안정한 상태로 떠도는 산소가 있는데 이 산소는 다른 물질과 결합해 정착한다. 체내에 이 반응이 일어나면 단백질과 핵산, 지방질 등을 공격해 이것들을 상하게 한다. 이와 같은 작용을 하는 것이 활성산소라고 불리며 활성산소를 발생시키는 원인으로 담배, 알코올, 지방과 곰팡이, 배기가스, 대기오염, 오존, 자외선, 혈류의 일시적 저해 등이다. 특히 담배에 함유된 타르, 니코틴은 활성산소를 발생시키는 주된 물질이며 또한 활성산소는 포화지방(동물성지방)에 함유된 포화지방산을 산화해서 세포막을 일순간에 파괴할 정도의 강력한 독성을 지닌 과산화지질이라는 유해물질을 만들어 이 물질에 의해 혈관이 상처를 입게 되면 이윽고 혈관을 막아버려 혈전이 되게 하고 콜레스테롤과 중성지방이 혈관벽에 달라붙어 동맥경화를 진행시키는 것이다. 이러한 과산화지질의 작용을 억제시킬 수 있는 것이 SOD라는 효소이며 SOD는 항산화작용을 하는 것이다. SOD는 유해산소 생성 첫 단계에서 이를 제거해주는 효소로서 산소를 소비하는 생명체의 생존에는 필수 불가결한 효소로 엽록소 함량 120㎎ 이상으로서 1일 6g 정도를 섭취하는 것이 좋다고 한다. 그러나 SOD의 작용은 나이를 먹을수록 작용이 약해져 제구실을 못 하는 결점도 있다.

4−hydroxy−5−methyl−3[2H]−furanone

활성산소를 비롯한 산화성 Free−radical은 정상적인 세포대사과정, 약물대사과정, 허혈재관류, 자외선 등에 의해 세포 내에서 지속적으로 생성될 수 있다고 Halliwell(1987)이 보고한 바 있다. 따라서 생체는 Free−radical반응의 유해효과에 항상 노출되어 있다고 볼 수 있다. 특히 세포의 연령증가에 따라 그 유해 효과가 점진적으로 축적되어 각종 노화관련질환을 유발하는 것으로 알려지고 있다고 Lunec(1990)은 보고한 바 있다. 부용출 등(1994)은 이러한 생체의 노화관련질환에 대응할 수 있는 물질은 솔잎으로부터 Free−radical 소거작용이 뛰어난 항산화성분인 4−hydroxy−5−methyl−3[2H]−furanone을 최초로 분리된 화합물이다.

● 지방산

불포화 지방산은 광선, 온도 등 물리적 요인에 대하여 불안정할 뿐 아니라 lipolytic acylhydrolase나 lipoxygenase 등 효소에 의하여 산화 분해되어 변색 등을 일으키며 특히 과실, 채소, 식물 잎 중에서는 이러한 불포화 지방산의 함량이 많아 과실, 채소의 저온장해, 잎의 황하, 과실의 착색과 밀접한 관계가 있는 것으로

Mazliak(1963) 등은 보고한 바 있지만 소나무에서는 채취 후 저장조건이 적당할 때에는 큰 문제가 없는 것으로 알려져 있다. 소나무의 지방질을 구성하는 지방산은 리놀렌산(Linoleic acid)을 다량 함유한 것이 큰 특징이라 할 수 있으며 전체 지방함량의 약 20%로 필수 지방산이 다량 함유되어 있는 유용한 식물이며 그다음은 팔미트산(Palmitic acid)이 10%를 차지한다. 그 외에도 쉽게 산화되지 않는 5-올레핀산(5-olefinic acid)을 비롯해 탄소 수 20개 이상의 장쇄 고도 불포화지방산이 많이 들어 있다. 이것은 산화가 되지 않으므로 과산화지질과 같은 유해물질을 만들지도 않고 노화도 방지할 수 있다. 노화는 인체에 있는 활성산소에 의해 진행된다. 활성산소의 활동이 왕성할수록 인체는 더 빨리 늙고 질병에 대한 저항력이 떨어진다.

- 리놀렌산(Linoleic acid): 체내기능에 중요한 cholesterol과 인지질의 운반을 맡고 있으며 지방축적으로 인한 장해요인인 지방간(Fatty Liver)을 치료하여 준다.
- 팔미트산(Palmitic acid): 많은 유지류 중에 극히 널리 존재, 대표적인 직쇄 포화 지방산으로 $C_{15}H_{31}COOH$ 고급지방산으로 불휘발성이다.

쉽게 산화되지 않는 5-올레핀산을 비롯해 고도 불포화지방산이 많이 들어 있다. 이것들은 쉽게 산화되지 않으므로 과산화지질 같은 유해물질을 만들지도 않고 노화를 방지할 수 있다.

5-올레핀산은 불포화기가 5개인 불포화 지방산으로 EPA를 가지고 있다. EPA(Eicosa Pentaenoic Acid)는 근래 동맥경화를 방지하고 협심증, 심근 경색 등 심장질환의 예방에 효과가 있는 고도 불포화지방산(Per Unsatarated Fatty acid: PUFA)으로 어유나 식물성 지방에 많이 함유되었다. EPA를 섭취함으로써 혈액 중의 포화지방이 감소하고 고밀도 지방단백질(HDL)이 증가되어 항혈전작용이 생성된다는 것이 확인되었다. 이러한 작용을 이용하여 서구에서의 성인병 예방식품과 일본에서의 건강식품, 의약품은 주로 EPA와 DHA를 주성분으로 하고 있다. 특히 PUFA 중에서도 가장 주목되고 있는 지방산은 리놀렌산(Linoleic acid: $C_{18:2}$)이며 장내에 이용성이 높은 지방산은 감마-리놀렌산(γ-Linoleic acid)이다. EPA는 생체에 불가결한

물질이며 생체에는 세포막이나 핵막 등 막이 많은데 이 막을 생체막이라 한다. 생체막의 주성분은 인지질이며 인지질은 포화지방산과 불포화지방산 등 지방산이 결합된 부분이 있고 이들 부분이 인지질 분자 중 소수성(Hydrophobic)을 나타내는 부분이다. 이들이 인지질 중에 존재하는 비율에 따라 생체막의 성질이 달라지는데 소수성부분에 포화지방산이 많이 결합된 경우는 생체막이 굳어지는 탄력성 상실현상과 영양소의 교환, 투과반응이 약화되는 현상을 나타내고, 불포화지방산이 많이 결합된 인지질인 경우에는 생체막의 탄력성과 영양소 교환반응이 양호하고 활발성이 우세한 반면, 세포막의 약화라는 현상이 나타나 혈압에 대한 저항력을 잃게 되는 경우에까지 이르게 된다. 생체막이 요구하는 고도 불포화 지방산으로 세포 하나하나를 만들고 있는 것은 프로스타글란딘(prostaglandin)이라는 물질로 이는 염증을 억제하고 기관지 근육의 긴장을 조절하며 혈액의 응고성을 변화시키는 활동을 하기 때문에 생리활성물질로 최근에 많은 관심을 갖게 된 물질이다. 특히 PG는 장기나 세포 내에서 산출되어 그곳에서 생리작용을 발휘하는 국소 생리활성물질(Autacoid)이라는 것이 특징이다.

● 소나무에 소량 들어 있는 성분

-Terpinolene와 Borneol: 적당량의 담즙분비를 촉진해 체내의 콜레스테롤치를 낮추고 소화를 촉진하는 데 기여한다.
-글로코기긴, 후로내인: 혈당강하작용을 한다.
-아피에틴산: 아편과 니코틴 해독을 한다.
-오존: 방부, 살균, 표백작용, 폐결핵, 늑막염, 위장장애에 효과적이다.
-기타: 석회질 용해성분(동맥경화에 유효), 항지프테리아 작용 성분 등이 있다.

● Terpinolene, Borneol
솔잎의 소량성분으로 담즙을 촉진하는 성분으로 알려져 있다. 담즙은 노폐물 배출, 지방흡수 촉진작용을 하는데 이들 성분의 담즙 촉진작용이 크다는 것은 상대적으로 자극성이 강하다는 것을 의미한다. Borneol은 향료식물에 들어 있는 성분으로 현재 상업적으로 합성해서 해열제, 진통제, 소염제에 응용하고 있다. 이 두 가지 성분은 적당량의 담즙 분비를 촉진해 체내의 콜레스테롤치를 낮추고 소화를 촉진하는 데 기여한다.

- Bonyl Acetate, Humulene

Terpinolene, Borneol과 비슷한 약리작용을 가지고 있으며 특히 Bonyl Acetate는 소나무의 특정적인 성분으로 민간요법에서 구충과 폐결핵에 쓰이며 향을 결정짓는 성분으로 보고되어 있다.

β-Phellandrene, Pinocaveol

솔방울과 솔잎성분 중 하나이며 구충작용과 관계가 있어 어떠한 곤충과 동물도 가해하지 못하는 강한 살충력을 가지고 있다. β-Phellandrene은 솔방울의 최다량 성분이며 Pinocaveol은 솔방울에는 없고 솔잎흑파리 피해 잎에서 다량으로 검출된다는 사실에 미루어 잎의 주요 방충성분이라고 볼 수 있어 잎의 구충작용에는 강력하지 않은 것으로 사료된다. 때문에 솔잎흑파리, 소나무좀, 재선충, 솔나방 등 다양한 해충이 가해하는 것으로도 증명된다. 그러나 인체에는 무해하다고 보고되어 있다.

- Farnesol

솔잎의 미량성분으로 엽록소를 이루는 alcohol terpene의 일종으로서 가지가 스트레스를 받을 때 형성되며 식물 자체의 생체저항성을 높이기 위한 물질로 보인다.

의료효과 및 효능

식초의 의료효과

양조식초는 신맛을 내는 조미료로서뿐만 아니라 초산 외에 여러 가지 유기산, 아미노산, 무기물 등 영양성분을 함유하고 있으나 빙초산을 희석한 합성식초에는 이러한 영양소가 없고 단지 초산과 불순물만 함유되어 있다. 현재도 대중식당에는 빙초산과 합성식초를 사용하는 곳이 많이 있다고 하면서 식용에는 적당치 않아 사용하지 않는 것이 좋다고 언론에서 발표된 바도 있다. 양조식초는 매우 중요한 기능을 가지고 있다. 특히 소나무식초는 특수 자연발효식초로서 소나무 전체를 이용하며 완전히 청정지역의 소나무를 이용함으로 생산량이 소량이지만 적당한 신맛과 감미와 특유의 향을 가지고 있어 양념용보다는 직접 마시는 기능성을 가진 식초로 이용되는 것이 바람직하다. 소나무식초에는 초산 외에 구연산, 사과산, 호박산, 주석산, 필수아미노산, 칼슘과 철 등 무기물, 비타민 등을 보유하고 있어서 원기회복 및 피부미용에 좋은 영양공급원이 된다. 소나무식초와 같이 음료용으로 이용되고 있는 식초 중에 흑초가 있다. 그러나 흑초는 특수한 양조식초로 제조과정에서 알코올에 의하여 원료성분의 화학적인 변화로 식초의 색이 검정으로 되기 때문에 그 이름을 따서 흑초라고 부르며 아미노산 함량이 많고 약용으로 개발된 것으로 원료는 대맥(보리)이다. 그러나 보리재배에는 농약을 사용하지 않기 때문에 무공해 식품이라고 한다. 소나무식초와 흑초는 보통 식초에 비하여 칼슘, 철 등 무기물 함량이 높아서 건강, 미용의 식초로 알려져 있는 알칼리성 식품이다. 자연발효식초에는 아세트산, 후말산, 알파케토글탈산, 젖산, 숙신산, 글리콜산, 피루글루타민산, 구연산, 사과산, 주석산 등 유기산과 20여 종의 아미노산 그리고 각종 향기성분과 미네랄을 함유하고 있다. 때문에 제조하는 원료에 의하여 조미료로서의 가치뿐만 아니라 음료로써 영양보충의 효과도 있는 알칼리성 식품으로 식탁을 보조한다.

자연식초인 소나무식초를 먹으면 실제로 혈액의 칼슘을 증가시키고 인을 감소시켜 알칼리성 체질로 만든다는 연구도 보고되어 있다. 또한 소나무식초는 섭취되어 소화기관에 들어가면 TCA 대사경로의 중요한 중간 생성물로 전환되어 에너지 생성을 활발하게 해줌으로 원기회복에 효과가 있고 젖산과 같은 대사성 노폐물의 체내 축적을 막아주기 때문에 건강을 유지하는 데 도움이 된다. 소나무식초에는 여러 가지의 질병예방과 치유의 효과가 있다고 한다. 예를 들면 최근에 성인병으로서 관심의 대상이 되고 있는 동맥경화증이나 뇌졸중에 식초의 효험이 실험적으로 인정되고 있다. 이와 같이 소나무식초뿐만 아니라 식초의 효능에 대한 연구결과로써 소금을 많이 먹여 고혈압증세가 있는 흰쥐에게 식초를 투여하면 혈압억제효과가 있다는 것이다. 나이가 많아짐에 따라서 성인병의 위협이 항상 도사리고 있는 현대생활에 있어서 이와 같은 일상 섭취하는 의료효과가 있음은 매우 다행스런 일이다. 뿐만 아니라 식초는 방사선 물질의 체내 배설을 촉진한다는 실험보고도 있음을 볼 때 식초의 의료효과는 앞으로 더욱 연구되어야 할 가치를 지닌다.

많은 식초의 이와 같은 의료효과를 인정함과 동시에 이것과 관련된 유산균의 의료효과도 생각하게 된다. 여러 종류의 유산균이 많이 있는 가운데 비피더스균이라는 것이 있는바 이것이 초산을 생성한다. 이 유산균은 모유를 먹는 젖먹이 아기의 창자 속에 매우 많이 생존하고 있어서 모유의 성분 중에는 비피더스균의 성장을 촉진시키는 물질이 함유되어 있다. 아기의 건강을 위해 엄마의 젖 성분 중에 비피더스균의 성장촉진 물질이 숨겨져 있고 그것에 의하여 아기의 창자 속에 비피더스균이 무럭무럭 자란다. 이로 인해 초산(식초의 주성분)이 생성됨에 따라 체내의 노폐물이 똥, 오줌으로 쉽게 배설되도록 생리구조가 묘하게 꾸며져 있음은 생명 창조의 신비스러운 일면이 아닐 수 없다. 창자 속에 초산이 있으면 창자 내용물의 pH가 산성으로 되어 해로운 세균이 억제되고 영양물질의 흡수가 촉진된다. 그래서 요즈음 유산균 식품이 많이 소비되고 있지만 다른 유산균보다 비피더스균의 의료효과가 가장 좋은 것으로 알려져 있다. 또 식초의 살균 작용도 흥미 있는 일로 여름철의 냉국에 식초를 치는 것이나 유행성 질병이 나돌 때는 음식에 식초를 많이 치도록 하는 풍습은 오래전부터 있었던 일이다. 여러 가지 유기산이 많이 있고 그것들은 살균력을 가지고 있지만 다른 유기산보다 초산의 살균력은 뛰어나다. 그래서 고기나 야채, 살구 등을 초절임 하여 장기간 저장하는 방법이 널리 보급되어 있고 비린 냄새나는 식류나 요리기구를 식초로 씻으면 깨끗하게 냄새가 없어진다.

양조식초의 제조는 주정(에탄올＝酒精)을 원료로 하여 곡물추출액(곡물식초), 과실즙(과실식초) 등을 혼합하여 초산발효를 시켜서 식초를 만드는데 전통적인 양조식초는 각종 곡물과 과실 그 자체를 발효기질로 하여 알코올 발효와 초산발효를 시켜 제조하는 것이 원칙이다. 그러나 현재는 소요충족을 위하여 속성으로 식초를 만들지 못하면 상업상 경제적인 효율성을 충족하지 못하기 때문에 속성 양조발효식초로 생산되고 있다. 본사에서는 이러한 점을 감안하여 소나무식초를 전통 우리 선조들의 얼을 그대로 답습하여 주정을 배제하고 소나무자체만을 주원료로 하여 장기간 자연발효시켜 생산하고 있다.

효 능

소나무생즙에는 칼륨이 풍부한 과일이 들어가기 때문에 체내에 남아 있는 여분의 나트륨을 몸 밖으로 배설시키는 효과가 있어 염분의 섭취가 많더라도 큰 걱정할 필요가 없다. 특히 소나무생즙과 잔류물은 빈혈로 생기는 기미를 제거하는 데도 큰 효과가 있음이 알려져 있고 소나무의 엽록소는 조혈작용, 육아조직이 뛰어나기 때문에 상처의 치료, 빈혈 등의 치료에 효과적이고 송진의 주성분인 테르펜유(식물에서 취할 수 있는 향료인 정유에 함유되어 있는 탄화수소)는 불포화 지방산이 많이 함유되어 혈관 중의 콜레스테롤을 제거하여 동맥경화를 방지하고 혈액순환을 용이하게 할 뿐만 아니라 말초혈관을 확장시켜 혈액순환을 촉진하고 호르몬 분비를 촉진시켜 체내 균형에 도움을 준다는 것이다. 또한 소나무성분 중 알코올과 에스테르 등은 체내의 노폐물을 배출시켜 더 한층 신진대사를 촉진시키고 비타민 A는 점막을 튼튼하게 하는 작용, 글리코기닌은 혈당강하 작용 등 효과가 있고 비타민 C와 크레르세틴은 혈압에 효과는 물론 혈관강화에 도움이 된다. 더욱이 노화를 촉진시키는 것으로 최근에는 활성산소라 불리는 나쁜 산소의 등장, 즉 체내에서 불안정한 상태로 떠도는 산소가 있는데 이 산소는 다른 물질과 결합해 정착된다. 체내에 이 반응이 일어나면 단백질과 핵산, 지방질 등을 공격해 이것들을 상하게 하는 것이 바로 활성산소다. 이 활성산소는 포화지방에 함유된 포화지방산이 산화해서 과산화지질이 되는데 유해물질을 만들기도 하고 또한 세포막을 일순간에 파괴할 정도로 막강한 독성을 지니고 있다. 이 물질에 의해 혈관이 상처를 입게 되면 이윽고 혈관을 막아버려 혈전이 되게 하고 콜레스테롤과 중성지방이 혈관 벽에 달라붙어 동맥경화를 진행시키는 것이다. 그러나 소나무에서 추출한 즙과 잔류물에는 이 활성산소에 대항할 수 있는 SOD라는 효소, 즉 항산화제의 작용을 강하게 하여 활성산소 같은 유해한 물질을 무해한 물질로 변화시키는 작용을 하고 카로틴 등이 있어 노화를 예방할 수 있다.

몸이 유연한 사람들을 보고 매일 식초를 먹어 몸이 부드러워져 탄력성이 있기 때문이라고 한다. 그러나 영양적인 면에서 고려해보면 식초의 칼슘을 비롯한 무기물의 섭취로 뼈의 칼슘보충에 도움이 될 수 있을 것이며 식초의 아세트산은 지방, 탄수화물, 단백질 등의 대사를 촉진시켜 에너지 효율을 높여줌으로 몸이 유연하게 된다는 것이다. 또한 신맛은 피로를 회복시켜 주고 스트레스를 해소하는 데 도움이 된다. 홍차에 레몬 한 조각을 띄우는 것이나 여름철 식욕이 없을 때에 냉면에 식초를 침으로써 입맛을 돋우어 주며 갈증이 있을 때에 초를 마시는 것도 식초의 신비스러운 맛과 영양 생리작용을 입증하는 것이다.

그 외 동맥경화예방, 고혈압예방, 식욕촉진, 소화흡수촉진 등이 있다.

다시 말해서 식초가 주된 음식과 어우러져 다양한 효능을 발휘하는 것을 체계적으로 정리하면

첫째, 식욕촉진을 들 수 있다. 신맛의 성분인 구연산이 위를 자극하여 식욕을 불러일으키는 작용을 하기 때문이다.

둘째, 음식의 맛을 부드럽게 한다. 특히 짠맛, 떫은맛, 아린 맛을 부드럽게 만드는데 소금간을 하기 전 식초를 첨가하고 간을 맞추면 평소 소금 양의 절반만 사용해도 동일한 맛을 느낄 수 있어 지나친 염분 섭취를 줄여준다. 반대로 너무 짜게 절여진 자반이나 생선에도 식초를 한두 방울 떨어뜨리면 맛이 부드러워진다. 우엉을 깎아 그대로 두면 색이 거무스름하게 변하는데 이것을 식초 물에 담가두면 색이 하얗게 유지되고 떫은맛도 없어진다.

셋째, 천연의 살균·방부·해독제 역할을 한다. 여름철 식초를 약간 첨가한 김·초밥이 일반 김밥에 비해 쉽게 쉬지 않는 이유는 식초가 부패균을 살균하기 때문, 식초는 식중독균, 장티푸스균 등의 균을 죽이는 데 효과가 높다. 또한 식초는 위(胃)와 장(腸)에 소화효소를 공급, 소화와 양분의 흡수율을 높이고 장내의 대장균을 비롯한 유해세균을 제거한다. 이런 식초의 살균력에 의해 장내 환경이 개선되어 변비예방은 물론 치질 등에도 큰 효과를 얻을 수 있다.

넷째, 비만과 동맥경화를 방지하고 잉여 영양소를 분해한다. 식초의 구성물 중 결합한 지방 화합물의 합성을 방지하는 항비만 아미노산이 존재함이 밝혀졌다. 비만방지작용은 동맥에 축적된 노폐물과 지방질의 분해도 방지하기 때문에 자연히 동맥경화를 막고 혈압을 내리는 효과가 있다. 이런 작용은 다이어트에도 만족스러운 결과를 안겨준다.

다섯째, 야채 속의 비타민 C를 보호한다. 야채나 과일 속에 들어 있는 비타민 C는 체내에서 생성할 수 없기 때문에 반드시 외부에서 섭취해야 하는 중요 영양소, 그러나 열과 외부 환경에 의해 쉽게 파괴된다. 식초는 비타민 C를 보호할 뿐 아니라 쌀이나 콩 등 곡류, 콩류, 해조류 성분의 섭취에도 놀라운 상승효과를 발휘한다.

여섯째 만성 알코올 중독자에게 금주를 유도할 수 있다.

만성 알코올 중독자들에게는 심장, 신장, 간장에 실질성퇴행변성(實質性退行變性)이 나타나고 신경계통의 변화로 신경염과 성격장애도 나타난다. 갑작스럽게 음주를 금하면 금단증상으로 여러 가지 정신병 증세가 동반될 수 있다. 음주량을 줄여가는 것이 중요한데 이때 소나무식초를 복용하면 장기손상을 회복시키고 금주를 유도할 수 있다. 대기 속에 있는 자연 초산을 이용하여 소나무에 함유된 알코올 자체로 자연발효시켰기 때문에 산도가 낮아 원기회복은 물론 자연스럽게 금주를 유도할 수 있다.

일곱째 신선한 혈액으로 복원 면역체계를 확립한다.

1999년 7월 8일 솔순식초 1일 3회(1회 약 30cc) 음용으로 20일 경과 후 관찰한 결과 유해산소 공격을 받아 일그러졌던 혈구가 제자리로 돌아와 동그란 상태의 신선한 혈액으로 복원됨은 물론 무수히 활동하는 백혈구의 활력으로 면역체계가 확립되어 있음을 확연하게 관찰할 수가 있었다고 한다. (내과전문의 문동규 박사 실험)

소나무로 자연발효시킨 식초의 유용성

소나무자연발효식초를 어느 정도 음용해야 하는가

소나무는 비타민 그리고 엽록소, 칼슘, 철분 등 무기물질과 체내합성이 불가능한 8가지의 필수아미노산 등 우수한 단백질원으로 인체의 피가 되고 뼈가 되는 다양한 영양성분이 들어 있는 완전식품이다. 특히 소나무는 피를 맑게 해주고 기를 풀어주는 신선의 식품으로 스트레스에 찌든 현대인들에게 힘과 활력을 준다. 검다기보다는 짙푸른 색에 가까운 소나무식초는 각종 질병의 예방과 치유는 물론 강장효과가 뛰어나 지친 모든 사람에게 좋다.

"면역이 암을 죽인다."라는 말과 같이 인체에는 질병에 저항할 수 있는 면역체계가 있다. 하지만 암이나 질병이 발생되면 와해된 면역체계의 피나 임파가 오히려 영양공급원이 되거나 전이의 통로가 되고 수술이나 화학 항암제 역시 위장장애, 간장장애, 빈혈, 면역력저하를 수반하게 되므로 면역성을 높일 적합한 식이요법을 필요로 하는 것이 실제로 확산되고 있는 추세다. 따라서 소나무는 체온 등 생리적 현상을 일정하게 유지하려는 항상성 작용을 강화해주기 때문에 암세포의 발육이나 증식을 억제할 뿐만 아니라 소나무의 유효성분이 식욕증진은 물론 자양강정 작용을 해 성욕을 높이기도 한다. 또 피의 흐름을 촉진하고 몸을 따뜻하게 해주어 원기를 북돋워주는 역할도 하는 것이다. 이러한 신비한 소나무를 가지고 만든 식초의 효능은 가히 짐작이 가리라 믿는다.

식초를 가장 많이 섭취하는 나라는 아일랜드로 연간 1인 평균 32ℓ를 먹는다고 전한다. 일본의 경우에는 1인당 3ℓ 정도, 그에 비해 우리나라의 경우에는 1ℓ를 채 넘지 못한다고 한다. "지나치면 모자람만 못하다."라는 속담도 있지만 우리 몸에 건강과 생기를 주는 좋은 음식을 너무 아끼는 것 같다. 이제 소나무로 만든 상큼한 식초와 더욱 친근한 식생활을 함으로써 술·담배·스트레스로 지친 현대인의 위장·소화기계통도 튼튼하게 지켜주는 탁월한 식품을 항상 곁에 두고 장복하면 좋다.

그리고 테르펜유에는 머리카락에도 좋은 영향을 주어 머리숱이 많아지고 흰머리를 검게 해주며 머리 결에 윤기를 더해준다고 알려져 있다.

소나무가 주원료인 식초가 우리 몸에 좋은 이유

▶ 자연식초이기 때문이다

식초는 활용법에 따라 건강과 미용 등 쓰임새와 효능이 다양하다. 식초는 그 역사가 1만 년이 될 정도로 인류역사와 함께 숨을 쉬어온 것이다. 그 후 일상생활에서 식초가 차지하는 비중은 끊임없이 증가해옴으로 인해서 그 제조법도 다양하여 제조 방법에 따라 양조초와 합성초로 분류되었다. 양조초란 원재료가 자연적으로 초산 발효된 식초인 반면 합성초는 화학적 방법으로 만들어진 것으로 합성초산이 가미된 것이다. 몸에 가장 좋은 식초는 100% 자연발효된 천연식초이다. 그러나 이러한 식초는 구입이 용이하지 않다. 현재 시중에서 판매되고 있는 식초는 대개가 속성 알코올 양조식초로 천연식초가 필요로 하는 비타민과 유기산을 충분히 함유하지 않기 때문에 그 효능이 떨어진다고 봐야 한다.

▶ 유기산의 보고

식초의 주성분은 초산이다. 초산은 살균, 해독작용을 하여 부신피질 호르몬의 원료가 되는 유기산이다. 이 밖에도 각종 아미노산, 사과산, 호박산, 주석산 등 60종류 이상의 유기산이 포함되어 있는데 유기산이 풍부한 식품은 알칼리성이며 효소로서 인간의 몸에 매우 유익하다. 식초가 가지고 있는 또 하나의 장점은 다른 미량의 영양소, 즉 비타민이나 미네랄 등이 풍부한 식품과 함께 먹으면 미량 영양소가 파괴되는 것을 방지할 뿐만 아니라 체내의 흡수를 돕고 조직을 활성화시키는 촉매 기능도 가지고 있다는 점이다. 또 간 기능 저하로 해독되지 않고 몸 안에 쌓이는 각종 유해물질을 몰아내는데도 일조한다. 그러므로 술을 마실 때 식초가 들어간 안주를 먹으면 간장에 무리가 덜 가고 숙취 방지에도 도움이 된다.

▶ 구연산이 많다

구연산은 유기산으로 우리 몸에 산소의 이용률을 높여주는 데 필요한 성분 중의 하나이다. 몸속의 신진대사를 활발하게 하고 에너지 방출을 도우며 몸속에 낡은 물질이 남아 있지 못하게 하는 작용을 하는 것이 바로 구연산의 역할이다. 이런 구연산을 가장 쉽게 얻는 방법은 바로 식초를 통해서이다. 우리 몸의 간장에 저장되어 있는 글리코겐은 필요에 따라 조직에 공급되고 있다. 이때 피루빈산이 생성되고 이것이 부드럽게 구연산으로 바뀌고 다시 이소 구연산에서 몇 단계 거쳐 구연산이라는 순서로 회전하여 물과 탄산가스로 분해되어 체외로 배설된다.

이것이 TCA(Tricarboxylic acid)회로인데 구연산 회로, 크레브스 회로라고도 부른다. 식초에 포함되어 있는 각종 유기산은 간장에서 분해되지 않고 이 회로 속으로 곧바로 들어가 순환을 부드럽게 하는 데 매우 중요한 작용을 한다.

▶ 산 중화 역할을 한다

식초는 신맛은 체내에 들어가면 알칼리성으로 작용한다. 때문에 체내에 생긴 산을 알맞게 중화시키고 혈액과 체액의 pH(수소이온) 안정을 유지한다. 또한 예비 알칼리를 저장하는 저항력이 있는 신체를 유지시켜 주는 필수아미노산이 포함되어 있다. 신체 성분의 주성분인 아미노산은 단백질을 구성하고 있지만 몸속에서 만들어지지 않고 식물을 통해 얻어야 하는 것이 몇 종류 있다. 이런 아미노산이 없으면 조직의 보수나 발육이 되지 않는다. 이처럼 식물에서 취하지 않으면 안 되는 것을 필수아미노산이라고 부른다. 자연적으로 발효된 천연 소나무식초에는 이런 필수아미노산이 풍부하게 포함되어 있어 공복일 때 위에 강한 산을 보내면 위벽을 헐게 하지만 위벽을 손상시키지 않고 살균효과를 얻을 수 있다.

▶ 자연의 살균, 방부, 해독제 역할을 한다

식초는 식중독을 방지하는 역할을 한다. 식중독균, 장티푸스균 등 균을 죽이는 데 효과가 높다. 특히 소나무가 가지고 있는 특유의 피톤치드에 의하여 몸에 침입하는 병균을 물리치는 힘을 가지고 있다. 식초는 소금이나 간장보다 살균력이 우수하여 장아찌 등을 만들면 오랫동안 보관하면서 섭취할 수기 있다. 뿐만 아니라 무좀 등 피부질환의 원인이 되는 백선균에 대한 살균력도 대단하여 현대 의학으로도 쉽게 치유되지 아니하는 피부질환에도 임상결과 매우 좋은 것으로 알려졌다. 또한 구강 내와 소화기관의 유해균을 제거하는 데 많은 역할을 하며 구강 내의 잡균, 즉 잇몸에 부착되어 있는 음식물 찌꺼기를 유해산으로 바꾸는 부패균을 없애 치주농루를 방지한다.

▶ 소화를 촉진하고 변비를 예방한다

자연발효된 천연 소나무식초는 그 자체가 소화효소이며 흡수율을 높이고 장 기능을 좋게 한다. 즉 장내의 대장균을 비롯한 유해세균을 죽여 변비를 예방한다. 살균력에 의해 장내 환경이 개선되어 변비나 치질 등에도 높은 효과를 볼 수 있다.

▶ 잉여 영양소 분해

음식물을 과잉 섭취하게 되면 당분이나 글리코겐은 지방으로 변화하여 몸에 축적되며 지방의 축적은 비만의 제1원인이 된다. 식초성분에는 영양소의 체내 소비를 촉진하는 기능이 있어 과일 당분이나 글리코겐을 연소시켜 비만에 높은 효과가 있다.

▶ 유산을 분해하여 피로를 없앤다

신경을 많이 쓰거나 운동하는 등 활동을 하면 에너지가 소비된다. 에너지가 소비되면서 유산이 발생하게 된다. 이때 발생되는 유산은 소변에 섞여서 배설되지만 그래도 체내에서 너무 많이 증가되면 배설되지 못하고 혈관과 신경에 달라붙게 된다. 이처럼 신진대사가 제대로 되지 않으면 노화가 빨리 오고 정신이 불안정해지며 화를 많이 내게 된다. 또한 조직 내에 단백질과 결합하여 근육강화를 초래하게 된다. 즉 등산을 하거나 많이 걸으면 다리가 아픈 것은 유산이 분비되어 딱딱해지면서 피로감을 느끼기 때문인데 근육경화는 어깨 결림, 관절, 요통 등을 일으킨다. 이때 소나무식초를 섭취하게 되면 인체에 무해한 물과 탄산가스로 분해하는 작용을 한다. 때문에 몸의 피로가 빨리 회복된다.

▶ 비만을 방지하고 동맥경화를 예방한다

식초 속에는 결합한 지방 화합물의 합성을 방지하는 항비만, 아미노산도 들어 있다는 사실이 밝혀졌다. 식초가 지닌 비만방지 작용이 바로 혈압을 내리는 효과를 가져온다. 비만과 혈압은 밀접한 관계가 있어 살이 찌면 늘어난 지방 조직까지 효소나 영양을 보급하기 위해 혈관이 넓어져야 하고 그 결과 혈압이 올라가게 되는 것이다. 식초는 비만을 방지하고 동맥경화를 예방하는 양쪽의 효과가 있다.

▶ 야채의 비타민 C를 보호하여 항산화제 방어벽을 구축한다

위에서 언급한 바와 같이 파괴되기 쉽고 다루기 까다로운 비타민 C를 가장 잘 보호하고 그 효능을 발휘할 수 있게 하는 것이 바로 자연발효식초다. 비타민 C는 젊음을 유지해주는 보조제인 항산화제로서의 역할을 수행하는 비타민이다. 혈관에서는 지질이 부패되는 것을 막아서 동맥경화증을 예방하고 눈이 산화되어 백내장이 생기는 것을 예방해주기도 한다. 폐포를 둘러싸는 조직액 속의 비타민 C는 혈액수 치보다 높으며 오존이나 이산화질소 라디칼 같은 대기 오염물과 흡연의 피해로부터 폐를 보호하는 기능이 있다. 비타민 C는 다른 항산화제를 돕기도 한다. 우리 몸속 의 지방이 있는 곳에서 가장 중요한 항산화 방어벽의 선봉장은 비타민 E이다. 이런 비타민 E가 다시 재생되도록 하는 일까지 한다. 비타민 C는 이렇듯 체내 곳곳에서 프리라디칼과 대응하므로 하루에도 엄청난 양이 소모된다. 그래서 우리 몸은 이를 보상하기 위해서 자체로 글루타치온 페록시다제라는 효소작용을 통해 소모된 비타 민 C를 재생하는 장치를 가지고 있다. 특히 대표적인 항산화제는 '인류'란 뜻을 가 진 단어인데 영어로 표현하면 에이스(ACES)로 이들 앞 글자를 기억한다면 쉽게 암 기할 수 있다. 즉 A는 프로비타민 A(베타카로텐), C는 비타민 C, E는 비타민 E, S 는 셀레니움이다. 비타민 C는 우리 몸에서 항산화작용과, 항산화작용과 무관한, 즉 괴혈병을 고치거나 상처가 빨리 아물도록 해주는 고유의 작용 등 두 가지 작용을 한다. 또 알레르기 증상을 줄여주며 뼈, 치아, 잇몸, 혈관, 힘줄 등을 튼튼하게 해 준다. 통증을 덜 느끼게 하며 철분이 잘 흡수되도록 해주고 스트레스를 이겨내는 호르몬이나 성호르몬의 생성을 돕기도 하며, 조직과 조직을 단단하게 엮어주는 결 체 조직을 형성하는 데 관여하며 세균에 대한 저항력을 높여주기도 하는 등 그야말 로 다양한 역할을 하는 중요한 물질이다. 그리고 근육수축에 필요한 카르니틴이라 는 물질의 대사에 관여하므로 부족 시에는 피로현상이 오기도 한다. 따라서 우리는 더 충분한 양을 보충해주어야 한다.

소나무자연발효식초를 미용에의 활용

▶ 여성에게 좋은 이유

생리통을 경험한 여성은 전체 여성의 50% 정도가 된다고 한다. 이처럼 여성의 반수가 고통받는 생리통의 치료제로 사용될 수 있다는 것이 자연발효식초이다. 한

의학 고서에 의하면 식초는 어혈을 해소시키기 때문에 만병을 고친다고 기록되어 있는 것을 보면 자연발효식초의 중요작용을 알 수 있다. 생리통은 어혈의 정체에 의해서 생기는 것이기 때문에 어혈을 해소시켜 주는 자연발효식초야말로 치료제로서 적격이다. 흔히 생리일을 맞은 여성들이 흥분하거나 신경이 날카로워지기 쉬운 것은 평상시보다 많은 양의 노폐물이 핏속에 생기기 때문이다. 우리 몸속에서는 이 찌꺼기를 방출시키기 위해 혈액 속의 칼슘을 소비한다. 이때 여성들은 신경이 날카로워지고 생리통을 느끼게 된다. 소나무자연발효식초는 소나무가 가지고 있는 성분으로 노폐물을 제거하고 근육긴장을 해소시키는 작용을 해 생리통을 치료한다.

30~40대 여성에게 흔히 발병되는 질병 중 하나가 골다공증으로 이 골다공증은 뼈 밀도가 감소되어서 발생하는 질병으로 칼슘을 많이 공급하는 것이 예방법이다. 자연발효식초는 식품 속의 칼슘이 체내에 잘 흡수되도록 하고 체내에서 제대로 작용할 수 있도록 돕는다. "코가 조금만 낮았더라면 세계의 역사가 달라졌을 것"이라는 클레오파트라의 아름다움의 비결은 자연발효식초였다. 클레오파트라가 매일 진주를 자연발효식초에 녹여 마셨다는 것이다. 이는 빈말이 아니다. 실제 자연발효식초는 피부의 노화를 막아준다. 피부를 늙게 하는 것은 산화지질인데 이 과산화지질을 억제하는 것이 비타민 E이다. 비타민 E는 세포의 신진대사를 활발하게 하는 작용을 한다. 피부 노화를 막을 뿐 아니라 기미를 방지하는데도 효과가 있다. 이런 비타민 E와 같은 작용을 하는 것이 자연발효식초이다. 에너지를 발산하고 혈액의 흐름을 원활하게 한다. 자연 신진대사가 왕성해져 염분이나 지방, 노폐물이 피부에 쌓일 염려가 없다. 피부의 최대 적은 피로, 내장질환, 혈액불량 등인데 이를 해소하는데는 자연발효식초인 소나무발효식초가 탁월하다. 탁월한 이유는 소나무가 가지고 있는 영양소의 역할과 그 영양소가 가지고 있는 성분으로 발효시켜 만든 자연식초이기 때문이다.

▶ 미용에 활용

우리나라 여성들의 화장기 없는 얼굴은 세계에서 제일이라고 할 수 있을 정도로 아름다웠다. 그러나 지금은 환경오염, 석유계 화장품의 해, 식생활의 변화, 스트레스의 증대 등으로 인하여 주근깨, 기미, 잔주름, 거친 피부, 알레르기성 피부, 민감성 피부 등등으로 고민하는 여성분들이 많이 있다. 이제는 아름다운 피부를 되찾을 때다. 그러기 위해서는 식생활 개선이나 올바른 화장품의 사용 등이 불가피하지만 무엇보다도 우선 미용에 유용한 식초의 활용을 권하고 싶다. 식초는 미용의 최대 적이라고 할 수 있는 피로의 축적, 내장질환, 혈 행 불량 등에 효과를 발휘하고 피부에 필요한 영양 성분의 소화·흡수를 원활하게 해주며 신진대사를 활발하게 하여 과잉 염분이나 지반, 노폐물을 배출한다.

① 피부의 노화, 주름방지에 유효하다: 식초는 피부 노화 원인인 혈 행 장애를 개선하며 신진대사를 촉진하므로 주름 예방에도 도움을 준다. 식초에는 노화방지 효과로 인기 있는 비타민 E와 마찬가지로 노화 요인을 개선하는 작용이 있다고 한다.

② 과산화지질을 감소시키고 기미를 없애준다: 기미의 원인은 자외선 등으로 인해 피부에 과산화지질이 증가하고 그로 인해 멜라닌색소가 이상적으로 생성되기 때문이라고 한다. 이 과산화지질이 생기는 것을 방지하는 기능이 식초에 있다고 알려져 있다.

③ 여드름, 주근깨, 거친 피부, 안면흑피증 등에도 효과가 있다: 건강에 좋은 식초는 물론 미용에도 도움을 준다. 또 몸 전체에 건강 없이는 건강한 피부도 기대할 수 없다. 식초요리, 초절임, 식초를 마시는 것으로서 식초를 충분히 섭취하여야 한다. 식초를 2, 3배의 물로 희석해서 피부에 바르기도 한다. 피부에 이상이 생기거나 트러블이 있는 부분에는 듬뿍 바르도록 한다. 우유에 약 10% 정도의 식초와 꿀을 첨가하여 잘 저은 다음에 그것을 로션 대신에 사용한다. 생크림에 10% 정도의 식초를 넣어 화장 크림과 마찬가지로 사용한다. 세안 또는 클린징, 마사지에도 소량의 식초를 사용하면 효과적이다.

소나무자연발효식초와 성인병

▶ 혈액과 혈관의 정상화

성인병 예방의 제1조건으로는 산소 및 필요성분의 체내 유통을 좌우하는 혈액과 혈관의 정상화를 들지 않을 수 없다. 성인병 중에서도 혈관의 이상으로 오는 병이 바로 동맥경화이다. 동맥경화는 혈관에 주로 콜레스테롤, 중성지방 따위의 지방성 물질이 쌓여 혈관의 통로가 좁아지고 탄력성을 잃게 되는 질병으로서 고혈압증, 당뇨 등에 의하여 더욱 촉진된다고 한다. 혈관이 튼튼하다 하더라도 그 속을 흐르는 혈액의 상태가 좋지 않으면 건강은 기대할 수 없다. 혼탁한 피는 결국 혈관의 경화와 질병에 대한 저항력을 약화시키는 원인이 되는 것이다. 성인의 경우 혈액이 약알칼리성인 pH7.4를 유지하는 것이 가장 좋으며 체온은 36.5℃ 정도가 이상적이라고 한다. 이것은 생명활동에 불가결한 수많은 체내의 요소들이 가장 활약하기 좋은 체내 환경이기 때문이다. 그리고 효소는 pH나 체온의 변화에 대단히 민감해서 발열이나 체액의 산성화에 의하여 최초로 영향을 받는 것은 효소의 작용이라고 한다. 결국 바람직하지 못한 식생활은 피를 탁하게 만들고 체질을 산성화시켜서 갖가지 성인병의 원인이 되는 것이다. 혈액 및 체액의 산성도를 높이는 것으로는 에너지 물질의 찌꺼기인 유산, 술 마신 뒤 숙취의 원인이 되는 알코올이 변화한 아세트알데히드, 당뇨병 증상 시에 지방이 분해되면서 생기는 아세톤 등을 생각할 수 있다. 이러한 산성화 물질의 분해 및 무해화에 식초의 성분이 유효하게 작용하는 것이다. 우리가 하루도 빠지지 않고 섭취하는 음식은 우리 몸 안에 들어가 몸을 이루는 재료가 되고 살아가는 데 필요한 에너지를 생성하며 체내의 모든 반응을 조절한다. 좋은 음식은 우리 몸을 이루는 좋은 원료가 되어서 에너지를 공급하고 체내 반응들을 효과적으로 조절하여 건강한 몸을 이루게 되지만 우리 몸에 적합하지 않은 음식은 오히려 우리 몸을 병들게 하는 원인이 되는 것이다. 중요한 것은 이러한 모든 작용에서 바탕이 되는 전제는 바로 어떤 음식을 먹느냐에 따라 피의 좋고 나쁨이 결정된다는 것이다.

▶ 혈압 낮추는 물질 풍부

식물섬유 중에는 변비를 없애주고 혈압을 안정시키며 대장암 예방에 유효한 것이 많다. 소나무식초도 그중 하나인데, 여기엔 또 필수아미노산도 많이 포함되어 있다. 아미노산은 단백질을 구성하는 성분이다. 필수아미노산은 우리 몸이 필요로 하는 아미노산 가운데 체내에서 스스로 합성할 수 없기 때문에 밖으로부터 섭취할 수밖에 없는 아미노산이다. 이 밖에 소나무식초에는 비타민, 미네랄류도 많이 들어 있다. 뿐만 아니라 아데닌, 이노신 등 핵산관련 물질이 풍부하게 들어 있다. 핵산은 인간의 기본구조를 만든다든지 유전자 정보까지 관여하고 있는 물질이다.

소나무식초에는 페프치토의 한 종류로 혈압을 내리는 효과가 우수한 물질도 많이 들어 있다. 이것이 안디오텐신 변환효소 활성물질이다. 고혈압을 크게 나누면 2차성 고혈압과 본태성 고혈압으로 나눌 수 있다. 2차성 고혈압은 혈압을 높이는 원인이 되는 병을 가지고 있는 경우 일어나는 것으로 신장병, 심장병 등에 의한 고혈압이 이에 해당한다.

본태성 가운데 거의 반은 유전적 기질, 나머지 반은 안디오텐신과 관련이 있다. 이런 사람들은 식초와 초밀란을 이용하여 변환효소 활성물질을 섭취하면 좋다.

이 물질뿐 아니라 식물섬유가 풍부한 것도 고혈압에 도움을 준다. 식물섬유는 동맥경화를 예방한다든지 혈압을 안정시키고 변비 해소, 대장암의 예방에도 도움을 준다.

소나무식초는 그냥 마시는 음료로 생각하기에는 훨씬 효과가 있는 음료이다. 고혈압인 사람은 물론 건강한 사람도 일상생활에서 자주 식초를 마시면 건강유지에 더욱 좋을 것이다.

▶ 부신피질 호르몬 생성

다음으로 성인병과 관계 깊은 요소로는 부신피질 호르몬이 있다. 부신피질에서 생성되어 분비되는 호르몬에는 코르티손으로 대표되는 당질호르몬, 두 종류의 성호르몬, 알도스테론 등이 있다. 이러한 호르몬은 모두 성인병과 크게 관련되어 있는 것이다. 코르티손은 좁은 의미에서의 부신피질 호르몬 또는 스테로이드 호르몬이라고도 일컬어지고 있는데 알레르기 반응과도 깊이 관계되는 호르몬이다. 이처럼 중요한 부신피질 호르몬은 초산의 구연산을 출발로 하여 만들어지는 것이다. 이것을 증명한 공로로 블로흐와 뤼넨은 노벨 생리학 의학상을 받은 바 있다. 또 이 호르몬이 정신활동에도 중요한 영향을 미친다는 것은 스트레스 이론의 선구자인 셀리에 박사의 연구에서도 증명되고 있다. 그는 스트레스와 호르몬은 밀접한 관계에 있으며 성인병의 중대한 요인이 된다고 말하고 있다. 그 밖에도 초산과 구연산은 췌장에서 만들어지는 인슐린, 호르몬과는 다른 의미로 체내 에너지의 저장 공급 운반을 중개하는 물질인 ATP(아데노신 3인산) 등의 생성에도 깊이 관련되어 있다. 이 정도면 유기산 등 식초성분이 성인병 예방을 위하여 얼마나 필요한가를 알 수 있을 것이다.

▶ 간장을 보호하고 머리카락 풍부하게

식초는 젊어지게 하는 묘약으로, 간장 기능을 활성화시키는 등 놀랄 만한 효과가 있다. 소나무 천연식초는 이 소나무 전체를 이용 초산 발효시킨 것으로서 영양상, 유기산과 비타민 C와 같다고 해도 틀린 말은 아니다. 다만 초산균은 강력한 살균, 해독 작용이 강하다. 특히 소나무식초에는 효모의 균체 속에 있던 단백질이 분해되어 아미노산으로 변하는 과정에서 만들어지는 물질인 페프치토라는 성분이 있어 이 성분은 아미노산을 늘려나가 간 기능을 비롯하여 몸 전체를 젊게 하고 있다는 것이다.

페프치토는 몸의 세포 강화, 특히 약한 간장을 활성화시키는 것으로 밝혀졌다. 알코올을 지나치게 흡수하면 간장에 부담을 준다. 그러나 식초는 알코올을 초산 발효시킨 식품이다. 이것을 적당량 섭취함으로써 간장을 튼튼하게 할 수 있다.

소나무식초는 페프치토 외에도 노화를 막아주고 젊어지게 하는 효과가 있다. 지구상에는 수많은 미생물이 존재하고 있으나 식초산이라는 물질은 최근 발모제와 육모제에 중요한 역할을 하는데 이것은 특수한 환원작용이 노화되어 약해진 두피와 모공을 교정하고 활력을 되찾아주기 때문이다. 특히 소나무식초를 적당히 마시면 몸의 노화된 세포에 작용하여 머리카락이 나고 미용에도 효과를 볼 수 있다고 고문헌에 기록되어 있다. 게다가 소나무식초에는 비타민 B_1, B_2를 비롯하여 몸 안에서 중요한 활동을 하는 비타민과 미네랄이 많이 들어 있다. 간장 기능이 약한 사람과 알코올로 인하여 간장이 지나치게 손상된 사람에게 소나무식초를 권할 만하다. 그러나 일반식초는 간장의 해독기능이 미약하며 빙초산 합성식초는 오히려 간 기능을 크게 해치게 되므로 유의해야 한다.

소나무발효식초는 자연식의 첫째 조건

▶ 효소가 살아 있어야 한다

우리 몸을 구성하고 있는 세포는 약 60조나 되는데 이들 세포는 효소반응에 의해서 만들어진다. 즉 효소가 순조롭게 정상적인 활동을 하고 있는 상태라야 질병에 대한 저항력이 강화되고 자연 치유력이 생기는 것이다. 이러한 상태를 건강상태라 한다. 반면에 효소의 활동이 둔화되면 인체의 저항력은 약화되고 결국은 발병하게 된다. 효소 활동이 활성화되기 위해서는 단백질, 비타민, 미네랄, 체액의 pH(산도), 체온, 습도가 알맞아야 한다. 그러나 오늘날의 환경은, 대기오염, 수질오염, 유해식품, 스트레스, 영양밸런스의 상실, 불규칙한 생활습관 등으로 가득 차 있으며, 이러한 상태가 효소의 활동을 극단적으로 약화시키고 있는 것이다. 그래서 흔히, 머리가 무겁고 두통이 생기며 피로가 빨리 오고 어깨가 쑤시며 식욕이 없다고 호소하는 반건강 상태가 된다. 위, 십이지장궤양, 위염, 고혈압, 뇌졸중, 불면증, 신경통, 관절염, 간염, 당뇨병, 천식, 치질, 알레르기성체질, 대머리, 갱년기장애 등 각종 질환에 시달리게 되며, 이유도 이름도 모르는 질병에 생활의 즐거움을 빼앗기게 되는 것이다. 이런 분들은 모름지기 자신의 몸속에 효소가 정상적인 활동을 하지 못하고 있음을 알아야 하며, 효소가 활동할 수 있는 최적 조건으로 자신의 몸의 조건을 바꾸어나가는 것이 건강을 되찾는 지름길임을 알아야 한다.

똑같은 상태의 화초가 심어져 있는 화분을 두 개 준비해놓고 한쪽에는 생수를 주고 다른 쪽에는 끓인 물을 주면 어떻게 될까. 끓인 물을 준 화초가 한 달도 못 되어 시들시들 말라서 죽고 만다. 물고기가 사는 어항에 주는 물도 마찬가지다. 이것은 죽은 물과 산물에 들어 있는 효소의 차이 때문에 생긴다. 모든 생명 현상은 일종의 화학 반응이다. 그러나 이 화학 반응은 생체 안에 2000종 이상 존재하는 효소 없이는 일어날 수 없다.

만약 우리 몸 안에 소화 효소가 없다면 밥 한 끼를 소화하는 데 수십 년의 시간이 필요하지만 다행스럽게도 효소의 작용으로 불과 한두 시간이면 탄수화물과 단백질이 포도당과 아미노산으로 잘게 분해되어 몸에 흡수된다. 우리 몸에 효소가 부족하면 효소에 의한 신진대사가 이루어지지 않아 몸이 무겁고 체내에 독소가 발생하는 것과 마찬가지 이치다. 체내에서 독소가 발생하는 상태를 오랫동안 방치하면 체내 조직 세포에 노폐물이 축적되어 염증을 일으키게 되고 여러 가지 질병으로 이어진다.

효소는 우리 몸에서 분해, 흡수, 산화, 환원의 4단계 작용을 한다. 휘발유가 타야 자동차가 움직이는 것처럼 우리 몸에서도 탄수화물, 단백질, 지방이 타야만 에너지가 발생하는데 탄수화물이 탈 수 있는 온도는 380℃나 된다. 우리 몸이 380℃까지 데워졌을 때 비로소 탄수화물이 타기 시작한다는 말인데, 열이 39℃만 넘어도 해열제를 먹고 응급실로 뛰어가야 하는 사람에게는 말도 안 되는 수치인 셈이다. 그렇지만 몸 안에서 효소가 작용을 하면 문제는 간단히 해결된다. 효소는 체온이 36.5℃인 우리 몸을 380℃까지 올리지 않고서도 탄수화물, 단백질, 지방을 태워서 에너지로 바꾸어주는 역할을 하는 것이다. 에너지 발생의 근원인 효소 및 효소 원료는 우리 몸에서 자체적으로 만들어질 수 없고 단지 음식물을 통해서만 몸 안으로 들어갈 수 있다. 효소가 충분히 들어 있는 식품을 섭취해야 한다는 것도 이 때문이다. 우리는 효소 반응으로 살아간다고 할 수 있다. 그런데 그의 대부분의 효소는 70℃ 이상의 열이 가해지면 활성화되지 못하고 죽어버린다. 열을 가한 열매나 씨눈에서는 싹이 나지 않는다. 날콩을 땅에 심으면 싹이 나지만 콩을 삶으면 싹은커녕 고약한 냄새를 풍기며 썩어버린다. 원래 종자의 싹은 배아 부분에서 나는데 삶은 콩도 배아 부분은 그대로 있기는 하다. 그런데 싹이 안 난다는 것은 배아를 발아시키는 효소가 죽어버렸기 때문이다. 이처럼 싹이 나는 생명력과 효소는 동일한 것이다. 밥도 효소를 죽인 것이다. 효소가 죽은 밥을 먹을 때는 10숟가락을 먹어야 생명 활동을 유지할 수 있지만 효소가 살아 있는 채로 생식을 하면 한 숟갈만 먹어도 충분하다. 효소가 죽었을 때의 에너지 효율과 효소가 살아 있을 때의 에너지 효율은 엄청난 차이를 보이는데 죽었을 때의 에너지 효율은 20%를 넘어가지 않지만 살아 있을 때의 에너지 효율은 85%까지 올라갈 수 있다. 곡식이나 야채나 과일을 열을 가하지 않고 생식으로 섭취하는 것이 좋다는 것도 살아 있는 상태의 효소를 먹을 수 있기 때문이다. 효소는 누룩과 메주를 발효시킨 발효식품에 가장 많이 들어 있고 곡식의 씨눈과 엽록소가 함유된 식물의 잎, 줄기, 뿌리, 열매에도 들어 있다. 효소가 살아 있는 식품을 먹어야 피가 맑아지고 체질이 개선되며 생명력을 고스란히 이어받을 수 있다.

▶ 효소는 천연 해독제

하나님께서 비천하고 고리타분한 누룩과 메주 속에 당신이 가장 아끼는 자연 미생물 곰팡이, 즉 효소를 숨겨 놓고 계신다. 스스로 낮추고 자연에 순응하는 사람들에게만 그런 곰팡이들이 보인다. 청국장이나 된장에 마늘, 참깨, 멸치가루 등을 혼합하여 각종 생채나 생감자, 생고구마를 찍어 먹는 것, 이것이 효소식이며 최고의 항암제이다. 몸 안에서 활동하는 효소와 똑같은 효소를 체외에서 넣어주는 것, 그것이 바로 누룩으로 만든 식초와 메주로 만든 된장, 청국장을 끓이지 않고 먹는 것이다. 효소가 살아 있는 생식은 절대로 암에 걸리지 않게 한다. 따라서 암이나 간경화, 당뇨병, 중풍 등에 걸리는 사람은 효소를 죽여서 먹고, 간장의 입장에서 볼 때 이 물질에 불과한 보약이나 가공식품을 남용한 사람들이다. 고단백, 고칼로리는 소화 흡수가 힘들기 때문에 내장이 지치고 소화되지 못한 영양은 간장에 독만 될 뿐이다. 따라서 독사와 인삼 먹인 1백만 원 하는 닭은, 방사한 토종 유정란보다 훨씬 천한 보신제인 셈이다. 발상의 전환! 거꾸로 보는 법을 배워야 한다.

효소는 가장 좋은 천연 해독제다. 육식을 즐기는 사람이나 유난히 입이나 몸에서 냄새가 심한 사람이 천연식초를 상복하면 몸에서 나던 냄새가 다 없어지는데 이는 식초 속에 들어 있는 효소 때문이다. 그 밖에도 효소는 감염을 예방하고 화농을 방지해주며 진통 작용을 한다. 또한 효소의 일종인 유기산은 태운 육류나 담배의 타르에 다량 함유된 발암물질인 벤조피렌이 세포 내에 흡수되는 것을 방해해서 암세포의 발생을 억제하는 작용을 한다.

건강 장수를 연구하는 사람들이 마침내 도달하는 정점이 식초, 된장, 김치, 새싹 생식으로 대변되는 효소이다. 효소를 모르고 특별하고 신기한 건강법을 찾는 사람은 진리와는 천만 리 떨어져 있는 반대 방향을 가게 된다.

만일 제4의 불이라는 효소가, 인체에서 활동하는 화학변화를 인공적으로 한다면, 간장의 기능만으로도 대형 고층빌딩에 상당하는 공장이 필요하다. 뇌의 기능에 이르러서는 대뇌의 측두엽의 운동만도 10억 킬로와트의 전력이 필요하며, 대뇌피질의 기둥을 청사진으로 찍으려고 한다면, 미국 예산의 천 배의 장비가 소요된다고 한다. 그러나 인체의 효소는 36도의 체온만으로도 어렵지 않게 이일을 하고 있는 것이다.

누룩이 술이 되고 술이 초산 발효하여 식초가 되었으니 식초가 바로 효소식품의 으뜸이다. 그래서 노벨상을 3회나 수여한 것이다.

소나무자연발효식초는 만성 알코올 중독자에게 금주를 유도할 수 있다

유럽 속담 중에 "바커스는 넵튠보다 많은 사람을 익사시켰다."라는 말이 있다. 바커스는 로마 신화에 나오는 술의 신이고 넵튠은 바다의 신이다. 술 때문에 신체적으로나 정신적으로 황폐해지는 것은 동서고금을 막론하고 공통되는 결과이다. 과다한 음주는 신체의 모든 곳에 악영향을 미쳐 특히 만성 알코올 중독자들에게는 심장, 신장, 간장에 실질성퇴행변성(實質性退行變性)이 나타나고 신경계통의 변화로 신경염과 성격장애도 나타난다. 미국 질병통제센터(CDC)는 알코올 중독으로 인한 직·간접적인 사망 요인은 식도암 75%, 만성 췌장염 60%, 구강암, 인후암, 후두암, 간경변 등은 각 50%, 급성 췌장염은 42% 순으로 높다고 분석한 바 있다. 음주는 신체도 망가뜨리지만 정신을 황폐화시켜 더욱 문제다. 불안, 초조, 우울감, 죄의식, 공격적 언행, 도덕감 상실, 의지력 약화, 자기 불신, 자기혐오, 후회감 등이 나타난다. 따라서 갑작스럽게 음주를 금하면 금단증상으로 여러 가지 정신병 증세가 동반 될 수 있다. 그래서 차츰 주량을 줄여가는 것이 중요한데 이때 소나무식초를 복용 하면 장기손상을 회복시키고 금주를 유도할 수 있다. 대기 속에 있는 자연 초산을 이용하여 소나무에 함유된 알코올 자체로 자연발효시켰기 때문에 산도가 낮아 원기 회복은 물론 자연스럽게 금주를 유도할 수 있다.

소나무자연발효식초와 피로

　피로는 과도한 운동, 지속적인 활동, 정신적 긴장, 집중적인 정신 활동 등 누구에 게나 올 수 있는 가장 흔한 주관적인 느낌이다. 피로하다는 것은 입맛이 떨어지고 몸이 나른하여 자꾸 눕고 싶고 일에 의욕이 떨어지며 집중력도 떨어지고 신경도 예 민해지는 일련의 증상을 말한다. 피로의 종류는 과도한 업무를 수행하거나 무리한 노동을 계속할 때 혈액 중에 피로물질인 젖산, 탄산가스 농도가 높아져 오는 육체 적 피로, 현대인에게 가장 많고 보편적인 정신적 피로, 중추신경계, 자율신경계에 영향을 주는 약물의 오용이나 남용 시 초래되는 약물성 피로, 어떤 질병의 초기 증 상 및 전구증상으로 나타나며 간장질환, 만성폐질환, 감염성질환, 당뇨병 등에서 많 이 볼 수 있는 병적 피로로 만들 수 있다. 한편으로는 피로를 급성과 만성 피로로 분류하기도 하며 그 외에도 일과성 피로와 축적 피로, 생리적 피로와 병적 피로, 국 소 피로와 전신 피로 등으로 나누기도 한다.

　사람의 몸은 그 자체가 아주 민감한 건강을 체크하는 기계, 즉 영양이 필요하게 될 때 배고픔을 느끼게 하여 그 영양을 충족시키게 하고 우리 몸 자체가 피로하면 충분한 수면과 휴식을 요구한다. 만약 그 요구를 충족시켜 주지 못했을 때에는 몸에 이상을 가져다준다. 이럴 경우 많은 사람들은 보약을 찾게 되지만 생활 속에서 꾸준 히 실천해갈 수 있는 식품으로 소나무식초를 권하고 싶다. 이 소나무식초는 노폐물 의 젖산을 분해하는 효과가 크기 때문에 피로를 풀어주고 잃어버린 활력을 되찾는

데 좋은 식품으로 알려져 있다. 나이가 들면 혀의 감각도 바뀌어 보통 신맛을 싫어하게 되지만 신맛은 본래 간의 기능과 신진대사를 원활하게 돕는 효과가 뛰어나 섭취하는 것이 좋다. 또한 소나무식초의 새콤한 맛은 침샘을 자극, 침을 많이 분비시켜 소화 작용을 돕는다. 또한 이 식초에는 살균 성분이 함유되어 있어 우리 장(臟) 안에 살고 있는 각종 유해세균의 번식을 억제하여 준다. 또 이와 함께 대장 소장의 연동운동을 도와 변비 해소에도 도움이 된다. 하지만 위산이 많아 속 쓰림으로 자주 고생하는 사람은 식초를 공복에 먹어서도 아니 되고 특히 농도가 진한 식초는 위벽을 헐게 되므로 1-2% 미만의 농도로 물에 희석해 사용하는 것이 바람직하다.

특히 영양소가 우리 몸에서 분해되는 과정은 krebs 회로(구연산 회로)라는 화학반응인데 이것이 정상적으로 이루어질 때는 영양소가 이로 인해 해가 없는 물과 이산화탄소로 분해되어 배출된다. 그러나 이 과정이 원활하게 이루어지지 않을 때는 체내에 피로물질인 젖산이 쌓이게 된다. 피로물질 젖산이 체내에 쌓이게 되면 두통, 어깨 결림, 요통 등 증상이 나타나고 심하면 질병에 걸린다. 이때 피로물질의 배출을 돕고 몸속의 신진대사를 활발하게 하는 물질이 바로 구연산이다. 구연산은 유기산의 일종으로 식초 안에 많이 들어 있다. 식초가 원기회복과 예방효과를 보이는 것은 결국 구연산 덕분이다. 또한 식초 안에는 구연산을 비롯해 호박산, 사과산 등 인체에 이로운 유기산이 다량 들어 있기 때문에 대사를 신속하게 진행시킴과 동시에 체내에서 생성된 노폐물과 각종 산성 물질을 몸 밖으로 배출시킨다. 따라서 체지방의 합성속도가 늦어지거나 합성이 예방되고 이와 더불어 지방의 분해를 촉진시키며 지방이 쌓이는 것을 방지한다. 그리고 혈관을 청소해주는 역할도 한다. 체지방이 빠져나가면서 혈관 벽에 붙어 있던 지방도 함께 빠져나가기 때문이다.

소나무식초는 노화를 지연

'항산화 물질'을 함유한 음식물을 섭취하면 노화는 당연히 지연된다. 암과 노화를 예방하는 효과가 있는 음식은 모두 갱년기 치료제이자 예방 백신이다. 비타민 C·비타민 E·카로티노이드·플라보노이드·이소플라본·알리신 등은 노화를 막는 효과가 있는 것으로 알려진 물질이다. 이 물질들이 많이 든 음식을 먹으면 갱년기를 극복하는 데 도움이 된다고 한다. 따라서 소나무가 가지고 있는 이 약성은 소나무로 빚은 식초가 가지고 있고 그 약성의 효능은 다음과 같다.

▷ 비타민 C: 항산화 작용을 통해 노화를 막는다. 콜레스테롤 수치와 혈압을 낮추고, 동맥에 노폐물이 쌓이는 것을 억제하며 면역력을 강화한다.

▷ 비타민 E: 비타민 C가 이를 수 없는 신체 구석구석에서 작용하는 항노화 물질이다.

▷ 카로티노이드: 과일과 야채에 풍부한 색채를 부여하고, 자외선과 환경 독소로부터 식물을 보호하는 미세한 색소로 지방에 용해된다.

▷ 플라보노이드: 카로티노이드처럼 과일과 채소, 곡식을 물들게 하는 색소로 지방보다는 물에 잘 용해되며, 비타민 C의 작용을 50배 강화시킬 수 있다.
　붉은 포도에 들어 있는 플라보노이드는 비타민 E보다 1000배나 더 강한 항산화 효과가 있다. 녹차·포도·소나무껍질에 들어 있다.

▷ 이소플라본: 여성 호르몬인 에스트로겐과 비슷한 구조를 가지고 있어 몸에서 진짜 호르몬처럼 작용한다. 호르몬에 좌우되는 암을 억제하는 효과도 있다. 일본인의 수명을 늘려준 물질로 알려져 있다.

▷ 알리신: 소화 기관에 있는 박테리아와 병균을 퇴출하고, 혈관 벽을 유연하게 하며 혈당 수치를 낮추는 효과를 가지고 있다. 양파·마늘·파에 많다.

▷ 셀레늄: 유독한 중금속을 공격해 소변으로 배설되도록 한다. 나쁜 지방과 알코올, 니코틴 등 독소를 제거하는 역할도 한다. 셀레늄이 없으면 신체 조직에 비타민이 흡수될 수 없다

▷ 마그네슘: 미토콘드리아를 보호한다. 이것이 부족하면 노화 과정이 현저하게 빨라진다.

소나무자연발효식초와 아름다운 피부

　　인간의 영원한 소망인 싱싱한 젊음과 아름다움을 언제까지나 간직하고픔 심정은 여성뿐 아니라 남성들까지도 똑같은 마음일 것이다. 나이가 들면 피부가 노화 현상을 일으키는 것은 당연지사로 그 이유는 신진대사가 퇴화하기 때문이다. 따라서 신진대사가 활발하게 움직이는 것은 건강하고 아름다운 피부를 가지고 있을 수 있다는 것을 의미한다. 그러므로 그 기본 요건으로는 균형 잡힌 식생활과 적당한 운동 그리고 충분한 수면과 쾌적한 배변, 마음의 안정 등을 들 수 있으며 이렇게 함으로써 신체 내부로부터의 원활한 생명작용은 자연스런 아름다운 피부를 만들어줄 뿐만 아니라 갖가지 피부 트러블도 막아준다.

　　신진대사를 활발하게 하기 위해서는 혈액순환을 원활하게 하는 것이 제일이다. 혈액은 몸 구석구석에 필요한 영양소나 신선한 산소를 공급하며 필요 없게 된 노폐물을 걸러내어 체외로 배설하는 작용을 하고 있기 때문이다. 그런데 나이와 더불어 내장의 기능이 둔해지거나 혈관이 탄력을 잃게 되면 이 혈액순환이 나빠지게 된다. 당연히 신진대사도 활발하지 못하게 되어 노폐물이 근육이나 피부의 세포에 남게 됨으로써 피부의 노화가 시작되는 것이다. 그러나 식초를 매일 주기적으로 마시게 되면 식초의 주성분인 초산이나 구연산 등은 피부나 근육에 남은 유산을 분해하며 혈액순환을 원활하게 해주는 특징을 가지고 있다. 그러므로 식초를 매일 섭취하면 주름살도 적게 생기며 싱싱하고 건강한 피부를 오래도록 유지할 수 있게 된다. 또한 앞에서도 언급한 바와 같이 피부에 최대의 적이라고 할 수 있는 변비를 해소시켜 주는데 이는 위장의 기능을 조절하여 배변을 부드럽게 해주기 때문이다. 특히 식초는 주근깨의 발생을 막아주기도 한다. 주근깨는 신체의 녹이라 일컬어지는 과산화지질이 체내에 축적되어 생기는 것인데 식초에는 이 과산화지질을 감소시키는 성분도 있다. 그러나 급속도로 아름다운 피부를 만드는 것은 아니다. 식초를 오랫동안 꾸준히 먹다 보면 피부에 탄력이 생기는 등 서서히 젊음을 되찾게 되는 것이다.

소나무발효초(피부 보호형)의 작용

발효초는 초산균의 도움으로 에틸알코올을 산화하여 초산을 생성하는데 일반적으로 유용한 초산 생성 균은 아세토박터(Acetobacter)이다. 이 발효초는 석회나 칼슘 성분을 녹이는 성질을 이용하여 무좀이나 손에 자극을 줄이고 수분을 유지시킬 수 있다고 보고된 바 있다.(Virtuse of vinegar, The vinegar institute, 1994) 또한 목욕할 때 발효초 반 컵 정도를 욕조에 넣으면 약산성의 물이 혈행을 촉진하므로 원기회복도 좋으며 피부도 매끈매끈해진다. 이는 피부의 pH가 약산성일 때가 좋으며 발효초는 세숫물의 pH를 약산성 쪽으로 만들어준다고도 보고된 바 있다.(월간 식품과 위생 12월호, 1985) 그리고 머리를 감은 후 마지막 헹구는 물에 발효초를 몇 방울 넣어 헹구면 머리 결이 좋으며 윤기가 흐르고 비듬방지의 효과도 얻을 수 있다.

이는 발효초가 두발의 왁스 성분 형성을 촉진시켜 윤기를 주며 자체의 살균력으로 인해 곰팡이에 의한 비듬 발생을 억제한다고 하였다.(월간 식품과 위생 12월호, 1985) 특히 향약구급방이라는 고서에는 약방(藥房)으로 발효초에 대한 다양한 이용법이 기술되어 있다. 일본 나까야마 사다오 교수와 노리 야부겐 교수는 발효초가 원기회복과 피부 미용 그리고 고혈압 및 동맥경화 예방에 좋다고 하였다. 즉 세균이나 바이러스의 증식을 억제해 여드름 등 피부 트러블을 개선시킨다고 하였다. 발효초에 있는 비타민 E는 피부의 젖산을 분해해 혈액순환을 촉진, 피부 노폐물을 배출한다고 하였다. 피부는 알칼리성이지만 피부의 표면은 약산성이다. 약산성을 유지해야 저항력이 생겨 세균 증식을 억제할 수 있는 것이다. 따라서 발효초로 세안하면 발효초의 유기산이 피부 표면을 약산성으로 보존하여 피부가 건강한 상태를 유지할 수 있다. 살균력이 강한 발효초는 두피에 습진이 생겨 머리카락이 많이 빠지는 경우 이용하면 효과적이며 피부를 진정시키고 모공을 좁히기도 한다. 소나무발효초의 살균력을 이용하여 피부질환의 치료법에도 이용되고 있다. 피부에 하얗게 번지는 백선 중에 발효초의 효과가 인정되고 있고 특히 무좀과 발 냄새, 여드름에는 특효가 있다. 무좀을 일으키는 균의 종류는 다섯 가지 이상(무좀균의 종류:

Candida albicans, Trichophyton mentagrophytes, T. rubrum, T. schoenleinii, T. tonsurans, Micosporum canis, Aspergilus flavus, Cryptococcus neoformans)이 되는데 세균, 곰팡이가 주된 것이며 이 균들은 피부 깊숙이 파고 들어가서 증식하기 때문이고, 발 냄새는 발의 아포크린(Apocrine)이라는 땀샘에서 나오는 땀이 공기 중의 박테리아와 혼합하여 악취가 나는 화학물질인 '이소 발레릭산'을 만들어내 악취를 나게 한다. 여드름은 여드름 균인 프로피오니·박테리움·아크네가 모낭에 집단을 형성하여 염증을 유발하는 것이므로 연고 같은 것을 피부 표면에 발라도 약 성분의 침투력이 약하여 완치되지 않는다.

> **♣ 발효초에 의한 무좀, 발 냄새제거, 여드름, 거친 피부 처리요령**
>
> **무좀**은 소나무발효초 1800㎖ 1병을 플라스틱 세면기에 쏟아 붓고 깨끗이 씻은 발을 아침 저녁으로 10~15분씩 5~7일 담근다. 담근 후에는 발을 물로 씻지 말고 그냥 말린다. 완전히 말린 후에 물로 헹군다. 무좀에 한 번 사용한 발효초는 버리지 말고 덮어두었다가 계속 사용한다.
>
> **여드름**에는 발효초를 연하게 물에 희석시킨 후 희석된 물로 여드름 부위의 안면을 헹군 후에 그냥 말린다. 말린 후에 여드름 부위에 원액을 면봉을 이용하여 바른다. 하루에 2-3회 반복하여 5-7일간 한다. 그 후에 딱지가 생겼을 때 떼어내지 말고 그 부위에 마사지 팩에 발효초를 섞어서 팩을 하면 상처부위가 깨끗해진다. **여드름**이 심할 경우에는 머리도 린스 대용품으로 발효초를 이용하여 감게 되면 상처부위의 치유가 빨라진다. **피로한 피부에 활력을 주기 위해서, 주근깨 방지**를 위한 방법으로 발효초에 약간의 물을 희석하여 피부에 듬뿍 뿌려주고 **거친 피부**에는 우유에 발효초, 꿀을 첨가하여 로션 대용, 마사지 팩에 소량의 발효초를 섞어서 사용하면 효과가 있다. 발효초는 산도가 높아 음용이 불가하며 상처부위가 처음에는 약간 아프고 얼굴 부위는 빨개지나 두 번째부터는 아프지 않으며 각질화된 피부가 벗겨지면서 새살이 금방 살아나고 깨끗한 상태로 회복된다.

수많은 무좀과 여드름 약이 방송광고에 등장하는 것은 그만큼 특효약이 못 된다는 한 역설적 표현이다. 그러나 아무리 심한 무좀이나 여드름이라도 소나무발효초에는 견디지 못한다. 소나무발효초의 산은 침투력이 매우 강하여 피부 깊숙이 잠복해 있는 무좀균과 여드름균을 여지없이 박멸한다. 무좀이 심한 경우에는 피부에 균열이 생기고 발톱 밑으로 침식해 들어가서 발톱이 새까맣게 썩어가며, 특히 여드름이 심하면 얼굴 피부를 완전히 망가트린다. 이런 경우에 소나무발효초는 그 역량을 발휘하여 좋은 효과를 발휘한다. 여기에 해당되는 발효초는 산도가 아주 낮고 천연적인 자연발효초만이 해당되는 것이다. 시중에서 나오는 빙초산은 위험하고 피부에 닿으면 화상을 입게 됨으로 빙초산을 사용해서는 아니 된다.

▶ 소나무자연발효식초와 현재 시중에 판매되는 양조식초와의 차이점

현재 시중에 판매되는 식초는 속성 알코올 양조식초이기 때문에 그 영양적·의학적 치유의 효능이 떨어지는 것을 볼 때 소나무식초는 천연발효식초이며 100% 자연발효된 식초로 자연의 이치를 그대로 적합하게 이용하여 만들기 때문에 영양적으로, 의학적으로 치유능력이 탁월해 기능성 식품으로서의 가치를 가지고 있다. 최근에 와서 매일 식탁에 오르는 식물 가운데 착색제, 향료, 방부제, 표백제 등 식품 첨가물이 사용되고 있지 않는 것이 얼마나 있을까? 이와 같은 식품 첨가물은 하나하나 따져볼 때 중독 등 독성은 나타나지 않는 양이라 하더라도 여러 종류가 동시에 오랜 기간 몸속에 계속 들어간다는 것을 생각하면 소름이 끼친다. 나 자신이 신체가 실험동물인 모르모트처럼 사용되고 있는 듯한 착각을 일으키게 한다. 식품 첨가물은 연간 합쳐서 그 양이 4kg 정도는 된다고 학자들은 말하고 있다. 우리는 이처럼 유해 첨가물로 완전한 보호를 받지 못하고 있다. 또한 어떤 것이 진짜 천연자연발효식품인가를 분별하기는 쉽지 않다. 특히 식초는 수많은 조미료 가운데 종류가 많으며 한마디로 식초라 하여도 천차만별이다. 양조식초라 하여도 합성 알코올이 첨가되어 있다든가 원료 전부가 합성 알코올을 초산으로만 바꿔놓은 것도 있다. 최근에 와서 천연발효식품으로 식초가 화제가 되고 있는데 옛날 우리 조상들은 거의 천연 발효된 양조식초만을 식용으로 삼아 왔다. 그러나 최근에는 상혼이 발달되어 합성양조식초나 속성양조식초 등이 판을 치고 있다는 것이다.

합성양조식초	속성양조식초	소나무식초
화학적인 방법으로 만들어진 식초로 양조식초에 합성초산이 가미되어 있는 식초로서 영양성분이 전혀 없는 합성초이다.	현 상점에서 판매되고 있는 양조식초로서 이것은 모처럼의 성분이 식초 속에 충분히 용해되기 전에 취함으로써 더욱 유효성분이 적을 수밖에 없다	이것은 100% 양조법으로 만들어진 식초이며 순수 식물이 가지고 있는 알코올 이외의 어떠한 물질도 전혀 가미되어 있지 않다. 특히 자연의 청정한 소나무와 자연 농산물인 과일을 원료로 천연 발효된 것으로 중요 질병에 탁월한 효능이 있다.

* 영어로 식초인 'Vinegar'는 양조초에만 허용되는 표시이다

* 소나무를 원료로 한 초는 자연 그대로 발효를 시켰으며 생수로 제조되었다

불을 이용하여 음식을 익히게 되면 음식물 속의 단백질이 변성을 일으켜 맛이 생기게 된다. 다시 말하면 불로 인한 단백질의 변성은 곧 영양소가 파괴되는 것, 효소가 파괴되는 것을 의미하는데 이는 다른 말로 음식에서 독소가 발생한다는 것을 말한다. 결국 인간은 불로 익혀 먹음으로써 맛은 알게 되었지만 먹어야 할 것을 제대로 먹지 못하게 되어 많은 것을 잃게 되는 것이다. 그러므로 건강을 지키려면 자연적으로 농축된 태양에너지인 씨앗을 비롯한 모든 것을 무위자연(無爲自然)의 상태 그대로 발효된 식품을 섭취하면 이것만으로 건강한 삶은 보장된다.

■ ■ ■
피부해독을 위한 초 미용법

현재 얼굴 피부가 세수 후에 아무것도 바르지 않을 때에도 당기지 않거나 햇볕에 나가서 활동한 후 얼마 후면 정상의 피부톤으로 돌아올 때면 현대인의 피부 상태 평균에서 매우 건강한 피부상태에 속한다. 이와 같이 피부가 다소 손상이 가고 변형이 되었다 하더라도 가만히 두면 원래의 피부로 돌아갈 수 있는 상태를 만드는 것이 초

활용 미용법이다. 오늘 좀 짙게 화장을 해서 피부에 부담이 갔더라도, 오늘 뜨거운 햇빛 아래 오래 노출되어서 화끈거리고 따갑더라도 며칠 쉬면 저절로 괜찮아질 수 있도록, 오늘 새카맣게 탔더라도 한두 달 후면 저절로 원래의 색으로 돌아갈 수 있도록 그렇게 피부기능을 정상화하는 것이 모든 사람들의 희망이다. 하지만 현재로는 대부분의 사람들의 피부상태가 그러하지 못하다. 이유는 한 가지, 화장품 때문이다. 화장품이란 사실은 희석된 화공약품에 불과하다. 약은 오래 복용하면 의존성이나 내성이 생긴다는 사실 때문에 모두가 경계심을 가지고 있지만, 화장품은 그런 사소한 경계심조차 없이 평생을 마치 밥 먹듯이 정해진 시간에 바르고 지우기를 반복한다. 그러다 보니 피부는 원래의 유, 수분조절기능을 잃고 화장품 중독이 되어버렸다. 모든 중독이 그러하듯이, 중독은 비정상적인 의존성을 일으키는 것이다. 하루만 화장품을 안 발라도 피부가 땅기고 주름이 지는 느낌이 든다. 작은 트러블도 생겼다 하면 빨리 낫지 않고 더 악화되거나 그대로 유지된다. 그래서 더 많은 화장품을 바르게 되고 더 자주 연고를 사용하게 되다. 2차적으로 화장품으로 인한 질환이 심각하게 발생하며 연고로 인한 질환도 심각하게 많아졌다. 이것은 원래의 피부가 아니다. 중독은 해독을 통해서만이 원래의 상태로 돌아올 수 있다. 더 좋은 영양크림을 바르는 것은 알코올 중독자가 더 독한 술을 마시는 것과 다를 바 없다. 현대인의 피부는 오랜 화장품의 사용으로 자연에 근거한 천연물의 향기를 잊었다. 천연의 미네랄이 갖는 효과를 잊었다.

─현재 화학합성된 화장품과 특정 성분만 추출된 화장품의 일방적이고 강제적인 효과에 길들어져 있다. 상호작용을 통한 조절이 아니라 화장품이 시키는 대로 끌려가는 것이다. 그래서 스스로 조절하는 기능을 상실했다. 체온 조절을 위해서 때로는 땀을 흘려야하며, 그 땀이 체온조절뿐 아니라 체내독소와 노폐물을 배출하는 특별한 기능을 한다는 것을 잊었다.

─체내 노폐물과 독소를 하루 종일 쉬지 않고 조금씩 흘려보내면서 피부도 맑고 촉촉하고 깨끗한 상태로 유지할 수 있는 것인데, 배출하기 전에 먼저 밖에서 유, 수분을 공급해왔기 때문에 배출기능이 저하되어 잡티가 생기고 검버섯이 생기면서 피부는 맑은 상태를 유지하지 못한다. 우리 피부는 밖에서 공급되는 영양은 각질층에서 흡수하고 안에서 자연 정화된 영양분은 내부에서부터 모공과 땀샘으로 배출되어

피부에 공급된다. 영양크림을 바를 때 모공을 열어서 다량의 영양을 각질층을 넘어서 기부(살)까지 공급하겠다는 것은 잘못된 생각이다. 모공은 흡입구가 아니라 배출구이기 때문이다. 피부 온도를 상승시켜 모공을 열면 배출 기능이 촉진되는데 이때 도리어 안으로 집어넣겠다는 것은 잘못된 생각이다. 또한, 안으로부터 자연 정화되고 숙성된 영양분이 모공과 땀샘을 통해서 밖으로 공급될 때는 영양뿐 아니라 찌꺼기에 해당되는 성분도 함께 밖으로 배출되는데 이때 배출을 막아서는 절대 안 된다. 결국, 모공을 열어놓고 영양크림을 바르면 영양이 흡수되는 것이 아니라, 출구를 막아서 결국 피부를 탁하게 하는 결과가 되고 만다. 건강한 피부를 위해 피부의 휴식시간을 충분히 확보해주고, 잦은 화장을 피하고, 각질층을 깎아내는 시술과 기능성화장품을 남용하지 말아야 한다. 각질층에서 영양분을 충분히 흡수한 후 반드시 각질 위에 남아 있는 여러 찌꺼기(여분의 크림)를 깨끗이 닦아내 주어야 한다. 각질층이 영양을 흡수하는 시간은 그리 오래 걸리지 않는다. 흡수하고 난 후 잔류 영양분은 깨끗이 닦아내야만 모공과 땀구멍이 막히지 않고 피부호흡이 원활해질뿐더러 피부오염도를 낮출 수 있다. 이제부터라도 원래의 피부를 위한 회귀를 시작하기 위해 화장품에 대한 의존성을 버리는 과정의 금단과정인 'Anti-poisoning(청정시스템)'은 보다 쉽게 극복할 수 있도록 자연의 청정 소나무로 발효시켜 만든 초를 최대한 활용하여 건강한 피부를 만들어야 한다.

소나무로 발효시켜 만든 초와 친하게 지내면 예뻐진다

성경에도 나와 있는 발효초의 식품 역사는 아주 오래되어 1만 년 전부터 사용되어 온 동안 건강식품으로서 음식의 풍미를 좋게 하여 건강은 물론 피부미용과 다이어트 등에도 탁월한 효과를 발휘한 귀중한 식품이다.

역사상 최고의 미녀로 꼽히는 클레오파트라가 안티니우스 앞에서 식초에 진주를 넣어서 마셨다는 일화는 너무나도 유명하고 우리나라에서는 유명한 경영인인 83세의 박승복 샘표식품의 회장이 자신의 40대 같은 젊음 유지 비결이 식초를 마시는 것이라고 식초예찬론을 펼친 바가 있다.

이러한 발효된 초는 음용뿐 아니라 화장품 등 다양한 용도로 활용할 수가 있는데 소나무로 발효시켜 만든 초는 자연 그대로의 초로서 피부의 신진대사를 활발하게 하여 주고 보습과 재생을 도와주는 천연성분들이 풍부하게 들어 있다. 따라서 천연 재료인 소나무를 이용하여 만든 초가 피부미용에 좋은 그 이유는 다음과 같다.

▶ 피부 노화를 막아준다

소나무를 발효시켜 만든 초에는 피부 노화를 지연하는 비타민 E와 같은 작용을 하는 테르펜 성분이 함유되어 있다. 이 성분은 피부 노화의 주범인 과산화지질을 억제하고 세포의 원활한 신진대사를 도와준다. 이 초 성분이 함유된 세안수나 로션, 팩 등을 이용하면 피부 노화를 효과적으로 막을 수 있다.

▶ 기미·주근깨 등 잡티를 예방한다

소나무로 발효시켜 만든 초의 주성분인 초산과 구연산은 피하조직과 근육에 남아 있는 젖산을 분해하여 혈액의 원활한 흐름을 촉진하고 비타민 C를 보호하여 기미 나 주근깨의 원인인 멜라닌 색소의 생성을 억제한다.

▶ 피부 트러블을 개선한다

소나무로 발효시켜 만든 초는 피부 노폐물의 배출을 도와주기도 한다. 특히 간장 이나 소금보다도 살균력이 강해서 세균이나 바이러스의 증식을 억제한다. 얼굴에 여드름이나 뾰루지 등이 생겼을 때 끓는 물에 초를 몇 방울 넣은 다음 그 수증기를 얼굴에 쐬인 후 면봉으로 환부에 발라주면 염증이 완화 또는 치유된다.

▶ 피부를 건강하게 만들어준다

피부의 표면은 약산성이다. 약산성을 유지해야 저항력이 생겨 세균증식을 억제할 수 있다. 그러나 대부분의 비누는 알칼리성이기 때문에 피부의 저항력을 떨어뜨린다. 따라서 세안 시 헹굼 물에 소나무로 발효시켜 만든 초를 몇 방울 섞으면 초의 유기산이 비누의 알칼리성을 중화해 피부가 거칠어지는 것을 막아주고 피부표면을 약산성으로 보존하여 혈액순환을 촉진해서 노폐물과 피지를 제거해주는 효과가 있어 건강한 피부를 유지함은 물론 피부의 땅김이 없어 잔주름을 예방할 수 있다.

▶ 피부를 촉촉하게 가꿔준다

소나무로 발효시켜 만든 초에 들어 있는 풍부한 아미노산은 피부의 윤기를 유지하는 천연보습인자의 주성분이다. 이 성분은 수분을 각질층의 가운데로 몰아 촉촉하고 탄력 있는 피부로 만든다. 그리고 식물이 가지고 있는 비타민 성분이 잘 보존되도록 도와주므로 피부를 진정시키고 촉촉하게 만들어준다.

▶ 알레르기 피부를 개선한다

피부상태는 소화기능과 밀접한 관계가 있다. 소나무로 발효시켜 만든 초에 있는 유기산은 장을 청소하고 통변을 좋게 하기 때문에 이 초를 매일 한 잔씩 마시면 알레르기 피부를 개선하는 데 도움이 된다.

▶ 변비를 해소해 피부 건강을 지킨다

변비 해소는 다이어트나 피부미용에 모두 중요한 영향을 미친다. 소나무로 발효시켜 만든 초에는 타닌 성분이 들어 있어 신진대사를 촉진하고 위장의 활동을 활발하게 만들어 부드럽게 변을 볼 수 있게 도와준다.

▶ 모발을 건강하게 만들어준다

소나무로 발효시켜 만든 초는 살균력이 강하여 두피에 습진이 생겨 머리카락이 많이 빠질 때 아주 효과적이다. 건성보다는 지성이나 지루성 모발에 좋은데 소나무발효초는 노화돼 약해진 두피와 모공에 활력을 불어넣고 머리카락을 건강하게 만든다.

▶ 과산화지질을 없애 피부에 영양을 준다

• **과산화지질**: 피부의 노화를 촉진하는 것은 과산화지질이라고 하는 물질이다. 이 과산화지질은 피부의 팽창이나 탄력, 주름이나 처짐 혹은 피부의 윤택이나 촉촉함 등에 여러 가지의 영향을 미친다. 과산화지질은 몸의 녹이라고도 말해지는데, 지방분이 지나치게 산화한 과산화지질은 독성이 강하고, 세포 내에 고이게 되면 세포막을 파괴해버린다. 이 과산화지질이 체내에서 증가하면 세포가 정상적으로 움직이지 못하고, 세포막을 파괴해서 기미 등 피부노화 현상으로 나타나게 되는 것이다.

• **비타민 E - 식초**: 비타민 E는 혈관을 확장해서 피부의 세포에 이르기까지 영양을 공급해주는 힘이 있어서 세포의 신진대사를 왕성하게 한다. 그 결과, 멜라닌 색소의 배설이 활발해져서 기미를 방지하기도 하고 제거시키기도 하는 것이다. 그런데 식초에는 이 비타민 E와 같은 작용을 하는 힘이 있다. 식초에 함유되어 있는 초산, 구연산, 사과산 등은 탄수화물이나 지방을 효율적으로 연소시켜서 체외로 에너지를 방출시킨다. 그리고 피부나 근육 내의 젖산을 분해하고 혈액의 흐름을 윤활하게 하는 작용을 갖고 있기 때문에 신진대사를 왕성하게 해서 피부에 노폐물을 남기지 않아 피부를 생기 있게 보존시킬 수 있는 것이다. 이 결과에 놀라는 여성들은 지금도 열심히 식초를 마시고 있다.

▶ 지방 세포를 분해한다

소나무로 발효시켜 만든 초는 지방세포의 합성을 방해하고 만들어진 지방세포도 분해해 다이어트에도 효과적이다. 또 영양소의 체내소비를 촉진하는 기능이 있어 몸 속에 과다하게 축적된 당분이나 글리코겐을 연소해 비만해소에 뛰어난 효과가 있다.

▶ 지방과 암세포를 태운다

천연발효식초에는 20종 이상의 아미노산이 골고루 함유되어 에너지대사기능을 활성화시켜 준다. 그중에 7종의 아미노산은 항비만 아미노산이라고 하여 비만의 원인이 되는 중성지방이 생성되기 어렵게 해주고 신체에 지방이 축적되지 않도록 예방하는 역할을 해준다. 식초와 구연산만 먹는 암환자도 있을 만큼 효과적이다. 그러나 고농도 및 장기복용 시 위장에 장애를 가져다주기 쉽다.

▶ 식초와 탈모

• 과산화지질을 억제해주며 세균 소독과 살균작용을 한다. 식초가 피부의 노화를 방지하는 것은 과산화지질이라고 하는 물질을 억제해주기 때문이다. 두피의 나쁜 세균을 소독과 살균작용을 통해 제거해주고 두피의 열을 내려주는 역할을 한다. 피부는 알칼리성이지만, 피부의 표면만큼은 건강한 상태인 약산성이다. 약산성 상태인 피부는 저항력이 강해서 다른 세포 증식을 억제하기 때문에 식초와 같은 유기산을 공급해서 피부를 약산성으로 되돌려주면 두피의 건강과 신진대사를 높여주는 데 도움이 된다. 식초는 강력한 살균 작용력이 있어 머리카락이 많이 빠지면서 두피습진까지 생겨 탈모 증세가 더욱 심해질 경우 이용하면 효과적이며 딱지가 앉은 데에도 상당히 효과가 있다.

• 기름이 끼는 지성이나 지루성에 좋다. 식초는 방향성이 있고 살균 효과가 있어서 좋으며 피부혈관의 흐름을 왕성하게 하는 역할이 뛰어나며 특히 건성보다는 지성이나 지루성 머리카락에 좋다. 식초에는 기미나 피부 노화를 억제하는 비타민 E와 같은 작용을 하는 요소가 포함되어 있으며 이 성분은 피부 노화의 주범인 과산화지질을 억제시키고, 세포의 신진대사를 활발하게 도와준다. 이뿐 아니라 피부와 근육의 젖산을 분해해 혈액의 흐름이 원활하도록 작용해주며 또한 식초를 복용하면 신진대사가 왕성해지고 피부에 노폐물이 남지 않아 예뻐진다.

▶ 발 냄새 제거 및 원기회복

• 발 냄새의 주범은 발에 생긴 땀을 세균이 분해할 때 생기는 이소 발레릭산이라는 화학물질이다. 발 냄새가 특히 심한 경우에는 ① 발에 피부질환이 있어 세균이 증식하거나 ② 갑상샘 기능 이상이나 갱년기 증후군 같은 전신질환이 있어 땀을 지나치게 많이 흘리거나 ③ 발에 생긴 다한증일 수 있다. 몸에 이상이 없는데도 발 냄새

가 심하게 나면 지나친 긴장이나 스트레스, 심한 운동 때문인지도 살펴볼 필요가 있다. 따라서 발 냄새를 없애거나 줄이려면 무엇보다 먼저 원인 질환을 찾아 치료해야 한다. 또 가급적 발을 자주 씻으며 발을 씻고 마지막 헹구는 물에 식초를 섞어 씻으면 발 냄새를 약간 줄이는 데는 도움이 된다.

• 발 냄새를 줄이는 데 효과적인 방법으로는 ① 살균제가 포함된 비누를 사용하거나 ② 발을 씻은 뒤에 물기를 없애기 위해 파우더를 뿌린다거나 ③ 면양말을 매일 갈아 신고 갈아 신은 양말은 살균제가 들어 있는 세제를 이용하여 세탁하며 ④ 집에서는 양말을 벗고 맨발로 지내는 것이 좋다. ⑤ 이렇게 해도 냄새가 날 때에는 땀 분비 억제제인 항콜린성 약물을 발에 바르며 ⑥ 다한증과 같이 땀이 아주 심한 경우에는 보톡스 주사 등을 이용해 일시적으로 땀 분비를 막기도 한다. ⑦ 구두는 교대로 갈아 신고 외출하기 전 발 냄새 제거 스프레이를 뿌려주면 나쁜 냄새를 제거할 뿐만 아니라 피로를 푸는 데 효과적이라고 한다.

이렇게까지 하였는데도 발 냄새가 계속 날 때에는 소나무 자연발효초(산도 1.24, 1800㎖)에 2~3일간 20~30분 동안 담근 후에 씻지 말고 있다가 물기가 완전 마른 후에 물로 헹구면 발 냄새도 줄이면서 발의 피로를 풀어주면서 나쁜 곰팡이를 제거하여 무좀도 없애는 등 효과가 아주 좋다.

▶ 식초린스

피부는 알칼리성이지만, 피부의 표면만큼은 건강한 상태인 약산성이다. 약산성 상태인 피부는 저항력이 강해서 다른 세포 증식을 억제하기 때문에 식초와 같은 유기산을 공급해서 피부를 약산성으로 되돌려주면 두피의 건강과 신진대사를 높여주는 데 도움이 된다. 식초는 강력한 살균 작용력이 있어 머리카락이 많이 빠지면서 두피습진까지 생겨 탈모 증세가 더욱 심해질 경우 이용하면 효과적이다. 또한 머리카락이 빠지면서 두피에 습진으로 딱지가 앉은 데에도 상당히 효과가 있다.

• 만드는 방법
① 샴푸 후 1리터의 물에 식초(소나무식초) 2티스푼 정도를 조금 탄 다음(10배

이상 희석하는 게 좋다) 린스 대신 헹구어낸다. 보통 식초린스의 농도는 헹굼물에 식초를 타서 신맛이 나지 않을 정도가 적당하다.
② 식초를 물에다 묽게 타서 그것으로 머리를 감고 두피를 자꾸 자극하면 좋으며 놀라운 효과를 볼 수 있다.

※ 수돗물에는 염소성분이 들어 있는데, 이것은 모발에 굉장히 자극적이다. 식초는 이 염소성분을 중화시켜 준다. 긴 머리 또는 파마를 한 여성이 머리를 감고 빗질이 잘 안 될 때나 비누를 사용하여 머리를 감는 경우 때를 깨끗이 제거하지 못하고, 비누가 약알칼리성이어서 모발에 손상을 주기 때문에 비누로 머리를 감은 후 식초 물로 헹구면 산성인 식초가 중화작용을 하여 머리카락을 건강하게 유지할 수 있다.

▪▪▪▪
식초세안

식초의 비타민 E는 피부의 젖산을 분해해 혈액순환을 촉진하고 피지 등 기름을 융해한다. 또 피부의 세균이나 바이러스를 억제한다. 그래서 식초를 먹으면 신진대사가 활발해지고 피부에 노폐물이 남지 않아 예뻐지는 것이다. 주로 자연식초를 이용한다. 건성피부는 1주일에 두세 번, 지성피부는 매일 해도 좋다.
- 미네랄워터나 정수된 물 350㎖ 정도 담은 컵 두 개를 준비해 한 컵은 냉장고에 미리 넣어둔다.
- 다른 한 컵엔 자연식초 1작은술을 넣고 그 물로 3~4분간 반복해서 패팅한다.
- 차갑게 보관한 물로 열 번 정도 헹궈낸다.

▶ 식초 팩
- 차가운 물 250㎖에 사과식초 1큰술을 넣고 잘 섞는다.
- ①에 거즈를 적셔 얼굴에 덮고 10~15분 후 떼어낸다.
- 피부에 자극 없는 약산성 비누로 세안한다.

▶ 목욕할 때 자연식초 반 컵

가슴이 잠길 정도로 욕조에 물을 채운 후 사과식초 반 컵을 붓는다. 물을 깨끗하게 정화하는 역할뿐만 아니라 피로가 빨리 회복된다. 피부도 매끈해지는 플러스 효과.

▶ 뾰루지 없앨 때 식초 수증기

끓는 물에 식초 5~6방울을 떨어뜨리고 그 수증기를 얼굴에 쏘일 것. 여드름이나 붉은 뾰루지 등 염증성 질환에 효과적이다.

머리카락과 두피에 좋은 샴푸 만들기

참고로 매일같이 사용되고 있는 샴푸와 린스를 만들어 사용하면 경제적 및 미모에 큰 효과를 줄 수 있어 소개한다.

▶ 알로에 샴푸 & 레몬린스(손상된 머릿결을 건강하게)
• 재 료: 알로에 50g, 달걀흰자 1개 분량, 물 1/2대야, 식초 2큰술, 레몬즙 1큰술
• 만들기: 알로에는 껍질을 벗기고 속의 젤리만 발라내어 달걀흰자와 섞은 다음 거품기로 저어 샴푸를 만든다. 물에 식초와 레몬즙을 섞어 린스 물을 만들어둔다.
• 활용법: 알로에 샴푸를 두피 속으로 깊이 발라가며 마사지 한 뒤 10분쯤 두었다가 헹군 뒤 린스 물로 헹군다.

▶ 카모마일 달걀샴푸 (뻣뻣한 머릿결을 부드럽게~)
• 재 료: 피마자유, 포도주스, 레몬주스 1작은술씩, 물비누(액상비누) 3/4컵, 순수 천일염 1/2작은술, 달걀 1개, 카모마일추출물 14g, 카모마일에센셜오일 16방울

• 만들기: 그릇에 피마자유, 포도주스, 레몬주스, 소금, 물비누를 넣고 잘 섞는다. 여기에 달걀을 거품을 내어 넣은 다음 나머지 재료도 함께 넣어 부드럽게 저어 샴푸를 만든다.

• 활용법: 젖은 머리에 샴푸를 1 / 4컵 정도 덜어 마사지한 뒤 5분 정도 있다가 차가운 물로 헹군다.

▶ 달걀샴푸 (탈모를 예방하며 머리카락이 건강해져요……)

• 재료: 달걀 1개, 물 50㎖, 식초 1큰술

• 만들기: 달걀과 물, 식초를 넣은 뒤 믹서에 넣고 곱게 갈아준다.

• 활용법: 머리를 미지근한 물로 헹군 뒤 달걀샴푸를 머리카락과 머리 속에 골고루 바르고 두피를 부드럽고 충분하게 마사지한다. 그다음 3분 정도 그대로 두었다가 미지근한 물로 달걀 찌꺼기가 남지 않도록 충분히 헹궈주면, 머리가 시원해지며 식초의 천연 린스작용으로 머리카락이 부드러워짐을 느낄 수 있다. 혹시 달걀과 식초냄새를 걱정하는데 이는 염려하지 않아도 된다. 식초냄새는 곧 날아가며 일반 화학샴푸 향보단 골이 안 아플 것이다.

▶ 옥수수 샴푸 (찰랑찰랑 탄력 있는 머릿결로~)

• 재료: 옥수수 간 것 150g, 올리브오일 3큰술

• 만들기: 옥수수 알은 이물질을 제거하고 한 번 헹군 뒤 물기를 완전히 뺀 다음 곱게 간다. 간 옥수수와 올리브오일을 믹서에 넣고 몇 초간 갈아준다.

• 활용법: 미지근한 물에 머리를 헹군 다음 옥수수샴푸를 골고루 바르고 마사지한 다음 미지근한 물로 충분히 헹군다.

▶ 레몬 사과 샴푸 (부석거리는 머리에 영양을~)

• 재료: 레몬 1 / 2개, 사과 1개

• 만들기: 레몬과 사과는 껍질을 벗긴 뒤 믹서에 넣고 곱게 간다. 1회 사용할 분

량만 만들어 바로 쓴다.

- 활용법: 물에 적신 머리카락과 두피에 고루 바른 뒤 손가락으로 부드럽게 마사
지한다. 즙도 남기지 않고 두피와 머리카락에 바르고 마사지한다. 미지근한 물
로 헹구고 자연바람에 말린다.

▶ 현미 흑설탕 샴푸 (두 번만 써도 가려움증에 특효!)

- 재료: 쌀가루 2큰술, 흑설탕 2큰술, 녹차 우린 물 적당량
- 만들기: 쌀가루와 흑설탕을 고루 섞은 뒤 녹차 우린 물을 조금씩 넣어 되직하게
갠다.
- 활용법: 머리는 미지근한 물에 헹군 뒤 현미 흑설탕 샴푸를 두피 전체에 고루 바
른다. 손가락 끝을 이용하여 문지르듯 마사지한 뒤 미지근한 물로 헹군다. 2~3회
만 써도 가려운 증상이 없어진다.

※ 샴푸는 해로워~ 천연비누로 머리 감기

비누로 머리를 감으면 왠지 뻣뻣하고 때가 잘 안 빠지는 느낌이 들고 모발에 안
좋을 것 같아 대다수의 사람들은 샴푸로 머리를 감는다. 그것도 두피에 좋고 모발
에 좋다는 고가의 기능성 샴푸를 사용한다. 그러면 정말로 이러한 샴푸가 모발에
좋은 것인가? 결론부터 말하면 답은 '아니다'이다.

우리가 쓰고 있는 샴푸의 성분을 살펴보면 방부제나 각종 화학약품이 가득 들어
있는데, 그중에서도 가장 문제되는 것이 합성계면활성제이다. 합성계면활성제는 기
름기를 제거하는 강력한 세정 물질인데, 대표적인 것은 SLS(Sodium Lauryl
Sulfate, 황산라우릴염)이다. 이 SLS는 주방세제의 주성분이기도 하니 우리는 주방
세제로 머리를 감아 왔던 셈이 된다.

SLS를 사용하면 어떠한 해를 입게 될지 구체적으로 살펴보자.

- 단백질을 녹이는 SLS가 머리카락을 감싸고 있는 큐티클을 녹여 윤기가 없어지
고 굵기도 가늘어진다.(사실 머리카락은 같은 굵기의 피아노선과 비교하여 4배
나 튼튼하다는 데이터가 있는데 그것이 큐티클 덕분이다)

－두뇌의 피지를 필요 이상으로 제거해버리고 각질층을 파괴하므로 두피에 염증
　이 생긴다.
－침투력이 강하기 때문에 독성 성분이 모공의 모근세포에까지 이르러 모발을 만
　드는 시스템을 파괴한다.
－흡착성이 강하기 때문에 물로 씻어내도 좀처럼 없어지지 않는다.
－피부로 침투된 독성은 간을 비롯한 여러 가지 장기에까지 이르러 기능 장애를 일
　으킬 위험도 있다. 그리고 무엇보다도 중요한 것은 이러한 합성샴푸에 들어 있는
　성분의 폐해는 곧바로 나타나지 않고 '만성적인 독'으로 쌓여간다는 점이다.

머리카락이 가늘어지는 것은 위험신호이다. 합성샴푸를 사용하는 사람의 머리카락은 비누나 천연샴푸를 사용하는 사람의 머리카락보다 확실히 가늘어져 있다.

위에서 살펴본 것처럼 합성계면활성제가 큐티클을 비롯한 모발의 단백질 성분을 녹여버리기 때문이다. 모발이 가늘어진 사람들은 머리를 손으로 빗어보았을 때 뭔가 손톱에 걸리는 듯한 느낌을 받았던 적이 있을지도 모른다. 이것은 큐티클이 벗겨지고 안의 단백질인 콜틱스가 노출된 것이다. 자꾸 머리가 빠진다거나 머리카락이 가늘어지는 것으로 인해 고민하는 사람들이 자주 듣는 말 중의 하나는 "머리를 깨끗하게 감아 피지를 벗겨내고 청결하게 하십시오."라는 것이지만, 이것은 옳지 않다. 물론 피지로 인해 모공이 막혀 발모를 방해하는 것을 막기 위해서는 머리를 감아야 한다. 하지만 샴푸를 잘못 선택하면 효과가 없거나 오히려 머리카락이 빠지고 가늘어지는 증세가 심해질 수 있다. 최근 여성과 젊은이들 중에서도 그러한 증세로 인해 고민하는 사람들이 늘고 있는 이유가 바로 여기에 있다. 하지만 가늘어지는 머리카락 때문에 고민하는 사람일지라도, 머리카락은 모근만 남아 있으면 하루에 0.1～1미리 정도는 성장하기 때문에 지금이라도 안전한 샴푸나 비누를 사용하여 머리카락이 원래대로 되돌아가도록 해야 한다.

그렇다면 샴푸로 머리를 감고 난 후에 헹굼 단계에서 사용하는 린스는 안전할까?

린스의 역할은 합성샴푸의 유해한 성분에 의해 푸석푸석해진 머리의 표면을 유막으로 코팅하여 매끈하게 만들어 주는 것이다. 따라서 머리가 매끄럽게 보이기는 하

지만, 어디까지나 그것은 머리에 왁스를 칠한 것과 마찬가지의 효과를 보일 뿐이다. 즉 단순하게 결점을 감춰 주고 있는 것이다. 합성린스 그 자체에도 합성계면활성제를 비롯한 여러 가지 유해 성분이 들어 있기 때문에 머리카락을 상하게 만든다. 일단 합성샴푸로 인해 상처를 입은 머리카락의 결점을 감추기 위해 또다시 머리카락에 악영향을 미치는 린스를 사용하게 되면 그건 당신의 머리와 '두피를 두 번 죽이는' 일이 된다.

"얼굴이 늘어지거나 주름이 생기는 원인의 70%는 두피의 노화에 있다."라는 사실을 명심하여야 한다. 실제로 성형외과에서 얼굴의 주름과 늘어지는 피부를 없애고자 할 경우, 두피를 당겨 봉해 버린다는 점을 생각해 보면 위 말을 납득할 수 있을 것이다. 그런데 그 두피를 노화시키는 가장 큰 원인은 합성샴푸와 린스에 있다. 특히 황산이나 염산이 들어 있는 샴푸로 머리를 감으면 두피에서 유분이 없어지기 때문에 두피가 거칠거칠해진다. 또한 그것은 정상적인 신진대사를 방해하므로 두피 그 자체가 순식간에 노화되어 버리는 것이다. 그리하여 그것이 그대로 피부의 주름이나 늘어짐을 만들어 버리고 만다.

한국인에게 있어서 윤기가 자르르 흐르는 검은 머리는 미인의 제1조건이었다. 외국인들도 한국여성의 아름다운 모발에 놀랄 정도였다고 한다. 하지만 그 윤기가 흐르던 검은 머리는 어느 사이인가 점점 자취를 감추고 거리를 나가 보면 상한 머리카락을 휘날리고 다니는 사람들이 훨씬 많다. 불과 1-2세대 만에 모발의 질이 갑자기 나빠진 원인이 어디에 있을까? 역시 합성샴푸와 린스가 주범이며 잦은 파마와 드라이, 염색도 머리카락을 손상시키는 큰 원인이다. 그렇지만 이제라도 늦지 않았다. 천연 성분으로 헤어케어를 한다면 건강한 모발로 다시 돌아갈 수 있다.

<참고로 샴푸와 린스에 많이 쓰이는 유해 성분을 정리해 보면 다음과 같다>

* 안식향산
* 염화스테아릴트리메틸암모늄
* 옥시벤존
* 살리틸산
* 프로필렌글리콜

* 벤질 알코올

* 황산라우릴염

* 폴리옥시에틸렌라우릴에텔황산염류

* 파라벤(파라옥시안식향산에스텔)

* 폴리에틸렌그리콜

* 미리스틴산이소프로필

* 에데트산염

* 염화알킬드리메틸암모니움

* 염화스테아릴지메틸벤질암모니움

* 지브틸히드록시틀엔

* 스테아릴알코올

* 세타놀

* 세트스테아릴알코올

* 환원 라노린

　　비누로 머리카락을 씻으면 뻑뻑해서 싫어하는 분들은 천연비누와 만나면 생각이 바뀔 것이다. 정말로 좋은 비누는 머리의 꼭대기로부터 발끝까지 씻을 수 있으며 항상 젊음을 간직할 수 있을 것이다. 그리고 이제, 거칠어진 피부에 보습을 위해 애용하던 향기 나는 바디로션을 버릴 시간이다. 비누로만 목욕을 하면 피부가 땅기고 건조로 인한 가려움증으로 벼룩에 물린 멍멍이처럼 벅벅 긁을 이유가 없어지는 것이다. 비누로 목욕을 하고 나서 헹굴 때 식초를 살짝 떨어뜨려서 헹궈 주면 거짓말처럼 피부가 코팅된 듯한 느낌을 가질 수 있다. 이걸로 보습은 끝이다. 식초를 너무 많이 넣지는 마시라. 당신의 몸은 오이피클이 아니다.

　　머리를 감을 때도 마찬가지이다. 비누로 거품을 내어 박박 잘 감아 주고 헹굼 물에 식초를 약간만 넣어 주시면 샴푸나 린스가 필요 없다. 물론 세정력은 샴푸가 훨씬 강하기 때문에 비누로 감을 때 두피를 잘 씻고 마사지해 주지 않으면 비듬이 생길 수도 있지만 조금만 신경 써 주면 그런 걱정을 할 필요는 없다. 실컷 독한 샴푸와 린스를 쓰고 머리 빠진다고 또 두피용 약물을 쓰는 게 요즘 사람들이다. 좀, 생각 좀 하고 살자. 이건 뭐 독약 먹고 해독제 먹고를 반복하는 꼴 아닌가. 아예 난 독약을 안 먹으련다.

세수할 때도 헹굴 때 식초를 한두 방울 넣어 헹구면 비눗기가 얼굴을 코팅해 준다는데 귀찮아서 그리고 냄새가 나서 그런 것까지는 안 하고 있는 것이 현실이다.

제 3 장
식초의 발전과 건강

문헌상의 식초

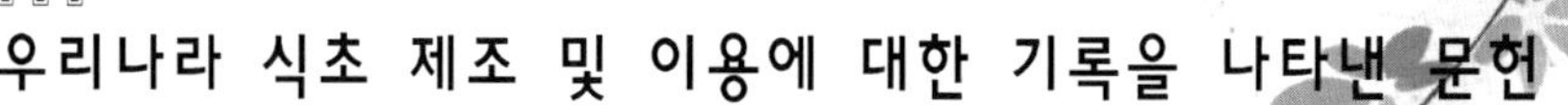

우리나라 식초 제조 및 이용에 대한 기록을 나타낸 문헌

우리나라에서 식초를 사용한 시기는 정확히 알 수 없으나 술이 변하면 초가 된다는 말이 있고 『지봉유설(芝峯類說)』에서도 "초를 다른 말로 쓴 술이라 한다."라고 한 것으로 미루어보아 초의 기원과 제조법이 주류의 발달과 함께했을 것으로 본다. 우리나라 고문헌에 기록되어 있는 초(醋)를 보면 「산림경제권이지(山林經濟卷之二)의 치선편(治膳篇)」에 미초(米醋), 삼황초(三黃醋), 소맥초(小麥醋), 대맥초(大麥醋), 추년초(秋年醋), 시초(柿醋), 대조초(大棗醋), 창포근좌작초(菖蒲根剉作醋), 천리초(千里醋) 등의 제법과 저장법(수초법: 收醋法)이 기술되어 있고 「증보산림경제권지팔(增補山林經濟卷之八)의 치선상(治膳上)과 권지구(卷之九)의 치선하(治膳下)」에는 장초해흡(醬醋蟹洽: 게껍질로 장을 담근 초), 사절초(四節醋), 고갱초(桔梗醋), 속초(俗醋), 초(醋)시 등이 보충되어 있으며 「임원십육지(林園十六志)의 정조지권육 미과지류(鼎俎之卷六 味料之類)」에는 이들 외에 더욱 다양하게 구미신초(糗米神酢), 대초(大酢), 나미초(糯米醋), 칠초(七酢), 미맥초(米麥酢), 대소두천세고주(大小豆千

歲古酒), 선초(仙醋), 무국초(無麴醋), 도초(桃酢), 연화초(蓮花醋), 매초(梅酢), 밀초(蜜醋), 당당초(餳餹醋), 만년초(萬年醋) 등 많은 초의 제법을 수록하고 있다. 또 「해동농서(海東農書)」, 「농정회요(農政會要)」, 「장경(檣徑)」 등에도 여러 가지 제초법이 나오며 「력주방문(曆酒方文)」에는 창포초(菖蒲醋)의 제법이 상세히 기술되어 있다. 중국의 「제민요술권팔(齊民要術卷八)」에도 이와 비슷한 초들의 기술을 볼 수 있다.

양조법은 삼국시대 이전부터 있었으므로 식초도 같은 시기에 있었을 것으로 추측된다. 고려시대에는 식초제조법에 대한 기록은 없으나 초를 이용한 기록들이 여러 문헌에 나타나고 있다. 「고려도경(高麗圖經)」에는 "앵두가 초 맛 같다."라고 기술하였고 『해동역사(海東繹史)』에도 "식품의 조리에 초가 쓰였다."라고 하였으며 『향약구급방(鄕藥救急方)』에는 "의약품으로 다양하게 초가 사용되어 부스럼이나 중풍 등을 치료하는 데 이용되었다."라고 하였다. 그 뒤 조선시대에 들어와 초의 재료와 제조법을 기록한 문헌들이 나타나고 있다. 「고사촬요(故事撮要)」는 식초제조법이 기록된 최초의 문헌으로 보리를 재료로 하여 발효시켜 만든 양조초가 기록되어 있고 『동의보감(東醫寶鑑)』에는 "초는 성(性)이 온(溫)하며 맛이 시고 독이 없어 옹종(擁腫)을 없애고 혈운(血暈)을 부수며 모든 실혈(失血)의 과다와 심통(心痛)과 인통(咽痛)을 다스린다. 또한 일체의 어육과 채소 독을 소멸시킨다."라고 하여 초의 약성을 기술하고 있다. 「규곤시의방(閨壼是議方)」에는 밀을 사용한 곡초 이외에 매자초라는 이름의 과실초 만드는 법이 기록되어 있다. 매자초는 오매(烏梅)를 초에 담갔다가 볕에 말려 가루로 만들어 필요할 때 사용하는 합성 과실초이다. 「산림경제(山林經濟)」에서는 쌀, 밀, 보리를 재료로 하는 과실초와 창포, 도라지를 재료로 하는 채초(菜醋), 또 꿀을 이용하는 식초의 제조법도 기록되어 있다. 한편 「동국세시기(東國歲時記)」와 「렬양세시기(洌陽歲時記)」, 「경도잡지(京都雜誌)」 등에는 초장을 절식과 함께 시식하는 내용이 있고 「증보산림경제」에는 "초는 장(醬)의 다음으로 맛을 돋우어주는 바가 많아서 가정에서 없어서는 안 되는 것이며 한 번 만들어두면 오래가고 또 비용을 절약하는 바가 적지 않다."라고 하여 초의 중요성을 기록하고 있다. 이로써 옛날 우리나라 가정에서 초가 널리 만들어져 쓰였던 것을 알 수 있다.

식초의 제조법은 규곤시의방, 산림경제, 증보산림경제, 임원십육지 외에 색경(穡

經), 해동농서(海東農書), 농정회요, 역주방문, 규합총서 등에 다양하게 기록되어 있고 재료의 종류도 다양하게 기록되어 있는 식초제조법을 보면 [정화수(井華水) 한 동이에 누르게 볶은 누룩가루 4되를 섞어서 오지항아리에 넣어 단단히 봉하여 두었다가 정일(丁日)에 찹쌀 한 말을 씻고(백세: 百洗) 더운 김에 쪄서 더울 때 그 항아리에 붓고 복숭아 가지로 잘 젓고 두껍게 봉하여 볕이 잘 드는 곳에 두면 초가 되나니라.] 등등으로 기술되어 있다.

이와 같이 고문헌 등에 수록된 식초 제조법을 보면 길일(吉日)을 택하고 부정을 멀리하였으니 공통적으로 온갖 정성을 기울여 순량한 초를 만들어 잘 보존하기에 마음을 쏟은 조상들의 정성을 엿볼 수 있다. 옛날 우리 주부들은 초병을 부뚜막에 두어 술을 붓고 주부가 "초야 초야 나와 살자." 하면서 초병을 자주 흔들어주던 풍습이 있었다. 이와 같이 초병을 부뚜막에 두고 자주 흔들어주는 것은 부뚜막이 정결하고 한적하여 발효를 위한 온도관리에 적당한 장소인 동시에 흔들어줌으로써 호기성인 초산균의 발육과 발효에 필요한 산소를 충분히 공급하여 주는 효과적인 방법이었다.

세계의 식초 유래와 이용

▶ 그리스 로마 시대의 식초

그리스나 로마 시대에는 조미요리가 발달하였고 오늘날의 서양요리의 원형이 만들어졌다. 기원 1세기경의 사람 피키우스가 썼다고 전해진 『요리서』에 의하면 당시 '칼륨(그리스어)' 혹은 '리구아민(라틴어)'으로 불린 어장(魚醬: 생선과 소금을 함께 발효시켜 만든 발효조미료)이 있었고 이것은 동남아시아에서도 널리 사용되고 있다. 이와 함께 향신료가 사용되고 또 포도주나 식초도 많이 사용되고 있었다는 것을 알 수 있다. 어장(魚醬)은 가공어패류냄새를 가지는데 그 향의 주성분은 질소화합물이나 유황화합물이므로 냄새 외에도 산성으로 인해 중화 또는 안정되는 것을 생각할 수 있다. 포도주나 식초는 어장(魚醬)의 냄새를 제거 또는 좋게 할 목적으로 사용되었을 가능성이 있다. 로마시대 초기의 학자 Cato는 서양에서 가장 오래된 농업서의 하나인 "농업에 관하여"에서 양배추를 많이 먹을 것을 권장하고 "양배추는 찌거나 생으로 먹을 수 있으며 생으로 먹을 때는 소금을 곁들여 먹으면 소화가 매우 잘 되고 설사약과 이뇨제로도 우수하다."라고 하였다. 또 "양배추를 썰고 씻어 말려서 소금과 식초로 맛을 내어 먹으면 그것 이상 건강에 좋은 것이 없고 이 경우에 포도로 만든 식초를 이용하면 훨씬 맛있게 먹을 수 있다."라고 하였다. 또 "만약 연회에서 술을 실컷 마시고 싶으면 그전에 식초로 맛을 낸 양배추를 먹고 싶은 만큼 먹고 더욱이 연회 후에도 5-6장의 잎을 먹으면 좋다."라고 하고 있다.

당시 클레오파트라(기원전 69-30년)가 안토니우스와 '1회 식사에 100만 시스타세스의 재산을 쓸 수 있을까.' 하는 내기에서 진주를 식초에 녹여 마셨다는 이야기가 유명한데 이것은 당시의 사람들이 이미 식초가 진주나 석회암을 녹인다는 것을 알고 있었다는 증거가 되고 있다.

식초는 고대로부터 많은 질병의 치료제로도 이용되었던 것 같다. 의학의 아버지라고 불리는 Hippocrates(기원전 400년)는 식초의 살균작용에 주목, 호흡기병, 옴, 광견병에 물린 상처, 소의 고창병 등의 치료제로 이용하였다. 또 앗시리아의 의학자는 중이염의 치료에 이용했다는 기록이 있고 피부병의 치료에 나무재와 식초를 섞은 것을 사용하였다고 하는데 이들 중에는 오늘날에도 민간요법으로 전해지는 것이 있다.

▶ 중세의 식초

14세기가 되면 요리에 있어서 식초의 중요성이 점점 높아져 육류의 요리와 생선요리에도 식초는 다른 조미료나 향신료와 함께 꼭 필요한 것이 되었다. 빵을 식초에 적신 것은 소스류의 농도를 조절하는 데 사용되었다. 14세기의 프랑스요리에서는 식초에 절인 빵에 물냉이 등을 넣은 소스가 '산뜻한 녹색의 소스'로 불렸고 바이네그렛또로도라고 하며 식전의 샐러드용으로 사용되었으며 식초의 살균작용에 대해서도 점점 관심이 높아졌다. 14세기경에 프랑스에서 4명의 도적들이 페스트가 유행하여 죽은 시체가 많은 곳을 유유히 다니며 활동하였는데 그 비결은 식초를 이용하여 만든 음료수를 애용했기 때문이라는 이야기가 있다. 이것은 식초의 미생물에 대한 살균 또는 성장억제 작용에 대한 인식이 있었음을 말해준다.

▶ 근세의 식초

근대에 이르면 프랑스요리의 발달과 식초는 밀접한 관계가 있다. 우스터소스, 마요네즈, 샐러드드레싱, 토마토케첩 등 새로운 복합조미료가 발달하는데 모두 식초를 바탕으로 한 것이었다. 그것들은 양질의 식초를 필요로 했으며 유럽의 복합조미료는 식초에서 파생된 조미료라고 할 정도이다. 또한 15세기 후반에 시작된 해양 시대에는 장기간의 항해 동안 신선한 야채나 과일의 결핍으로 비타민 결핍에 의한 질병인 괴혈병이 선원들의 큰 적이었다. 이 밖에도 괴혈병은 전쟁 중이나 긴 모험생활 등에서 관찰되었는데 그들이 신선한 야채나 과일을 섭취하지 못하여 나타난 것이라고 인식하게 되었다. 크리미아 전쟁(1851−1865년)에서는 프랑스군만으로 23,000명의 병사가 괴혈병에 걸렸다고 하며 아메리카 전쟁(1861−1865년)에서는 사망자의 15%가 괴혈병 때문이었다. 16세기는 괴혈병에 대한 방지책이 적극적으로 연구되기 시작하였던 시대였다. 식초에 각종 향신료나 야채 및 과일 등을 절이는 것은 이전에도 있었지만 이 시대에는 괴혈병 치료에 목적을 둔 '항괴혈병식초'에 대한 연구가 이루어져 신선한 오렌지나 레몬이 없을 때 이용되었다. 이 외에도 식초의 약효에 관해서는 많은 의견과 이용사례가 있었는데 손 트임, 벌레상처, 양치약, 습포 등에 이용되었다. 오늘날에 알려져 있는 식초의 용도는 19세기까지 대부분 나와 있었고 근대에 와서 식초는 제조업으로 성장하기 시작하였다. 프랑스의 포도재배지역에서는 일찍부터 포도식초의 제조가 활발하여 17세기에는 식초의 선진지대로 번창하여 각국으로 수출하고 있었다. 영국에서는 식초로 몰트식초를 만들었으며 영국에서 식초제조업이 맥주양조업의 부업형태로부터 독립하여 17−18세기 무렵에는 대기업으로 성장하였으며 또한 옥수수, 당밀, 사탕 등도 이용되었던 것 같다. 독일에서 식초의 제조는 프랑스보다 늦었지만 Schuetzenbach가 개발한 방법은 독일식 방법으로 알려졌고 독일의 식초 산업은 세계적으로 유명하게 되었다. 이 시기에 프랑스의 화학자 겸 세균학자인 파스퇴르는 발효, 부패현상을 과학적으로 해명하고 생물의 자연발생설을 부정하였으나 초산 발효에 대해서는 밝히지 못했다. 중세의 신비주의나 권위주의가 붕괴하고 근대에 이르러서 전분이나 당류로부터 알코올을 거쳐 초산에 이르는 식초의 생성과정을 밝힌 것은 현대과학의 확립기에 이르는 이정표가 되었다.

▶ 현대의 식초

● 유 럽

유럽으로부터 아프리카의 지중해 연안지방에 걸쳐서 포도식초가 주로 이용되어왔다. 특히 프랑스의 오를레앙지방은 10세기 말부터 백포도주의 산지로 유명했는데 수도 오를레앙은 중세 이래로 와르강 유역에서 양조되는 포도주의 집산지로보다는 오히려 식초의 생산지로 유명하게 되었다. 각지로부터 모인 포도주 중에는 초산발효가 시작되고 있어서 상품으로 운송할 수 없었고 이것이 포도식초로 활용되었다. 이 식초는 향기, 맛 등이 우수하여 프랑스 제1의 명성을 얻게 되었다. 또한 식초 절임은 고대부터 가장 중요한 음식물보존 중의 하나였다. 대서양에서 풍부하게 잡히는 청어는 북구 3국이나 영국, 독일, 폴란드 등 각국에서 옛날부터 서민식으로 인기가 있다. 청어는 퓨레로 만들어 양파, 후추, 양겨자의 열매 등을 함께 절여 그대로 먹거나 절인 양배추, 오이 등 야채와 함께 wine sour cream(생크림을 젖산 발효한 것)으로 연하게 한 마리네가 오드볼로 이용되었다. 유럽 내륙부에서도 야채 절임은 빼놓을 수 없는 식품이 되어 있다. 러시아에서는 여름철의 야채 출하시기에 양배추, 오이 등을 대량으로 구입하여 식초절임이나 소금절임을 하여 겨울 동안 갈무리 음식으로 준비하였으며 중부 러시아에서는 풍부하게 생산되는 버섯 식초절임이 전통적인 보존식품이다. 유고슬로비아에서는 식초절임 오이가 아침 식탁에서는 일상적인 것이 되었으며 식초절임 파프리카(일종의 고추)나 절인 양배추, 거기에 '아이바루'라고 불리는 가지와 파프리카를 불에 구워 후추, 마늘, 소금, 식초를 넣어 섞은 요리 등 식초를 사용한 요리가 시골 요리를 구성하고 있다. 식문화는 지역이나 민족에 따라 또는 생산되는 농·축산물 및 어패류 등 원재료에 따라 서로 다르게 발전되어 왔다. 동남아시아의 쌀을 주식으로 하는 민족과 아메리카나 유럽과 같이 소맥을 주식으로 하는 민족의 음식에서의 차이점은 분명하다. 그래서 세계적으로 어느 지방에서 어떤 식초가 만들어졌는가를 생각해볼 필요가 있다. 국가별 및 지역적으로 광범위하게 대량으로 생산되고 있는 식초의 종류는 그 지역에서 생산되는 원료에 의해서 분류되는 것이 일반적이다. 한국과 일본, 중국 등 아시아에서는 곡류인 쌀과 보리, 조, 피, 옥수수 등 잡곡류를 원료로 식초를 만들었으며 유럽에서는 과일식초로 사과, 포도를 원료로 한 식초가 발달하였고 영국에서는 맥아식초(몰트식초)가 개발되었다. 포도식초는 남아메리카의 아르젠틴, 파라과이, 볼리비아, 브라질 등과 오스트레일리아, 뉴질랜드 그리고 모로코나 북부 알제리아의 일부에서도 제조되고 있다. 사과식초는 영국의 일부, 독일이나 아메리카 전체에서 제조되고 있다. 과일과는 다르지만 수목의 종자인 데지열매는 당분이 많아 이것으로 술이나 식초가 기원전 옛날부터 만들어졌으며 노르웨이, 스웨덴이나 핀란드의 북구지방에서는 알코올식초가 생산되고 있다.

● 아시아지역의 식초

과즙이나 곡류로부터 얻은 과일주가 초산균에 의해서 발효되어 신맛이 나는 식초가 된다. 쌀 술로부터 쌀식초를 만드는 나라는 일본과 중국 이외에 중국문화권에 접하고 있는 태국이 있고 일본과 한국에서는 술 제조 시에 얻는 부산물인 주박즙으로부터 주박식초를 만든다. 동남아시아의 모든 나라에서는 파인애플주로 파인애플 식초를 만들고 필리핀에서는 사탕수수 즙으로 만든 술로 슈가켄 식초가 만들어지고 있다. 코프라(야자나무의 열매 과육을 말린 것)를 만들 때 대량으로 유출되는 야자 열매액을 자연에 방치할 경우 부근의 동식물을 죽이거나 부패하는 등 주위환경에 심각한 문제를 일으킬 수 있다. 이와 같은 공해를 방지하기 위하여 당과 약간의 영양물을 첨가해 알코올을 함유하는 술을 만들어 마시고 있다. 코코넛 열매액의 경우와 똑같이 효모의 발효에 의해 알코올을 만들고 증류한 후에 적당히 희석시켜 식초산균을 첨가하여 식초를 만든다. 보통 공장에서는 정치법으로 1개월 걸리지만 필리핀에서는 아세테타를 설치하여 대량생산을 하는 근대화된 공장도 있다. 식초를 만드는 데는 일반적으로 효모로 알코올을 만들고 2단계로 식초산 발효를 시켜 식초를 만든다. 주로 제당 시의 당밀, 또는 사탕수수즙을 많이 이용한다. 필리핀에서 잘 알려져 있는 닛파식초는 코코넛을 비롯하여 각종 야자로 만든다. 닛파식초는 수액을 마치 일본의 항아리식초와 같은 크기의 항아리에 넣어 야자나무의 그늘이나 옥외에서 발효시킨다. 코코넛이나 닛파야자의 수액을 대나무관에 박고 야자의 말린 나무껍질을 갈아 만든 가루를 한 줌 넣으면 그것은 나무껍질 중의 폴리페놀이 효모 이외의 오염균의 번식을 억제하기 때문이다. 저녁 무렵 수액을 대관에 박기 시작하여 다음 날 아침 수액을 회수하여 항아리 등에서 약 1주간 알코올 발효시킨다. 이 술을 쯔바(야자술, 말레시아에서는 돗데이)라고 부른다. 이 닛파쯔바에 식초산 발효경과가 좋았던 전국을 넣어 약 10일 정도면 발효가 끝나며 3－4%의 초산농도를 가진다. 인간은 신맛에 대한 욕구가 다양하다. 특히 기온이 높아 에너지를 많이 소비할 때 임산부가 과로로 근육 내에 축적된 젖산을 가능한 한 빨리 배출하여 회복하고자 시큼한 레몬을 먹는 것 등 생리현상을 들 수 있다. 양조식초의 전통이 없는 지역에서는 다른 산미료를 이용하고 있다. 예를 들면 목축지대에서의 요구르트와 동남아시아 및 일본의 나래즈시는 유산균발효에 의한 오래된 산미료이다. 또 열대지역에서는 감귤류의 과즙이 산미료로 이용되고 있다. 일본에서는 덕도(德島)의 식초귤과 전국적으로 수확되는 등자나무(귤, 오렌지)의 과즙을 산미원으로 이용하여 왔다. 산의 신맛은 그 주체가 식초산인데 감귤류 신맛의 주체는 구연산으로 약간 혀에 남는 느낌이 있고 포도 신맛의 주체는 주석산으로 약간 떫은맛이 있다. 열대지방인 필리핀에서는 카라만지, 태국에서는 라임, 라오스에서는 라임이나 타마린드가 인도네시아에서는 감귤류의 즙이나 타마린드열매즙으로 만든 시큼한 액체를 신맛으로 이용하고 있다.

▫▫▫
치생요람(治生要覽)에 기록된 초 만드는 법

치생요람(治生要覽)은 고려대학교 신암문고에 소장되어 있으며 그 연대는 1691년

신미(辛味)년에 편찬되었으며 한문으로 된 요리서이다. 이곳에 기록된 초 만드는 법을 발췌하였다.

"단오(端午)나 칠석(七夕)이나 길일(吉日)에 해가 뜰 때에 가을 보리쌀을 흐르는 물로 잘 씻은 뒤 흐물흐물하도록 삶는다. 누룩을 쪼개고 미곡(米穀: 쌀을 비롯한 갖가지 곡식)을 절반 정도 부수어 동쪽으로 흐르는 물이나 정화수를 끓여서 섞은 뒤 항아리에 담고 창포(菖蒲)뿌리를 잘게 썰어 깨끗이 씻어 말려서 조금 집어넣는다. 기름종이로 입구를 봉하고 푸른 보자기나 쑥을 덮은 뒤 21일 후에 사용한다. 소주를 조금 넣으면 더욱 좋다. 밑에 벽돌을 놓아 습기를 차단하고 생수와 잡인(雜人)들의 손길이나 임신부를 금(禁)한다. 상하게 되면 수레바퀴에 붙은 흙으로 항아리 입구에 붙이면 다시 소생한다. 대추나 오매(烏梅 껍질을 벗기고 짚불에 그슬려 말린 매실로 기침, 설사에 씀)를 더하면 좋다. 불붙은 숯을 집어넣고 밀을 뿌려도 좋다. 도라지를 집어넣어도 좋다."

중국에서의 식초

중국 조미료에서는 맛에 따라 짠맛을 내는 함미료, 단맛을 내는 감미료, 신맛을 내는 산미료, 맵고 얼얼한 맛을 내는 마랄(麻辣)료, 시원한 맛을 내는 선미(鮮味)료(지미료라고도 한다) 등 5가지로 나눈다.(혹은 여기에 향신료와 기타 복합 조미료를 넣어 7가지로 나누기도 한다.)

식초는 산미료의 하나로 인류가 만든 조미료 중에서 식염 다음으로 오래된 조미료이다. 옛날에는 식초만 관리하는 공무원이 있었다. 중국에서 식초를 만들었다는 기록은 이미 육경 등에서 찾아볼 수 있는데, 모두 '梅'와 연관되어 있다. 살구식초 정도로 보면 되겠다.

재미난 것은 주(周)나라 때, '혜인(醯人)'이라는 식초만 관리하는 관직을 두었다는 기록이 있다는 점이다. 식초만 관리하는 공무원……. 이래서 역사는 알수록 재미나는 것이다.

송대의 오자목이 쓴 목량록(夢梁錄)에 나오는 구절 "개문칠건사, 시미유염장초다(開門七件事, 柴米油鹽醬醋茶)"는 중국에서 오늘날 생활필수품의 뜻으로 전해 내려오고 있는데 그 뜻은 하루를 사는 데 없어서는 안 되는 7가지 생활필수품은 땔감, 쌀, 기름, 소금, 장, 식초, 차이라는 것이다. 다시 말해서 하루를 사는 데 꼭 필요한 생활필수품에 식초가 들어가 있는 것을 볼 때 인류에게 식초는 없어서는 안 될 만큼 중요한 필수품이었다는 얘기다. 식초는 산미료의 하나로 인류가 만든 조미료 중에서 식염 다음으로 오래된 조미료이다. 중국에서는 식초를 관리하는 공무원까지 있었다고 한다. 중국에서 식초를 만들었다는 기록은 이미 육경 등에서 찾아볼 수 있는데 모두 '매(梅)'와 연관이 되는데 이는 살구식초로 보면 되겠다. 재미난 것은 주(周)나라 때 '혜인(醯人)'이라는 식초만 관리하는 관직을 기록이 있다는 점이다.

• 중국의 4대 식초

식초는 제조법에 따라 곡물, 과일을 이용해 만든 양조식초와, 에틸알코올에 빙초산을 넣어 만든 화학식초로 나눌 수 있다. 시중에서 판매되고 있는 양조식초도 대게 인위적인 속성 과정을 거친 것들로 비타민과 구연산이 충분하지 않는 경우가 많다. 중국요리에 쓰이는 양조식초를 색깔에 따라 나눈다면, 검은 색을 띤 오초(烏醋 혹은 흑초: 黑醋)와 백초(白醋)로 나눌 수 있는데, 일반적으로 조리에 쓰이는 식초는 '오초(흑초)'다.

식초가 탄생하게 된 배경은 주로 곡물과 과실에 있는 산과 관련되어 있기에 그 나라에서 많이 제조되는 알코올음료와 곡식, 과실류와 밀접하게 연관되어 있다. 이 때문에 중국에서도 각 지방별로 자생하는 곡물과 과실에 따라 각기 다른 독특한 맛을 내는 식초들이 생겨났는데, 산서(山西)의 노진초(老陳醋), 강소(江蘇)의 진강향초(鎭江香醋), 사천(四川)의 보녕초(保寧醋), 복건(福建)의 영춘노초(永春老醋) 등이 중국의 4대 식초로 불린다. 이 가운데 강소성의 '진강향초(鎭江香醋)'가 가장 많이 쓰인다. 각 식초가 내는 풍미가 틀리기 때문에 특정요리에는 특정 지역 식초를 써야 하는 경우가 많다. 중국에 가면 이름하여 'OO 미용초'라고, 아름다운 아가씨의 미소가 압박을 주었던 식초들이었는데, 꾸준히 마신다면 예뻐졌을지도 모른다는 생각도 해본다.

중국에서 요리할 때는 주로 흑초를 쓴다. 위의 식초들은 모두 '흑초'들이다. 백초는 주로 찹쌀로만 3개월 정도의 숙성과정을 거쳐 만들지만, 흑초는 찹쌀 이외에도 당근이나 양파 등을 같이 넣어 만든다. 맛도 백초와 조금은 다른데 달착지근하면서도 짠 듯한 맛을 살짝 담고 있다. 각 지역의 흑초들마다 조금씩 다른 맛을 내는데, 양조과정에서 첨가되는 재료가 조금씩 다르기 때문이다. 주로 탕수육 같은 육류를 조리할 때는 흑초를 써주고, 밀가루나 야채를 이용한 요리를 할 경우에는 백초를 써 준다는 원칙이 있긴 하다. 그러나 조리 시 색깔에도 영향을 끼친다는 점을 고려해야 되는 요리가 아니면, 웬만하면 맛을 위해서 대부분 흑초를 쓴다. 식초는 슬픈 조미료……다 잘난 효능 때문이다.

중국요리의 조리과정에서 식초(흑초)가 상당히 많이 쓰인다. 다 이유가 있다. 조리과정에서 갖는 식초의 기능 때문이다. 동시에, 식초는 설탕이나 소금, 간장처럼 단독으로 쓰이지는 않는 슬픈 조미료이기도 하다. 식초는 짠맛과 단맛, 매운맛을 약하게 해주는데, 음식 맛이 강할 때 맛을 중화시켜 주는 역할을 한다. 또한 바삭한 맛을 살려주는 기능도 있고, 야채를 볶을 때는 비타민 C의 손실을 줄여주는 기능도 한다. 맛을 살리는 데 목숨을 거는 중국요리의 특성과 볶는 조리과정이 많은 중국요리의 조리 특성에 없어서는 안 될 중요한 핵심 조미료인 셈이다.

요즘 들어 건강과 미용을 위해서 식초를 마시는 경우가 늘고 있으니, 식초에게도 행복이 찾아온 것인가? 아니, 다른 존재를 돋보이게 하는 역할로서 식초는 충분히 행복한 조미료였는지도 모른다.

• 중국에서는 질투를 하면 '식초를 먹었다'고 하는데 이유는?

당태종 때에 임환이라는 대신이 있었는데 특별히 공을 많이 세웠다. 당태종은 이 공신에게 사의를 표하여 궁녀 2명을 하사하였다. 그러나 평소에 아주 위풍이 당당한 대신에게는 아내를 두려워하는 약점이 있었다. 그의 약점을 알고 있었던 당태종은 임환의 부인을 궁중으로 불렀다. 당태종은 내시더러 '독주' 한 병을 가져오게 하고 임환의 부인에게 질투하는 버릇을 고치라고 훈계하였다. 그리고는 앞에 놓인 '독주'를 가리키면서 만약 부인이 고치겠으면 이 술을 마시지 않아도 되지만 고치지 않겠으면 당장에 이 술을 마셔야 된다고 하였다. 원래 성격이 강인한 임 부인은 위협해도 굴하지 않고 "이 독주를 마실지언정 남편이 다른 아내를 맞는 것을 동의할 수 없습니다."라고 말하고는 그 술을 단숨에 다 마셨다. 그런데 이상하게도 임 부인은 '독주'를 마셨는데 고통스럽게 아픈 것이 아니라 도리어 더 정신이 났다. 원래 당태종이 임 부인에게 하사한 술은 독주가 아니라 궁중 안에 오래 저장해두었던 식초였기 때문이다. 그 후로부터 사람들은 식초를 질투의 동의어로 여기게 되었다고 한다.

식물(食物)에 대한 성서적 의의

창세기에서 하나님은 인간을 만드신 후 인간에 대하여 그 책임을 명시하였고, 그 후 음식물에 대한 선고를 내리셨다. 이 식품을 먹는다는 것은 '목적'이 아니고 인간이 살아서 신의 창조의 질서에 참여하기 위한 '수단'에 지나지 않는다는 것이 먹는 것의 성서적 의의이다.

▶ 식품에 대한 역사적 변천

하나님이 허락하시지 않으면 인간은 음식물을 먹을 수 없다. 그 교훈은 창세기 제2장 15절에서 17절까지의 말씀으로 "여호와 하나님이 그 사람을 이끌어 에덴동산에 두사 그것을 다스리며 지키게 하시고 여호와 하나님이 그 사람에게 명하여 가라사대 동산 각종나무의 실과는 네가 임의로 먹되 선악을 알게 하는 나무의 실과는 먹지 말라. 네가 먹는 날에는 정녕 죽으리라 하시니라."라고 하셨다. 특히 병자는 자유롭게 음식물을 먹을 수 없는 사람으로 식욕도 생기지 않고 먹으려고 해도 먹을 수 없는 상태가 되어버린 채찍을 맞게 된 사람이다. 그것이 하나님의 허가와 명령을 거부한 선물이라는 것을 마음속 깊이 새기고 하나님의 계명과 명령에 순종하는 삶을 가질 때 건강을 유지할 수 있다는 것이다.

"죄의 대가는 사망이다." 잘못된 방법으로 먹는 사람은 성서에 나타난 바와 같이 반드시 다병단명(多病短命)의 운명을 면할 수 없다. 그러므로 성서에서는 먹는다는 것을 인간의 자의적인 사욕(私慾)의 행위로 간주하지 않고 하나님이 허가하고 명령하며 통제하는 일, 즉 대단히 중대한 일로 취급하여 만약 그것에 복종하지 않는 자를 엄중히 처벌하라고 로마서 제14장 6절에서 7절에 "날(日)을 중히 여기는 자도 주를 위하여 중히 여기고 먹는 자도 주를 위하여 먹으니 이는 하나님께 감사함이요, 먹지 않는 자도 주를 위하여 먹지 아니하며 하나님께 감사하느니라. 우리 중에 누구든지 자기를 위하여 사는 자가 없고 자기를 위하여 죽는 자도 없도다."라고 말씀하시고 있다. 이와 같이 음식에 관한 기사는 놀랍게도 성서 전체에서 10%를 넘고 있음을 볼 때 곧 먹는다는 것은 성서의 가르침에 대한 종교행사라고 말하고 싶을 정도이다. 또한 식품의 역사를 성경은 이렇게 제시해주고 있다. 하나님께서는 아담과 하와가 에덴동산에서 먹고 살 수 있는 식물(食物)을 창세기 제1장 29절에서 "하나님이 가라사대 내가 온 지면의 씨 맺는 모든 채소와 씨 가진 열매 맺는 모든 나무를 너희에게 주노니 너희 식물이 되리라."라고 올바르게 지시해주셨다. 그 후 아담과 하와가 하나님의 명령을 거역하여 선악을 알게 하는 나무의 실과를 따 먹고 죄를 범한 까닭에 하나님께서 에덴동산 밖으로 쫓아내시고 이 세상에서 무엇을 먹고 살 것인가를 창세기 제3장 17절에서 19절까지 "아담에게 이르시되 네가 네 아내의 말을 듣고 내가 너더러 먹지 말라 한 나무 실과를 먹었은즉 땅은 너로 인하여 저주를 받고 너는 종신토록 수고하여야 그 소산을 먹으리라. 땅이 네게 가시덤불과 엉겅퀴를 낼 것이라. 너의 먹을 것은 밭의 채소인즉 네가 얼굴에 땀이 흘러야 식물을 먹고 필경은 흙으로 돌아가리니 그 속에서 네가 취함을 입었었음이라. 너는 흙이니 흙으로 돌아 갈 것이니라 하시니라."라고 지시해주셨다. 마지막으로 하나님께서 이 세상을 홍수로 멸하신 다음 살아남은 노아의 식구들에게 먹고살 수 있는 '식사'를 세 번째로 창세기 제9장 3절에서 7절까지 "무릇 산 동물은 너희의 식물이 될지라. 채소같이 내가 이것을 다 너희에게 주노라. 그러나 고기를 그 생명 되는 피체 먹지 말 것이니라. 내가 반드시 너희 피 곧 너희 생명의 피를 찾으리니 짐승이면 그 짐승에게서, 사람이나 사람의 형제면 그에게서 그의 생명을 찾으리라. 무릇 사람의 피를 흘리면 사람이 그 피를 흘릴 것이니 이는 하나님이 자기 형상대로 사람을 지었음이니라. 너희는 생육하고 번성하며 땅에 편만하여 그중에서 번성하라 하셨더라."라고 지시했다. 이렇게 하여 인류는 오늘날까지 살아왔고 이것이 인류의 식품에 관한 역사적 변천이다.

▶ 성서에 기록된 발효음식

고린도전서 제10장 31절에 "그런즉 너희가 먹든지 마시든지 무엇을 하든지 다 하나님의 영광을 위하여 하라."라고 교훈하고 있다. 이 발효음식인 포도주는 예수 그리스도가 붙잡히기 전날 밤에 12명의 제자들과 유월절의 식탁에서 포도주를 마시고 이 포도주를 제자들이 돌려가며 마시게 하였다는 최후의 만찬 기사가 입증하고 있다.(마태복음 제26장 27, 28: 마가복음 제14장 22~25: 누가복음 제22장 17~20) 이렇듯 구약시대에 포도주를 마실 때 포도주 양의 3배 정도의 물을 희석시켜 마셨다고 했고 시편 104편 15절에는 "사람의 마음을 기쁘게 하는 포도주"라는 표현이 있고 디모데전서 제5장 23절에 "이제부터는 물만 마시지 말고 네 비위와 자주 앓는 병을 치유하기 위하여 포도주를 조금씩 쓰라."라고 기록되어 있다. 이와 같이 발효음식은 구약시대 아담의 10대손 노아시대에 큰 홍수가 있어 물에 잠겼을 때 노아는 방주를 만들어 그 일족과 동식물을 싣고 아라랏산에 도착하여 모든 생물(生物)이 재출발을 하게 되었다. 그런데 그 속에는 포도의 씨가 들어 있어 포도주를 빚게 되었다고 한다. 따라서 구약시대부터 우리에게 주었음을 알 수 있다. 구약성서 중에 Essiggenas, 즉 '아라비아어인 시에히게누스'는 식초라는 뜻으로 이 단어가 등장하며 '모세 5서'에는 강한 술식초와 와인식초가 등장하고 룻기(2: 14)에는 "일꾼들에게 기운을 회복시켜주는 효과를 가진 신포도주로서 아주 신선한 맛을 지니고 있는 초"에 대하여 기록되어 있는바 문헌적으로 가장 오래된 식초라는 말의 기록은 B.C. 1450년경 이스라엘의 지도자인 모세가 붙인 것으로 되어 있다. 사람에게는 센 손톱도 없고 예리한 치아도 없으며 동물을 잡을 빠른 다리도 없다. 이것을 보충하려고 인간은 무기를 발명했다. 사람이 불을 사용하게 된 것도 고기를 물어뜯고 뼈를 발길 만한 예리한 치아가 없기 때문이었다. 또한 육식동물의 내장은 사람보다 대단히 짧아서 고기가 부패해서 독특한 독을 발생하기 전에 빨리 소화시켜 처리해버릴 수가 있다. 그러나 사람은 내장의 길이가 실로 자기 몸길이의 12배나 되므로 육식을 했을 때는 그 부패물의 해독을 면할 수 없다고 아이안 F. 로우즈 씨의 저서 자연식에서 말하고 있다.

우리 한국 사람은 선천적으로 서양 사람들보다 내장의 길이가 약 20㎝나 더 길어 고기를 먹고 나서 생기는 나쁜 독을 빨리 배설할 수 없으므로 더욱 조심해야 한다. 그러므로 똑같은 음식물을 먹어도 그 먹는 사람의 체질에 따라 결과는 다르다는 것이다. 산골에서 흐르는 물을 소가 마실 때는 우유를 낼 수 있지만 같은 물을 뱀이 마실 때는 독(毒)을 낼 수 있다는 것이다. 결코 물 그 자체에 원인이 있는 것이 아니라 같은 물을 마셔도 체질이 다르기 때문에 두 동물은 각각 다른 결과를 가져오게 된다는 것이다. 그러므로 장관을 강화시키는 방법으로는 발효식품인 유산균을 섭취하는 것이다. 유산균 중 초를 생산하는 비피더스균이 우세하게 번식하면 우리들의 장관의 면역성을 높여주게 되는데 그것은 우리들의 장관 내에 유기산을 형성하여 갖가지 감염을 막아주기 때문이며 그 작용에 대해서는 위에서 설명하였다. 구약성경에 그 당시에 이미 요구르트를 만들어 먹고 있었다는 기록이 있는데 그것을 보면 3천여 년 전에 이미 요구르트(엉긴 젖)를 먹으면서 장에 좋은 균을 공급해주고 있었던 것을 알 수 있다. 성경적 근거로 사사기 제5장 25절에 "시스라가 물을 구하매 우유를 주되 곧 엉긴 젖을 귀한 그릇에 담아 주었고."라는 말씀이 기록되어 있다.

또한 초는 젖산 생성을 막아주면서 필요한 에너지를 공급해주어 우리들의 일상생활에 좋은 결과를 가져오게 해주는 것이다. 그러나 이 원리를 알고 벌써 구약시대 때 식사와 함께 초를 사용했다는 기록을 보면 참으로 훌륭한 식생활로 자연치유력을 유지하고 있었음을 알 수 있다. 그 성경적 근거는 룻기 제2장 14절에 "식사할 때에 보아스가 룻에게 이르되 이리로 와서 떡을 먹으며 네 떡 조각을 초에 찍으라 룻이 곡식 베는 자 곁에 앉으니 그가 볶은 곡식을 주매 룻이 배불리 먹고 남았더라."라는 말씀이 증명하고 있다.

이와 같이 천지의 창조주이신 하나님이 인류의 시조에게 "내가 온 지면의 씨 맺는 모든 채소와 씨가진 열매 맺는 모든 나무를 너희에게 주노니 너희 식물이 되리라." 또 시편 제104편 14절, 15절에서 "저(하나님)가 가축을 위한 풀과 사람의 소용을 위한 채소를 자라게 하시고 땅에서 식물(食物)이 나게 하시며 사람의 마음을 기쁘게 하는 포도주와 사람의 얼굴을 윤택케 하는 기름과 사람의 마음을 힘 있게 하는 양식을 주셨도다."라고 말씀하신 의미의 중대함을 체득하고 몸으로 하나님의 뜻에 순종하는 생활을 영위함으로써 하나님의 축복에 의한 건강 장수의 생애를 보낼 수 있을 것이다.

■□□
최근 식초에 대한 연구 동향

식초는 동서양을 막론하고 조리용과 건강요법으로 널리 이용되어 왔다. 오히려 고대에는 약용으로 더 이용되었다고 한다. 고대 앗시리아인의 의학 교과서에는 귀의 질병 치료에 대한 식초의 이용에 대해 기술되어 있고 서양 의학의 시초라고 일컫는 히포크라테스는 상처의 소독에 식초를 이용하였다고 한다. 국내에서도 오래전부터 동맥경화, 고혈압, 원기회복에 탁월한 효과를 지니는 약으로 인식되어 왔으며 얼마 전까지만 해도 연탄가스 중독 시 식초를 응급 처방으로 사용했던 것을 기억할 수 있다. 이와 같이 식초는 전통적으로 원기회복, 주독 해소, 상처의 소독, 고혈압 등에 효과가 있는 것으로 알려져 왔다. 유럽에서는 식초의 강한 살균력을 이용하여 상처의 소독, 식품의 보존 등에 이용되어 왔는데 특히 'Great Plague of Europe' 때에 페스트 오염을 막기 위해 사용되기도 하였다. 동양에서는 우리나라를 비롯하여 중국과 일본에서 식초를 동맥경화, 고혈압, 혈 행 촉진, 해독 등을 위해 사용하여 왔다. "중약 대사전(中藥 大辭典)"에는 식초에 대하여 어혈을 제거해주고 혈액 생성을 도와주며 해독작용, 숙취해소 등 효능이 있다고 기록되어 있으며, 근육을 강하고 부드럽게 해주어 유연성을 높여주고 급·만성 간염의 치료에 대한 임상보고도 있다. 또한 『향약집성방(鄕藥集成方)』에는 식초에 대하여 "식초는 어혈을 흩어지게 하고 음식을 소화시킨다. 또한 악독을 풀고 결기(結氣)를 흩어지게 한다."라고 설명하고 있다. 최근 식초에 대한 연구가 주로 일본, 유럽, 미국에서 진행되고 있는데 식초가 식이성 섬유를 많이 함유하고 있어 암 예방에 효과가 있으며 콜레스테롤 저하 효과가 있다고 USSurgeon General에서 보고하였으며, 과실초가 치매를 야기하는 알츠하이머병에 효과가 있다는 보고도 있다. 또한 식초가 관절염과 류머티즘에도 효과가 있으며 칼슘, 철, 붕소 결핍 해소에도 도움을 준다고 보고하고 있다. 일본에서는 과실초에 의한 원기회복효과, 면역력 증강 효과, 스트레스 해소 가능성에 대해 연구보고되었으며 식초가 단백질 합성능력 향상에도 도움을 준다는 연구도 보고되었다. 또한 소화의과대학의 나까야마 시다오 교수는 자신의 저서에서 식초가 원기회복, 피부미용, 고혈압 및 동맥경화 예방에 효과가 있으며 특히 초는 Crab's cycle을 활성화하여 원기회복에 도움을 준다고 기록하고 있다. 그리고 최근 NHK에서는 일본 구주대학 藤野武彦 교수 연구결과를 인용하여 식초를 복용하면 피 속의 노폐물을 제거하고 콜레스테롤 등을 저하시켜 혈류를 원활하게 하며 고혈압, 동맥경화 예방에 효과가 있다고 보고한 바 있다. 국내에서는 최근에 계명대학교 김기진 교수 연구팀에서 감식초 및 감식초 함유 음료에 대한 연구를 수행하여 감식초 및 감식초 음료가 지방 대사를 활성화하여 체지방 감소에 도움을 준다고 보고하였다. 또한 혈액의 산소 운반 능력을 향상시키고 젖산의 생성을 억제해 원기회복 효과가 뛰어나며 숙취해소 효과도 있다고 보고하였다. 뿐만 아니라 식초는 방사선 물질의 체내 배설을 촉진한다는 실험보고도 있음을 볼 때 식초의 의료효과는 앞으로 더욱 연구되어야 할 가치를 지닌다.

식품 공전상의 식초

● 정 의
식초라 함은 곡류, 과실류, 주류 등을 주원료로 하여 발효시켜 제조한 양조식초와 빙초산 또는 초산을 음용수로 희석하여 만든 합성식초를 말한다.

- 식품의 유형
(1) 과실양조식초: 과실술덧(주요), 과실착즙액(식초 1ℓ에 대하여 과즙으로 300g 이상이어야 한다), 주정 및 당류 등을 원료로 하여 초산 발효한 액을 말한다. 이 중 감(100%)만을 원료로 하여 초산 발효한 액을 감식초라 한다.
(2) 곡물양조식초: 곡물술덧(주요), 곡물당화액(식초 1ℓ에 대하여 곡물 사용량 40g 이상, 맥아식초의 경우는 맥아 40g 이상이어야 한다), 알코올 및 당류 등을 원료로 하여 초산 발효한 액을 말한다.
(3) 주정식초: 주정, 당류, 식품 첨가물 등 원료를 혼합하여 초산 발효한 액을 말한다.
(4) 합성식초: 빙초산 또는 초산을 음용수로 희석하여 만든 액을 말한다.
(5) 기타 식초: (1)~(4)에 정하여지지 아니한 식초를 말한다.

- 규 격
(1) 성상: 고유의 색택과 향미를 가지고 이미·이취가 없어야 한다(단 합성식초는 무색투명하여야 한다).
(2) 총산(초산으로서, w/v%): 4.0~2.6 이상)
(3) 타르색소: 검출되어서는 아니 된다.

파라옥시안식향산메틸 파라옥시안식향산부틸 파라옥시안식향산에틸 파라옥시안식향산프로필 파라옥시안식향산이소부틸 파라옥시안식향산이소프로필	0.1이하(파라옥시안식향산으로서)

(4) 보존료(g/ℓ): 다음에서 정하는 보존료는 아래의 기준에 적합하여야 한다.

● 시험방법

(1) 총 　산: 검체 10㎖를 취하고, 이에 끓여서 식힌 물을 가하여 100㎖로 하고 그 20㎖를 페놀프탈레인시액을 지시약으로 하여 0.1N 수산화나트륨액으로 적정한다.

　0.1N 수산화나트륨액 $1㎖ = 0.006gCH_3COOH$

(2) 타르색소: 제7. 일반시험법5. 착색료시험법에 따라 시험한다.

(3) 보존료: 제7. 일반시험법2. 보존료시험법에 따라 시험한다.

식초를 이용한 건강식

■ ■ ■

유형별 식초 만들기

▶ 소나무식초 (피로 해소, 신경성, 두통 방지)

• 재료: 소나무가지(송절), 식초, 황설탕, 효모

• 만드는 방법

① 깨끗하게 씻은 소나무가지에 황설탕을 넣고 랩으로 싸 솔잎청을 만든다.

② 송절에 물과 녹인 효모를 넣고 잘 저어 일주일 동안 발효시키면 솔잎주가 된다.

③ 발효된 솔잎주에 물을 첨가해 알코올 도수를 낮추고 따뜻한 곳에서 20~30일 정도 다시 발효시킨다.

• 먹는 법: 식초 하루 섭취량은 소주잔 한 잔 정도. 가능하면 여러 번 나눠 마시거나 5배 이상 희석해서 마시는 것이 좋다. 솔잎은 송충이만 먹는 것이 아니다. 예부터 수도승들이 건강장수를 목적으로 애용해온 것으로 알려져 있다.

• 효 능: 소나무 송절에는 각종 아미노산이 풍부하며 비타민 A와 비타민 C도 풍부하다. 약효성분으로 혈당을 떨어뜨리는 글리코퀴닌이라는 성분이 있어서 당뇨

병에도 도움이 된다. 또한 소나무 송절에는 콜레스테롤을 제거하고 혈액의 순환을 좋게 하는 테르펜유가 풍부하며 엽록소와 비타민 P에 속하는 물질도 풍부하다. 그래서 소나무는 예부터 당뇨병, 고혈압, 동맥경화증, 니코틴중독, 감기, 폐결핵, 두통, 중풍, 위장병 등에 애용되어 오고 있다.

솔잎을 활용하는 방법으로는 여러 가지가 있으나, 가정에서 손쉽게 이용하는 방법으로는 다음과 같은 것이 있다.

첫째, 소나무 송절을 증기로 가볍게 찐 다음 그늘에서 잘 말려서 가루로 빻아놓고 식후에 차 숟갈로 하나씩 먹는다.

둘째, 소나무 송절 한 줌을 잘게 약간의 물을 붓고 믹서로 충분히 으깬 다음 녹즙기로 즙을 짜서 마신다. 그 즙은 밝은 녹색의 그린 주스로서 맛이 아주 좋다.

● 전통 송엽식초 양조법

제1장에서 언급된 한국의 전통식초 양조법의 방법을 그대로 적용하여 다음과 같이 전통 송엽식초를 만든다.

첫째, 누룩을 만든다.

둘째, 술을 만든다.

① 현미 3.2kg되를 생수에 8시간 불려서 분쇄한 적송엽 160g을 혼합하여 압력밥솥에 지에밥을 찐다.

② 현미 지에밥을 완전히 식혀서 누룩가루 1되, 송엽가루 160g, 배, 생강, 대추, 160g을 골고루 섞는다. 송엽 160g은 삶고 160g은 생솔을 넣을 것.

③ 생수 4되, 식혜 1되를 항아리에 ⅔ 정도 채우고 입구는 가제로 덮어 고무줄로 동여매고 뚜껑을 덮는다.

④ 겨울에는 온돌방이나 전기장판 위에 놓고 항아리 전체를 담요 등으로 완전히 싼다. 가장 좋은 발효온도는 역시 36℃ 정도이다. 효소는 인체 속에서 가장 왕성하게 활동한다.

⑤ 3~4일이 지나면 술이 발효되기 시작한다. 술이 끓기 시작하면 뚜껑을 조금 열고 담요로 몸통만 싸둔다. 보통 6~7일이 지나면 술의 발효가 중단되고 맑은 술이 보이게 된다.

  * 술을 만들 때는 반드시 현미(가능하면 유기농법으로 재배한 현미가 좋다.)를 사용해야 한다. 또 생수를 이용하는 까닭은 생수에 포함된 광물질이 주 효모에 작용하기 때문이다. 현미, 누룩, 엿기름, 송엽, 과일, 생수, 공기 등에 오염물질이 있으면 실패하기 쉽다.

셋째, 초를 안친다.

넷째, 서늘한 곳에 보관한다.

다섯째, 사계절을 느껴야 한다.

● 솔잎식초 만드는 법 1
- 흑설탕을 진하게 끓여서 식힌 다음 솔잎을 잘게 썰어서 항아리에 넣고 발효시키면 솔잎식초가 된다.
- 따뜻한 곳에 1개월쯤 두면 식초가 된다.
- 효능: 냉증, 생리통, 생리불순, 당뇨병

● 솔잎식초 만드는 법 2
- 솔잎을 잘게 썰어서 같은 양의 흑설탕과 버무려 항아리에 담아 따뜻한 곳에 1개월쯤 두면 발효가 된다.
- 복용법: 물을 3배 정도 타서 수시로 차처럼 마시면 된다.
- 효능: 기침, 변비, 고혈압, 위장, 양기부족
- 동상: 소나무 속껍질을 벗겨서 동상을 입은 곳에 붙이면 열도 없어지고 쉽게 낫는다.

● 솔잎식초 만드는 법 3
사찰에서 스트레스를 가라앉히기 위해 즐겨 음용하는 솔잎식초 만드는 법을 소개한다.

솔잎식초는 스트레스를 다스릴 뿐 아니라 관절염, 동맥경화에도 좋다. 아침 공복에 소주 한 잔 정도를 마시면 효과적이다. 솔잎식초용 솔잎을 채취할 때는 살충제를 살포한 지역은 피하도록 한다. 적송이나 바다 바람을 맞은 해송 잎으로 만든 식초가 좋지만 수입종 소나무는 별 효과가 없다. 경동시장 등에서도 구입할 수 있다.

- 만드는 법*
① 솔잎을 따서 밑 부분을 잘라낸 뒤 잘 씻는다.
② 항아리 바닥에 황설탕을 깔고 생솔잎을 한 켜 깐다.
③ 그 위에 다시 황설탕을 까는 식으로 몇 차례 깐 뒤 3일 정도 재워둔다.
④ 3일 뒤 끓여서 식힌 물을 자박할 정도로 붓는다. 생수를 부으면 금방 곰팡이가 피므로 반드시 끓인 물을 쓰도록 한다.
⑤ 한지로 덮어 100일 정도 숙성시킨 뒤 먹도록 한다.
⑥ 항아리가 없으면 주둥이가 넓은 병에 부어둔다.
⑦ 식초는 발효하면서 계속 숨을 쉬므로 뚜껑에 구멍을 뚫어 두도록 한다.
⑧ 배, 사과 등 과일 껍질을 벗겨 채로 썬 뒤 솔잎과 황설탕 사이에 켜켜이 넣어 두면 과일 향과 단맛이 가미된다.
※ 스트레스가 심하면 사람들은 보다 자극적인 맛을 원한다. 스트레스가 심한 요즘은 패스트푸드 등에서도 매콤한 맛이 인기다.

- 주의할 점
식초는 산성 물질 알칼리성 식품으로 신체 대사를 원만하게 해준다. 그러나 알레르기를 일으킬 수 있는 식품이니 처음 음용할 때는 조미료로 적극 활용하는 방법으로 시작한다. 몸에 반응이 없으면 점차 양을 늘리거나 따로 먹어도 된다. 또 기본적으로 소화를 돕기는 하지만 위산과다나 위궤양 등 위에 자극을 주므로 속 쓰림이 있는 사람은 피하고 공복에 마시는 것보다는 식후에 마시는 것이 좋다. 신장 질환이 있는 사람은 조심해야 한다. 음료로 사용할 때는 강제 발효시키지 않고 자연발효시킨 천연 양조식초를 활용하는 것이 좋다. <「알고 마셔야 약 된다」에서 발췌>

▶ 흑 초

● 흑초란

흑초는 약 1500년 전부터 특수하게 제조되어 온 식초의 일종이다. 외관상 흑색 또는 다갈색을 띠고 있는 흑초는 일반 식초보다 필수아미노산과 유기산이 더 많이 함유돼 기능성 또한 그만큼 높이 평가되고 있다. 현미나 맥아를 원료로 장기간 숙성해 얻어지는 흑초는 신맛은 약한 대신 적당히 단맛과 특유의 향을 지니고 있어 조미료보다는 건강을 위한 식품으로 소비되고 있다.

현미의 영양이 고스란히 집약되어 있는데다 비타민 미네랄 아미노산 등이 풍부하며 특히 아미노산 함량이 일반 식초에 비해 5~10배나 더 많아 이러한 아미노산의 활동에 의한 다이어트 효과가 큰 것이 특징이다. 그래서 일본 식품 전문지엔 '지방 합성을 강력히 차단하는 흑초 엑기스 다이어트', '현미의 집약된 영양과 풍부한 아미노산이 비만의 원흉을 일소시킨다'는 등 광고 선전 문구가 자주 등장한다. 흑초는 또 체내에서 각종 유효 성분을 흡수시키는 성질이 뛰어난 알칼리성 식품으로서 스트레스 시대에 건강 유지를 위한 필수 식품으로 꼽히기도 한다. 비만 예방과 개선 등 미용 측면에서도 각광받는 식품이며 최근엔 항암 작용은 물론 간염, 변비 및 고혈압, 당뇨병 등 성인병에 대해서도 효과가 있다는 연구 결과가 속속 보고되고 있다. 미국, 영국, 핀란드 등지에서 식초의 효능에 관한 연구로 노벨상을 3회나 받은 경우를 보더라도 흑초의 영양적 가치나 효용성은 의심의 여지가 없다는 것이 전문가들의 설명이다. 업계 관계자들은 "흑초는 정선된 현미를 원료로 하여 전통적인 방법으로 정성을 들여 제조한 후 장기간의 숙성 기간을 거친 식초로서 체내에서는 만들 수 없는 필수아미노산은 물론 여러 가지 아미노산과 유기산이 보통 식초에 비해 많이 함유돼 있고 또한 칼슘, 철, 미네랄 등도 많이 함유하고 있는 알칼리성 건강식품"이라고 입을 모은다.

특히 사람에게 신진대사에서 가장 필요한 구엔산, 구엔산은 인체에서 스스로 만들어지지 않으므로 외부에서 얻어야하는데 흑식초와 모로미초는 구엔산이 가지고 있는 절대 성분이다. 그러므로 일본에서 다이어트 붐으로 흑식초와 모로미초가 인기절정에 올라 있다. 아울러 지금은 흑초의 맛을 단점으로 보완하기 위해 모로미초를 같이 배합하여 더 좋은 제품으로 응용제품들이 출시되고 있다.

● 흑초 담그는 법
- 현미밥을 지어서 밥알을 으깨어 준다.
- 현미밥 500-700g 기준으로 누룩은 250-350ℓ, 물은 2ℓ 정도 혼합한다.
- 망이나 신문 등으로 덮어 1년 정도 숙성시킨 뒤 맑은 물이 나올 때까지 여러
  번 걸러준다.
- 따뜻한 햇볕을 받는 쪽에 둔다. 단지 안에서 햇볕을 받는 쪽이 뜨거워짐으로써
  대류가 일어나게 하여야만 골고루 섞여지면서 발효가 된다.
- 보통 누룩은 방앗간이나 시장 등에서 판매한다. 하지만 보통 맛과 향이 좋고 영
  양이 풍부한 누룩은 손쉽게 구하기 힘이 들다. 매번 흑식초를 담글 때마다 가장
  좋은 누룩은 따로 단지에 모아두는 것이 필요한데 이를 누룩 종균이라고 한다.
- 제대로 된 흑식초는 누룩에 따라서 좌우된다. 따라서 누룩 종균에 대해 노력해
  야 한다.

※ 주의할 점으로는
- 따뜻한 양지에 바람이 잘 부는 곳에 단지나 항아리를 두어야 한다.
- 처음 3-5일 동안은 쉬지 않고 저어주는 것이 필요하다. 이때 얼마나 잘 섞느
  냐에 따라서 맛이 결정된다.
- 1년에서 2년 정도 숙성을 해야 하는데 너무 팍 쉬어버리면 초산만 남아서 신맛
  만 독할 뿐 몸에는 별 도움이 안 된다.
- 몇 번은 실패한다는 생각으로 맛과 향이 뛰어난 종균을 따로 모아두는 단지를
  따로 마련하는 것이 기술이다.

● 좋은 흑초 고르는 법은
- 숙성기간을 알아야 한다(일반 식초와 흑초의 다른 점)
일본에서는 흑초라고 표기하려면 최소한 천연 숙성기간이 1년 이상이어야 한다(일

본에서 흑초는 거의 1년 숙성기간이나 현재 일본제품으로는 2~3년 숙성된 것이 가장 오래 숙성된 제품이다). 흑초를 2~4%만 혼합한 주스 타입 / 희석하지 않고 마시는 타입은 1~2개월간 가열 숙성하여 제조된 것이 많다.

- 흑초의 배합비율 및 원산지를

흑초가 100%인지? 또는 2%~4%뿐이 들어 있는지를 확인하고 흑초원액이 일본산인지? 또는 값싼 중국산이 아닌지를 확인하여야 한다. 최근 일본에서도 다년숙성이라며 중국산원액을 사용하는 몇 개 업체가 있다고 한다.

- 제조업체

일본에도 수많은 흑초 종류와 제조업체가 있지만 직접 흑초원액을 만드는 신뢰할 수 있는 흑초 전문제조업체인지…… 제조업체의 창업 등으로 보아 제법의 노하우가 있을 것으로 믿음이 가는지를 확인하고 구입하여야 한다.

- 산도(酸度)

산도란 맛이 신 것하고는 상관없는 초 제품에 대한 측정도로서 원액의 농도와 상관되며 낮은 산도의 흑초에 비하여 높은 산도의 흑초에는 보다 많은 구연산과 아미노산이 함유하게 된다. 농도를 짙게 하여 산도가 높으며 맛도 덜 시게 하는 것이 흑초를 제조하는 제법기술이다. 흑초인 경우 산도는 4.0%(4도)~5.0%(5도)이다. 현재 일본 국내 흑초업체 중에서 최고봉 산도는 5.0%(5도)이다.

- 유통기한

흑초는 제조일로부터 2~3년이고 혼합음료는 제조일로부터 1~2년 흑초 2~4%는 제조일로부터 6개월~1년

※ 유효기간을 보시고 유효기간이 많이 남아 있으면 그만큼 신선한 제품이다.

현미 흑초가 좋다고 하니, 현미 흑초인지 아닌지 확인하고 구입하는 것이 좋다.

▶ 현미식초

● 재료 및 분량
현미: 1.7되(2.7kg), 누룩: 1.7되(1.5kg), 물: 0.5말(10ℓ)
주정: 2.5% 함량 소주 1홉(180㎖)

● 만드는 방법
① 쌀을 물에 오랜 시간(12-24시간) 담갔다가 고슬거리는 밥을 지어 완전히 차
  게 식힌 다음, 누룩 가루 1말과 물 3말을 함께 섞어 고루 치대어 항아리에 담
  고 베보자기로 밀봉하여 술을 안친다.(죽처럼 걸쭉하게 만든 다음 드라이이스
  트 2g 정도를 넣고 저어준다.)
    항아리에 담아 망사를 2겹으로 해서 뚜껑을 만든다. 공기 중의 초산균이 들
  어가야 발효가 잘 된다. 뚜껑 위에 10원짜리 동전을 하나 올려놓는다.
② 술은 한여름에 햇볕이 좋을 때 바람이 잘 통하는 곳의 온도, 즉 28~30℃ 정
  도의 실내온도에서 1주일가량 알코올 발효시키면 술이 익는다.
③ 술이 익으면 체에 받쳐 막걸리를 걸러낸다.
④ 막걸리 1되에 소주 1홉의 비율로 섞어 다시 항아리에 안쳐서 초산발효에 들어
  간다.
⑤ 초산발효과정 역시 알코올발효에서와 같이 22~23℃온도에서 5일 정도 지내면
  초눈이 생겨나면서 초가 되는데 한여름이 초 만들기에 가장 좋은 조건이 된다.
  6개월 정도가 지나면 올려놓은 동전이 청록색으로 변한다. 다시 4~6개월 더
  발효시키면 완성된다. 면보를 대고 맑은 물만 걸러 다른 용기에 옮긴 다음에
  먹는다.

● 참고할 것
* 바람, 일조량, 온도가 잘 맞아야 초눈의 번식력이 좋다. 오전에는 햇볕이 들었

다가 오후에는 그늘이 지면서 바람이 드는 곳이라야 한다. 초 단지는 오지그릇이 좋으나 없으면 유리병으로 하되, 항아리 아가리를 모기장 같은 그물망으로 덮어 초균이 숨을 쉴 수 있도록 해준다. 겨울에는 한 달, 여름에는 보름 만에 따라내고, 다시 막걸리와 소주를 같은 비율로 섞어서 초 단지에 넣어 발효시키면 계속해서 자연발효 양조식초를 얻을 수 있다. 향과 감칠맛이 뛰어나며 부드럽다

▶ 우엉식초(섬유질로 변비 예방, 콜레스테롤 방지)

● 재 료
우엉 2개, 벌꿀, 현미식초 혹은 사과식초 적당량

● 만드는 방법
① 우엉은 껍질을 벗기고 5㎝ 정도 크기로 썬 뒤 다시 씻어서 물기를 없앤다.
② 병에 우엉과 꿀을 넣은 뒤 우엉이 잠길 만큼 식초를 붓는다.
③ 뚜껑을 잘 덮어 선선하고 그늘진 곳에 보관했다가 한 달쯤 지난 뒤 꺼내 먹는다.
※ 우엉식초는 밑반찬으로 먹어도 좋다. 아침저녁으로 10개 정도 먹으며, 냉장 보관하는 것이 좋다. 공복에 먹어도 약이 된다.

▶ 우유식초 (지방 배설 작용, 부기, 변비 방지)

● 만드는 방법
200㎖의 우유에 식초 3큰술을 넣어 잘 섞는다. 이러면 점액이 생겨 시중에 파는 마시는 요구르트처럼 된다. 단맛을 즐기고 싶다면 꿀을 탄다.

● 우유식초 다이어트법
아침엔 식사량의 반을 먹고 우유식초 한 잔을 마신다. 점심은 과식하지 않는다. 그리고 저녁은 먹지 않거나 1/3만 먹고 우유식초 한 잔을 마신다.

▶ 다시마식초

말린 다시마는 한방에서 '곤포'라 하여 '막힌 기를 풀어주고 응어리진 것을 헤쳐 주는 효과'가 있는 약재로 쓰인다. 다시마는 해조류 가운데 요오드를 가장 많이 함유하고 있기도 한데 요오드는 신진대사를 촉진하고 세포를 활성화시켜 저항을 높인다. 또 다시마의 끈적끈적한 점액은 알긴산(해초산)이라고 하는 식이섬유의 일종으로 혈 중 콜레스테롤 수치를 떨어뜨려주는 작용을 한다.

특히 미네랄이나 비타민이 부족해지기 쉬운 겨울철에 말린 다시마는 약이 되는데 매끼 식사에 빠뜨리지 않고 섭취하는 것이 좋다. 그러기 위해서는 다시마식초를 담가두었다가 양념으로 사용하면 굳이 요리를 하지 않더라도 매일 간편하게 섭취할 수 있으니 일석이조이다.

● 만드는 방법
① 말린 다시마의 표면을 행주로 잘 닦아 소금기를 없앤 다음 잘라 식초를 붓는다. 이때 식초는 사과, 포도, 레몬 등 천연식초를 이용하는 것이 좋다.
② 식초에 하루쯤 담가두면 검은 표면의 끈적거리는 점액질이 흘러나오는데, 이것이 약이 되므로 충분히 녹아내리면 식초만 걸러서 냉장고에 보관하고 조미료로 사용한다.
③ 다시마식초를 사용하게 되면 다시마에서 배어나오는 짭짤한 맛이 더해져 요리를 할 때 소금을 적게 넣어도 된다. 때문에 고혈압 등 소금을 절제해야 하는 사람들에게 좋다.

● 활용하기
① 겨울철 피로는 움직임이 적어지면서 온몸에 피로물질인 유산이 쌓이면서 생긴다. 머리, 어깨, 허리, 다리 등 온몸이 무거운 겨울철 피로에 다시마식초를 한 잔 마시면 약이 된다.
② 다시마식초 팩은 겨울철 건조해지기 쉬운 피부에 윤기를 주고 허옇게 일어나

는 각질을 없애는 데 좋다. 다시마식초를 물에 풀어 세안을 해도 좋고, 두세 방울을 가제에 묻혀 톡톡 두드리듯이 마사지하면 피부가 생기를 찾는다.

▶ 미역식초

아이 낳고 먹는 미역은 몸속의 피 찌꺼기를 없애 피를 맑게 해주며 산후 부종을 내리는 효과도 있다. 따라서 산후 미역국만 잘 먹어도 저절로 다이어트가 되니 살 찔까봐 미역국 안 먹는 사람만큼 미련한 사람은 없다.

미역은 산모는 물론 모든 여성들에게 좋은데 칼슘도 풍부해서 골다공증을 예방하고, 식이섬유의 흡착 효과 때문에 묵은 변까지 빼내는 대단한 위력으로 변비를 치료한다.

● 미역식초 만들기

① 미역은 국처럼 열을 가히어 섭취히는 것이 좋온데 식초를 만들 때도 미역을 충분히 끓인 물을 잘 식혀 식초와 1 대 3의 비율로 섞어 냉장고에 넣어두고 조미료로 사용한다.

② 미역의 구수한 맛과 식초의 새콤한 맛이 합쳐져 맛이 그만인데 특히 콩, 땅콩, 달걀, 마늘, 표고버섯, 멸치, 차조기 등 음식을 절이기만 해도 입맛 당기고 구수한 밑반찬이 된다.

③ 미역식초는 한꺼번에 많이 담가두지 않고 밑반찬을 만든다거나 샐러드를 할 때 조금씩 만들어두고 먹는 것이 좋다.

● 활용하기

① 변비에 미역만큼 효과 큰 음식이 없다. 미역에 들어 있는 식이섬유는 장의 운동을 활발하게 하여 변비를 낫게 하는데 미역식초를 넣은 샐러드를 꾸준히 먹거나 미역식초를 아침저녁 공복에 소주잔으로 한 잔 정도 먹으면 며칠만 지나도 증세가 많이 호전된다.

② 미역식초를 이용하는 방법 또 한 가지는 다름 아닌 목욕이다. 특히 피부가 약하거나 아토피 때문에 가려워하는 아이들은 미역식초를 목욕물에 타서 쓰면 효과를 볼 수 있다.

▶ 수세미식초

쌍떡잎식물, 박목, 박과의 덩굴성 한해살이풀로 열대 아시아 원산이며 한국에서는 일본이나 중국에서 도입한 것으로 추정된다. 줄기는 덩굴성으로 녹색을 띠고 가지를 치며 덩굴손이 나와서 다른 물체를 감아 올라간다. 잎은 손바닥 모양으로 5~7개로 갈라지고 긴 잎자루가 있는데, 줄기 밑 부분의 잎은 깊게 패어진 모양이 얕으나 위쪽에 붙는 잎은 깊게 갈라진다. 암수한그루이다. 꽃은 5개로 갈라지는 합판화관으로 노란색이며 잎겨드랑이에 달려서 늦여름에 핀다. 수꽃에는 5개의 수술이 있고 암꽃에는 1개의 암술이 있으며 암술대는 3개로 갈라진다. 열매는 9~10월에 익는데, 긴 자루가 있어서 밑으로 늘어져 매달리고 짙은 녹색을 띠며 길이 30~60㎝, 때로는 1~2m인 품종도 있다. 과육의 내부에는 그물 모양으로 된 섬유가 발달되어 있고 그 내부에는 검게 익은 종자가 들어 있다. 성숙한 열매를 물에 담가두면 먼저 표면의 과피가 과육에서 떨어지기 쉽게 된다. 종자와 물을 빨아들여 끈적끈적하게 된 과육을 씻어내면 그물 모양으로 된 섬유만이 남게 된다. 박과의 한해살이 덩굴풀로서 줄기는 덩굴손으로 다른 물건을 감고 올라간다. 잎은 손바닥 모양으로 5~7갈래 갈라지고 잎자루가 길다. 여름에 노란 꽃이 총상(總狀) 꽃차례로 피고 열매는 원통 모양의 긴 장과(漿果)로 녹색이다. 열매 속의 섬유로는 수세미를 만들고 줄기의 액으로는 화장수를 만든다. 열대 아시아가 원산지이다. 성숙한 열매를 물에 담가두면 먼저 표면의 과피가 과육에서 떨어지기 쉽게 된다. 다음 종자와 물을 빨아들여 끈적끈적하게 된 과육을 씻어내면 그물 모양으로 된 섬유만이 남게 된다. 어린 열매는 식용으로도 하며 성숙한 섬유는 주로 철도차량의 차축급유(車軸給油)의 버트, 선박기관과 갑판의 세척용, 신 바닥의 깔개, 여성용 모자의 속, 슬리퍼·바구니 등을 만드는 데 쓰인다. 한방에서는 열병신열·유즙불통·장염·정창 등 치료에 이용한다. 살아 있는 덩굴에서 추출되는 수액은 화장품용이나 약용에도 쓰인다. 종자는 40% 내외의 기름을 함유하므로 기름을 짜고 깻묵은 비료 또는 사료로 쓰인다.

• 재　　료
수세미 큰 것 6개, 황설탕 4kg

• 만드는 방법
① 수세미식초를 만들기 위해서 수세미에 설탕을 재운다.
② 5㎜ 간격으로 썰어서 설탕이 넉넉하도록 뿌려 재워두었다가 6개월 후에 국물
　을 차로 마시면 된다.
③ 일반 시판되는 식초에 비해 단맛이 더 강하고 신맛은 좀 약하다고 한다.
　　※ 수세미 수액은 아스트린젠트 같은 수렴화장수로 쓴다고 한다.
　　※ 수세미는 한약재명으로 사과락이라고 하여 축농증, 비염에 다용되는 약재이다. 다
　　　만 그 성질이 무독하기는 하나 차가운 면이 있으므로 비위가 허약하고 차가운 경
　　　우에는 삼가는 것이 좋다

• 수세미 각종 효능
　각기, 거담, 신경통, 기관지, 천식, 기침, 기미, 주근깨, 습진, 요통, 복통, 가래(담),
황달, 비염, 축농증, 견비통, 두통, 자궁출혈, 변비·정장·건위, 월경불순(생리통) 등
에 효과가 있다.
　※ 신경통에 좋은 수세미액
　수세미 탕은 통증을 진정시킨다. 신경통에는 특히 잘 듣는다. 가을에 추출해낸 수
세미액에 얼음설탕을 넣고 함께 달여서 하루에 3회 공복 시에 소주잔으로 1−2잔씩
마시면 통증을 가라앉히는 강한 진통효과가 있다
※ 비염 등으로 고름 같은 콧물이 나오고 냄새를 잘 맞지 못할 때 수세미 줄기를
적당한 크기로 잘라 10~15g을 적당량의 물에 달여 먹는다.
　※ 젖이 부족한 산모는 수세미 덩굴을 태운 후 가루 내어 한 번에 4g씩 하루 한
　　번 3일 동안 먹는다.

※ 기관지염에는 수세미와 알로에를 같은 량으로 즙을 내어 먹는다.

※ 천식에는 수세미를 달임약으로 먹거나 즙을 내어 먹으면 효과가 높다.

※ 피부가 트실트실 살갗이 트는 데는 8~9월 중에 수세미 줄기에서 뽑아낸 물 500㎖에 꿀 5~6숟가락을 섞어 바르면 좋다.

※ 옆구리가 결리거나 팔다리가 쑤시는 데, 붓는 데, 장염 등에 수세미 오이 속을 하루 5~10g씩 달임약으로 먹는다.

※ 목덜미, 어깨 등이 결릴 때(오십견): 수세미 열매를 가루 내어 매일 10g씩 먹는다.

※ 축농증에는 적당한 양의 수세미덩굴(땅에서부터 1.5m되는 곳을 베어낸 것)을 불에 태운 후 보드랍게 가루 내어 찬물에 타서 하루에 3번 먹는다.

※ 헛배가 부를 때: 수세미오이씨를 약한 불에 말린 다음 보드랍게 가루 내어 한 번에 3~5g씩 술 한 잔에 타서 먹는다. 수세미오이는 복수도 잘 빠지게 할 뿐 아니라 헛배 부른 것도 잘 낫게 한다.

• 이용방법

봄에 심은 수세미가 여름철 꽃이 한창 필 무렵(7~8월경)에 지상에서 50㎝ 정도에서 자르고 줄기의 끝을 병에 넣고 빗물이 들어가지 않게 테이프로 바른 다음 그대로 두면 병 속에 수세미액이 흘러나온다. 이것을 약간 끓여 저장을 하면 5년 동안은 변질이 되지 않는다. 이 액을 알코올에 희석하여 화장수로 사용하면 피부가 보드라워지고 건강해진다

- 수세미의 껍질을 벗기고 씨와 함께 썰어서 그릇에 넣은 뒤 수세미가 잠길 정도로 청주를 부어 끓인다. 수세미가 잘 익어 물러지면 삼베로 걸러서 물만 받아 다시 불 위에 올려놓고 반 정도가 되게 끓이면 노란색이 나는 투명한 액체가 된다. 이 수세미액 200㎖에 안식향산 소다 4g을 섞어 두었다가 매일 자기 전에 세수를 한 뒤 바른다. 이것은 오랫동안 사용하면 피부미백 효과도 있다.

- 수세미씨와 복숭아씨를 각각 같은 양으로 볶아서 가루를 만들어 이것과 같은 양의 꿀을 넣고 반죽해서 자기 전 세수를 하고 고루 바르고 아침에 씻어낸다.

• 수세미의 주요 성분(한국 식품 개발 연구원 발췌)

－수세미는 훌륭한 피부 보습제다. 미용에는 대부분 수세미 수액, 즙을 주로 사용한다. 수액에는 풍부한 영양성분이 있어 피부로 하여금 정상적인 기능을 유지시켜서 피부의 적정한 수분을 유지하도록 한다. 그러므로 피부는 건강해지고 광택이 나게 된다. 장기간 수세미 수액을 미용에 응용하면 놀라운 효과를 거둘 수 있다. 특히 수세미 수액에는 피부에 영양을 공급하는 특수한 물질이 함유돼 있기 때문에 피부의 노화를 방지하고 주름살을 없애는 데 효과적이다. 또한 여드름을 예방하고 멜라닌 색소의 침전을 막아주어 기미, 주근깨 예방에도 효과가 있다. 무엇보다 지성피부에 쓰게 되면 넓어진 모공을 수축시키며 매끈하게 만들어주고 윤기가 나게 한다.

－수세미는 약용 부분이 실 모양으로 여러 층 얽혀 있고 그 모양과 길이가 오이와 비슷하다. 옛날에는 식기를 닦을 때 수세미를 많이 이용했다. 수세미는 식용보다는 약용으로 많이 이용됐는데, 산후에 젖이 붇고 아프면서 젖이 잘 나오지 않을 때 수세미를 달여 먹으면 젖이 잘 나온다. 수세미는 성질이 차서 몸에 열이 많아 생기는 가래를 삭이고, 뜨거운 피를 식혀줌으로써 혈액순환을 촉진시키고, 소염 작용을 한다. 변비, 축농증, 얼굴이 후끈 달아오르는 증상 등을 치료하는 데 효과가 좋다. 또, 씨와 잎은 이뇨작용과 해독작용이 있으며, 껍질과 뿌리는 진통, 소염 작용을 한다. 약으로 복용할 때는 하루 5~10g을 달여서 먹거나, 검게 그을려 가루 내어 물에 타서 마시면 된다. 외용약을 쓸 때는 가루를 물에 개어 바르면 된다. 민간에서는 축농증일 때 수세미 줄기를 잘라 그 수액을 먹기도 한다. 주요 성분은 사포닌, 기베를린, 갈락토스, 크실로스 등이다.

▶ 양파식초

양파에 식초를 넣어 먹는 양파식초는 식초의 성분까지 효율적으로 얻을 수가 있어 두통과 머리 무거움, 변비의 해소에 도움을 줄 뿐 아니라 치매도 예방해준다. 식초(쌀식초)는 아미노산류와 구연산을 비롯해서 여러 가지 유기산이 들어 있다. 이러한 식초의 성분이 양파의 성분과 더불어 몸의 신진대사를 좋게 하고, 두통과 머리 무거움을 해결해주는 효과를 발휘하는 것이다. 양파식초는 혈액을 알칼리성으로 바꿔주기 때문에 피로를 빨리 풀어 건강을 유지하는 데 매우 큰 역할을 한다. 양파식초는 변비도 해소시켜 주는데 이는 양파에 함유되어 있는 식물성의 섬유질과 식초의 산이 장의 연동운동을 활발하게 하기 때문이다. 일반적으로 양파는 보존할 수 있는 기간에 한계가 있지만 식초에 담가두면 부패를 막을 수 있어 오랫동안 보관해도 무방하다. 밀폐된 용기에 담아 냉장고에 넣어두면 1~2개월 정도는 보존할 수가 있다.

• 재료
양파－약 3개, 양조식초 50㎖ 또는 효모

• 만드는 방법
－식초를 이용한 방법
 ① 껍질을 벗긴 양파를 5㎜ 정도의 두께로 잘라 유리 용기에 넣는다.
 ② 구석구석까지 스며들 정도로 식초를 넣고, 1주일~10일 정도 차고 어두운 곳에 놓아둔다.
 ③ 식초에 담가두었던 양파를 꺼내 하루 50g 정도씩 먹는다.

－효모를 이용한 방법
 ① 양파를 즙을 내어 설탕을 넣는다.(많은 양을 하려면 물을 섞고 설탕농도를 잘 맞추어준다. 당도 24도, 잘 익은 포도 단맛보다 좀더 달게)
 ② 효모를 약간 넣는다(이스트).
 ③ 알코올 발효시킨다(25℃).
 ④ 초기 2－3일간은 효모 번식을 위하여 수시로 뚜껑을 열어 저어주거나 용기를 흔들어주고 2－3일 이후에는 외부공기는 못 들어가게 하고 탄산가스는 배출될 수 있도록 한지로 밀봉한다.
 ⑤ 대략 2주가 되면 양파 술이 된다.(술이 잘 되었는지 용기 안에 라이터나 성냥

불을 켜 꺼지지 않을 때)

⑥ 완성된 술(약 12도 정도)을 거름망으로 찌꺼기를 분리한다.

⑦ 식초 발효를 위해 물을 타서 알코올 도수(약 6도 정도)를 낮춘다.

⑧ 입구가 넓은 용기에 담아 초균이 숨을 쉴 수 있도록 모기장이나 그물망으로 덮고 실내 온도 30℃로 맞추어 초산 발효(초산균이 활동하는 최적온도가 30℃)한다.

⑨ 알코올 분량의 75%가 식초로 변한다. 위에 맑고 투명하게 뜨는 액을 따라내어 2차 숙성시킨다. 이때 기간은 대개 5-10℃에서 2-3개월이다.

⑩ 숙성이 끝나면 장기간 보관하기 위하여 저온 살균(60-65℃ 정도 물에서 30분간 살균)한다.

▶ 허브식초

주방에서 사용하는 식초와 잘 어울리는 허브는 딜, 펜넬, 타임, 로즈메리, 세이지, 라벤더, 캐모마일 등이다. 일반적으로 오일이나, 식초, 술 향낭 등 허브 가공품을 만들 때 한 가지 허브를 이용하는 것이 고유의 향을 유지할 수 있어 좋긴 하지만 궁합(향 배합)이 잘 맞는 허브끼리라면 여러 가지를 이용하는 것도 좋은 방법이다.

허브로 식초를 만들면 드레싱, 망네즈, 스프, 스튜 등에 잘 어울릴 수 있다. 가능하면 향이 첨가되지 않은 식초를 이용하는 것이 좋으나 없을 때는 사과식초가 대체로 허브와는 잘 어울린다.

• 만드는 방법

① 유리병에 식초를 담는다.

② 미리 준비해 놓은 프레시 허브를 물로 깨끗이 씻은 후 물기를 제거하고 병 크기와 비슷한 정도로 잘라 약 3~5줄기를 넣는다.

③ 약 1~2주 후에 음식에 첨가할 수 있다.

빨리 숙성되게 하려면 햇볕이 드는 곳에 둔다. 만약 장기간 보존하고자 할 때는 숙성된 허브를 꺼낸 후 보관하도록 한다.

▶ 산야초 발효액과 식초

산야초 발효액(효소)은 봄부터 겨울까지 산과 들에서 나는 초목을 채취하여 발효, 숙성시킨 것을 말한다. 물과 열을 가하지 않음으로 산야초에 있는 영양과 성분이 파괴되지 않으며 발효 중에 효소성분과 영양이 증가되는 우수한 산야초 이용법 중의 하나로 실온에 장기 보관이 가능하다.

● 이용가능한 산야초

강활, 땅두릅, 엄나무, 오미자, 마타리, 개미취, 참쑥, 산당귀, 솔잎, 만삼, 더덕, 오가피, 참나물, 곰취, 칡, 인진쑥, 뽕잎, 달개비, 돌미나리, 영아자, 돈나물, 박주가리, 질경이, 민들레, 물강활, 하수오, 둥글레, 왕고들빼기, 머위, 꼭두서니, 잔대, 나물취, 두릅, 떡취, 갈퀴나물, 쇠뜨기, 쇠별꽃, 벼룩나물, 큰까치수영, 며늘취, 메발톱꽃, 쥐손이풀, 풀솜대, 토끼풀, 개망초, 마, 달맞이, 단풍마, 새콩, 쇠비름, 참비름, 엉겅퀴, 백지, 수영, 고비, 향유, 기린초, 선밀나물, 꿀풀, 싸리나무, 산작약, 익모초, 느릅나무, 명아주, 황벽나무, 배초향, 우산나물, 짚신나물, 고마리, 개다래덩쿨, 생강나무, 붉나무, 개쉬땅나무, 돼지감자, 밀나물, 찔레순, 곤드레, 며느리배꼽, 며느리 밑씻게, 백당나무, 접골목, 미역취, 모시물퉁이, 씀바귀, 물레나물, 물양지꽃, 산소채, 멸가치, 뱀무, 여뀌, 참반디, 산복숭아잎, 쥐오줌풀, 맑은대쑥, 벌깨덩쿨, 광대수염, 차조기, 흰바위취, 노랑갈퀴, 고추나무, 메꽃, 점도나물, 노박덩쿨, 소루쟁이 등

● 산야초 발효액 만드는 법

봄부터 겨울까지 산과 들에 나는 초목들을 백 가지 이상이 되도록 채취한다(백 가지가 안 되더라도 가능한 한 다양하게 채취한다). 채취한 산야초를 깨끗이 씻어 채반에 건져 햇볕에 뒤적이며 물기를 말린다. 물기를 말린 산야초를 10~15㎝ 정도로 잘라 동일한 무게의 설탕을 넣어 항아리에 차곡차곡 담아둔다. 항아리는 한지나 광목으로 봉한 뒤 햇빛이 비치지 않는 곳에 두었다가 2~3 개월 뒤 걸러내어 액즙만 다시

항아리에 넣어 다음 해 여름까지 숙성시키는데 이렇게 충분히 발효시켜야만 효소 성분이 증가되고 설탕이 이당류에서 단당류 형태인 포도당과 과당으로 분해되어 설탕의 독성이 없어진다.

 * 발효액에 7~10배가량의 생수를 타서 마신다(70℃ 이하의 물). 요리에 단맛을 내는데도 아주 훌륭하다.

 • 산야초 발효액 부산물을 이용한 식초

 액즙과 분리한 찌꺼기에 생수를 겨우 잠길 만큼만 붓고 2~3시간 동안 우려낸 뒤 맑게 걸러낸다. (농도는 진하다고 느낄 수 있을 정도여야 한다.) 걸러낸 희석된 물을 항아리에 넣어 알코올에서 식초로 완전히 환원되는 데는 여름이 지나야만 되며, 맛을 보았을 때 술맛이나 떫은맛이 없고 식초 맛이 충분히 나면 이용이 가능하다.

 * 식초 발효가 덜 되었다고 판단되면 한 해 뒤에 여름이 지나면 된다.
(주의: 이때 겨울에 항아리가 얼어터지지 않도록 지하보관하거나 유의)

 ▶ 기타 식초

 양파식초는 양파 고유의 달콤하고 톡 쏘는 듯한 향이 특징이다. 유자로 만든 유자식초, 국산마늘을 섭씨 32도에서 발효시켜 만든 마늘식초 복숭아를 원료로 한 복숭아식초는 산도가 높고 색상과 향기가 뛰어나다.

 • 마시는 법

 요구르트, 우유, 꿀, 과실주, 냉수 등과 식초를 섞을 때는 역겹지 않고 부드럽게 마실 수 있는 정도의 산도를 지니도록 비율을 맞추어 무리하지 않게 마시는 것이 좋다.

 또한 한꺼번에 많이 마시는 것보다는 몸의 상태를 봐가면서 양을 조절해서 적당하게 마셔야 효과를 볼 수 있다.

과일로 식초 만들기

▶ 식초의 역할

식초는 조미료로서 동서양을 막론하고 애용되고 있지만 건강식품으로서 효과가 최근 들어 속속 입증되고 있어 소비자들의 관심이 높아지고 있다. 참외는 단맛이 많아 즐겨 찾는 과채류인데 휴대용 당도계로 측정한 당도로는 과육은 대체로 8~12° Brix 정도 되고 태좌부의 당도는 대체로 14~20°Brix 정도 된다. 당의 주성분은 자당(sucrose), 포도당(glucose), 과당(fructose)이며, 이들은 미생물의 이용률이 높기 때문에 참외는 발효식품으로서 가치가 충분히 있다고 추정할 수 있다.

식초는 알코올발효를 거쳐 생성된 알코올이 초산균에 의해 다시 초산으로 전환되는 과정이기 때문에 초기 알코올발효가 잘 일어나게 적정조건에서 실시해야 하며 알코올발효가 잘 일어나지 않으면 부패하기 쉽다. 당을 첨가하면 알코올발효가 비교적 잘 일어나므로 적정량의 당을 첨가하는 것이 좋으며, 사용하는 기구 및 용기도 미리 세척한 뒤 잘 건조하여 사용하도록 한다. 참외의 껍질, 과육, 태좌부 모두를 포함하여 파쇄한 뒤, 설탕을 무게중량으로 5~10%가량 첨가하고 시판 건조효모도 무게중량으로 0.5%를 첨가하여 잘 혼합한 후 발효시킬 용기에 담는다. 용량은 가득 담지 말고 전체의 3/4~4/5 되게 담는다. 용기에 담은 뒤 시판 소주를 전체 담금액의 1.4% 정도의 양을 참외 담금액 윗면에 뿌린다. 소량의 소주를 뿌린 후 발효용기를 잘 밀봉하여 약 2주간 두면 알코올발효가 진행된다. 그다음 개봉하여 초산발효를 약 4주간 시킨다. 식초가 제대로 되었으면 여과포로 여과한다. 여과한 액을 70℃에서 약 30분간 가온살균한 뒤 비교적 서늘한 곳에 보관하도록 한다.

사과, 포도, 감, 복숭아 등 과일로 식초를 만들어보자. 시중 가게에서 파는 식초는 과일식초와 성격이 전혀 다르다. 빙초산을 원료로 한 식초는 합성식초로 석유부산물을 이용한 것이기 때문에 강한 신맛을 내는 산미료일 뿐이며 중금속 잔류 독성 문제가 대두되고 있다. 그러나 과일식초는 초산 외에 각종 유기산과 아미노산 등 성분이 고루 들어 있는 영양식품이다. 이러한 식초는 동서양을 막론하고 예부터 애용되어온 전통발효식품이다. 곡류 중의 전분질이나 포도를 비롯한 각종 과실의 당분이 알코올발효에 의해 술이 되고 이 술이 오래되면 초산 발효에 의해서 산화되어 식초가 된다. 이 모든 과정이 옛날에는 자연발효에 의해서 이루어졌으며 따라서 술이 있는 곳에는 식초가 있었고 오래된 과실주나 쌀로 빚은 탁주로부터 양조식초를 만들게 되었다. 식초는 신맛을 내는 초산성분을 비롯하여 25종의 유기산과 감칠맛을 내는 글루타민산 등 20여 종의 각종 아미노산이 함유된 알칼리성 식품이다. 식초는 소화기관을 자극하여 소화액 분비를 촉진하고 청량감을 주어 식욕을 돋운다. 비린내를 없애고 생선뼈를 부드럽게 하여 각종 요리에서 빠질 수 없으며 원기회복에 큰 효과를 나타낸다.

▶ 만드는 방법

● 원 료
병반이 없는 잘 익은 과일을 이용하여도 좋으니 부산물(낙괴, 병든 과일)일 경우는 산도가 발효에 적합(0.4%)하여야 한다.

● 씻 기
과일을 흐르는 물에 잘 씻어 흙이나 모래 등 이물질을 제거한 후 바구니에 담아 물기를 뺀다.

● 으깨기
절구에 넣고 으깨기 전에 부패된 부분을 칼로 먼저 제거한다. 으깰 때는 금속 기구를 쓰지 말고(비타민 파괴) 가능한 한 스테인레스로 만든 기구를 사용하는 것이 좋다.

● 설탕 보충
알코올발효를 위한 과즙의 발효성 당 함량은 24% 정도라야 하는데 실제는 이보다 낮기 때문에 설탕을 첨가하여 당도를 높인다.

설탕을 첨가할 때는 [▲ 설탕첨가량(g)＝과즙무게(g) × (0.24−과즙의 실제당도)] 공식에 의해 산출한다.

복숭아의 공식은 [▲ 1백 50g＝1천g × (0.24−0.09)]이다.

● 알코올발효

당도를 24%로 만든 과즙을 항아리에 7할 정도로 채우고 서늘한 장소에서 발효시킨다. 발효 초기에는 공기가 잘 통해야 하므로 항아리 뚜껑을 망사와 같은 천으로 덮어준 후 하루에 1~2회씩 항아리를 흔들어주면서 통기량을 늘려 산소공급을 원활하게 한다. 온도에 따라 발효기간이 달라진다. 섭씨 15℃에서는 1~2주, 30℃에서는 수일 만에 발효가 끝나기도 한다. 대개의 경우 3~4일이 지나면 발효 최성기가 되는데 이때 비닐 등으로 항아리를 완전 밀봉하여 발효를 지속시킨다.

● 찌꺼기 분리

주발효가 끝나면 면으로 된 자루에 담아 눌러 짠다. 너무 심하게 누르면 과일껍질 등이 섞이고 주액이 혼탁해지므로 70% 정도만 짜내는 것이 바람직하다. 찌꺼기를 분리시킨 액은 초산발효용 원료가 된다.

● 초산발효

주액을 알코올농도가 4~6% 되도록 맑은 물을 섞어서 섭씨 25~30℃ 장소에 놓아두고 초산발효시킨다. 알코올초산발효는 산화반응이기 때문에 발효과정 중에 다량의 산소를 필요로 하므로 통기량을 많게 하기 위해서는 표면이 넓은 용기를 사용하여 액층을 낮게 한 다음 발효시킨다. 초산발효 최적조건은 알코올농도 4%, 실내온도 섭씨 30℃일 때이다.

● 익히기

식초 숙성기간은 식초 종류에 따라 다르다. 대개의 경우 섭씨 5~10℃에서 2~3

개월이 소요되며 숙성과정에서 고유한 초산의 자극냄새, 향미가 이루어지고 분해되지 않은 단백질, 펙틴 등이 침전되어 여과 정제를 용이하게 한다.

● 걸러내기

성숙이 끝나면 옛날에는 볏짚이나 보리 짚을 태운 검은 재로 걸렀으나 숯을 사용하여 면포로 여과하는 것이 더욱 효과적이다. 숯은 색소뿐 아니라 이상한 냄새, 불순물을 빨아들이는 능력이 커서 지금도 사용되고 있다. 최근에는 식초제조공장 등에서 규조토나 죠라이트를 사용하기도 한다.

● 살 균

식초에는 초산균 이외도 내산성의 불완전균이 남아 있을 수 있으므로 품질보존을 위해서 살균과정을 거칠 필요가 있다. 방법은 식초를 깨끗한 유리병에 넣고 섭씨 60~65℃에서 30분 또는 섭씨 80℃에서 5분가 가열하여 살균한다. 살균 후에는 마개를 꼭 막아서 서늘한 장소에 보관하면 장기간 깨끗한 위생적인 과일식초를 먹을 수 있다.

▶ 각종 과일의 당도

구 분	사 과	복숭아	포 도	감	살 구	앵 두	딸 기
당도(%)	12~15	9	14~18	12~14	7~9	10~13	7

● 복숭아 식초
▷ 재료: 복숭아 1kg, 설탕 150g

▷ 만드는 방법
① 재료준비: 잘 익은 과일을 깨끗이 씻어 으깬다.

② 설탕 넣기: 설탕을 넣어 발효에 적당한 당도(24%)를 만든다.
　　*설탕 넣는 양 (g)＝과즙무게(g)×0.24(과즙의 당도) 0.09(복숭아의 경우)
③ 알코올 발효: 항아리에 7할 정도 채우고 서늘한 장소에서 3~4일 발효시켜 완전 밀봉한 후 10일 정도 발효시킨다.
④ 찌꺼기 분리: 알코올 발효가 끝나면, 면 자구에 담아 70% 정도 짠다.
⑤ 초산발효: 알코올 농도가 4~6% 되도록 맑은 물을 섞어 24~30℃에서 초산발효시킨다.
⑥ 걸러내기: 5~10℃에서 2~3개월 익힌 후 숯을 사용하여 면포로 걸러낸다.
⑦ 살균보관: 깨끗한 유리병에 넣고 80℃에서 5분간 중탕 살균하여 서늘한 곳에 보관한다.

● 감식초
▷ 재　료: 연시(빨갛게 익은 홍시) 3kg 드라이이스트 ½작은술
▷ 만드는 방법
① 빨갛게 익은 연시를 물에 살짝 씻어 물기를 제거한다.
② 파쇄하여 항아리에 넣는데 이때 항아리에 물기가 없게 하고 감의 양이 항아리에 70%가 되게 해야 나중에 발효될 때 넘치지 않는다.
③ 항아리 입구를 베보자기로 덮어 공기가 잘 통하게 한다.
④ 처음에는 15~20℃에서 6~7일간 두었다가 점차 온도를 높여 25~30℃에서 6개월에서 1년간 자연발효시킨다.
⑤ 알코올발효가 일어나기 시작할 때 폭폭 소리가 나면 항아리를 흔들어주어 통기량을 늘려 산소 공급을 원활하게 하여 발효를 촉진시켜 준다.
⑥ 주발효(酒醱酵)가 끝나면 찌꺼기를 압착제나 베로 만든 자루에 담아 압착하여 70% 정도를 걸러낸다.
⑦ 압착한 액을 알코올 농도가 4~6%가 되도록 끓여 식힌 물을 부어 희석한 다음 다시 항아리에 담아 25~30℃에서 3개월 초산발효시킨다.
⑧ 초산발효 후 깨끗한 유리병에 식초를 넣고 60~65℃에서 30분, 80℃에서 5분

간 가열하여 살균한다.

⑨ 살균 후 마개를 꼭 막아서 서늘한 곳에 보관한다.

※ 감은 다른 과일의 8배가 되는 비타민 C를 함유하고 있다. 피부노화를 방지해 주고 고혈압과 심장병 등 순환기계 질병에 탁월한 효과가 있다. 초산발효의 최적조건은 알코올 농도가 4%, 배양온도가 30℃일 때 초산 생성률이 가장 높다. 주액(酒腋)을 초산발효할 때 정중 표면에 초산균막이 형성되는데 이 균막을 제거하거나 흔들어서 가라앉히면 균막이 형성될 때 온도가 급격히 떨어져 발효가 늦어지므로 움직이지 말고 발효시켜야 한다. 초산발효 후 과실식초의 발효기간은 식초의 종류에 따라 다르나 대개의 경우 5~10℃에서 2~3개월이 소요되며, 숙성과정 중에 고유한 초산의 자극성이나 향미의 원숙함이 이루어지고 미분해 단백질, 펙틴, 균체 등이 침전되어 여과정제를 용이하게 한다. 식초를 6개월 이상 저장하면 초산의 자극냄새가 감소되고 향기와 맛을 내게 되는데 주정(酒精)과 초산이 숙성 중에 발효 에스테르 (ester)로 변하기 때문이다.

단단한 감은 약간 말랑할 때까지 두었다가 담그면 숙성이 빨리된다.

감이 너무 딱딱하면 쌀겨 속에 1주일 정도 넣어두고 말랑말랑해졌을 때 담근다.

집에서 직접 딴 농약 치지 않은 감으로 감식초를 만들 때는 드라이이스트를 넣지 않아도 된다.

▷ 감식초 먹는 법

물과 감식초를 1:3으로 섞어 무침이나 드레싱을 만들 때 사용하기도 하고 묽게 한 감식초를 1일 2회 마셔도 된다.

기타 드레싱 등 온갖 요리에 사용할 수 있다.

▷ 감식초를 만드는 적기

11월에서 1월로 잘 익은 감이 좋다

▷ 감식초 성분과 효과

생수 100cc에 감식초 10cc를 섞어 공복 시에 먹으면 훌륭한 건강식이 된다. 감성분 중의 하나인 타닌산은 점막 표면조직의 수렴 작용을 통해 설사와 배탈을 멎게 하고, 폐결핵, 기관지 확장, 폐종양, 자궁 출혈, 치질 등으로 인한 체내 출혈을 억제하는 지혈 효과가 매우 뛰어나다.

감은 비타민 C를 많이 함유하고 있는데, 이 비타민 C는 교원질(collagen)이라는 섬유단백질을 합성해 혈관을 튼튼하게 해줌으로써 고혈압 등 혈관 계통의 질병과 심장병 등 순환기 계통의 질병을 예방하고 치료하는 효과가 뛰어나다.

감은 여타 과일이나 채소류보다 월등히 많은 비타민 C를 함유하고 있어 여러 종류의 바이러스에 대한 저항력을 증가시키고, 감기예방에 뛰어난 효과가 있다. 감식초는 음식물의 pH를 저하시켜 그 보존력을 높이고, 신맛을 통해 소화액의 분비를 자극함으로써 입맛을 돋우고, 인체의 에너지대사에 관여하여 피로를 빠르게 회복시켜 준다.

양념으로도 널리 사용되는 감식초는 천연 시트르산을 다량 함유하고 있어 살균 작용이 강하고, 소화액 촉진과 체질 개선 작용이 강하다.

여러 가지 식초 중에서 가장 좋은 것이 감식초이고, 초란을 만들 때에도 감식초를 사용하면 좋다. 생식할 때 채소에 감식초를 쳐서 먹으면 맛도 좋고 소화도 잘 된다.

● 포도식초(피로 해소, 부종, 빈혈 예방)

가능하면 농약을 적게 사용하거나 무농약으로 기른 포도가 좋다. 상처가 없고 싱싱한 것만 골라서 쓴다.

▷ 재료: 포도 2kg, 드라이이스트 2g
▷ 만드는 방법
① 포도 한 알, 한 알을 딴 뒤 포도송이의 줄기를 제거한다.
② 가볍게 흐르는 물에 깨끗이 씻은 후 먼지와 물기를 제거한다.
③ 포도를 껍질째 믹서에 갈아 과즙을 만든 후 설탕을 넣는다. 포도 무게의 10% 정도가 적당한 양이다.

④ 다음 병에 넣고 포도량의 2~3배 분량의 소주를 부어 3개월 정도 발효시킨다.

⑤ 기간이 지나면 다시 체에 거른 뒤 병에 담아 밀봉한다.

⑥ 체에 거른 다음 항아리나 유리병에 70% 정도만 차지하게 담고 종이나 가제로 덮고 직사광선이 닿지 않는 곳에 둔다.

⑦ 3-4일 정도는 하루에 1~2회 항아리나 유리병을 흔들어주고 그 후에는 완전 밀봉해 발효가 잘 되도록 한다. 15℃의 상온에 3~4주, 20~25℃에서는 1~2주 동안 발효시킨다.

⑧ 알코올 발효기간이 끝나면 자루에 담아 꼭 짠 다음 면보에 다시 거른다. 그 후 4-5개월 정도 숙성시키면 감칠맛 나는 포도식초가 된다.

⑨ 깨끗한 유리병에 담아 80℃에서 5분간(또는 60~65℃에서 30분간) 잠깐 소독한다. 후에는 서늘한 장소에 두고 먹는다.

⑩ 보통 술을 만들 때에 쓰는 효모는 당분을 알코올로 바꾸어준다. 식초를 만들 때에 쓰는 효모는 알코올을 식초로 바꾸어준다. 식초를 만드는 이 효모는 '초산균'이라고도 부른다. 따라서 식초를 만들려면 알코올을 만드는 효모와 식초를 만드는 초산균이 모두 필요하다. 누룩은 쌀을 이용해서 효모를 배양한 덩어리라고 생각하면 된다. 따라서 누룩을 넣어도 된다. 그러나 누룩을 쓰는 것보다는 포도에 있는 효모를 그대로 쓰는 것이 좋다.

※ 담그는 시기는 9~10월경이 가장 적기이며 칼륨의 함유량이 높은 과일이므로 고혈압에 시달리는 사람에게 좋으며 원기회복과 식욕증진에도 효과가 있다.

▷ 먹는 법: 각종 냉채 요리에 사용하고 여름철에는 생수에 타서 마시면 좋다.

▷ 과일 고르기

과일을 살 때에 잘 살펴보면 껍질에 하얀 가루 같은 것이 붙어있다. 그 하얀 가루가 바로 효모이다. 보통은 꼭 농약이 말라서 그런 것 같아서 반들반들한 것으로 고르는데 사실은 맛있는 과일일수록 효모가 많아서 그런 거다. 아주 단 포도나 사과는 꼭 밀가루를 묻힌 것처럼 하얗게 효모가 끼어 있다. 그런 과일이 식초를 만들 때에 좋다. 과일 껍질에 효모가 많으면 따로 누룩을 넣어주지 않아도 되고 과일을 좋아하는 효모를 그대로 쓸 수 있으니까 더욱 좋다. 효모도 종류가 많다 그러나 되도록이면 과일에 붙어 있는 효모 그대로 쓰는 것이 좋다. 과일 표면이 반들반들 반짝반짝 윤이 나면 효모가 없는 거니까 그때에는 누룩을 써야 한다. 누룩을 구하기 힘들면 효모가 살아 있는 막걸리를 한 숟가락 정도 넣으면 되는데 효모가 살아 있는 막걸리는 병을 흔들고 뚜껑을 열었을 때에 콜라나 사이다처럼 거품이 생기는 막걸리어야 한다.

※ 성경 속에서의 포도

성경에서 포도를 처음으로 재배한 사람으로 노아가 등장한다. 노아가 마셨던 술도 포도주로 기록돼 있다. 포도는 세계에서 가장 생산량이 많은 과일 중 하나이다. 포도는 유럽이 주산지이지만 원산지는 본래 아시아 서부, 카스피해 지역 코카사스 등지로 알려져 있다.

포도 재배와 포도주의 역사적 기원을 살펴보면, 그리스 북쪽에서 기원전 4500년경 것으로 추정되는 포도씨가 발견됐다. 또 기원전 2500년대 고대 이집트 왕조 벽화에서 포도주 제조기록도 발견됐다. 이처럼 인류가 포도를 재배해 사용한 것은 아주 오래전 일이라는 것을 알 수 있다. 중국에서는 포도가 귀한 약재로 뼈와 근육을 튼튼하게 하고, 자양강장과 허기나 감기에 효능이 있다고 생각했다. 우리나라는 조선조 초기에 비로소 재배하기 시작했다고 한다. 성경에는 포도에 관한 이야기가 많이 나온다. 포도는 포도나무, 포도원, 포도주, 건포도, 포도즙 등 다양한 표현으로 등장하는 귀중한 식물이다. 특히 이스라엘 사람들은 포도를 평화와 축복 그리고 풍요와 다산의 상징으로 사용했다. 구약 성경에서 젖과 꿀이 흐르는 축복의 땅(가나안)을 포도에 비유하기도 했다. 또한 포도는 가나안 땅에서 밀과 보리, 무화과와 석류, 올리브 나무와 대추야자와 함께 축복받은 7가지 식물 중 하나였다(신명 8, 7-10 참조).

재미있는 것은 모세가 가나안 땅에 정탐꾼들을 보냈을 때 에스골 골짜기에서 포도 한 송이가 달린 가지를 막대 사이에 꿰어서 두 사람이 어깨에 메고 돌아왔다는 기록이 있다(민수 13, 23 참조). 그만큼 포도가 크다는 것을 과장한 것인데, 당시

포도는 자두만 한 크기로 열렸다고 하니 허무맹랑한 소리만은 아니다. 사실 오늘날 팔레스티나 지역 포도송이는 대단히 크게 열린다. 또한 포도는 하나님 자비의 상징이기도 하다. 그래서 포도를 수확할 때 남김없이 따지 않고 포도밭에 떨어진 포도도 줍지 못하도록 했다. 가지에 남은 포도와 땅에 떨어진 포도는 가난한 사람들과 몸 붙여 사는 외국인 몫이 되도록 했다(레위 19, 10 참조).

신약 성경에서 하느님은 '포도원의 주인'이라 하고, 예수님은 '포도원의 참포도나무'라고 표현한다. 예수님은 제자들과 친밀한 관계를 포도나무와 가지에 비유하기도 했다(요한 15, 1-3 참조). 예수님 시대에는 신 포도주에 물을 타서 노동자의 음료수로 만들어 먹었다. 십자가에 달리신 예수님께 로마병사가 드린 신 포도주가 바로 당시 노동자들이 마시던 음료였다. 그리스도 교인으로서 첫 로마황제였던 콘스탄티누스 대제(A.D. 280~337년)는 포도는 구세주 예수 그리스도를 상징한다고 했다. 그러나 포도의 가장 큰 상징은 우리 죄를 속죄하시려고 예수님이 흘리신 피가 포도주로 표현됐다는 것이다. 예수님이 제자들과 함께 행한 최후 만찬에서 포도주는 언약의 피로 상징됐다(마태 26, 26-28 참조).

오늘날에도 미사주는 포도주로 사용되고 있으니, 그리스도교 신자들에게 포도는 특별한 의미가 있는 과일임에 틀림없다. 따라서 오늘날에도 포도는 그리스도교의 문장처럼 성화나 교회 건축물, 제의 등에도 많이 쓰이고 있다.

● 바나나식초
바나나에 포함되는 펙틴과 올리고당, 흑당의 칼슘, 인(燐), 철, 칼륨, 마그네슘, 아연, 구리 등이 풍부한 미네랄에 높은 당분에 초 사워(sour)가 플러스되어서, 냉증이나 부종의 해소, 아름다운 피부효과에 다이어트 효과도 있다.

▷ 성분(큰 1숟가락): 28㎉, 염분 0.0g, 지방질 0.0g, 흑초 12.5㎖
▷ 재료(450㎖ 병 1개분): 바나나 100g, 흑당 (분) 100g, 흑초 200㎖
▷ 만드는 방법
① 바나나는, 껍질을 벗겨서 정량 100g 준비한다. 폭 2㎝의 둥글게 자른다.

② 병에 흑당과 바나나를 넣고, 흑초를 붓는다.

③ 뚜껑은 하지 않고, 전자레인지 600W 30초(500W40초) 가열한다.

④ 꺼내고, 뚜껑을 한다.

* 12시간 후에서 섭취할 수 있다.

* 실내에서 보존한다. 1년이라도 OK.

* 바나나는 산지에 따라서는 섬유가 산으로 녹는 것이 있어서, 1주일 경과하면 꺼낸다. 담근 바나나도 맛있다.

* 흑식초는 당도가 높은 종류도 있어, 그 경우는 흑설탕의 양을 삼가는 또는 설탕은 사용하지 않고 바나나초를 만든다. 당도가 지나치게 높아지면, 바나나식초가 발효되고, 알코올이 되어버린다.

※ 다이어트에 바나나식초가 효과적

일본 TV NHK에서 바나나식초의 효과가 방송돼 큰 반향을 불러일으켰다. 일본뿐만 아니라 뉴욕에서도 바나나식초는 각광받고 있다. 바나나식초는 특히 지방 연소를 활발하게 하며 원기회복 효과도 높다. 바나나에는 원기회복, 변비 예방, 고혈압 예방 등 효과가 있는데, 이러한 바나나를 식초에 담그면 식초의 초산 성분과 결합돼 시너지 효과를 일으킨다. 바나나식초는 신진대사 촉진, 혈액순환 개선 등 다양한 효과를 보이며 지방, 탄수화물 등 영양소를 분해하는 효과도 있다. 또한 체내에 축적된 지방을 연소해 다이어트 효과가 크다. 바나나에는 식물성 섬유질이 포함되어 변비에도 효과적이다. C형 간염 환자에게도 효과적이라는 임상실험 결과가 있다. 혈압이나 고지혈증을 앓고 있는 환자에도 효과적이다.

바나나 한 개를 2㎝ 두께로 썰어 500㎖ 용기에 담는다. 여기에 사과식초 200㎖를 넣어 용기 뚜껑을 덮은 채 전자레인지에 30초간 돌린다. 냉장고에 보관했다가 하루가 지난 뒤부터 마신다. 아침, 점심, 저녁 식사 전 한 숟가락씩 하루 세 번 먹는다. 그냥 먹기 힘들면 우유나 요구르트와 함께 마셔도 좋다.

● 딸기식초

▷ 재료: 딸기(산딸기도 가능) 2kg, 드라이이스트 2g

▷ 만드는 법

① 물에 씻어 과즙 모양이 될 때까지 으깬다.

② 과즙을 60℃에서 2~3분간 가열 살균한 뒤 과액은 용기째 찬물에 담가 식힌다.

③ 드라이이스트를 섞은 다음 용기를 종이나 가제로 덮고 보관한다.

④ 약 3개월 정도면 식초가 완성되는데 2개월 정도 더 숙성시킨다.

※ 담그는 시기는 4~5월이 적당하며 비타민과 나트륨의 함유량이 풍부하여 원기회복과 고혈압 등에 효과가 있다. 샐러드나 생야채에 사용하면 훨씬 딸기 특유의 향을 느낄 수 있으며 음료로도 마실 수 있다.

● 매실식초

매실은 그 자체만으로도 신맛을 내는 조미료로 사용되기 때문에 식초재료로는 더없이 잘 어울린다. 매실의 신맛은 구연산의 신맛인데 원기회복에 특히 좋다고 한다.

▷ 재료 및 분량: 매실 60%, 황설탕 40% (또는 매실 80%, 황설탕 20%)

▷ 만드는 방법

① 약간 노릇하게 익은 매실을 깨끗이 씻어 물기를 제거한다.

② 오지로 만든 항아리에 황설탕과 켜켜로 담고 적당량을 남겨 위를 덮고, 창호지나 한지로 밀봉한 뒤 뚜껑을 덮는다.

③ 햇볕이 잘 드는 양지(마당이나 장독대)에 자리를 잡아 5개월간 알코올발효를 거친 다음, 매실은 건져내고 부드럽고 구멍이 미세한 천으로 걸러낸다.

④ 새 항아리에 주액만을 담고 다시 4~5개월간 숙성시킨다.

※ 매실식초는 조미료용보다 음료로 또는 약으로 마시기에 좋다. 조미료용으로 쓰려면 원료를 60:40의 비율로 하면 된다.

※ 매실식초는 원료 자체가 가지고 있는 구연산 및 사과산, 호박산, 주석산 등이 많이 함유되어 있다.

● 사과식초

▷ 재료: 사과 4kg, 설탕 360〜500g

▷ 만드는 방법

① 흠집이 없고 단단한 것을 고른다. 흠집이 있을 때는 흠집을 완전히 도려내야 한다.

② 사과는 물로 잘 씻은 뒤 물기를 완전히 제거한다. 사과는 크기가 큰 편이므로 4〜6등분하는 것이 좋다.

③ 사과·배를 껍질을 벗기고 씨 속을 제거한 다음 마쇄한다(금속은 피할 것).

④ ②의 사과를 항아리에 차곡차곡 담고 윗부분에 누룩가루를 뿌린다. 집에서 기른 사과거나 무공해 농산물일 때는 누룩가루를 뿌리지 않아도 좋다. 알코올발효를 위해서 반드시 설탕을 첨가하고 유리병이나 항아리에서 발효시킨다.

⑤ 알코올발효기간은 15℃에서는 3〜4주, 20〜25℃에서 1〜2주, 28〜30℃에서 5〜10일이 요구된다.

⑥ 면이나 베로 된 자루를 이용하여 짜내는데 주액과 주박을 분리한다.

⑦ 발효시킨 주액만을 끓여 식힌 물 동량과 혼합한다(알코올함량이 6% 정도로 되게).

⑧ 종이나 가제로 용기의 입구를 덮고 25〜30℃에서 초산발효시킨다.

⑨ 초산발효 후 균막이 생기는데 건드리지 말고 그대로 둔다.

⑩ 서늘한 곳에서 윗부분을 짚이나 거즈, 흰 종이로 덮고 돌로 눌러주고 2〜3개월간 숙성시킨 후 여과한다.

⑪ 3〜4개월이면 식초가 완성된다. 식초 원액을 거즈에 한 번 걸러 깨끗한 병에 담아두고 사용한다.

※ 알아두기

사과식초를 만들 때 레몬을 첨가해도 좋다. 레몬이 사과의 갈변을 막아주어 식초가 맑고 고운 색을 유지한다. 레몬은 즙을 내어도 좋고 3〜4등분해 사과 조각 사이사이에 넣어도 된다. 사과는 어느 종류의 것이나 관계없다. 그러나 수분은 적고 당도만 높은 종보다는 적당히 달고 과즙이 풍부한 종이 좋다. 그래야 식초도 많이 나오고 발효도 잘 된다.

※ 효능·효과

사과식초는 정장작용 효과가 있다. 사과는 물에는 녹지만 소화·흡수는 되지 않는 펙틴이 함유되어 있다. 펙틴은 장의 움직임을 원활하게 해 배변을 돕는 물질로서 발효시켜 식초로 만들어도 그대로 남는다. 또한 펙틴은 콜레스테롤을 배출시키는 효과도 있다. 용도: 2~3배 희석해 샐러드드레싱이나 초무침할 때 사용해도 되고 더 희석해 음료로 마셔도 좋다. 사과식초는 고기 요리에 특히 좋다. 사과식초와 고기를 함께 먹으면 식초의 신맛 덕분에 소금을 덜 섭취하게 되고 고기와 함께 먹는 야채의 유익한 성분의 흡수율을 높인다. 또한 식사 뒤에는 육류 속에 들어 있는 콜레스테롤의 배설을 촉진한다.

※ 칼륨이 풍부한 사과식초

칼륨을 비롯한 사과의 유효 성분이 그대로: 미국 동쪽의 버몬트주는 장수 마을로 유명한데 버몬트주에 예부터 전해 내려오는 민간요법 때문에 그렇게 장수자가 많다고 한다. 버몬트 요법이라고 불리는 그 민간요법은 벌꿀, 사과초, 해조 등 세 가지를 기본으로 하는 자연식요법이다. 한때 버몬트주의 장수 원인을 연구한 자비스라는 의사가 저술한 「버몬트 민간요법」이라는 책이 베스트셀러가 됨에 따라 버몬트 요법이 미국뿐만 아니라 전 세계의 관심을 끌었다. 오늘날 버몬트라고 하면 해조를 제외한 꿀과 사과초를 섞어서 만든 건강음료를 말한다. 꿀에는 비타민 B군, 엽산, 미네랄 등이 풍부하게 들어 있어 성장촉진, 노화방지 등 작용이 있으며, 성인병의 예방에도 효과가 있다 함은 누구나 다 아는 사실이다.

사과초는 사과즙을 발효시켜서 만든 식초이다. 사과의 성분은 수분이 89%, 당질이 10%, 비타민 C, 미네랄 등으로 되어 있는데 사과의 가장 중요한 특징은 칼륨이 많이 들어 있다는 사실이다. 인체에 칼륨이 모자라면 발육부진, 고혈압, 만성피로, 심장장애 등이 생긴다. 사과초는 사과즙을 발효시켜서 우선 술이 되게 한 다음에 식초균을 작용시켜서 식초가 되게 만든 것이다. 사과초 속에는 칼륨을 비롯한 사과의 유효 성분이 그대로 들어 있다. '버몬트 드링크'라는 건강음료를 만드는 법을 소개하면 사과식초 2큰술, 꿀 2큰술에 물을 적당히 넣어 하루에 몇 차례 마시면 된다. 위액 속에 산이 적은 사람은 밥 먹기 전에 버몬트 드링크를 마시면 식욕이 생기고 소화가 촉진된다. 당근즙을 버몬트 드링크에 섞어 마시면 여름철 더위에 지쳤을 때 효과가 있다.

※ 버몬트주에서 하고 있는 사과식초요법을 알아보면

첫째, 임신해 입덧이 생겼을 때 물 1컵에 사과초를 찻숟가락으로 하나를 섞어 마시면 가라앉는다.

둘째, 현기증이 생겨 어지러울 때 사과식초와 꿀을 찻숟가락으로 2개씩 넣어 물을 타서 마신다.

셋째, 세수를 한 후에 세숫대야에 새로 물을 담고 사과식초와 꿀을 큰 스푼으로 1개씩 넣고 다시 한 번 헹구면 피부가 매끄러워지며 화장이 잘 먹는다.

넷째, 감기, 기침, 목 아픈 데도 사용된다.

● 석류식초
▷ 재료: 석류 1~2개 정도, 설탕 ¼
▷ 만드는 방법
① 석류를 일단 깨끗이 닦는다.
② 석류 봉우리에 +자 모양을 내준다.
③ 많이 담으려면 5~6개 정도 적게 담으려면 2~3개 정도 병에 담아준다.
④ 이때 봉우리가 아래쪽으로 가도록 넣는다.
⑤ 석류를 반으로 잘라서, 석류 알만 뜨거운 물로 소독한 유리병에 담는다.
⑥ 식초를 부어준다. 이때 넣는 식초는 사과식초나 양미식초가 좋다.
⑦ 석류를 담은 유리병에 설탕 ¼을 넣고, 3개월간 발효시킨다.

- 유자식초

  ▷ 재료 및 분량: 유자 속 5kg, 막걸리 1.8리터

  ▷ 만드는 방법

① 유자는 속청만 한데 모아 씨를 뺀다.

② 오지로 된 초 단지나 작은 항아리에 담고 쌀로 만든 전통 막걸리를 붓는다.

③ 항아리는 모기장 같은 그물망을 씌운 뒤 뚜껑을 덮는다.

④ 바람이 잘 통하고 아침이나 저녁때 햇볕이 드는 곳에서 발효시킨다.

- 키위식초

  ▷ 재료: 키위 100g, 사과식초 200㏄, 설탕 100g

  ▷ 만드는 방법

① 키위는 껍질을 벗기고 잘게 썬 뒤 입구가 큰 소독한 병에 담는다.

② 키위 위에 흑설탕을 골고루 뿌린다.

③ 흑식초를 붓고 2~3번 고루 섞은 뒤 전자레인지에 넣고 30초정도 살짝 가열
   한다.

④ 서늘한 곳에 하루 정도 두었다가 음용한다.

- 오렌지식초

  ▷ 재료: 오렌지 100g, 현미식초 200㏄, 설탕 100g

  ▷ 만드는 방법

① 오렌지는 껍질을 벗기고 1㎝ 두께로 썰어 병에 담는다.

② 오렌지 위에 흑설탕을 골고루 뿌린다.

③ 흑식초를 붓고 2~3번 고루 섞은 뒤 전자레인지에 넣고 30초 정도 살짝 가열
   한다.

④ 서늘한 곳에 하루 정도 두었다가 음용한다.

■■■
증상에 맞는 초식품

▶ 만성피로

영양의 밸런스가 깨지거나 무리한 운동으로 대량의 에너지를 소비하면 불완전 연소된 영양분의 찌꺼기가 혈액 속에 남게 되어 피로를 자주 느끼게 된다.

● 활용법

가벼운 운동 후에도 피로가 쉽게 가시지 않는다면 식초 또는 구연산 10−15g 정도를 물에 희석하여 마시면 단맛도 있고 음료수로 마시기에 좋다.

● 땅콩 초절임
▷ 재료: 껍질 벗긴 땅콩 1컵, A재료(현미식초 1.5컵, 미림 2큰술, 간장 2 / 3큰술, 꿀 1 / 2컵)
▷ 만드는 법
① 땅콩 껍질을 벗긴다.
② 냄비에 A재료를 넣고 불에 올려 끓인 뒤 식혀둔다.
③ 병에 껍질 벗긴 땅콩을 넣고 식혀둔 A재료를 부어 밀폐한다.
만든 뒤 이틀이 지나면 잘게 썰어 샐러드나 들레싱에 곁들여 먹는다.

▶ 비　만

식생활이 점점 서구화되가면서 과식, 운동부족으로 인한 비만이 늘어나고 있는데 이럴 경우 심장이나 혈관에 부담을 주어 다른 합병증을 유발하게 된다.

● 활용법

술잔에 현미식초를 하루 1~2잔씩 마신다. 특히 그냥 마시기가 조금 거북스러울 때는 물로 희석해서 마시도록 하고 구연산은 작은 숟가락으로 1~2스푼 정도 첨가해서 마시는 것도 좋다.

● 호박 초절임
▷재료: 호박 1개, 소금 1작은술, A재료(현미식초 2컵, 다시마 국물 1컵, 미림 1 / 2컵, 꿀 1큰술, 소금 1 / 2작은술, 붉은 고추 1개), B재료(월계수잎 1장, 통후추 4알)
▷만드는 법
① 완전히 익지 않은 호박을 세로로 잘라 속을 걷어내서 잘 씻어낸 뒤 3㎜ 두께로 썬다.
② 충분히 물을 끓여서 소금 1작은술을 넣은 뒤 호박을 넣어 2분간 삶아서 식힌다.
③ 냄비에 현미식초 다시마국물, 미림, 소금을 넣고 불에 얹어 젓가락으로 저어 꿀을 녹인다.
④ 병에 ②와 월계수잎, 씨를 제거한 붉은 고추, 통후추를 넣고 식힌 ③을 부어 밀봉한다. 담근 후 하루가 지나면 바로 먹을 수 있다.

▶ 변 비
대체로 심한 다이어트 중이거나 섬유질이 부족하면 변비에 걸리기 쉬운데 그 외에도 정신적인 긴장이나 피로 때문에 변의를 느끼지 못하는 사람들도 있다.

● 활용법
한 컵의 우유에 술잔 하나의 사과식초를 섞어 마시거나 우유 대신 물에 희석해서 꿀을 섞어 마신다.

● 버섯 초절임
▷재료: 팽이버섯 2봉지, 양송이버섯 1봉지, A재료(현미식초 3 / 4컵, 다시마국물 1 / 3컵, 미림 3큰술, 간장 1큰술, 정종 1 / 2큰술, 소금 1 / 4작은술) 붉은 고추 1

개, 생강 3쪽, 다시마 1장

▷ 만드는 법

① 버섯은 밑동을 잘라내고 통째로 끓는 물에 살짝 데친 다음 체로 건져 물을 뺀다.

② 냄비에 A재료를 넣고 불에 올려 끓인 다음 불을 끄고 씨를 뺀 붉은 고추와 끓는 물에 데쳐낸 생강을 곁들인다.

③ 병에 ①과 다시마를 놓고 ②를 부어 밀폐한다. 하루가 지나면 다시마는 건져 내고 먹는다.

▶ 당뇨병

당뇨병은 먹을거리가 풍성해지면서 미식가나 대식가에게 많이 생기게 되는데 워낙 좋아하는 음식만을 많이 먹기 때문에 영양의 밸런스가 깨져 생기게 된 것이다.

● 활용법

식초나 구연산을 마시는 것이 가장 효과적이며 음식물과 함께 섭취할 경우 어육이나 채소에 식초를 친 요리 등도 많이 먹어주면 좋다.

● 초절임 콩

▷ 재료: 콩 1컵, A재료(현미식초 2컵, 다시마국물 1/2컵, 미림 2큰술, 청주 1큰술), 다시마 1장

▷ 만드는 법

① 콩은 잘 씻어 채반에 건져내어 반나절 정도 응달에서 물기를 뺀다.

② 프라이팬에 ①을 넣고 타지 않을 정도로 약한 불에 잘 볶는다.

③ 냄비에 A재료를 넣고 불에 올려 끓인 다음 식힌다.

④ 다시마는 젖은 수건으로 물기를 닦아낸다.

⑤ 병에 ②와 ④를 넣고 ③을 부어 밀폐한다. 2일 후부터 하루 10알 정도씩 먹으면 좋다.

■ ■ ■
초와 궁합

▶ 식초 콩

● 만드는 방법
① 검정콩을 빠른 시간 안에 깨끗한 물에 헹군 다음 물기를 제거한다. 이때 빠른 시간 안에 콩을 헹구고 물기를 제거해야 한다. 그렇지 않으면 콩이 물에 불어 금방 쭈글쭈글해진다.
② 준비된 병에 콩을 먼저 담은 다음 식초를 붓는다. 콩과 식초의 비율은 1:3 정도가 적당하며 준비된 병에 콩을 너무 많이 담지를 말아야 한다. 콩을 너무 많이 담으면 나중에 콩이 많이 불기 때문에 넘칠 우려가 있다.
③ 식초 위로 떠오른 콩은 건져낸 다음 뚜껑을 닫고 냉장고에 일주일 정도 보관한다. 보관할 때는 뚜껑을 열지 않는 것이 좋다. 뚜껑을 중간에 열면 공기와 접촉하여 산화가 되므로 중간에는 절대 열지 말기 바란다.
④ 일주일 후 식초와 콩을 체에 내려 따로따로 분리시킨다. 산도가 높은 식초는 위벽을 헐게 하므로 반드시 콩을 체에 걸러 초 콩만을 먹도록 한다.
⑤ 걸러낸 콩을 병에 담아두고 식사 뒤 5~10알씩 꼭꼭 씹어 먹는다.
걸러진 식초는 잘 보관해 다른 음식준비에 이용하면 좋다.
잠깐! 이런 방법도 있다.
날콩을 먹는 것이 어렵다면 약한 불에 살짝 볶은 콩을 사용해도 된다.

● 식초 콩의 효능
① 숙변제거 및 다이어트식 – 신진대사촉진, 노폐물을 원활히 배설시킴으로써 지방을 제거하고 장의 운동을 활발히 하여 준다.
② 체질개선식 – 산성을 알칼리성으로 바꿔줌으로써 원기회복 및 숙취해소에 좋다. 식초는 혈액을 정화시키는 작용을 한다. 식초의 주성분인 초산이 몸속의 노폐

물과 각종 산성 물질을 체외로 배출시켜 체내의 신진대사를 원활하게 한다. 육체, 정신노동으로 몸속, 뇌 속에 피로의 산물인 젖산이 쌓이면 이를 분해시키는 것도 식초의 몫이다. 초 콩은 약알칼리성 식품으로 육류나 곡류 등 산성식품 위주로 식사하는 사람에게 좋다.

③ 탈모예방－현재 북한의 민간요법으로 식초 콩은 혈압을 내려주고 콜레스테롤, 머리칼 빠지기에 효과가 있다고 한다.

④ 당뇨, 고혈압, 간장병 등 성인병에 효과가 있다고 한다. 특히 초 콩은 갱년기 장애와 오십견에 도움이 된다.

▶ 검정 콩 차

▷ 재료: 검은콩 1컵, 물 2컵
▷ 만드는 방법

① 검정콩을 골라 씻은 뒤 잘 말려둔다.

② 말린 콩을 달달 볶는다.

③ 콩이 잠길 정도의 물을 붓고 10분간 끓인다.

④ 까만 콩물이 우러나면 체에 밭쳐 수시로 마신다.

마실 때 꿀이나 설탕을 타서 마시면 되는데, 다이어트까지 원한다면 콩 차만 마시는 것이 좋다. 치매 예방에 좋고, 해독작용이 있어서 만들어두고 보리차처럼 마시면 좋다. 다이어트 효과도 누릴 수 있다

▶ 식초린스

피부는 알칼리성이지만, 피부의 표면만큼은 건강한 상태인 약산성이다. 약산성 상태인 피부는 저항력이 강해서 다른 세포 증식을 억제하기 때문에 식초와 같은 유기산을 공급해서 피부를 약산성으로 되돌려주면 두피의 건강과 신진대사를 높여주는 데 도움이 된다. 식초는 강력한 살균 작용력이 있어 머리카락이 많이 빠지면서 두

피습진까지 생겨 탈모 증세가 더욱 심해질 경우 이용하면 효과적이다. 또한 머리카락이 빠지면서 두피에 습진으로 딱지가 앉은 데에도 상당히 효과가 있다.

- 만드는 방법
① 샴푸 후 1리터의 물에 식초(사과식초나 과일식초) 2티스푼 정도를 조금 탄 다음(10배 이상 희석하는 게 좋다) 린스 대신 헹구어낸다. 보통 식초린스의 농도는 헹굼 물에 식초를 타서 신맛이 나지 않을 정도가 적당하다.
② 식초를 물에다 묽게 타서 그것으로 머리를 감고 두피를 자꾸 자극하면 좋으며 놀라운 효과를 볼 수 있다.

수돗물에는 염소성분이 들어 있는데, 이것은 모발에 굉장히 자극적이다. 식초는 이 염소성분을 중화시켜 준다. 긴 머리 또는 파마를 한 여성이 머리를 감고 빗질이 잘 안 될 때나 비누를 사용하여 머리를 감는 경우 때를 깨끗이 제거하지 못하고, 비누가 약알칼리성이어서 모발에 손상을 주기 때문에 비누로 머리를 감은 후 식초 물로 헹구면 산성인 식초가 중화작용을 하여 머리카락을 건강하게 유지할 수 있다.

- 효 과
식초는 방향성이 있고 살균 효과가 있어서 좋으며 피부혈관의 흐름을 왕성하게 하는 역할이 뛰어나며 특히 건성보다는 지성 머리카락에 좋다. 식초에는 기미나 피부 노화를 억제하는 비타민 E와 같은 작용을 하는 요소가 포함되어 있으며 이 성분은 피부 노화의 주범인 과산화지질을 억제시키고, 세포의 신진대사를 활발하게 도와준다. 이뿐 아니라 피부와 근육의 젖산을 분해해 혈액의 흐름이 원활하도록 작용해주며 또한 식초를 복용하면 신진대사가 왕성해지고 피부에 노폐물이 남지 않아 예뻐진다.

▶ 양파초절임

▷ 재료: 양파 1kg, 식초 2컵, 초절임국물(마른 고추 5개, 간장 2컵, 통후추 1큰술)

▷ 만드는 방법

① 양파는 작고 단단한 것으로 골라 껍질을 벗기고 씻어 물기를 뺀다.

② 저장용기에 식초와 물을 분량대로 넣고 섞은 다음 양파를 넣는다. 양파가 떠오르지 않도록 위에 무거운 것을 놓고 일주일 정도 삭힌다.

③ 마른 고추는 젖은 행주로 먼지를 닦아 적당한 크기로 썬다. 간장, 통후추는 분량대로 준비하여 마른 고추와 함께 냄비에 넣고 끓인 다음 식혀 초절임 국물을 만든다.

④ ②를 큰 그릇에 부어 양파를 건져낸다. 저장용기에 양파를 담고 ③의 초절임 국물을 붓는다.

⑤ 5~6일에 한 번씩 초절임국물을 따라내어 다시 끓이고 식혀서 붓는 과정을 3회 정도 반복한다. 한 달 정도 지나면 간이 적당히 배어 먹을 수 있다.

※ 참고: 아삭아삭한 양파에 새콤한 국물 맛이 배어 있어 국수를 먹을 때 혹은 기름기 있는 음식이나 고기를 먹을 때 곁들이면 좋으며 꾸준히 먹으면 노화방지 효과도 있다.

식초와 요리

▶ 식초가 주재료인 요리

와인을 숙성 발효시켜 만든 발사믹 식초, 은은한 향과 맛이 매력적인 사과식초, 고구마 맛과 향이 도는 자색 고구마맛 식초 등 요즘은 식초의 종류도 다양해졌다. 센스 있는 주부라면 식초 요리의 중요성을 이미 느끼고 있을 것이다. 가족 건강을 책임지는 주부들의 손맛이 듬뿍 담긴 식초 요리 맛 대결

• 발사믹 드레싱을 곁들인 레터스샐러드

▷ 재료: 드레싱(발사믹 식초 1/4컵, 양파 1/4개, 마른 바질가루 1작은술, 설탕 1/2큰술, 소금·후춧가루 약간씩, 레몬즙 2큰술), 레터스 3포기, 방울토마토 2컵, 레드 치커리 약간, 셀러리 1줄기

▷ 만드는 방법

① 드레싱에 넣을 양파는 곱게 다진 후 준비한 다른 재료와 함께 고루 섞어 드레싱을 만든다.

② 레터스는 흐르는 물에 씻어 포기를 반으로 가르고 방울토마토는 꼭지를 떼고 반으로 썬다. 레드 치커리는 먹기 좋은 크기로 자르고 셀러리는 겉껍질을 벗기고 송송 썬다.

③ 접시에 레터스와 방울토마토 등 채소를 어우러지게 담고 ①의 드레싱을 듬뿍 끼얹는다.

※ 발사믹 식초는 와인을 숙성 발효시켜 만든 식초로 검은색이 돌고 향이 고급스러운 것이 특징이다.

• 모둠 채소 피클

▷ 재료: 무 1/6개, 당근 1/3개, 사과 1/2개, 양파 1/4개, 붉은 양파 1/5개, 아스파라거스 2줄기, 붉은 양배추 잎 4장, 절임물(피클 스파이스 3큰술, 설탕·사과식초 1/2컵씩, 물 5컵, 소금 1큰술)

▷ 만드는 방법

① 무와 당근, 사과는 손질해 껍질째 먹기 좋은 크기로 네모지게 썬다.

② 양파와 붉은 양파도 다른 재료와 비슷하게 썰고 아스파라거스는 적당한 길이로 자른다. 양배추는 굵은 심을 도려내고 다른 재료와 비슷하게 썬다.

③ 냄비에 준비한 절임물 재료를 담고 한소끔 팔팔 끓여 식힌다.

④ 준비한 채소를 한데 담고 식힌 절임물을 부어 실온에서 반나절 정도 삭힌 후 냉장고에 넣는다.

※ 사과식초는 사과 특유의 은은한 향이 나고 빛깔이 고와 초무침 등에 많이 이

용한다.

● 도라지 오징어 초무침
▷재료: 도라지 150g, 굵은소금 약간, 오징어 1마리, 양파 1 / 4개, 자색 고구마맛 식초 3큰술, 설탕 1큰술, 소금 1작은술
▷만드는 방법
① 도라지는 가늘게 찢어 먹기 좋은 크기로 자른 후 굵은소금을 뿌리고 바락바락 주물러 쓴맛을 빼고 찬물에 헹군 뒤 물기를 뺀다.
② 오징어는 손질해 내장을 정리한 안쪽에 잔 칼집을 넣고 다리는 빨판을 문질러 씻어 끓는 물에 소금을 약간 넣어 데친다.
③ 데친 오징어는 먹기 좋은 크기로 썰고 양파는 곱게 채로 썬다.
④ 넓은 그릇에 도라지와 오징어, 양파를 담고 식초와 설탕, 소금 등으로 간을 맞추면서 가볍게 버무린다.
※ 최근 출시된 자색 고구마맛 식초는 빛깔이 보라색에 가깝고 고구마 향과 맛이 나는 것이 특징이며 물에 희석해 음료수처럼 마실 수도 있다.

▶ 식초가 양념인 요리

● 숙주 쇠고기 철판볶음
▷재료: 숙주 200g, 쇠고기 등심이나 안심 300g, 양파 1 / 2개, 대파 1 / 2대, 올리브유 1큰술, 레드와인 2큰술, 현미식초 1큰술, 스테이크 소스 1 / 4컵, 설탕 1작은술, 소금·후춧가루 약간씩

● 메추리알장조림
▷재   료: 메추리알 30개, 대파 1뿌리, 마른 붉은 고추 1개, 조림장(진간장 5큰술, 국간장 3큰술, 설탕 2작은술, 현미식초 1큰술, 소금 약간, 물 2컵)

▷ 만드는 방법

① 메추리알은 완숙으로 삶아 껍질을 모두 벗긴다. 이런 과정이 번거롭다면 삶아서 알을 까놓은 것으로 준비해도 된다.

② 냄비에 삶은 메추리알을 담고 큼직하게 자른 대파와 마른 붉은 고추, 준비한 조림장 재료를 모두 넣어 조린다.

③ 처음에는 센 불에서 조리다가 불을 약하게 줄여 조림장이 반 이상 줄어들 때까지 조린다.

※ 메추리알, 달걀 등으로 조림이나 찜을 만들 때 식초를 약간 넣으면 달걀 특유의 비린내를 없앨 수 있다.

● 고등어 무 지짐

▷ 재료: 고등어 1마리, 무 1/5개, 양파 1/2개, 마늘 5톨, 양념(진간장 2큰술, 참기름·2배 식초 1큰술씩, 다진 마늘·청주 1작은술씩, 소금 약간, 물 1/2컵)

▷ 만드는 방법

① 고등어는 살이 통통한 것으로 준비해 깨끗하게 손질한 뒤 3토막으로 자른다.

② 무는 도톰하게 저며 썬 후 다시 반으로 잘라 반달 모양으로 썬다. 양파는 굵직하게 채 썰고 마늘은 도톰하게 저며 썬다.

③ 냄비에 무를 깔고 고등어를 얹은 후 양파와 마늘을 얹는다.

④ 준비한 양념 재료를 한데 담아 고루 섞는다. 이때 식초를 약간 넣으면 비릿한 맛을 약하게 누그러뜨릴 수 있다.

⑤ 양념장을 듬뿍 얹은 후 처음에는 센 불에서 조리다가 불을 약하게 줄여 양념이 충분히 배들도록 자작하게 조린다.

※ 고등어, 꽁치 등 비린내가 강한 생선을 조릴 때 식초를 한두 방울 떨어뜨리면 비린 맛을 누그러뜨릴 수 있고 잔뼈는 다소 부드러워져 먹기에 좋다.

※ 식초는 조리의 명조연

초는 단독으로 조미에 사용하는 경우는 거의 없고, 다른 조미료와 함께 사용했을 때 실력을 발휘하는 경우가 많다. 소금과 기름을 쓴 요리의 마지막에 한 방울 떨어뜨리면 그 강한 개성을 부드럽게 만들고 소재의 향과 맛을 돋보이게 해주는 명조연이기 때문이다. 또, 서양 초에 많은 조리법인데, 강한 불에서 살짝 끓이면 초산이 적당히 사라져 함유된 포도당에 의해 단맛을 느낄 수가 있다.

※ 소스를 만들 때 사용하면 풍미에 깊은 맛을 준다.

원료·제조법에 차이가 있기 때문에, 종류에 따라서 함유되어 있는 유기산과 좋은 맛 성분 등 양과 비율이 다르다. 따라서 맛이 미묘하게 다른 것도 초의 매력 중의 하나라고 할 수 있다. 여러 가지로 시험해보고 잘 구별해서 쓰기 바란다.

식초와 계란

계란과 난황유

　계란은 그 자체만으로도 생명을 잉태할 수 있는 핵심 영양소를 두루 갖추고 있다. 계란의 영양가는 우유처럼 완전식품으로서의 영양가를 갖고 있고 소화율이 높다. 그러나 칼슘, 비타민 C는 제외된다. 따라서 영양학적으로 완전식품으로 인정받고 있으면서 가격도 저렴한 장점을 갖고 있다. 특히 계란에는 레시틴이라는 기능성 물질이 뇌의 기능을 활성화시켜 기억력이나 학습능력을 향상시키고 뇌혈관성 치매에 효능이 뛰어난 것으로 알려져 있다. 레시틴에 들어 있는 인지질의 핵심성분인 포스파티딜콜린은 세포막 구성성분의 약 40%을 차지하고 있다. 체내에서 투과성, 흡수성, 유화능이 뛰어나며, 신경전달 물질의 중요한 성분이다.

　쥐를 대상으로 한 동물실험에 의하면 레시틴을 첨가한 사료를 먹인 쥐의 뇌가 일반 쥐보다 뇌 세포 수가 늘어나고 유연성이 좋아진다. 어두운 곳에서 방향감각을 측정하는 실험에서 레시틴을 첨가한 사료를 먹인 쥐가 월등히 우수한 것으로 나타났다. 이는 포스파티딜콜린이 분리되어 아세틸콜린이라는 뇌 신경전달물질을 증가시키기 때문이라고 한다. 요즈음 포스파티딜콜린이 함유된 치매 예방 및 치료제가 개발되고 있다.

계란에는 콜레스테롤이 약 210㎎ 정도 들어 있어 일부 사람들은 계란 하면 고지혈증, 심장병, 동맥경화를 일으키는 원인물질로 알고 있다. 콜레스테롤의 하루 허용량이 약 280㎎ 정도이므로 계란 1개를 먹으면 하루 허용치를 거의 다 먹는다고 생각하는 사람도 많다. 그러나 아무리 콜레스테롤이 많이 든 음식물을 먹어도 콜레스테롤이 음식물을 통해서 섭취하는 양은 30% 정도이고, 별도로 체내에서 70% 정도 합성되기 때문에 특별한 체질이 아니면 가끔 먹는 계란 때문에 콜레스테롤을 염려할 필요가 없다. 허약체질인 경우, 계란을 그냥 먹는 것보다 초란을 만들어 먹으면 좋은데 계란을 5~6일간 식초에 담가 껍질이 녹아 부드러워지면 껍질은 버리고 노른자와 흰자를 잘 섞어 먹는데 신맛이 강하므로 적당히 꿀 등과 함께 마셔도 좋다. 초란은 특히 계란의 소화효율을 높이고 피부염이나 탈모의 원인도 없애준다. 신선한 계란을 고르는 요령은 오래되면 매끈매끈해지므로 껍질이 거칠수록 좋다. 또 회전시켜 봤을 때 신선한 계란은 노른자와 흰자가 분리가 안 됐기 때문에 무게 중심이 안 맞아서 삐뚤삐뚤 돌아가게 된다.

계란의 노른자위(난황·egg oil)는 얇은 막으로 둘러싸여 있고 양쪽 끝이 알끈으로 고정되어 있다. 각 구성물질의 비율은 껍데기 8-11%, 흰자위 56-61%, 노른자위 27-32%이다. 껍데기를 제외하고 먹을 수 있는 부분의 중량 비는 흰자 약 64%, 노른자 약 36%이다. 껍데기는 거의 탄산칼슘으로 되어 있으며 그 두께는 약 0.3㎜이다. 갓 낳은 달걀의 껍데기에는 나팔관 분비물이 말라서 생긴 규티큘라라는 얇은 막이 있어 미생물의 침입을 막고 있으나 시간이 지나면 없어진다. 산란용 닭의 계란은 희고, 육용을 겸한 닭에서 난 계란은 담갈색이다. 담갈색으로 되는 것은 껍데기에 프로토포르피린이라는 색소가 침착하고 있기 때문이며 내용물이나 영양가와는 관계가 없다. 흰자는 단백질을 약 10% 포함하고 있는 액체로서 점도가 높은 농후흰자 약 60%와 점도가 낮은 무른 흰자 약 40%이고 이 중에는 세균(G+, G−), 곰팡이, Influenza 바이러스 방에 관여하는 성분을 가지고 있으며 그리고 알끈으로 되어 있다. 또한 단백질은 오브알부민, 콘알부민, 오브뮤코이드, 리소자임 및 기타 성분으로 구성되어 있고 오브알부민은 전체의 약 6%를 차지한다. 이러한 알부민은 흰자위이며 투명하여 마스크에 사용되며 바른 후 건조시키는 액상의 알부민 마스크는 피부의 유연한 얇은 막을 남긴다. 이 마스크는 첨가하는 성분에 따라 유연, 수렴, 보습효과를 나타낸다. 탈수된 난황 분말은 샴푸에 컨디셔닝제로 널리 쓰인다. 이는 스킨케어제품에 유용하게 사용되며 과일즙, 우유, 물과 혼합되어 얼굴용 마스크로 쓰일 수 있는 페이스트를 형성한다.

노른자위에는 수분 49.4%, 단백질 16.2%, 지방 32.6%, 무기질 1.8%, 철 0.0065%, 비타민 A 2,320(IU)과 적은 양의 티아민, 리보플라빈 등이 들어 있는 반유동체로서 난황막으로 싸여 있으나 항균작용이 없으므로 잘 변질 부패된다. 난황유는 신선한 노른자위에서 염화에틸렌(ethylene dichloride)으로 추출한다. 난황유에는 글리세리드 62%, 인지질 33%, 스테롤 0.5%와 미량의 세레브로사이드가 들어 있다. 그러나 카로틴과 크산토필과 같은 연노랑색을 띠는 색소도 들어 있으므로 흰색의 완제품을 원할 경우는 적당하지 않다.

어두운 갈색이며 끈적이는 액상의 난황유는 미네랄 오일과 식물성 오일, 동식물성 지방 모두에 잘 섞인다. 화장품에 유연제로 널리 쓰이며 스킨케어용 크림과 로션과 같이 아주 매끈한 에멀션에 쉽게 유화된다. 알끈은 노른자를 알의 양끝에 달아매는 역할을 한다. 단백질의 주성분은 비테린과 라이포비 텔레닌으로서 모두 지방과 결합한 리포단백질의 형태로 존재한다. 또 계란 속에는 난황과 난황유 외에 알부민, 레시틴, 콜레스테롤, 에그파우더가 들어 있다. 에그 레시틴은 오비레시틴(ovilecithin)으로도 불리며 아세톤이나 알코올을 이용해 난황으로부터 추출한다. 노란색이며 왁스 같은 모양이고 물에는 녹지 않으며 크림, 마스크와 같은 스킨케어제품에 유연제로 널리 쓰인다. 최근에는 수용성 에그레시틴을 개발하여 화장품에 쉽게 이용할 수 있게 되었다. 계란 1개당 약 50g의 무게를 가지고 있고 흰자위는 기포 포집력이 좋아서 제과 제방 등에서 머랭을 만들 때 많이 사용한다. 이러한 계란은 껍질이 까칠까칠하고 무게가 있으며 흔들어 보았을 때 흔들리지 않고 껍질이 단단한 것이 신선한 알이다.

■■■
난유의 과학과 이용

　난유는 계란의 난황(노른자)에서 추출한 기름으로 '레시틴'을 다량으로 함유하고 있다. 레시틴은 동물의 알, 신경조직, 식물의 씨 등 생체 내에 널리 분포하며 생체막의 구성성분으로서 투과성, 유화성, 흡수성 등 생체막의 성질을 결정하는 중요한 인자로서 생명현상에 관여하고 있는 것으로 알려져 있다. 레시틴은 인간의 몸을 깨끗하게 하는 청소부이며 몸 안의 지방대사나 기초대사, 신진대사를 혼자서 떠맡고 있는 생명의 간호사라고도 불리고 있는 물질이다. 따라서 현대와 같은 육식 중심, 인스턴트식품 중심, 스트레스가 많은 생활에서는 대부분의 사람이 레시틴을 필요로 한다. 특히 레시틴이 필요한 사람을 예로 들어 보면, 체력이 없는 사람, 몸이 약한 사람, 아름다운 피부를 유지하고 싶은 여성애주가, 애연가, 시간에 쫓기는 비즈니스맨, 수험생이나 성장기 청소년, 더위, 추위 등에 약한 사람, 질병 후의 식사에 주의해야 하는 사람, 불임증, 임산부 운동선수 그 외 치료적 효과를 희망하는 사람이다.

▶ 난유의 효용가치

▷ 난유에는 몸을 구성하는 중요한 기초물질인 레시틴이 다량 함유되어 있다

—레시틴은 혈 중의 콜레스테롤치를 낮추는 효능이 있다. 미국의 모리슨 박사는 "레시틴은 체내로부터 다량의 콜레스테롤을 체외로 배출하기 위한 강력한 작용을 한다."라고 임상실험 결과를 통해 발표하였다. 그러한 효능 때문에 고혈압, 뇌졸중, 동맥경화, 혈전증, 협심증 등 성인병 예방에 효과가 있다.

—레시틴에는 신경전달 물질이 있다. 레시틴은 신경계통을 정상적으로 작용시키는 측면이 있다. 이것은 레시틴 중의 콜린이라는 물질 때문이다. 아세틸콜린이라는 신경전달 작용에 관련된 이 콜린은 신경을 정상적으로 움직이는 데 꼭 필요한 요소이다. 이 때문에 자율신경실조증, 초조함, 갱년기장애, 정력감퇴, 신경소모 등에도 효과가 있다.

—레시틴은 뇌세포에 긍정적인 영향을 준다. 뇌가 일상의 기능을 충분히 발휘하기

위해서는 많은 레시틴을 필요로 한다. 이 때문에 레시틴은 두뇌식품이라고도 일컬어진다. 이런 역할로 인해 원기회복이나 기억력, 집중력의 증대, 치매의 예방, 뇌기능의 활성화 등 효과가 있다.

—레시틴은 혈액의 응고를 방지한다. 레시틴은 지방을 미세한 입자로 분산시킨다. 이 유화작용이 혈액 중의 지질, 특히 콜레스테롤의 분해나 배설에 유효한 작용을 한다. 즉 혈액의 흐름을 원활하게 하며 산소나 영양분을 신체에 구석구석까지 공급시키는 것이 가능하다. 이 때문에 아름다운 피부를 유지할 수 있는 등 노화를 방지하는 효과가 있다.

—레시틴은 피부세포를 활성화한다. 중년 이후가 되면 점점 체내에 과산화지질이 증가하게 된다. 이것은 단백질과 결합하여 리포프스틴(흑갈색)이 되어 세포 중에 굳어진다. 이 리포프스틴이 피부세포에 쌓이면 기미가 되는 것이다. 레시틴은 피부의 신진대사를 활성화하여 리포프스틴의 침착을 막아준다. 이 때문에 여드름, 흉터, 피부가 거칠어짐, 주름, 각화증, 유아습진, 건선, 피부경화증, 두드러기 등 피부에 관계되는 질병에 효과가 있다.

—레시틴은 지방의 축적을 제거한다. 미국의 심장병 전문의 제1인자인 애트킨즈 박사는 "레시틴을 매일 티스푼으로 2~3스푼을 먹이고 있던 중에 엉덩이가 작아지고 대퇴부가 가늘어졌다."라는 임상보고서를 발표했다. 레시틴은 불필요한 지방의 축적을 제거해주는 작용을 하기 때문에 비만 예방에 효과가 있다.

—레시틴은 태아의 발육을 정상으로 유지한다. 유산이나 사산의 원인은 태아를 감싸고 있는 양수 중의 레시틴 농도가 낮기 때문에 일어난다고 하는 것이 상당 부분을 차지하고 있어 아기를 갖고자 하는 사람이나 임산부는 레시틴을 충분히 섭취하지 않으면 안 된다.

—레시틴은 신장, 간장, 췌장을 강화하는 효능이 있다. 레시틴은 이뇨작용으로 세포 중의 불필요한 물질을 배설하고 신장 기능을 강화시키고 혈액을 항상 깨끗하게 유지하는 데 유용하다. 또한 간장의 지방변성을 억제함과 동시에 콜레스테롤이 축적하는 것을 방지하는 등 간장의 기능을 강화, 정상으로 유지한다. 당뇨병환자에게 있어서는 인슐린의 작용이나 분비를 돕는 작용도 있다. 또한 최

근의 발표에 의하면, 레시틴의 항암효과도 확인되었다.

▷난유에는 아름다움과 젊음을 유지하는 비타민 E가 많이 함유되어 있다
비타민 E에는 불포화지방산의 과산화를 방지하는 작용, 다시 말하자면 '항산화작
용'이 있어 소위 과산화지질이나, 노화의 지표로도 일컬어지는 리포프스틴이 생기는
것을 방지하는 작용이 있다. 때문에 노화방지, 혈류개선, 혈관보호, 몸의 방수제, 항
산화, 미용에 좋은 영향을 끼친다.

▷난유에는 리놀산, 올레인산, 리놀렌산(불포화지방산)이 함유되어 있다
불포화지방산은 콜레스테롤의 배설작용을 하고 동맥경화나 고혈압증의 치료와 예
방을 한다. 또한 젊음을 유지하게 하고 혈 행을 개선시키며 비만 방지, 항암작용 등
을 한다. 리놀산을 비롯하여 그 외의 불포화지방산은 체내에서 만들 수 없으므로
음식물로부터 섭취하지 않으면 안 된다.

▷난유에는 성인병, 원기회복에 대단한 효과를 발휘하는 타우린이 함유되어 있다
타우린은 단백질을 분해한다. 또한 담즙의 분비를 촉진하며, 간장기능을 부활시켜
해독, 이뇨작용을 갖는다.

▶ 질병의 증세로 본 난유의 건강증진 효과
▷콜레스테롤이 높다: 일정량의 콜레스테롤은 중요한 역할을 한다. 콜레스테롤에는
　유익한 것과 해로운 것이 있는데, 난유 레시틴은 혈관 벽에 부착한 해로운 콜레
　스테롤을 녹여 배설시키는 기능을 한다.
▷혈압이 높다: 혈액 중의 콜레스테롤이 높으면 고혈압의 원인이 된다. 따라서 혈
　액 중의 콜레스테롤을 낮추는 것이 중요한데 레시틴은 콜레스테롤을 제거하고
　혈관 안을 청소해주는 작용을 한다.
▷혈압이 높아 동맥경화가 불안: 일본에서는 게이오대학을 비롯하여 많은 대학과
　연구실에서 임상실험이 행해지고 있다. 그 결과, 레시틴 음용에 따라 고혈압이

나 동맥경화 환자의 콜레스테롤치가 정상이 된다는 사실이 수없이 많이 실증되고 있다.

▷ **어려서부터 심장이 나쁘다**: 난유 레시틴이 심장질환에 효과가 있다고 하는 것은 혈관에 쌓인 여분의 콜레스테롤을 제거하고 혈액의 흐름을 좋게 하여 세포를 활성화시키는 작용이 있기 때문이다.

▷ **당뇨병으로 통원 중**: 미국에서는 수 주간 레시틴 투여로 인슐린의 필요가 없어졌다는 의사들의 보고가 수없이 많다. 이는 체내에 레시틴이 부족하면 인슐린의 기능이 제대로 작용하지 않기 때문이다. 레시틴은 세포의 영양물이 출입하기 위한 현관문에 해당하는 세포막의 주성분이기 때문에 레시틴 부족으로 현관문이 손상되어 있다면 인슐린이 열심히 당분을 세포 밖으로 내보내려 해도 내보내기 어려워진다. 즉 인슐린을 효율적으로 작용시키기 위해 레시틴은 가장자리에서 물건을 드는 것과 같다.

▷ **가장기능 악화**: 간장의 큰 적은 알코올과 레시틴의 부족이다. 알코올양이 많아지면 중성지방은 쌓이고 레시틴은 감소한다. 레시틴이 감소한다고 하는 것은 지방이 분해되지 않고 점점 간장에 축적된다는 것이다. 이것을 방지하기 위해 레시틴을 보충할 필요가 있다.

▷ **배뇨가 시원치 않아 신장병이 걱정**: 난유 레시틴에는 훌륭하게도 천연의 이뇨작용이 있다. 그 작용 덕분으로 체내의 불필요한 물질은 소변과 함께 배설되고 신장기능이 정상작용하기 위한 큰 힘이 된다.

▷ **담석이 괴롭다**: 담석은 담낭 등에서 담즙성분이 굳어져 만들어지는 것이다. 담즙의 성분은 인지질, 물, 콜레스테롤, 미네랄, 산, 색소로 이뤄져 있다. 담석의 성분을 보면 그 90%가 콜레스테롤에서 형성된다고 한다. 이런 점에서 레시틴을 섭취함에 따라 뭉쳐 있는 콜레스테롤을 분해, 제거하여 담석이 만들어지는 것을 막을 수 있다.

▷ **정력의 감퇴**: 남성의 정액은 다량의 레시틴이 포함되어 있다. 그러나 그것이 소모되면 정력은 감퇴하고, 안에서는 정자의 수가 감소해지는 사람도 많이 있다. 레시틴에는 스트레스를 완화시키는 작용이 있기 때문에 스트레스나 피로가 많

은 사람일수록 신체가 레시틴을 필요로 한다.

▷ **스트레스로 인한 불면:** 니콜라스 페리 박사는 "레시틴의 존재는 특히 신경계통의 세포구조 중에 있어서 다이나믹한 에너지 원천이 된다. 따라서 식사 중에 레시틴이 적으면 적을수록 인체에서 가장 중요한 부분의 활력이 감소해버린다."라고까지 단정하고 있다.

▷ **치매인지, 건망증이 심하다:** 치매는 노화에 따른 뇌의 위축에 의해 뇌세포가 감소했기 때문에 일어난다. 그런데 이 세포의 하나하나에 포함되어 있는 것이 레시틴이다. 즉 모든 세포는 세포막에 둘러싸여 있다. 세포의 영양물이 출입하기 위한 현관문에 해당하는 세포막의 구성요소가 레시틴인 것이다. 그리고 세포의 호흡작용, 영양흡수작용, 해독작용, 노폐물의 배출작용을 담당하고 있다. 이 막의 레시틴의 농도가 옅으면 세포는 물집이 되고 얼마 안 있어 사멸해가는 것이다. 이런 뇌세포 사

▷ **백발이 늘었다:** 모발의 건강을 해치는 원인으로서는 두부말단의 혈액순환불량이 있다. 레시틴은 두부의 모세혈관을 청소하여, 영양을 운반하는 혈액의 흐름을 원활하게 하는 기능을 한다.

▷ **거친 피부로 화장이 되지 않는다:** 레시틴은 인체의 전 세포에 존재하여, 필수불가결한 것이다. 따라서 피부세포를 재생하는 것과 함께 레시틴이 존재하지 않으면 재생은 원활하게 이루어지지 않는다. 만일 레시틴 결여상태가 되면, 피부가 더러워지거나 주름이 생겨서 노화가 급속히 진행되어버린다. 레시틴을 충분히 섭취하면 피부세포가 언제나 재생되어 모든 피부의 트러블과 피부질환의 고민으로부터 해방될 수 있다.

▷ **손발 피부가 거칠다:** 갈라지고 손발이 트는 종류의 증상은 주로 말단의 모세혈관의 트러블이 원인이다. 모세혈관의 혈액 순환이 나쁘면 말단의 피부에 영양과 산소, 에너지가 부족해지기 때문이다. 레시틴에는 혈액 순환을 원활히 하는 기능이 있다. 또 모세혈관을 확장시키는 작용이 있기 때문에 손발 끝의 모세혈관을 넓히고 영양과 에너지를 충분하게 보낼 수 있게 해준다.

▷ **임신 중:** 유산이나 사산의 원인은 태아를 감싸고 있는 양수 중의 레시틴 농도

가 낮기 때문에 일어난다고 하는 것이 상당 부분을 차지하고 있어 아기를 갖고 자 하는 사람이나 임산부는 레시틴을 충분히 섭취하지 않으면 안 된다. 또한 레시틴의 충분한 섭취로 머리가 좋은 아기를 낳을 수 있다. 이는 레시틴에 뇌세포를 활성화시키는 효과가 있기 때문이다.

▷ **치질이 고통스럽다:** 레시틴은 장의 세포를 활발하게 한다는 점에서, 연동운동을 촉진시켜 장벽에 수분을 보내기 때문에 치질의 큰 적인 변비를 해소해준다.

▷ **변비가 심하다:** 앞에서도 말했듯이 난유 레시틴에는 장의 세포를 활성화시키는 작용이 있기 때문에 변을 배출하는 연동운동을 활발히 하거나 장벽에 수분을 보내게 되며, 모세혈관의 혈 행의 흐름을 좋게 해준다. 또 변비는 스트레스가 원인인 경우도 있는데, 레시틴은 스트레스를 완화시키는 효과가 있다.

▷ **비만:** 난유 레시틴은 인지질이라는 지방의 일종이다. 그러나 피하지방으로 축척되어 결과적으로 비만의 원인이 되는 존재는 아니다. 오히려 비만 방지에 도움이 된다. 신체의 불필요한 지방을 분해하여 필요한 장소로 옮겨주는 작용이 있기 때문이다.

▷ **어깨 결림이 심하다:** 냉한 체질인 분들이 어깨 결림을 호소하는 경우가 많다. 난유 레시틴은 냉증의 회복에는 최적이라고 말할 수 있다. 냉증은 혈액의 흐름이 원활하지 않고 신체의 구석구석까지 혈액이 충분히 미치고 있지 않기 때문이다. 레시틴은 혈관을 깨끗하게 청소해주므로 혈액의 순환을 촉진시키고 어깨 부위의 냉에 의한 결림도 해소해준다.

▷ **갱년기 장애로 고민스럽다:** 레시틴에 포함되어 있는 신경전달물질인 아세틸콜린이 신경을 안정시켜 뇌세포의 기능을 유발해준다. 다시 말해 자율신경실조에 의한 갱년기 장애의 예방과 회복에는 난유 레시틴을 섭취함으로써 큰 효과를 기대할 수 있다.

▷ **청소년의 비행과 식사의 관계:** 뇌나 신경의 움직임이 과다해져서 일어나는 청소년의 가정 내 폭력, 등교거부, 비행, 자폐증은 '식원병'이라고 일컬어진다. 즉 신세대 아이들의 식생활의 그릇됨이 이러한 문제의 큰 원인이라고 생각할 수 있기 때문이다. 특히 비타민, 미네랄, 레시틴의 부족에서 오는 것이라는 데이터

가 많은 학자들로부터 발표된 바 있다. 그러므로 뇌세포의 건강에 깊이 관여하고 있는 레시틴이 훌륭한 작용을 해줄 것이다.

▷ **수험생에게 먹이고 싶다:** 레시틴은 혈액순환을 좋게 하는 작용을 한다. 혈액순환이 좋다는 것은 뇌세포에 산소나 영양을 충분히 골고루 미치게 하며 불필요한 노폐물이나 이산화탄소 등을 배출해준다는 것을 의미한다. 그 결과 머리가 상쾌해지고 공부의 능률에 조금이나마 공헌하는 것이다.

※ 난유 체험기 가시와바야시 씨(일본)?

과로와 스트레스가 쌓인 몸은 병을 거쳐 두드러지게 쇠약해져갔다. 어차피 인생이란 이런 것, 서서히 기력도 잃어갔다. 그런 어느 날, 오랜만에 찾아온 고교 시절의 친구, 다테 씨(자연식 친우회장)로부터 난유를 권유받았다. 문안 대신이라고 하며 주셔서 물어보니 계란에서 만든 것이라고 해서 몸에도 좋을 듯한 기분이 들어서 지푸라기도 잡는 생각으로 부부가 같이 마시기 시작했다. "처음에는 반신반의였어요. 뭐 마셔서 나쁠 것도 없을 것이라는 기분으로 말이죠." 그런데 얼마 지나자 그런 카시와바야시 씨 부부가 난유에 사로잡혀버렸다. "지금은 기력, 체력 모두 최고죠."

□□□
유정란이라는 씨앗은 완전식품의 대명사

자연에서 생산되는 모든 생물들은 인간에게 삶의 터전을 제공하고 생명을 연장시키며 질병의 예방과 치료에 도움을 주기도 한다. 이러한 자연계에 존재하는 식품 가운데 '알'이라는 씨앗은 새로운 생명을 탄생시키는 데 필요한 영양소를 고루 함유하고 있으므로 완전식품으로 불리고 있다. '알'에는 병아리가 자라기 위해 필요로 하는 모든 영양을 갖추고 있어서 조직·골격·근육과 모든 장기를 발달시키는 데 필요한 영양뿐만 아니라 뇌·신경의 형성이나 세포의 형성에 필요한 콜레스테롤이나 인지질, 단백질 등 모든 영양소가 듬뿍 들어 있으며 이 중 단백질이 가장 풍부해 단백질(蛋白質)의 "蛋은 알 단 자로 알에 들어 있는 흰자라는 뜻"에서 붙여진 이름으로 단백질이라는 용어가 생겨났다고 한다. 또한 병아리의 골격 형성에 필요한 칼슘, 인 등의 미네랄도 풍부하며 수정란이 성장하는 과정에서 세포가 활동하는데 필요한 비타민 B복합체 등도 갖추고 있으며 리신, 메티오닌, 트립토판 등 인체에서 만들지 못하는 여덟 가지 필수아미노산을 골고루 갖추고 있어 천연식품에서 최고의 영양가를 갖추고 있다. 특히 난유(노른자 기름)는 강장의 묘약으로 심장이 약한 사람에게 좋다고 알려져 있다. 노른자의 주성분에는 난황, 레시틴(각종 비타민의 결합체)과 그 외 리놀레산, 리놀렌산 등 오메가 3계열의 다중 불포화 지방산이 많고 보통의 지방과는 완전히 다른 지용성 비타민군 등이 있기 때문이다. 더욱이 난유는 계속 복용하여도 콜레스테롤을 걱정할 필요가 없는 것으로 알려져 있다. 이렇게 유정란의 노른자의 식품적 가치가 높다.

초란에 대하여

▶ 달걀과 식초: 소화 잘 되고 체력회복 효과

의학의 시조라 일컫는 히포크라테스는 그의 저서에서 회복기의 환자에게 '초란'이 좋다고 지적하고 있다. 달걀을 식초에 담가두면 껍질이 식초에 녹아 부드러워지고 흰자위가 반숙란처럼 굳어지는데 노른자위는 변하지 않는다. 달걀 껍질이 녹아 부드러워지는 것은 식초의 주성분인 식초산이 석회분을 용해시키기 때문이다. 초란은 껍질을 버리고(부드러워진 것은 껍질째 먹을 수 있다) 노른자위와 흰자위를 잘 섞어 먹는데 신맛이 강하므로 적당히 묽게 해서 마셔도 좋다. 꿀을 섞어도 좋고, 더운물로 묽힌 것을 식후 30분쯤에 마신다. 유아나 노인 또는 환자 등 소화기 계통이 약한 사람에게는 달걀 안에 들어 있는 안티트립신이라는 성분이 단백질 소화를 저해하고 흰자위에 들어 있는 아비딘이 비오틴이라는 비타민의 작용을 방해해서 피부염이나 탈모의 원인이 되기도 한다. 그런데 초란은 식초의 작용으로 그러한 문제들이 모두 해결되기 때문에 말하자면 날달걀의 결점을 제거해주어 달걀과 식초는 궁합이 잘 맞는 것이다.

식초에는 식욕증진, 위액분비의 촉진, 소화흡수작용을 돕는 생리적 작용이 있고 방부효과도 있다. 초란은 소화흡수가 잘 되며 약해진 체력을 정상으로 되돌리는 데 효과가 크다. 특히 당뇨병에 의한 육체피로에 효과적이다.

초란을 만들 때 유의할 것은 양조식초를 꼭 써야 하고 신선한 달걀(물 1L＋소금 40g 용액에 달걀을 담가 쓸 때 떠오르는 것은 신선한 것이 아니다)을 쓰는 일이다.

▶ 초란이란?

초란은 방목한 닭이 낳은 유정란을 식초에 담가 껍질을 녹여 마시는 것으로 초란은 초(식초), 난(계란)을 혼합하여 만든 음료를 가리킨다. 여기에 꿀 혹은 흑당(사탕수수 운액)을 넣으면 더욱 좋다. 이 셋 중에 가장 기본적인 것이 식초이다. 소주에 식초를 혼합하면 알코올의 도수가 3분의 1로 줄어들고, 곰탕에 식초를 타면 엉킨 기름이 풀어져버린다. "식초 한 병이 산삼 일만 뿌리 이상의 가치가 있다."라는 자연식의 대가 안현필 선생의 교훈이 있듯이 식초는 유용한 식품이다. 잦은 음주로 구역질하는 분이 초란을 마시면 일주일 이내에 구역질이 없어지고, 각종 부패균은 5분 이내, 콜레라균도 30분 이내에 사멸된다. 초란을 기호식품과 가정상비약으로 비치하여 늘 해독제로 마시는 것이 바람직하다.

　* 옛 선조님 가정상비약: 계란기름, 천연발효식초

● 초란은 신비의 물질이다

초란은 장기 복용해도 해가 없는 완전식품이다. 그중에서도 간염이나 임신, 수유부, 갱년기 장애의 여성에겐 최고의 약이요 최고의 식품이다. 병약한 사람, 발기부전, 조루증세 등으로 기죽어 있는 남성은 100일 정도의 초란 요법으로도 확실한 효능을 느낄 수 있다. 초란은 초산칼슘으로서 정혈과 해독 작용이 강하며 호르몬과 레시틴의 보고이다. 초란 1병은 효소가 사멸된(끓이면 효소가 사멸됨) 보약 농축액

100첩 먹는 것보다 낫다는 말이 있다. 초란은 효소와 칼슘과 레시틴과 꽃가루와 난황이 살아 있는 생명 그 자체이다.

● 아미노산이 풍부하다

아미노산의 종류는 20여 가지가 되는데 아미노산 중에 합성이 되지 않는 8가지 필수아미노산은 음식물을 통해 섭취해야 한다. 초란 속에는 양질의 필수아미노산 이외에 알라닌, 시스틴, 피부 손톱의 주성분인 케라틴(Keratin) 등이 다량 함유되어 있어 하루에 100cc만 섭취해도 충분한 아미노산을 얻을 수 있다. 1개월 넘게 하루 2회 이상 초란을 복용하자 몸에서 기운이 나기 시작했고 2개월을 복용하자 그렇게 많이 빠지던 머리털도 빠지지 않았고 못 가던 화장실도 갈 수 있었다고 한다.

● 원기회복의 구연산이 최고

최근 흑식초의 붐이 일고 있는데 일본에서는 흑식초보다 더욱 좋은 오끼나오하모로미초가 구연산이 많아 유행으로 건강음료식초로, 최고의 식초로 자리매김하고 있다

● 천연 비타민이 풍부하다

Vitamine은 생명을 유지하는 데 없어서는 안 되는 필수적인 물질로서 신체기능을 조절하기 때문에 어떤 면에서는 호르몬 작용과 비슷하다. 비타민 C는 인체에서 합성되지 않기 때문에 음식으로 섭취해야 하는데 위험한 정제된 비타민제보다 천연 비타민이 초란 속에 다량 함유되어 있다. 흑당 혹은 꿀에 식초를 넣었을 때 그 효능은 높아진다. 미국의 의사 D. C. 자이비스 씨는 성인병 환자들에게 주로 꿀물에 식초를 타서 마시게 하는 민간요법으로 많은 병을 고쳤다. 초란은 피로를 쫓는 식품으로 몇 달만 사용해도 두통이나 빈혈이 낫고, 우울증과 불면증, 류마티스 관절염, 전립선염, 면역력 부족, 경부임파선염, 야뇨증에도 잘 듣는다.

● 천연 초산칼슘이 풍부하다

의학의 아버지 히포크라테스는 정력 없는 남편이나 회복기의 환자에겐 초란(醋卵)이 좋다고 역설했다. 초란을 장기 복용하고 피로를 모르는 알칼리 체질이 되는 것은 혈액을 산성화하는 젖산과 초성포도산을 풀어주기 때문이다. 또한 육식으로 인한 산혈증(酸血症)도 중화시키고, 특히 정력증강과 만성간염의 예방과 치료에 필수적으로 등장한다. 산성 체질은 만병의 근원이요, 죽음 직전의 환자에겐 극명한 산혈증이 나타난다. 이 산성화된 혈액을 알칼리성으로 바꾸는 데 산 중화 역할을 하는 것이 바로 칼슘이다. 칼슘의 부족으로 관절염, 골다공증은 물론 동맥경화, 당뇨병이나 뇌졸중, 치매, 간경변, 암도 오게 되는 것이다. 칼슘 1일 섭취량은 성인 6백 ㎎인데 식초에 녹아 있는 초산칼슘(초란)은 가장 질이 좋고 흡수가 용이한 칼슘이다. 이집트의 미인 클레오파트라는 진주알을 식초로 변한 술에 담가 마셨는데 진주의 주성분이 탄산칼슘이란 점에서 초란의 원리다. 칼슘식초는 정혈은 물론 치매현상의 예방과 신경의 진정작용, 인슐린분비 촉진으로 당뇨증상의 개선, 식욕증진과 흡수력의 조장, 원기회복의 촉진작용, 체내의 지방축적, 즉 고지혈증(高脂血症), 심장병과 뇌졸중도 예방할 수 있다.

● 레시틴의 함량이 높다

인간의 세포는 세포막을 통해 몸에 필요한 물질을 받아들이고 필요 없게 된 노폐물 등을 배설하는 출입구나 문지기 역할을 하고 있다. 이와 같이 중요한 작용을 하고 있는 세포막의 주성분이 레시틴으로 그 양은 대개 체중의 1 / 100이나 되며 레시틴이 부족하면 이 기능이 저하된다. 레시틴의 작용은 혈액 속의 콜레스테롤이나 중성지방을 줄이며, 뇌의 기능을 활성화하고, 세포를 싱싱하게 소생시킨다. 레시틴이 초와 합성되면 레시틴의 효과가 수십 배에 달하는 특징이 있다. 일반 레시틴 제품이 암 치료제나 두뇌 영양제로 고가로 판매되고 있지만 굳이 값비싼 외국의 건강보조식품을 먹을 필요가 없이, 초란을 만들어 마시면 살아 있는 레시틴을 다량 섭취할 수 있으며, 동시에 효소, 비타민, 호르몬까지 동시에 해결할 수 있다.

레시틴은 최근 계란기름을 통해서도 얻는다.

● 효소가 풍부하다

우리의 몸은 열량식품 이외에 비타민, 미네랄, 호르몬, 효소라는 네 가지 영양소에 의해 유지가 되고, 모든 기능들이 조절되므로 활력을 갖게 된다. 그런데 기계로 속성 시킨 대부분 시중 식초는 열을 통과시켜 효소를 사멸시킨 것으로 효과가 떨어지며 위장장애는 물론 장내 유익균까지 사멸시켜 버린다. 암의 발생은 효소의 부족에서 오며 실제로 암이 발생하였을 때 인체에는 카탈라제 효소를 거의 찾아볼 수 없다. 초란은 원기회복이나 정력 증진에 특히 효과가 있을 뿐만 아니라 기미, 주근깨, 동맥경화, 고혈압, 저혈압, 위장병, 당뇨병, 간장병, 신장병, 암 등의 예방과 치료 보조식으로 훌륭한 식품이다. 몸이 정상화되면 암세포도 자랄 수 없다. 초란의 항암효과는 여러 문헌에서 찾아볼 수 있는데 이는 초란 안에 있는 여러 종류의 효소와 다양한 영양소에서 복합적인 작용에 의해 몸을 정상화시키는 효과라고 생각된다.

▶ 초란의 효능

히포크라테스는 초란에 대하여 "초란은 죽어가는 생명을 살릴 수 있는 양약(良藥)이며 피부를 젊고 아름답게 하며 노쇠를 방지하는 선약(仙藥)이다. 또한 정력 없는 남편이나 회복기의 환자에겐 초밀란이 좋다."라고 하였다. 이와 같이 초란은 몸을 따뜻하게 하고 기혈의 흐름을 도와 혈액순환을 원활하게 해준다. 초란은 당뇨병, 고혈압, 간염 등 많은 병에 효과가 있는 것으로 알려져 있다. 무엇보다도 초란은 배뇨를 도와주고 변비를 낫게 해주며, 스트레스에 대한 저항력을 증강시키고 혈압도 안정시켜 피로를 없애준다. 특히 비만 인구가 증가하는 요즘 초란은 구연산과 칼슘, 아미노산, 비타민 등의 함량이 높아 살을 빼는 데도 좋은 식이요법이 된다. 초란은 간 기능 활성화와 당뇨병에도 좋은 치유력을 지니고 있다. 왜냐하면 식초 자체에 함유된 10가지의 아미노산 작용과 초란 속의 달걀은 당뇨병 환자에게 발생하기 쉬운 혈관 장애를 막아주고 당분 처리도 해주기 때문이다. 또 심장의 기능을 정상화시키고 수독(水毒)을 개선하는 작용도 하므로, 피로나 스트레스, 추위 따위로 몸의 정상적인 수분 처리가 부드럽게 진행되지 못해 소변과 땀으로 배출되어야 할 수분이 콧물로 나오는 경우에도 효과가 있다. 아울러 생리통에도 좋은데, 몸을 따뜻하게 하고 기혈의 흐름을 도와 혈액순환을 원활하게 해주기 때문이다.

초란(醋卵)은 칼슘 공급을 촉진시키고 칼슘의 체내 흡수율을 높인다. 또한 염분 섭취를 제한시킬 뿐 아니라 체내의 과잉 염분을 체외로 배출시키는 역할을 하므로 골다공증을 예방할 수 있다.

● 간장병과 초란

초란(醋卵)은 10종류 이상의 필수아미노산과 구연산, 칼슘, 비타민 등이 다량으로 함유되어 있기 때문에 간장병 환자에게 발생하기 쉬운 혈관 장애를 막아주고 당분 처리도 도와주기 때문이다.

● 신장병과 초란

식초(食醋)는 소변의 양을 증가시키고 약해져 있는 신장조직을 회복시키는 힘을 가지고 있다.

● 골다공증과 초란

초란(醋卵)은 칼슘 공급을 촉진시키고 칼슘의 체내 흡수율을 높인다. 또한 염분 섭취를 제한시킬 뿐 아니라 체내의 과잉 염분을 체외로 배출시키는 역할을 하므로 골다공증을 예방할 수 있다.

● 기 타

초란은 알칼리성 식품으로 체내의 독소를 제거하고 체질을 개선하며 영양물질을 공급하여 항상성을 회복시켜 주는 작용을 한다. 장의 활동을 왕성하게 하며 식욕을 돌우는 데 도움을 준다. 남성에게는 숙취제거 및 활력을 주는 강정식품이다. 여성에게는 노화방지 및 몸의 유연성 강화, 피부보호로 아름다움을 더해준다. 육체적, 정신적 노동을 하시는 분들의 원기회복에 좋다. 성대를 많이 쓰는 사람은 성대를 보호해주며, 특히 공부하는 학생들의 집중력을 배가시키는 데 도움을 준다.

▶ 초란 섭취방법

하루 초란 1개를 1~2회 정도 나누어 먹는다.

개봉 후 식초를 다른 용기에 부어놓고 초란의 밑 부분을 터뜨려 껍질을 걷어내고 잘 저어 섞은 다음, 냉장보관하면서 티스푼 2개 분량을 물에 타 먹는다. 벌꿀이나 생강, 녹차 등을 섞어 먹어도 된다. 혹은, 식초에 담가 만든 초란은 껍질을 버리고 (부드러워진 것은 껍질째 먹을 수 있다.) 노른자위와 흰자위를 잘 섞어 먹는데 신맛이 강하므로 적당히 묽혀서 마셔도 좋다. 꿀을 섞어도 좋고, 더운 물로 묽힌 것을 식사 후 30분쯤에 마신다.

▶ 초란 만드는 법

· 날계란 10개와 식초 1.8리터, 뚜껑이 있는 유리병을 준비한다.
· 날계란을 깨끗이 씻고 마른 행주로 물기를 제거한다.
· 준비된 병 속에 식초를 붓고 날계란을 껍실째 넣는다.
· 병의 뚜껑을 꼭 닫아 상온(20~25도)의 약간 어둡고 통풍이 잘 되는 곳에 일주일 이상 놓아둔다. 일주일 정도 경과하면 계란의 껍질이 다 녹아 하층에 가라앉으면서 투명한 흰 막이 남는다. 그러면 흰 막을 걷어내고 먹으면 되는데 먹는 방법에는 2가지가 있다.
· 하나는 만든 병에 휘휘 저어서 식초 안에 다 녹여진 것을 마시면 되고
· 또 다른 방법은 계란만을 건져내어 계란만 먹는 방법이 있다. 그러나 원칙은 만든 병에 넣은 채 휘휘 저어서 함께 음용하는 것이 좋다.

※ 초란 만들 때 주의할 점

· 초란을 만들 때는 특히 좋은 식초를 사용해야 하는데 현미식초가 가장 좋다. 현미식초에는 귀중한 아미노산이 듬뿍 들어 있어 식도나 위에 부담을 적게 주며, 혈액의 엉김을 개선하여 혈액순환을 좋게 해준다.
· 반드시 유정란을 이용해야 한다.

▶ 초란 보관법과 복용법

· 신선한 냉장고에 보관한다.
· 하루에 술잔으로 하나 정도(약 20㎖) 아무 때나 마신다. (단, 위가 약한 사람은 식후에 마시는 것이 좋다.)

▶ 초란(현미식초＋유정란)과 난유(계란기름)로 건강을 지키자

달걀노른자에서 기름을 빼내는 난황유(계란기름)와 현미식초에 달걀을 넣어 만드는 초란은 예부터 질병을 치료하고 예방하는 약재로 쓰였다. 의학의 아버지 히포크라테스는 그의 저서에서, "초란은 죽어가는 생명을 살릴 수 있는 양약(良藥)이며, 피부를 젊고 아름답게 하며, 노쇠를 방지하는 선약(仙藥)이다. 또한, 정력 없는 남편이나 회복기의 환자에겐 초밀란(醋蜜卵)이 좋다."라고 역설했다. 초밀란이란 식초와 계란이 갖는 장단점을 보완한 것으로 최근에 그 효능이 높이 평가되고 있다.

초란은 위에서 설명한 바와 같이 방목한 닭이 낳은 유정란을 현미식초에 담가 껍질을 녹여 마시는 것이다. 초란 만드는 방법은 날계란을 통째로 깨끗이 씻어 물기를 제거한 다음 유리병에 6~7일간 식초에 담가두면 껍질은 식초에 녹아 초산칼슘으로 변하고, 달걀의 흰 막은 공처럼 부풀어 오르고 그 속에 흰자와 노른자가 그대로 남게 되는데 이 막을 제거한 다음 노른자를 잘 으깬 뒤 흰자와 함께 잘 저어두면 초란 원액이 만들어진다.

난유는 계란의 난황에서 추출한 기름으로 '레시틴'을 다량으로 함유하고 있다. 레시틴은 동물의 알, 신경조직, 식물의 씨 등 생체 내에 널리 분포하며 생체막의 구성 성분으로서 투과성, 유화성, 흡수성 등 생체막의 성질을 결정하는 중요한 인자로서 생명현상에 관여하고 있는 것으로 알려져 있다. 레시틴은 인간의 몸을 깨끗하게 하는 청소부이며 몸 안의 지방대사나 기초대사, 신진대사를 혼자서 떠맡고 있는 생명의 간호사라고도 불리고 있는 물질이다. 따라서 현대와 같은 육식중심, 인스턴트식품 중심, 스트레스가 많은 생활에서는 대부분의 사람이 레시틴을 필요로 한다.

－특히 레시틴이 필요한 사람을 예로 들어 보면,

체력이 없는 사람, 몸이 약한 사람, 아름다운 피부를 유지하고 싶은 여성, 애주가, 애연가, 시간에 쫓기는 비즈니스맨, 수험생이나 성장기 청소년, 더위, 추위 등에 약한 사람, 질병후의 식사에 주의해야하는 사람, 불임증, 임산부, 운동선수, 그 외 치료적 효과를 희망하는 사람이다.

－유익종 박사의 저서 "난유보감" 중에서－

초밀란에 대하여

▶ 초밀란이란

초란을 도저히 못 먹겠다는 사람이 의외로 많기 때문에 이때는 초란보다 맛과 영양이 풍부한 초밀란을 만들어 먹으면 효과가 있다. 초밀란은 식초와 계란이 갖는 장난점을 보완한 섯으로 최근에 ⊥ 효능이 높이 평가되고 있나. 초밀란은 과용해도 인체에 부작용이 없고 장기 복용해도 해가 없는 완전식품이다. 초밀란은 어떤 질병이든 다 적용이 된다. 그중에서도 간염이나 임신, 수유부, 갱년기장애의 여성에게 더욱 필요하다. 이들이 하루가 멀다 하고 병원을 찾지 않으면 안 되고 외출할 때는 약봉지부터 먼저 챙겨야 하는 사람, 약간의 기온 변화에도 감기가 걸리는 병약한 어린이, 발기부전, 조루증대 등으로 기죽어 있는 남성은 1개월 정도의 초밀란 요법을 실행해보면 그 효과를 알 수 있다. 이러한 초밀란은 초란 원액에 벌꿀과 화분(꽃가루)을 타면 식초의 신맛이 줄어들면서 비로소 맛있는 초밀란이 만들어지는데, 다시 말하면 화분을 10% 첨가하고 꿀을 1:1이 되도록 첨가하여 하루 동안 숙성시키면 맛있는 초밀란이 된다. 이렇게 만든 초밀란은 초산칼슘으로서 정열과 해독작용이 강하며 호르몬과 레시틴의 보고이다. 초밀란 한 병은 효소가 사멸된(끓이면 효소가 사멸됨) 농축액 100첩을 마시는 것보다 유익하다. 초밀란에는 효소, 칼슘, 레시틴 그리고 식물의 생식정자(꽃가루)와 난황이 살아 있어 생명 그 자체이며 초밀란을 장기 복용하면 피로를 모르는 체질이 된다.

▶ 초밀란에 들어가는 화분

● 화분이란?

심산계곡에서 채취하는 꽃가루는 꿀벌이 여러 가지 꽃을 찾아가 벌의 타액(침)과 꿀로 반죽하여 뒷다리에 뭉쳐서 자기 벌통으로 가져오는 것으로, 벌의 유충(애벌레)이 이 화분을 먹어야만 벌로 태어나는 것인데, 로얄제리의 근원이 되는 것으로 비타민과 미네랄이 풍부하여 인체의 필수 영양소가 빠짐없이 들어 있는 자연 그대로 가공하지 않은 최고의 영양 덩어리이다. 21세기 밀레니엄 시대에 가장 편리하고 빠르게 건강을 회복하는 가장 실질적인 자연이 인간에게 선사한 신비한 천연자연 식품으로, 자연에서 생산된 자연 그 자체이다. 인류 최고의 '건뇌((健腦)(뇌에 영양공급))식'이며, '미용식품'으로 널리 알려져 있다.

● 함유물질

인간의 생명유지에 필요한 비타민, 미네랄, 단백질, 효소 및 조효소, 지방산, 탄수화물 등을 완벽하고도 균형 있게 함유하고 있는 자연식품이다. 18개의 아미노산을 함유한 단백질, /12가지 이상의 비타민, /28가지의 미네랄, /11가지의 효소, /14가지의 지방산, /11가지의 탄수화물 그리고 호르몬 등을 함유하고 있는 꿀보다 (비타민-최고 500배) 완벽한 최고급 영양소이다.

- 초밀란과 아미노산

우리가 단백질을 섭취한다고 해서 바로 흡수되는 것이 아니다. 산이나 효소에 의해 아미노산으로 분해되어 흡수된다. 그렇게 되었을 때 단백질은 우리 몸에서 피가 되고 살이 된다. 양질의 단백질이라고 하면 아미노산으로 전환될 수 있는 단백질이 많은 것을 의미한다. 지금까지 알려진 아미노산의 종류는 20여 가지가 된다. 아미노산 중에 몸에서 합성되는 아미노산이 있고 합성되지 않는 아미노산이 있다. 합성이 되지 않는 아미노산은 필히 음식물을 통해 섭취해야 한다. 이러한 아미노산을 필수아미노산이라고 하는데 우리 몸에는 8가지가 있다. 초밀란 속에는 필수아미노산 이외에 알라닌(Alanine: 당질, 단백질, 지질 합성에 중요한 역할), 시스틴(Cystine: 모발), 피부 손톱의 주성분인 케라틴(Keratin) 등이 함유되어 있다. 양질의 아미노산이 많기 때문에 하루에 100cc만 섭취해도 충분한 필수아미노산을 얻을 수 있다. 어떤 부인은 류마티스 관절염을 장기간 앓으면서 매일 부신피질 호르몬을 3~4정씩 복용해 왔다. 그로 인해 뼈가 약해진 것은 말할 것도 없고, 항암 치료받은 환자같이 머리털이 빠지고 위장도 헐어서 죽으로 연명하는 상태였다. 그런 상태에서는 어떤 약을 사용해도 효력은 나타나지 않는다. 약의 효력도 몸에 면역기능이 남아 있을 때 나타나는 것이지, 지나치게 약화되었을 때는 어떤 효력도 기대할 수 없는 것이다. 때로는 약에서 얻을 수 있는 것은 치료 효과보다는 진통효과 뿐일 때도 허다하다. 몸이 나빠져서 합병증이 온 환자에게는, 지력이 떨어진 토양에 퇴비를 넣어서 지력을 높이듯이 몸을 도와주어야지, 화학비료나 농약 같은 약은 도리어 체력을 떨어뜨린다. 몸의 원리도 토양의 원리와 동일하게 나타난다. 몸이 아주 약한 분에게는 약리작용이 아닌 영양학작용으로 도와주어야 하고, 몸은 아기 몸으로 여기고 다스려야 한다. 당장에 병마를 물리치고 활기차게 인생가도를 달려 나가고 싶은 욕망은 이해된다. 똑똑한 사람일수록 그런 욕망은 더 강하다. 하지만 세상에는 당장에 병을 고쳐줄 어떠한 약도 비방도 없다. 조용히 무리하지 않고 자연 치유력이 회복되도록 기다리는 수밖에 없다. 1개월 넘게 하루 2회 이상 초밀란을 복용하자 몸에서 기운이 조금씩 나기 시작했고, 죽만 먹던 것을 밥으로 전환시킬 수 있었다고 했다. 그렇게 많이 빠지던 머리털도 빠지지 않았고 2개월 되었을 때는 못 가던 화장실도 갈 수 있었다고 했다.

- 초밀란과 비타민

1900년대 초까지만 하여도 동물의 성장과 생명유지에 필요한 성분은 탄수화물, 단백질, 지방, 무기질, 물 다섯 가지로 생각해왔다. 여기에 기준해서 만들어진 사료를 가축에게 주었을 때 정상적인 성장이 되지 못하고 폐사하는 가축들이 늘어나자, 이 외에 다른 물질이 있을 것으로 여기고 연구하였던 것이 1921년이다. 폴란드의 화학자 C. 풍크는 쌀겨로부터 각기병에 효과 있는 비타민(Vitamine)을 발견했다.

Vitamine의 본뜻은 라틴어의 생명을 의미하는 Vita와 질소질을 함유한 유기물질을 의미하는 Amine의 합성어이다. 비타민은 생명을 유지하는 데 없어서는 안 되는 필수적인 물질이라는 뜻을 가지고 있다. 그러나 비타민은 대량으로 필요로 하는 것이 아니고 소량을 필요로 하고, 신체기능을 조절하기 때문에 어떤 면에서는 호르몬 작용과 비슷하다. 그렇지만 호르몬은 신체의 내분비기관에서 합성되지만, 비타민은 외부로부터 섭취해야 한다는 것이 다르다. 예를 들면 비타민 C는 사람에게는 비타민이 되어도 동물에게는 호르몬성분이 된다. 비타민 C가 사람의 몸에서는 합성이 안 되고 섭취해야만이 얻을 수 있는 것이지만, 토끼나 쥐, 대다수의 동물들은 몸속에서 스스로 합성할 수 있으므로 이들에게는 호르몬이 된다. 비타민 B는 탄수화물이나 지방, 단백질과 같은 에너지물질은 아니지만, 에너지대사에 촉매적인 역할을 한다. 이러한 비타민이 초밀란 속에 다량 함유되어 있다. 초밀란 속에 들어 있는 비타민의 함량은 과일이나 로얄제리보다도 월등히 높다. 합성 비타민제는 약 중에서도 해가 되지 않는다는 이미지가 강하여, 식생활에 있어서의 영양학적 결함을 보충하는 작용을 갖는 것으로 착각되고 있다. 그러나 약으로 정제된 비타민제는 위험한 약품이다. "확실히 각종 비타민은 우리의 몸에 극히 중요한 작용을 하며, 항시 보급을 하여야 할 성분이지만, 이는 어디까지나 자연의 식품 중에 포함된 천연 비타민을 섭취하지 않으면 안 된다. 합성 비타민제는 오히려 생리작용에 여러 가지 장해를 가져오게 한다. 예를 들면 비타민 C는 피부의 대사 작용에 중요한 작용을 하는 비타민으로 살결을 아름답게 보존하는 데 불가결한 것이지만, 합성 비타민 C제를 많이 섭취하면 긴장장애를 일으켜 피부세포의 대사를 혼란케 하여 도리어 살결은 더러워지게 되는 것이다."(합성 비타민제의 해독, 의학박사 모리시다 게이이찌 작 "식사혁명과 자연식문답"에서 발췌) 로얄제리나 꿀 한 가지로서는 병을 고치기 어렵다. 그러나 여기에 식초나 다른 칼슘을 넣었을 때는 꿀의 효능은 높아진다. 미국의 의사 D. C. 자이비스 씨는, 성인병 환자들에게 버몬트주의 민간요법을 적용시켜 많은 병자들을 고쳤다. 여기에 주로 사용한 민간요법은 꿀물에 식초를 시큼할 정도로 타서 마시게 하는 방법이었다. 이것이 피로에는 더 바랄 수 없는 좋은 처방이다.

"병의 근원은 피로에서 온다."라는 말을 적용시키면 어떤 병에도 효과가 있다는 것이 된다.

초밀란은 로얄제리나 그 어떠한 보약에 비해서 모든 영양소가 많이 들어 있다. 초밀란은 몇 달만 사용해도 두통이나 빈혈이 낫게 되고, 우울증과 불면증, 류마티스 관절염에도 치유 효과가 아주 높다. 고질적인 전립선염에도 좋은 효과가 있다. 면역력이 떨어진 허약한 어린이나 경부임파선염에는 특효이고, 야뇨증에도 잘 듣는다. 이러한 효과들이 있는 것은 다양하게 들어 있는 비타민과도 무관하지 않다.

- 초밀란과 칼슘

의학의 아버지 히포크라테스는 그의 저서에서, "정력 없는 남편이나 회복기의 환자에겐 초밀란(醋蜜卵)이 좋다."라고 역설했다. 초밀란이란 식초와 계란이 갖는 장단점을 보완한 것으로 최근에 그 효능이 높이 평가되고 있다. 초밀란은 달걀을 식초에 담가 껍질을 녹여 마시는 것이다. 달걀을 통째로 깨끗이 씻어 물기를 뺀 다음 6~7일간 식초에 담가 두면 껍질은 식초에 녹아 초산칼슘으로 변하고, 달걀의 흰막은 공처럼 부풀어 오르고 그 속에 흰자와 노른자가 그대로 남게 되는데 이 막을 제거한 다음 잘 저어두면 초란 원액이 만들어진다. 이 원액에 벌꿀과 화분을 타서 식초의 신맛이 줄어들면 비로소 맛있는 초밀란이 만들어진다.

초밀란을 장기 복용하면 피로를 모르는 체질이 된다. 그것은 혈액을 산성화하는 원인인 젖산과 초성포도산을 해소시켜 주기 때문이다. 또한 육식으로 인한 산혈증(酸血症)도 중화시키고, 특히 정력증강과 만성간염의 예방과 치료에 필수적으로 등장한다. 혈액 내의 칼슘이온은 건강의 척도이며 산성 체질은 만병의 근원이다. 혈액이 페하(pH=수소이온농도) 7.0~7.5의 정상적인 약(弱)알칼리성의 상태에서는 인체의 모든 기능이 정상이지만, 이에 반하여 페하 7.0 이하의 산성화 상태에서는 인체의 모든 기능이 저하되며 죽음 직전의 환자에겐 극명한 산혈증(에시도시스)이 나타난다. 그렇다면 왜 혈액이 산성화하는가?

그것은 지나친 산성 식품의 섭취, 스트레스 운동부족, 대기 오염, 공해식품, 약물과잉 등에 의해서 나타난다. 이 산성화된 혈액을 알칼리성으로 바꾸는 데 산 중화 역할을 하는 것이 바로 칼슘이다. 칼슘은 흡수량이 많을 때 계속 인체 밖으로 배출되니까 문제가 없지만 부족할 때는 엄청난 부작용이 따르게 된다. 혈액 중에 칼슘 농도가 떨어지면 부갑상선에서 분비되는 PHT(파라트호르몬)가 뼈를 녹여 칼슘을 혈액 속에 포함시키게 한다. 뼈가 약해짐은 물론이다. 수숫대처럼 푸석푸석해지면서 경도(硬度)가 낮아져 잘 부러지고 관절염, 골다공증이 유발된다. 그리고 더 큰 문제는 뼈에서 녹아나온 칼슘이 유익하게 쓰이지 않는다는 것이다. 혈액 중의 농도만 맞추었을 뿐 뼈가 녹아내린 칼슘은 동맥벽에 침착하여 동맥벽을 상하게 한다. 그 상한 자리에 콜레스테롤이 필요 이상으로 들어가 동맥경화증을 가져오게 한다. 이 것이 동맥경화증의 중요한 원인인 중막(中膜)석회화 현상이다. 입으로 들어간 칼슘은 유익하게 쓰이고 남는 것은 배출되는 데 반해 칼슘섭취가 부족한 결과로 뼈에서 녹아나온 칼슘은 해로운 작용을 하는 생명의 신비를 재삼 생각해볼 필요가 있겠다. 칼슘에 관한 영양학적 연구가 거듭되면서 새로 정립되는 이론 중 하나가 임신중독증에 관한 것이다. 임신중독증은 혈액 속에 칼슘이 적고 인이 많아 균형이 깨어져 자율신경에 이상이 생긴다는 설, 철, 칼슘, 비타민 B_1, 비타민D의 부족으로 인한 영양실조설이 있는데 모두 칼슘이 관계돼 있다. 임신, 수유부가 마시는 초밀란은 산모의 건강은 물론 태아의 두뇌, 피부에까지 영향을 미치는 돈으로는 도저히 환산할 수도 없는 가치가 있다. 당뇨병의 주요 원인 중 하나인 인슐린 부족도 칼슘부족의 차원에서 설명하고 있으며, 뇌졸중, 치매(癡呆), 간경변, 암도 앞서 동맥경화증의 예처럼 해석되고 있다. 칼슘이 1일 섭취량은 성인 6백㎎이지만, 임신부, 노인일수록 섭취량을 늘려야 한다. 식초에 녹아 있는 초산칼슘(초밀란)은 가장 질이 좋고 흡수가 용이한 칼슘이다. 중국에서는 옛날부터 달걀껍질 분말을 복용하여 구루병(척추가 고부라지는 병), 경기, 흐린 눈, 종기 등 칼슘결핍에 의해 일어나는 질환에 썼다고 한다. 그리고 2천여 년 전 이집트의 미인 클레오파트라는 그 아름다움을 영원히 간직하기 위해 온갖 미용비법을 활용한 것으로 유명한데 그중의 하나로 진주알을 식초로 변한 술에 담가 녹은 진주성분을 마셨다고 한다. 사실 진주의 주성분은 조개껍질과 같은 탄산칼슘으로 식초와 같은 산에 잘 녹는 성질이 있는 이치를 활용한 이른바 칼슘식초를 응용한 것이라 하겠다.

칼슘과 인의 비율이 1:1이나 1:2가 되었을 때 칼슘의 흡수량이 가장 높다고 한다.

만약 인의 비율이 높아지면 칼슘의 섭취가 저해되는 상태가 된다. 이러한 이상적인 조건을 갖춘 것이 바로 클레오파트라가 이용한 칼슘식초이다. 우리의 혈액에는 1백㎖당 칼슘이 약 10㎎ 있어야 하는데, 그 함유량이 30% 이하가 되면 치아와 뼈가 물러지게 되고 혈관의 경직상태가 되기 쉬워 동맥경화와 더불어 정신상태까지 불안정하게 되며, 나아가서는 각종 암과 뇌졸중, 치매 등을 유발시키게 된다는 연구결과가 있다.

칼슘식초는 혈액의 정혈은 물론 뇌신경의 활성화로, 치매현상의 예방과 신경의 진정작용, 인슐린분비 촉진으로 당뇨증상의 개선, 식욕증진과 흡수력의 조장, 원기회복의 촉진작용도 한다고 한다. 현미초에는 바린, 아라닌, 페닐 등 아미노산이 있어 체내의 지방축적, 즉 고지혈증(高脂血症)을 방지하므로 비만해소에 아주 유효하다. 현미초의 식물스테롤은 중성지방, 동맥경화 등을 예방함과 동시에 HDL콜레스테롤이라는 좋은 리포단백을 증식시키는 작용을 한다. 따라서 심장병과 뇌졸중도 예방할 수 있다. 미국의 레저 랜돌프 파인골드 박사들은, 요즘 청소년들의 각종 비행과 더불어 주의산만, 덜렁댐, 무기력과 자폐증도 거의가 화학가공식품의 과잉섭취에 의한 칼슘손실의 부작용이라고 꼭 같이 증언하고 있다.

- 초밀란과 레시틴

인간을 비롯하여 모든 생물은 수많은 세포가 모여서 성립되어 있다. 즉 하나하나의 세포가 활성적인 삶을 영유하고 있는가의 여부가 건강의 여부에 크게 관계하고 있는 것이다.

이러한 세포는 세포막에 의해 둘러싸여 있으며, 이 세포막에는 반드시 레시틴이 들어 있다.

우리들은 이 세포막을 통해 몸에 필요한 물질을 받아들이고 필요 없게 된 노폐물 등을 배설하고 있다. 이와 같이 중요한 작용을 하고 있는 레시틴은 계란 노른자위를 뜻하는 그리스어에서 온 말로서, 지질 속의 인지질의 일종이며, 불포화지방산, 인산콜린, 글리세롤, 인, 이시노톨 등으로 구성되어 있다. 이 물질은 1843년에 프랑스의 과학자 고불이 계란 노른자위에서 인을 포함하는 지방성 물질의 분리에 성공한 것이 그 시초이다. 그로부터 레시틴의 연구가 각국에서도 진행되어 인간의 뇌나 장기 등 세포나 혈액 속에도 레시틴이 들어 있다는 것을 알게 되었다. 몸 안의 중요한 조직을 구성하는 세포, 즉 약 60조 개를 둘러싸고 있는 세포막의 주성분이 레시틴이다. 그 양은 대개 체중의 1 / 100이나 된다. 즉 체중 70kg인 사람이라면 700g의 레시틴을 가지고 있는 것이다.

레시틴의 작용을 간단히 말하면,

—혈액 속의 콜레스테롤이나 중성지방을 줄인다.

—뇌의 기능을 활성화한다.

—모든 세포를 싱싱하게 소생시키는 등 세 가지를 들 수가 있다.

이 때문에 레시틴을 비타민이나 호르몬 이상의 중요한 생명의 기초물질로 보고 있는 것이다. 이 레시틴은 동·식물계에 널리 분포하고 있으며, 동물의 뇌나 골수, 심장, 폐장, 간장 같은 주요한 여러 기관과 계란 노른자위나 알(卵) 속에 특히 많다. 식물에 있어서는 콩이나 효모 등에 들어 있다. 왜 레시틴이 필요한가?

레시틴은 인간의 세포에 반드시 있으며, 세포에 있어서 필요불가결한 물질이라는 것은 이미 앞에서 말한 바 있지만, 최근의 연구에 따르면 현대인에게는 이 중요한 레시틴이 모자란다고 한다. 특히 미국에서는 레시틴의 섭취가 강조되어 식품만으로는 섭취가 부족하게 되므로 섭취하기 쉬운 정제나 과립으로 된 레시틴이 약국에서 판매되고 있다. 국내에서도 주로 일본에서 수입된 레시틴 제품이 암 치료제나 두뇌 영양제로 고가로 판매되고 있는데, 이는 콩에서 추출한 레시틴이므로 난(卵)이나 키토산 등 동물성에서 추출한 레시틴보다 효능이 떨어진다. 굳이 값비싼 외국의 건강 보조식품을 수입해서 먹을 필요가 없이, 한국의 초밀란을 마시면 살아 있는 레시틴을 그대로 섭취할 수 있으며, 동시에 효소, 비타민, 호르몬까지 동시에 해결할 수 있는 것이다. 그렇다면 레시틴이 부족하면 인간의 몸에 어떤 증상이 나타나는 것일까? 레시틴은 세포의 출입구, 즉 세포막에 있으며 문지기 역할을 하고 있다. 즉, 레시틴은 세포에 필요한 영양분을 흡수하고, 세포에 필요가 없게 된 노폐물을 배설한다.

레시틴이 모자라면 당연히 이 기능이 나빠지게 된다. 그 때문에 세포의 일부에 이상이 나타나고, ① 피로감이 있다. ② 전체적으로 몸이 컨디션이 좋지 않다. ③ 기억

력이 떨어져 건망증이 심하다. ④ 불면상태가 되어 두통이 생긴다. ⑤ 위장의 컨디
션이 이상하다. 등과 같은 증상을 호소하게 된다.

이와 같은 증상에서 약을 쓰게 되면 약의 부작용으로 암을 위시한 동맥경화나 뇌
경색, 심근경색, 당뇨병, 치매증, 알레르기성질환 등 많은 질병을 유발하는 계기가
된다. 그야말로 병 때문에 죽는 것이 아니라 치료 때문에 죽는 것이다. 건전한 세포
를 만들어 건강을 유지하기 위해서는 평소부터 레시틴을 될 수 있는 대로 많이 올
바르게 섭취할 필요가 있다.

- 초밀란과 효소

우리의 몸은 열량식품 이외에 비타민, 미네랄, 호르몬, 효소라는 네 가지 영양소
에 의해 유지가 되고, 모든 기능들이 조절되므로 활력을 갖게 된다. 효소의 종류는
비타민이나 호르몬의 종류보다 더 많다. 학자들이 효소를 학문적으로 연구하게 된
것은 불과 몇십 년밖에 되지 않지만, 우리 조상들은 효소에 의해 술을 빚었고, 식
초, 된장, 김치, 젓갈, 감주나 엿을 만들었기 때문에 아주 오래전부터 효소를 잘 이
용해 온 민족이다.

쌀밥을 오랫동안 씹으면 씹을수록 입 안에서 감미를 더 느낄 수 있는 것도 타액
중에 아밀라제라는 효소작용 때문이다. 생선이나 육류가 위 속에서 소화가 잘 되는
것도 단백질을 분해하는 펩신이나 레닌이라는 효소에 의해서다. 육류를 먹어서 소
화가 잘 되지 않는 것은 이런 효소가 부족한 사람이다. 리파제라는 효소는 지방산
을 잘 분해시켜 주므로 돼지비계나 튀김 음식을 먹어도 소화를 잘 시켜낸다. 인체
내에서 효소가 많은 부위가 위, 입 안, 장, 간장, 신장, 췌장 등이다. 밥을 먹지 못
해서 몹시 여윈 손자에게 할머니가 밥을 씹어서 입 안에 넣어주는 것을 보고 아주
비위생적이라는 생각을 했지만 그렇게 해서 주면 소화가 잘 되고 식욕을 돋아준다.

꽃샘에 들어 있는 화밀(花蜜)은 꿀이 아니다. 이것을 벌들이 위(胃)에 넣어 와서
벌집 안에 토해내고 숙성시켰을 때 꿀이 된다. 벌의 위 안에 있던 효소가 전분이
많은 화밀을 과당이나 포도당으로 전환시켜 흡수력을 좋게 만들어놓은 것이 꿀이다.
꿀을 농축시켜 인위적으로 수분을 빼낸 꿀은 효소가 없어진 죽은 꿀이다. 이러한

꿀은 건강에 도움을 주지 못하기 때문에 1차 식품의 꿀이 아니고, 단순한 맛이나 칼로리를 낼 수 있는 2차 식품에 불과하다. 옛날에는 입술이 트고 입 안이 헐면 꿀을 발랐다. 자연 숙성된 꿀은 살균효능이 있어서 점막의 염증이 잘 치료된다. 그러나 농축된 꿀에는 그런 효능이 없다. 수입된 꿀은 100%가 농축된 꿀이다. 농축을 시키지 않고 드럼통에 넣어서 수출하다 보면 꿀의 발효에 의해 드럼통이 터지는 수가 있다. 그렇기 때문에 꿀은 농축기에 넣어서 효소를 불활성화시키지 않고서는 수출하지 못한다. 기계로 속성시킨 대부분의 시중의 식초도 99도의 열을 통과시켜 효소를 불활성화시킨 것이다. 최고의 식초를 드시고 있으면서도 이 식초가 왜 귀한 것인 줄 모르고 드시는 분도 미흡한 일이다. 꿀벌이 화분을 가지고 올 때는 위 속에 들어 있던 꿀을 내어서 다리에 발라가며 꽃가루를 뭉치기 때문에 화분 속에도 많은 효소들이 들어 있다. 그중에서도 주목할 수 있는 효소가 카탈라제(Catalase)이다. 화분 속에는 아밀라제, 카탈라제, 디아스타제 등 10여 가지의 효소가 들어 있다. 이 중에서 세포의 노화나 병이 발생되었을 때 급격히 감소하는 효소가 카탈라제이다. 이런 효소의 감소에 따라 그 사람의 건강상태를 알 수 있다. 이런 것을 감안하면 앞으로의 효소산업은 발전할 수밖에 없다. 특히 유전자의 DNA도 효소에 의해 만들어지고 있다. 효소가 생명의 근원이며 21세기에 급격히 발전할 수 있는 산업 가운데 하나가 효소 산업이다.

"암의 발생은 효소의 부족에서 온다."

실제로 암이 발생하였을 때 인체에는 카탈라제 효소를 거의 찾아볼 수 없다. 체내에서 카탈라제가 감소하기 시작하면 세포의 활동이 둔해지고, 칼슘의 흡수가 적어지고 혈액은 산독화되어 활동도 제대로 할 수 없게 된다. 이것이 결국은 암과도 결부된다. 초밀란이 항암효과가 있다는 것은 여러 문헌에서 찾아볼 수 있지만, 어떤 특별한 물질 하나가 항암작용을 한다기보다는 카탈라제와 같은 여러 종류의 효소와 다양한 영양소에서 복합적인 작용에 의해 얻어지는 효과라고 생각할 수 있다.

인체는 비타민, 미네랄, 호르몬, 효소를 원한다. 소나무, 약쑥, 인진쑥, 생강, 오가피를 누룩으로 발효시킨 천연식초에, 토종 유정란을 껍질째 녹여서 초산칼슘을 만들고, 여기에 자연 숙성된 순수한 꿀과 생화분을 혼합해서 살아 있는 그대로를 보내는 것이 초밀란이다.

생명물질이 모두 사멸된 농축액으로, 반복해서 간장, 신장에 부담을 주고 있는 현재의 식생활에서 살아 있는 초밀란은 생명의 연장을 이어주는 새로운 이정표를 제시할 것이다.

▶ 화분의 효능

화분은 아무리 많이 먹어도 부작용이 없는 완벽한 최고급 영양물질로서 '미용식품', '건뇌 식품', '스테미너 식품'으로 널리 알려져 있다. 화분은 단백질 함량이 23~25%에 이르는 고단백식품으로 단백질의 반이 유리(遊離) 아미노산이므로 복용 즉시 체내에 흡수된다. 또한 필수아미노산을 비롯한 비타민 A, B군, P 등의 다양한 영양소와 무기질이 균형 있게 함유되어 있어 일명 '완전식품'으로도 불린다. 화분 속에 함유되어 있는 아미노산은 소고기나 치즈보다 5-8배가 더 높으며 신체의 생육작용과 조혈작용, 정혈작용, 체내 독소제거 작용 등이 탁월하다. 한 부고서에 의하면 회복기 환자의 몸무게와 에너지를 빨리 증가하게 할 뿐만 아니라 오염물질로 인한 독소나 이물질 제거에 효과가 큰 것으로 발표되었다. 또한 실험쥐를 대상으로 한 연구에서 화분을 집중적으로 섭취한 쥐는 대조군에 비해 체격과 건강상태, 특히 번식능력이 탁월한 것으로 나타났다. 또 다른 프랑스의 연구에서는 빈혈환자에게 매일 커피에 1큰술의 꽃가루를 넣어 복용시킨 결과 1개월 뒤에 혈액(血液) 1mmg에 적혈구(赤血球)가 80,000개 증가한 것으로 나타났다. 또한 화분이 함유하고 있는 비타민 P(루틴)는 고혈압에 큰 효과가 있으며, 전립선 비대증의 경우 수술이 필요한 환자의 80%를 화분을 섭취하게 하여 치유하게 한 임상 실험 례가 국내병원에서 발표된 바 있다.

- 건뇌(健腦)식품
▷ 두통(뇌의 미네랄 결핍에 의한)에 가장 빠른 효과
▷ 빈혈(헤모글로빈 부족에 의한 뇌의 산소 부족)에 풍부한 미네랄(철분) 공급으로 빠른 효과

▷ 학습증진효과: 정신력을 많이 쓰는 학생, 고시생, 고3 수험생에게 뇌력(腦力)을 강하게 하고, 피로를 풀어 학습증진효과

- 소염(消炎)작용
▷ 전립선염, 전립선비대증: 강한 소염작용으로 3개월에 좋아짐
▷ 알레르기성 비염: 산성체질을 알칼리성 체질로 원인 제거시키면서 개선
▷ 치은염, 다래끼, 종기: 전신의 혈액이 깨끗해지면서 개선

- 미용식품
▷ Diet, 변비효과: 풍부한 비타민과 미네랄, 섬유질 공급 악성변비도 해결
▷ 먹는 화장품: 검은 피부, 탄력 없는 피부, 부종기 있는 피부에 균형 잡힌 영양 공급으로 개선시켜 줌
　· 시력개선: 0.1, 0.2 이상이면 개선이 가능하다. 화분 복용으로 수정체가 거울처럼 맑아짐
　· 강정(强精)식품: 강한 스테미너 식품이므로 50대 이후라 하더라도 화분 복용으로 좋아짐.
　· 양모작용: 화분 복용으로 탈모가 중지되고 개선

▶ 꽃가루 복용의 효과

완벽한 영양공급, 혈액정화, 체내독소 배설, 피부 항균력 강화 및 미용, 살모네라균, 대장균 발생 억제, 조혈작용, 고혈압, 당뇨병, 심장병, 전립선비대증
- 빈혈과 기력회복
- 비만과 변비치료
- 시력회복과 눈이 깨끗해짐
- 먹는 화장품(전신미용, 검은 살결)
- 정력과 힘의 원천
- 전립선염과 비대증 예방과 치료

－공부와 격무에 시달리는 학생, 사업가, 회사원 및 공무원 등에게 꼭 필요로 하
  는 원기회복제

▶ 복용방법
아침·저녁으로 밥숟갈 7부 정도를 물로 마신다.
－허약한 사람은 식후에 먹으면 살이 찌고
－비만이 있는 사람은 식사 10분 전에 먹으면 살이 빠진다.

▶ 초밀란 섭취가 필요한 경우
우리가 섭취하는 음식물은 간에 모여서 저장되었다가, 필요할 때 필요한 곳에 보
내지고 있다. 이때 영양물질뿐만 아니라 환경호르몬을 비롯한 각종 공해물질, 농약
등 독극물, 박테리아, 바이러스 등도 함께 들어오는데, 이로 인해 현대인의 간은 항
상 피로에 젖어 있을 수밖에 없다. 옛날에야 기생충이나 박테리아/바이러스가 고작
이어서, 우리 선조들의 간은 충분한 휴식을 취하면서도 이러한 물질들을 분해하는
독소분해 효소가 풍부하여, 얼마든지 정화하고 분해할 수 있었다. 그런데 문명의 이
기에 젖어 환경오염이나 환경파괴에는 아랑곳없이 '나 혼자만 잘살면 된다', '우리
가족만 깨끗한 환경에서 살면 되겠지' 하는 식으로 자기 파괴를 일삼는 인간의 이
기심과 자만심이 갈수록 오염물질의 배출을 늘리고, 환경파괴를 부채질해, 이렇게
늘어나는 환경오염물질로 인해 현대인의 간은 쉴 시간이 없이 혹사당하게 되었다.
환경을 파괴했으니 환경이 우리를 파괴할 것임에, 이를 두고 환경의 역습이라 할
것이다. 쉬지 못하는 간은 결국 언젠가는 지쳐 쓰러질 것이며, 결국 건강의 대들보
가 무너짐으로 우리의 건강도 함께 무너지고 마는 것이다. 암이 낫고자 한다면 암
환자 자신이 자연계의 암이 되지 말아야 한다. 나부터 쓰레기를 집 밖으로 내보내
서 자연을 파괴하는 일을 줄여야 할 것이며, 나부터 환경파괴의 선두주자인 농약과
화학비료를 쓴 농산물을 생산하지도 먹지도 말아야 할 것이며, 나부터 환경파괴의
주범인 세제의 사용을 줄이고 자원낭비를 부추기는 소비재의 과다한 보유 및 사용

을 줄여야 할 것이다.

　특히 동물성식품의 섭취는 암의 직접적인 원인이 될 뿐만 아니라, 가축을 기르기 위해서는 막대한 식량이 소모되는데, 이러한 식량만으로도 굶어 죽어가는 10억의 지구촌 가족을 구할 수 있다 하니, 가축의 고기를 먹는 것만으로도 우리는 충분히 자연계의 암적인 존재요, 굶주리는 민중의 암적인 존재라 할 것이다.

　내가 자연계의 암이나 다름없는데 어찌 암 덩어리가 내 몸에 없기를 바라거나 없어지기를 바랄 수 있다는 말인가? 참 어리석은 욕망이요, 헛된 소망이 아닐 수 없을 것이다. 이렇게 중요한 기능을 하고 있는 건강의 대들보인 간은 아쉽게도 치명적인 손상을 입을 때까지는 아무런 증상을 나타내지 않기 때문에, '침묵의 간'이란 말을 하기도 한다. 간이 손상을 입어 나타나는 질환으로는 가장 흔한 것이 지방간과 간염이며, 이러한 간단한 질병을 방치하면 간경화나 간암과 같은 무서운 질병으로 커지게 된다. 그런데도 불구하고 많은 지방간 환자나 간염환자들이 간암은 자신과 별개인 것처럼 안이하게 살아가고 있으니 걱정이 아닐 수 없다. 내일이면 간암으로 쓰러질지도 모르는 풍전등화(風前燈火) 같은 자신의 운명을 모르고 오늘은 괜찮으니까 난 암과는 상관없겠지 하면서 살아가는 어리석은 사람이 어디 한둘이겠는가? 이러한 질병을 일으키는 주된 원인 가운데 하나가, 동물성식품과 고단백 위주의 고칼로리 식생활 때문이다. 특히 술자리에는 빠짐없이 따라오는 것이 육식이니 이 엄청난 독을 분해해야 하는 간의 입장에서 차라리 간암에 걸려 쉬고 싶어질지도 모를 일이다. 이것도 모자라 자라나는 아이들에게 백설탕과 인공감미료 및 각종 식품첨가물로 범벅이 된 가공식품까지 먹여대니, 어른 아이 할 것 없이 간이 성한 사람은 거의 없다고 보는 것이 옳다. 이런 먹을거리들은 막대한 소화효소를 소모시키는데, 소모된 효소를 보충하기 위해서는 효소의 원료가 되는 양질의 당분과 비타민, 미네랄이 많이 공급되어야만 한다. 아쉽게도 현대인들이 먹는 음식에는, 효소를 만드는 데 도움을 주는 비타민이나 미네랄이 많기는커녕, 효소의 소모를 부채질하고 몸을 상하게 하는 백설탕이나 인공감미료가 하루도 빠짐없이 들어오고 있는 실정이다. 게다가 고지방, 고단백 위주의 식사가 되다 보니 비타민과 미네랄, 천연당, 효소가 절대적으로 부족할 수밖에 없으며, 이러한 식사로는 부족한 효소를 보충할 길이

막막하게 된다. 간에서 만들어진 담즙도 천연당과 비타민, 미네랄이 부족한 상태에서 만들어진 불량 담즙이다 보니 굳어지거나 뭉쳐져서 담석이 되고 만다. 이렇게 만들어진 담석은 담관이나 담도를 막아서 담즙이 제대로 배출되지 못하게 하여 간 기능을 떨어뜨림으로써, 간암을 비롯한 각종 간장질환을 일으키는 것이다. 물론 담관을 막는 것은 담석뿐만 아니라 암 덩어리가 자라서 막는 암도 있을 것이다. 문명인의 세 사람 가운데 한 명이 암이라는데, 어찌 '난 아닐 것이다.'라는 요행을 바랄 수 있다는 말인가? 더군다나 가족 가운데 암환자가 있거나 있었던 사람이라면, 그러한 요행을 바랄 수 있다는 것이 신기할 정도이다.

그러다가 암이라는 선고를 받게 되면, '누구 때문에 암에 걸렸다', '무엇 때문에 암에 걸렸다.'라는 등 원망의 대상부터 찾는, 말도 안 되는 짓을 한다. 모두가 자신 때문에 암에 걸린 것이며, 자신만 자연건강법에 충실했으면 절대 암에 걸리지 않았을 것인데도 말이다.

기타 유용성

식초와 유연성에 대하여

식초를 먹으면 뼈가 유연해진다는 속설이 있어 서커스나 체조를 하는 사람들이 일부러 식초를 많이 먹는다는 얘기가 있다. 하지만 식초가 뼈를 부드럽게 해준다는 과학적인 증거는 없다. 더욱이 몸의 유연함은 뼈가 아니라 관절의 부드러움에서 나오는 것이다. 그러나 식초가 피로를 풀어주는 효과는 확실히 있다. 근육에 쌓인 노폐물인 젖산을 분해하는 효과가 크기 때문에 피로를 풀어주고 활력을 되찾는 데 좋은 식품으로 알려져 있다. 또한 식초의 새콤한 맛은 침샘을 자극하여, 침을 많이 분비시켜 소화 작용을 돕고 식초에는 살균 성분이 함유돼 우리 장 안에 살고 있는 각종 유해세균의 번식을 억제해준다. 또 이와 함께 대장, 소장의 연동운동을 도와 변비 해소에도 도움이 된다. 하지만 위산이 많아 속 쓰림으로 자주 고생하는 사람은 식초를 공복에 먹으면 위를 더 자극하기 때문에 먹지 않는 것이 좋다.

빙초산은 산성도가 매우 높다. 따라서 무좀치료 등 민간요법으로 발을 담그는 경우가 많은데 이럴 때 화상을 입을 확률이 매우 높다. 산에는 피부를 부식시키는 효과가 있기 때문에 한 시간가량 산에 발을 담그면 피부의 일부가 부식되어 벗겨져

나가게 되어 물집이 생기기 쉽다. 【제공기관: 한국 과학 문화 재단, 제공자: 과학문화 봉사단 (김병훈) [포항공과대학교], 홈페이지: www.scienceall.com】

■ ■ ■
식초양치에 대하여

충치는 치아우식증이라고도 하며 치태 내 세균, 음식물, 타액의 상호작용에 의하여 유발되는 구강 내 질병 중 하나로 선진국은 물론 우리나라에서도 그 발병률이 증가하고 있다. 충치 유발균으로는 Streptococcus mutans가 주 원인균으로 작용하며 구강 내 치아표면에 부착하여 당의 발효에 의해 산을 발생시켜 치아표면을 파괴시키는 것으로 알려져 있다. Streptococcus mutans는 균체표층에 glucosy−ltransferase (GTase)를 분비하며 음식물 중 sucrose로부터 불용성 glucan을 형성하고, 이러한 glucan은 구강 내 미생물들과 치면에 치면세균막을 생성한다. 따라서 이러한 충치유발균인 Streptococcus mutans의 성장을 억제할 수 있다면 충치예방 및 그 발생 빈도 감소효과가 있을 것으로 기대된다. 충치예방에 관한 연구로서 glucosy−ltransferase (GTase) 합성저해제의 개발, 항균제재의 개발 등 연구가 진행되고 있으며 특히 소나무를 비롯한 녹차, 오룡차, 황백, 후박, 후라보노이드, 해조류 추출물인 funoran, 알로에 등 천연물을 대상으로 항균물질의 개발 및 효과 등이 보고되고 있다. 항균물질의 경우 대부분이 terpenoid계와 phenol성 화합물로 알려져 있으며 이들은 당 및 단백질과 결합할 수 있기 때문에 생물에 대한 방어화합물로 작용할 수 있는 것으로 알려져 있다. 따라서 그 양치 요령은 다음과 같다. 아침에 일어나서 저녁에 취침하기 전 식초 2, 물 1의 비율로 적당량을 입에 물고 우물우물 양치를 한다. 약 1분 정도 '양치를 하다 가만히 있다'를 반복한다. 1분 정도 지난 후 손가락으로 이빨을 마사지하며 식초를 뱉어낸다. 그리고 혓바닥을 내밀어보면 혓바닥에 붙어 있던 이물질이 다 일어나 있는 것을 볼 수 있다. 이때 혀 닦는 칫솔로 혀에 붙어 있는 이물질을 살살 긁어낸다. 그리고 치약으로 양치질을 한다. 양치질을 먼저 했을 경우에는 혀 양치 후 마친다. 반복해서 하면 입에서 구취도 없어지고 이도 튼튼해지고 잇몸도 좋아진다. 처음에는 혓바닥이 빨갛게 일어나서 따가울 수도 있다. 며칠 지나면 괜찮아진다, 식초만 사용했을 경우 식초를 뱉을 때 목구멍이 막히는 것처럼 화끈거릴 수 있으니 주의하기 바란다.(별 문제는 없음)

위장병 치료의 효과, 오하라 겡이찌
(강카쿠 종합연구소: 일본의 식초 논문)

위액의 호르몬 분비를 촉진시켜 위장병을 다스린다. 위가 나쁜 사람은 자주 배탈이 나고 식욕도 없다. 식초는 위액과 파르톤 호르몬의 분비를 촉진시켜 입맛을 당기게 할 뿐 아니라 식품에 붙은 세균을 살균시켜 소화불량, 위장병을 없애준다. 음식에 붙은 세균을 살균해준다. 식욕부진인 사람만큼 불행한 사람은 없을 것이다. 특히 위가 약한 사람은 만성적으로 식욕이 없고, 무리해서 먹으면 설사를 해버리는 경우가 잦아 식사는 괴롭다는 인식을 갖게 된다. 이렇게 괴로운 식욕부진을 없애는 방법은 위액분비를 늘리고 소화흡수 능력을 높이는 것이다. 위액의 중요 성분은 염산과 펩신(소화 효소)으로, 이 두 가지가 서로 협력해서 단백질 등 영양소를 흡수하기 쉽도록 녹여서 분해시키는데, 염산은 소화 외에도 살균작용이 있다. 이 살균작용으로 위액이 정상적으로 분비되고 있는 한, 식품에 붙어 있는 세균은 이 위액 안에서 죽어버린다.

위액의 분비가 적으면 복통이나 설사 등을 자주 일으키는 원인이 여기에 있는 것이다. 위액의 분비는 계절 따라 달라지는데, 봄에는 신진대사가 활발해서 소화흡수 능력이 증강되고 위액의 분비가 왕성해지지만 여름에는 반대로 신진대사가 그다지 활발하지 않게 되고 위액의 분비가 줄어서 식욕이 없어진다.

이러한 이유에서 위가 약한 사람 혹은 여름이 되면 식욕이 없어지는 사람에게 권하고 싶은 것은 천연식초를 소량씩 마시는 방법이다.

식초를 마시면 우선 식초에 풍부하게 함유되어 있는 구연산이나 초산 등 소화효소가 소화를 촉진한다. 그 결과, 위의 소화흡수 능력이 높아지고 식욕이 증진하는 것이다. 또 식초에는 높은 살균 능력이 있어서 세균의 번식을 억제하여 위장의 건강을 지켜주는 부가효과도 있다. 식초에는 이 밖에도 젖산의 축적을 방지하고, 간 기능도 높여주는 특성이 있어 식욕증진에 보탬이 된다. 그러나 가장 주목해야 할 것은 비타민 B_1의 부족은 피로를 부를 뿐만 아니라, 신경이나 근육의 활동과 위의 활동을 둔화시키는데, 이러한 의미에서도 비타민 B_1을 많이 함유하고 있는 식초는 식욕부진을 해소하는 강한 조미료가 되는 셈이다. 더구나 식초는 파로틴이라는 호르몬 분비 촉진 효과가 있는데, 파로틴이란 혀에 붙어 있는 수액선 부분에서 분비되는 호르몬의 하나로, 이것을 마시면 다시 젊어진다고 할 수 있을 정도로 효과적인 노화방지제이다. 그러므로 식초를 마시면 식욕증진은 물론 신진대사가 촉진되므로 소화흡수도 더욱 좋아지는 것이다.

녹즙과 식초

녹즙이 가지고 있는 가장 소중한 성분은 비타민 C이다. 이 비타민 C는 여러 가지 생리적 특성을 가지고 있는데 최근 화제가 되고 있는 것이 스트레스 해소에 큰 도움을 준다는 것이다.

비타민 C는 다른 비타민과 다른 점이 있다.

첫째는 사람들에게 필요한 양이 월등 많다는 것이다. 보기를 들면 비타민 B_1은 하루에 1.2㎎이면 충분하다. 그런데 C는 50㎎이나 된다.

둘째는 대단히 예민해서 파괴되기 쉽다는 점이다. 따라서 비타민 C는 많이 먹어야 하고 되도록 파괴되지 않게 신경을 써야 한다.

채소나 과일을 잘라서 공기에 그대로 접촉시키면 비타민 C는 시간이 흐름에 따라 점점 상실된다. 이유는 산화가 일어나기 때문이다. 채소나 과일을 다듬어서 주스나 녹즙을 만들어 먹을 때 주의해야 할 것은 시간을 끌지 말고 되도록 빨리 만들며, 만든 것을 두지 말고 곧 먹는 일이다. 무를 강판에 갈면 두 시간 후에 27%의 비타민 C가 파괴된다. 무에 당근을 20% 섞고 두 시간 후에 95%의 비타민 C가 파괴, 손실되고 만다. 오이에 들어 있는 비타민 C 분해효소인 아스코르비나제가 당근과 호박에도 들어 있기 때문이다. 그러나 우리가 만들 때 식초 몇 방울만 떨어뜨리면 비타민 C의 손실을 쉽게 막을 수 있다. 마치 마술사의 능숙한 솜씨와도 같다. 그 비밀의 열쇠는 pH라는 것으로 이것은 0~14까지의 숫자로 표시하는데 7은 중성이다. 당근이나 오이 등에 함유된 아스코르비나제는 pH가 5.6에서 가장 활발하게 작용한다. 식초의 pH는 3이므로 산성이다. 녹즙에 식초를 넣으면 산성으로 변해서 아스코르비나제가 활동하기 어렵게 된다. 식초가 아니라도 매실이나 유자와 같이 새콤한 맛이 센 것을 섞어도 마찬가지이다. 이처럼 녹즙에 식초를 섞는 것은 비타민 C의 파괴를 막는 기막힌 비법이 되는 것이다.

녹즙에 많이 들어 있는 비타민은 A와 C이다. A는 시력, 피부보호와 항체 생성과도 관련이 깊은 중요한 비타민인데 다행히 안전한 물질이어서 녹즙을 만들어도 별로 손실되지 않는다.

건강을 위해 만들어 먹는 녹즙은 당연히 유효성분의 파괴와 손실 방지에 신경을 써야 된다.

"忍一時之念하면 免百一之憂니라"

식초의 정신요법

어릴 적 서리짓 하다 들키면 아버지에게 넘겨지고 아버지는 그 배상과 응징을 하고 나서 어머니에게 넘긴다. 어머니는 뒤란으로 데려가 코를 틀어막고 식초 한 숟가락 강제로 먹이는 절차가 반드시 따르게 마련이었다. 그로써 마음속에 도사린 사악한 마음을 해독할 수 있다고 믿었었다. 음식에 식초를 치면 살균이 된다는 것과 무관하지 않은 것 같다. 우리 문헌 '임원십육지(林園十六志)'에 식초는 사독(邪毒)을 죽인다 했고, 식물에 도사린 독뿐 아니라 마음속에 도사린 사심도 해소시키는 것으로 알았던 데에서 못된 짓을 하면 식초를 먹였음 직하다. 초를 한자로 '醋'로 쓰는데, 초가 식독(食毒)을 처리(조치·措置)한다 하여 처리할 조(措) 자의 한 변(昔)을 따다 이름을 삼은 것으로 풀이되고 있다. 식초는 7월 7일 칠석날 담그는 것이 관례요 일곱 번씩 세 차례 스물한 번 젓는 등 음양설에서 양(陽)수를 지키는 금기가 별난 것도 악(惡)이 기생하는 음(陰)수에 대처시키기 위한 것임을 알 수 있다.

식초의 정신요법이 또 있었다. 초를 치면 각기 다른 맛들이 신맛으로 통일되듯이, 일심동체(一心同體) 곧 한마음을 보장할 필요가 있을 때 초를 나누어 마셨다. 이를테면 시집을 가면 그 시집 마을의 부녀자들이 이 새내기 며느리를 동질화(同質化)하는 수단으로 학대를 가하는 절차가 따르게 마련이다. 이 새내기 학대 수단 가운데 하나로 물 건너 외딴 상엿집에 초(醋)병을 숨겨 놓고 새 며느리로 하여금 이를 찾아오도록 시킨다. 이 새내기가 찾아온 초를 모두가 나누어 마시는 동질화 의식을 베풀었던 것이다. 중국에서도 사람과 사람 사이의 불화나 오해나 원한 등 앙금을 푸는 수단으로 초를 나누어 마시는 관행이 있었다. 안고 있던 아기를 잘못 숯불 위에 떨어뜨려 전신화상을 입었는데 초를 발랐더니 상처가 나지 않았다는 '북몽쇄언(北夢瑣言)'에 적힌 옛 사례를 들어, 사람과 사람이 싸워 불화나 앙금이 생겼을 때 식초를 그 마음의 상처 부위에 바르면 – 곧 식초를 먹으면 후환이 없어질 것으로 안 데서 비롯된 관습인 것 같다는 해석이 있다.

동서고금의 공통된 염원인 장수무병(長壽無病)을 위해 식초 먹는 것이 유행하고 있다 해서 조상들의 식초 먹는 관행이 정신적으로 한결 승화돼 있었음을 되뇌어 보았다.

식초와 탈모

• 과산화지질을 억제해주며 세균을 소독과 살균작용을 통해 제거해준다

식초가 피부의 노화를 방지하는 것은 과산화지질이라고 하는 물질을 억제해주기 때문이다. 두피의 나쁜 세균을 소독과 살균작용을 통해 제거해주고 두피의 열을 내려주는 역할을 한다.

피부는 알칼리성이지만, 피부의 표면만큼은 건강한 상태인 약산성이다. 약산성 상태인 피부는 저항력이 강해서 다른 세포 증식을 억제하기 때문에 식초와 같은 유기산을 공급해서 피부를 약산성으로 되돌려주면 두피의 건강과 신진대사를 높여주는 데 도움이 된다. 식초는 강력한 살균 작용력이 있어 머리카락이 많이 빠지면서 두피습진까지 생겨 탈모 증세가 더욱 심해질 경우 이용하면 효과적이며 딱지가 앉은 데에도 상당히 효과가 있다.

• 기름이 끼는 지성이나 지루성에 좋다

식초는 방향성이 있고 살균 효과가 있어서 좋으며 피부혈관의 흐름을 왕성하게 하는 역할이 뛰어나며 특히 건성보다는 지성이나 지루성 머리카락에 좋다. 식초에는 기미나 피부 노화를 억제하는 비타민 E와 같은 작용을 하는 요소가 포함되어 있으며 이 성분은 피부 노화의 주범인 과산화지질을 억제시키고, 세포의 신진대사를 활발하게 도와준다. 이뿐 아니라 피부와 근육의 젖산을 분해해 혈액의 흐름이 원활하도록 작용해주며 또한 식초를 복용하면 신진대사가 왕성해지고 피부에 노폐물이 남지 않아 예뻐진다.

• 간장 강화하고 머리카락 풍부하게 해준다

식초는 젊어지게 하는 묘약으로, 간장 기능을 활성화시키는 등 놀랄 만한 효과가 있다. 식초에 이와 같은 효용이 있다는 것은 청주 성분을 연구하던 중 밝혀진 사실이다. 천연식초는 이 청주를 초산 발효시킨 것으로서 영양상, 유기산과 비타민 C와 같

다고 해도 틀린 말은 아니다. 다만 초산균은 강력한 살균, 해독작용이 강하다. 그렇다면 식초의 어떤 성분이 간 기능을 비롯하여 몸 전체를 젊게 하는 것일까. 그것은 식초의 누룩이 인체의 건강유지와 노화방지에 필요한 물질을 만들어내고 있다는 사실이다. 그 대표적인 것이 페프치토이다.

▷ 페프치토

쌀이나 청주효모의 균체 속에 있던 단백질이 분해되어 아미노산으로 변하는 과정에서 만들어지는 물질이다. 효모균체는 청주 속에서 자기소화를 일으키고 균체를 구성한 단백질을 분해하여 아미노산을 늘려나간다.

연구결과 청주에 포함되어 있는 페프치토는 몸의 세포 강화, 특히 약한 간장을 활성화시키는 것으로 밝혀졌다. 알코올을 지나치게 흡수하면 간장에 부담을 준다. 그러나 식초는 알코올을 초산 발효시킨 식품이다. 이것을 적당량 섭취함으로써 간장을 튼튼하게 할 수 있다.

▷ 누룩산

누룩균은 페프치토 외에도 여러 가지 흥미로운 물질을 만들어낸다. 그 대표적인 것 중 하나가 누룩산이다. 이 산은 노화를 막아주고 젊어지게 하는 효과가 있다. 지구상에는 수많은 미생물이 존재하고 있으나 누룩산이라는 물질은 누룩균만이 만들어낼 수 있는 특수한 물질이다.

이 누룩산은 최근 발모제와 육모제에도 들어간다. 누룩만의 특수한 환원작용이 노화되어 약해진 두피와 모공을 교정하고 활력을 되찾아주기 때문이다. 누룩산이 원료인 전통식초를 적당히 마시면 몸의 노화된 세포에 작용하여 머리카락이 나고 미용에도 효과를 볼 수 있다고 한다. 게다가 전통식초에는 비타민 B_1, B_2를 비롯하여 몸 안에서 중요한 활동을 하는 비타민과 미네랄이 많이 들어 있다. 간장 기능이 약한 사람과 알코올로 인하여 간장이 지나치게 손상된 사람에게 전통식초는 권할 만한 식품이다. 그러나 누룩산이 없는 과일식초는 간장의 해독기능이 미약하며 빙초산 합성식초는 오히려 간 기능을 크게 해치게 되므로 유의하기 바란다.(2005.10.20. 이

규태 코너에서)

식초음료 몸에 좋아?

　최근 웰빙을 표방한 '식초음료'가 큰 인기를 끌고 있다. '마시는 홍초'에 이어 '벌꿀 흑초', '사랑초', '미초' 등 속속 발매되고 있는 식초음료들은 석류부터 오미자, 고구마, 블루베리 등 마시기 편하게 다양한 원료를 이용해 생산되고 있다. 관련 업계에 따르면 지난해 말부터 선보인 식초음료는 현재 출시된 제품이 10종류가 넘으며, 올 상반기 매출액 또한 250억 원을 넘어섰다. 무려 700%가 넘는 매출신장세를 보인다는 것이다.

　식초음료 업계의 한 관계자는 "작년보다 6, 7배 증가한 올해 매출액이 7백억까지 예상한다."라고 밝혔다. 과연 식초음료는 왜 이렇게 많은 인기를 끌고 있을까? 이미 식초는 전통적으로 민간요법에 응용되는 등의 효능에 대해서는 널리 알려진 바 있다. 식초의 유기산 성분은 신진대사를 활발하게 하여 에너지 방출을 도와주기 때문에 다이어트에 효과가 있으며, 피로의 원인이 되는 젖산과 활성산소를 제거하는 데 도움이 된다.

　영양학적으로도 식초의 구연산이 칼슘과 결합해 칼슘의 흡수율을 높여준다는 것은 이미 알려진 사실이다. 이는 '식초가 몸을 유연하게 한다'는 얘기와도 관련된 부분인데, 의학적으로는 증명된 바 없지만 칼슘의 흡수로 인해 무리한 동작에도 쉽게 다치거나 통증을 느끼지 않는다는 것과 연관성이 있는 것 같다는 것이 전문가들의 설명이다.

　또 식초는 지방화합물의 합성을 방지함으로써 동맥경화나 비만을 예방하는데도 효과적이다. 실제 일본의 미츠칸 그룹에 따르면 매일 15㎖의 식의 초산 성분의 작용으로 식초첨가 음료를 마신 이들이 그렇지 않은 이들에 비해 콜레스테롤 수치가 떨어졌다는 연구 결과가 발표된 바 있다. 한방에서는 식초의 신맛이 간을 보호해주기 때문에 해독기능을 높여주고 스트레스를 풀어준다고 설명한다.

현재까지 알려진 식초의 효능은 고혈압·당뇨병·비만예방 등에 탁월한 효과가 있다는 것이다. 동맥경화증이나 혈전증 등 질병을 일으키는 과산화지질의 생성을 막아 동맥경화증을 예방하며, 식초의 유기산과 아미노산이 에너지대사에 관여해 피로물질을 막아준다.

식초는 체내에 흡수되면서 체액을 산성으로 만드는 젖산 등의 생성을 방지해 피로물질을 분해시키며, 소화 및 식욕촉진에도 효과를 보인다. 하지만 식초를 마신다고 다 도움이 되는 것은 아니다. 위궤양을 비롯한 위장장애가 있는 사람과 감기 초기에는 오히려 피하는 것이 좋다. 식초는 위산분비를 촉진하기 때문에 산도가 높아 위염이나 위궤양이 있는 사람이 공복에 식초를 섭취하는 것은 위에 부담을 줄 수 있다. 식초는 한기를 안으로 모으는 역할을 하기 때문에 몸의 한기를 발산해야 하는 감기환자들은 식초를 피해야 한다. 같은 맥락에서 한의학적으로 몸에 수분이 탁해져 뭉친 증상을 일컫는 '담음' 환자 역시도 오랫동안 많은 양을 복용하는 것은 피하는 것이 좋다.

▶ 집에서 만드는 식초음료

생수 한 컵(200cc)에 천연식초(25cc)와 매실식초(25cc)를 섞어 하루 두세 번 정도 마시는 것이 좋다. 식초의 농도를 조금 묽게 하고 꿀을 약간 섞어 마셔도 좋으며, 건강을 위해 식초를 이용할 때는 속성 제조된 것보다 1년 이상 숙성시킨 천연식초를 쓰는 것이 좋다.

식초에는 가공초와 천연 발효초가 있는데, 곡식이나 과일을 발효시켜 만든 천연식초는 시중에 파는 가공 식초보다 톡 쏘는 맛이 적고 부드러운 것이 특징이다.

식초를 잘못 선택하면 효능을 기대할 수 없을 뿐 아니라 부작용이 생길 우려도 있으니 주의해야 한다.

-뉴시스 이예림 기자-

■ ■ ■
양파나 단무지에 식초를 치는 이유

식초는 비린 냄새의 주요성분인 염기인 아민과 산 성분이 반응하여 비린내를 없애준다.

주방에서 생선 조리에 사용했던 칼과 도마 등을 우선 묽은 식초로 닦고 세제로 씻어내면 훨씬 쉽게 비린내가 없어지는 까닭도 이 화학반응에 있다. 중국집에 가보면 중국집 특유의 냄새가 있는데 짜장 냄새, 짬뽕냄새 여러 냄새들이 복잡하게 있다. 단무지에도 그런 냄새들이 배여 있다. 그래서 단무지에 식초를 치면 식초의 산과 냄새인 염기성분이 반응을 해서 냄새가 없어지게 된다. 그리고 주로 중국집의 음식들은 기름기가 많다. 그래서 단무지에 식초를 넣으면 우선 식초의 상큼한 신맛으로 인해 음식의 느끼함을 조금 덜어줄 수 있다. 그리고 기름기가 많은 음식을 먹었을 때 식초가 그것을 분해해주기 때문에 단무지에 식초를 넣어 먹으면 소화에 도움을 준다.

그리고 양파의 경우 날것으로 먹으면 굉장히 맵다. 이 양파를 식초물에 잠시 담가두면 매운맛이 없어지고 단맛이 난다. 중국집에 가면 양파에 식초를 뿌리는 이유도 매운맛이 없어지고 양파를 쉽게 먹을 수 있도록 하기 위해서 양파에 식초를 뿌린다. 그리고 식초가 뿌려진 양파도 역시 몸속의 기름기를 분해한다. 좀 더 학술적으로 이야기하자면 장 속의 콜레스테롤의 분해하는데도 효과가 있다. 이렇게 함으로써 평소 양파를 먹는 것이 위장을 튼튼히 하고 이로 인한 부수적인 효과로 변비에 치료효과를 볼 수 있다.

□ □ □
우유가 식초를 만났을 때

　우유를 따뜻하게 데워 식히다가 실수로 식초를 흘리게 되었는데 우유에 흰 고체 덩어리가 생기던데……이 고체 덩어리를 며칠 놔두었더니 딱딱하게 굳어진다. 고체 덩어리의 정체는 무엇이고 왜 이런 현상이 생기는지? 이러한 현상은 우유 속에 들어 있는 카제인이 응결된 것이다.

　우유 속에 들어 있는 고체 입자들은 액체 전체에 매우 균일하게 퍼져 있다.(균일 혼합물) 식초는 우유 속에 떠다니는 녹지 않는 작은 입자들(카제인)을 뭉치게 해서 '응유'라 불리는 고체 덩어리를 만들고, 그 나머지는 '유장'이라고 부르는 액체로 남게 한다.

　실험을 통해 단백질(우유속의 카제인)의 성질을 알 수 있고 단백질이 참가하는 반응에 대하여 알 수 있다. 카제인은 우유 속에 있는 1차 단백질이다. 우유에서 카제인을 분리해내려면 엉김과 침전이라는 과정을 거쳐야 한다. 식초(식초는 아세트산 5% 용액이다)를 넣으면 단백질 분자를 이루는 분자들의 변화가 일어나 서로 엉겨 붙어 침전이 된다. 가열을 해도 마찬가지 변화를 보인다.(단백질은 산이나 열에 의해 민감하게 변화됨) 이때 만들어진 침전이 고체 카제인이다. 식초를 사용하였을 때에는 탄산수소나트륨을 넣어 산을 중화시킨다. 이때 발생하는 기포 속에는 이산화탄소가 들어 있다. 공장에서 만들 때는 아교로 만들기 전에 카제인을 말리고 갈아야 한다. 또한 카제인은 페인트를 만들 때 섞기도 하고 버튼으로 사용하는 플라스틱의 모양을 만들 때 이용하기도 한다. 접착제가 만들어지는 반응은 즉시 일어나는 반응이기 때문에 재미있는 실험이기도 하다. 단백질 카제인은 산이 있으면 덩어리가 된다. 분자들은 더 이상 밀고 있지 않고 서로 잡아당기는 힘이 작용하여 덩어리가 되는 것이다. 이렇게 만든 아교풀로 여러 가지 물질들을 붙여서 비교해보고, 물에 녹는지의 여부도 확인하여 볼 수 있다.

－답변참고>> http://science.ct.or.kr/tamgu/che/c8/%C8%AD8.htm－

■■■
조미료도 넣는 순서가 있다

　음식의 맛을 내는 조미료도 넣는 순서가 있다. 설탕, 소금, 식초, 간장, 된장 순으로 넣어야 맛이 있다. 설탕을 소금보다 빨리 넣는 것은 설탕은 소금보다 분자량이 커서, 분자량이 적은 소금보다 나중에 넣으면 침투하기 어렵다. 국물양이 적은 국물만큼 그런 경향이 강해서 순서가 바뀌면 맛의 균형이 깨진다. 간장, 된장을 나중에 넣는 것은 향이 날아가지 않도록 하기 위해서다.

● 설　탕

　요즈음은 요리에 설탕을 적게 넣고 소재가 가진 자연적인 단맛을 중요시하는 경향이다. 그러나 식품의 산화를 방지하고 보존하기 위해서, 과자나 잼을 만드는 데는 없어서는 안 될 것이다. 설탕은 딱딱한 재료가 부드러워졌을 때 넣는다. 주의할 것은 요리의 온도, 뜨거운 요리에는 설탕의 단맛이 잘 녹아 맛이 많이 나나 찬요리는 잘 녹지 않는다. 따라서 따뜻할 때는 달다고 느껴져도 식으면 단맛이 덜해진다. 요리를 식탁에 낼 때 뜨거운가, 찬가를 생각해서 설탕을 넣어야 한다.

● 소　금

　소금은 사용하기 매우 힘이 든 조미료이다. 그것은 소금이 단순히 간을 맞추는 데만 그치지 않고 다른 맛을 이끌어내고 억제하는 효과가 있기 때문이다. 맛의 조화를 좌우하는 존재라 할 수도 있다. 소금은 또 요리의 완성도를 좌우하는 데 큰 영향을 미친다. 소금도 균일적으로 뿌리려면 높은 위치에서 뿌려야 한다. 조미를 할 때는 처음에 간을 하고 맛을 본 다음 신중하게 소금의 양을 조절한다.

● 식　초

　식초는 예부터 '부엌의 지혜'라고 불릴 정도로 활용 범위가 넓다. 식초가 가진 효과는 살균효과와 각종 효소의 기능을 억제하는 힘을 이용하여 야채의 거품을 방지

하는 데 이용한다. 그 밖에 생선의 뼈를 부드럽게 하여 생선요리에 잘 이용한다. 식
초는 활용범위도 넓고, 사용하기도 간편한 조미료이다.

● 간　장

간장은 독특한 맛과 향이 있다. 요리를 할 때 간장의 맛을 잘 알아도 향에 신경
을 쓰는 사람은 많지 않다. 만약 간장에 향이 없으면 맛도 반감할 것이다. 간장을
사용할 때는 향을 살리는 것이 포인트, 그래서 간장은 모든 조미료 중에 제일 마지
막으로 사용한다. 이것은 향이 날아가지 않도록 하기 위해서이다. 국 요리의 경우
간장은 필요한 분량을 한꺼번에 넣지 말고 반은 먼저 반은 나중에 넣는다. 볶음요
리는 향이 강하므로 넣지 않는 것이 좋다. 그러나 간장을 넣어야 할 때는 냄비바닥
에 간장을 부어 최ー 소리가 나게 넣어야 향이 짙어진다.

● 된　장

된장국을 맛있게 끓이려면 된장을 푼 다음 막 끓었을 때 바로 꺼야 맛이 있다. 이
것은 모든 국물요리에 해당된다. 된장은 모든 재료가 다 끓은 다음 마지막에 푼다.
또 된장을 찌개 등에 넣을 때는 한 번에 넣지 말고 두 번에 나누어 넣는 것이 좋다.
고등어 된장 조림은 국물에 1 / 2～2 / 3양의 된장을 푼 다음 먼저 끓인다. 그다음 마
지막으로 남은 된장을 풀어서 마무리한다. 이렇게 하면 생선에 된장 맛이 충분히 배
어 맛과 향이 뛰어난 고등어조림이 완성된다. 이 방법은 조림 이외에 국에도 응용한
다. 어떤 요리에든 된장은 나중에 풀어서 넣는다는 것을 잊지 말아야 된다.

□ □ □
포만감을 주는 식초

먹어도 항상 배가 고프다면 새콤한 음식을 먹어보도록
식초가 음식에 맛을 더하는 동시에 포만감까지 느끼게 한다. 스웨덴에 있는 룬드

대학의 엘린 오스만과 동료들은 12명에게 식초를 넣은 빵과 넣지 않은 빵을 2시간 동안 여러 번 먹였다. 그 결과 식초가 많이 들어간 빵을 먹은 사람일수록 포만감을 강하게 표시했다. 인슐린과 포도당 수치도 그냥 빵을 먹은 사람들에 비해 25% 정도 낮았다. 이것은 지방 저장량이 줄어들고 질병에 걸릴 확률이 낮다는 의미, 연구원들은 식초의 아세트산이 위가 비는 속도를 늦춘 것이 원인이라고 말했다.

<유러피안 저널 오브 크러니컬 뉴트리션 발표>

너무 피곤해서 잠이 안 올 때

건강한 사람들의 피는 대개 약한 알칼리성을 띠고 있다. 하지만 스트레스나 피로 등으로 몸의 균형이 깨지게 되면 영양분이 연소되고 남은 찌꺼기가 피 속에 엉겨 붙게 된다. 이 찌꺼기가 몸 밖으로 배출되는데 가능한 양 외에는 몸 안에 남게 되어 피까지 산성으로 바뀌게 된다. 이때에 식초가 효과가 있다. 식초를 한 숟가락 떠서 마시면 제대로 연소되지 않아서 생긴 찌꺼기를 태우게 해 피로가 풀리는 데 효과를 볼 수 있다.

각각의 가루 물질에 식초를 떨어뜨렸을 때의 변화

- 소금: 식초에 천천히 녹는다.
- 설탕: 식초에 천천히 녹는다.
- 탄산수소나트륨: 거품이 나면서 녹는다.
- 밀가루: 뿌옇게 된다.

다른 물질과 비교하여 독특한 변화를 나타내는 물질은 무엇인가?

- 식초에 의해 독특한 변화를 일으키는 물질: 탄산수소나트륨
- 식초로 구별할 수 있는 물질: 탄산수소나트륨

기미[氣味: 물질이 가지는 에너지와 식품으로의 맛]

사람이 섭취하는 식물·동물·광물은 각각의 에너지를 가지고 있으며, 이러한 에너지의 집합체인 물질은 여러 가지 맛을 가진다. 기미는 주로 한방에서 한약처방을 할 때 사용한다. 한약은 여러 종류의 약초를 혼합하여 만들어진 약으로, 약초 하나하나가 갖고 있는 병리·생리·약리 등 약성에 따라 처방을 한다. 이를테면 가장 주된 작용의 약, 보조역의 약, 효과를 강하게 혹은 약하게 조절하는 약, 약의 효능을 병이 있는 곳으로 끌어주는 약 등이 잘 배합되게 한다. 약리(藥理)작용과 직결되는 약성을 기미라 하고, 이 기미론이 약물의 한약의 기본학설이다.

기에는 한(寒)·열(熱)·온(溫)·량(凉)의 사기(四氣)와 어느 쪽으로도 치우치지 않는 평(平)이 있으며 이러한 약의 오기(五氣)는 약의 효능을 나타낸다.

미에는 신맛·쓴맛·단맛·매운맛·짠맛의 다섯 가지로 분류하고 몸의 오장과 관련시켜 설명한다. 신맛은 수렴작용이 있고, 쓴맛은 침정(沈靜)작용을 하기 때문에 심장에, 단맛은 완화작용이 있어 비장에, 매운맛은 발산작용과 순환작용이 있어 폐에, 짠맛은 침하작용과 연화작용이 있어 신장에 작용하여 음양의 조절에 관여한다.

▶ 미각[味覺, taste sense: 화학적 감각의 하나]
미각의 수용기는 미뢰인데 구강·인두·후두에서도 미각을 느낀다. 미뢰는 꽃봉

오리 모양으로 높이 약 80㎛, 너비 약 40㎛이다. 혀의 점막의 유두(乳頭) 속에 다수가 존재하며, 연구개나 후두의 상피 속에서도 흔히 볼 수 있다. 미뢰 속에는 각각 20～30개의 미세포(味細胞)가 있고, 미뢰의 상단에는 미공(味孔)이 있어 표면에 개구하고 있다. 미세포는 미공을 통하여 털 모양의 돌기가 혀 표면에 나와 있으며 이 돌기가 미자극 물질에 처음으로 반응한다. 성인의 혀에는 약 1만 개의 미뢰가 존재하며, 미뢰 하단으로부터는 몇 개의 신경섬유가 들어가 있어서 미세포에 도달하고 있다. 미각은 본래, 동물의 구기(口器)에 닿은 물체가 먹을 수 있는 것인지 먹을 수 없는 것인지 등을 판정하는 감각이며, 먼 곳에 있는 물체로부터 공기 중에 발산되는 휘발성 물질의 분자를 감수하여 적·이성·먹이 등 존재를 탐지하는 후각과는 구별된다. 일반 동물에 대하여는 미각과 후각의 구별은 곤란할 경우가 많다. 미각을 접촉화학 수용, 후각을 원격화학 수용이라고 하는 경우도 있다. 곤충은 더듬이(촉각)에 후각기를 가지며, 이성이 내는 페로몬·식초(食草)·꽃향기를 탐지하는데, 접촉화학수용기는 구기뿐만 아니라 다리의 말단, 부절(?節), 산란관 등에도 갖추어져 있고 각각 독립된 반응을 일으킨다. 감각기는 이른바 모상감각기(毛狀感覺器)이다. 이것은 큐티클(각피) 표면에 돌출된 중공(中空)의 털로서 선단에 작은 구멍이 있다. 기부 큐티클 밑에 있는 감각세포는 쌍극성으로 그 신경돌기의 1개는 털의 중강(中腔)에 돌입하여 선단의 작은 구멍까지 도달해 있다. 이 신경말단이 수용기의 기능을 가진다. 물고기의 미뢰는 일반적으로 머리의 표면에 있는데, 메기 등에는 수염 표면에도 분포하고 있으며 먼 곳으로부터 물에 녹아 흘러오는 물질에 반응하므로 미각·후각의 구별이 곤란하다.

　▷ **미각과 맛**: 미각은 단맛·신맛·쓴맛·짠맛의 네 가지로 구별된다. 혀의 선단은 모든 미각에 가장 민감하지만 특히 단맛과 짠맛의 역값이 낮다. 즉 단맛과 짠맛에 대하여 가장 민감하다. 혀의 측면은 신맛에 민감하며 짠맛도 느낀다. 설근부(舌根部)는 쓴맛에 민감하다. 미각의 신경섬유에는 산에만 반응하는 것 외에 신맛과 짠맛 또는 신맛과 쓴맛과 같이 2종의 자극에 반응하는 것이 있어서 4종의 맛의 정보가 반드시 다른 신경섬유를 거쳐 중추에 전달되는 것이 아님을 알

수 있다. 실제로 느끼는 음식의 맛은 이것들의 조합에 의한 복잡한 것으로 온도 감각, 혀의 촉각이나 후각도 관계한다. 맛 수용기의 자극액에 대한 반응은 동물에 따라서 큰 차이가 있다. 고양이는 설탕에는 반응을 나타내지 않으며, 설탕이나 사카린에 반응하는 것은 사람과 원숭이뿐이다. 또, 쥐의 부신을 적출하면 식염에 대한 기호가 강해지고 섭취량이 증가한다. 이 경우에 미각이 침해되면 무선택적인 식욕을 나타낸다. 사람에서도 비타민 결핍 시에는 그 비타민을 함유하는 음식에 대하여 식욕이 생긴다. 미각에는 개인차가 크다. 둘신(dulcin)과 유사한 구조식을 가진 페닐티오요소(phenylthiourea: PTC)에 대하여 쓴맛을 느끼는 사람과 거의 느끼지 않는 사람이 있다. 이 맛에 둔감한 사람을 PTC미맹(味盲)이라 하며, 서양인에게서는 약 30%를 볼 수 있는데 동양인은 약 10%밖에 안된다. 미맹은 열성이며, 멘델법칙에 따라 유전한다.

▷ 쓴맛: 쓴맛은 미각 중의 기본적 맛의 하나로, 대표적인 정미물질(呈味物質)로서는 키니네가 있고, 미각 테스트에는 염산키니네가 사용된다. 대표적 성분으로서는 마그네슘이나 칼슘 등 무기염·알칼로이드·글리코시드·담즙산 등 유기물질이 있다. 쓴맛을 내는 물질은 물에 잘 녹지 않는 것이 많다. 다른 기본적 맛에 비하면 미각을 느낄 때까지의 시간이 길고, 또한 맛이 오래 남아서 없어지기 어려운 특징이 있다. 쓴맛의 뒷맛을 없애는 데는 단맛이 효과적이다. 쓴맛은 다른 맛에 소량을 첨가하면 맛이 달라지는데, 맥주의 홉·커피·차의 쓴맛 등이 그 예이다. 10℃ 정도에서 가장 쓰게 느껴지며, 한약 등은 식은 후에 마시면 쓴맛이 더하고, 반대로 맥주는 너무 차거나 김이 빠진 것이 맛이 없는 것도 이 때문이다.

▷ 단맛: 단맛은 생물에 널리 분포하는 미각으로, '맛있다'는 뜻과 동의어로 쓰인다. 감로(甘露)·스위트 등에는 달다는 뜻이 강하게 내포되어 있다. 단맛 이외의 맛은 일반적으로 어떤 값을 넘으면 쾌에서 불쾌로 질적인 변화를 나타내는데, 단맛만이 농도에 관계없이 쾌적한 맛인 것이 특이하다. 단맛을 가진 식품을

감미료라고 하며, 일반적으로 천연감미료와 인공감미료로 크게 나눠진다. 천연감미료에는 당류가 대부분이고, 그 대표로는 설탕을 들 수 있으며 그 밖에 포도당·과당·엿당 등이 있다. 젖당은 우유에 포함되는 감미료이지만 단맛은 적다. 인공감미료로서는 사카린염과 사이클라민산염이 허가되어 있다. 둘신은 사용이 금지되어 있다. 합성감미료는 단맛이 강하므로 비만방지 때문에 식품음료에 사용된다.

▷ **짠맛**: 중성의 소금에 의하여 느껴지는데 순수한 짠맛은 식염만이 나타내는 맛이며, 다른 염류는 모두 쓴맛·떫은맛 등과 복합된 맛이다. 음식 중의 짠맛은 생리적으로 가장 중요한 체액의 삼투압을 유지시키므로 조미상 필수적인 것이다. 신장병 등의 요양에서 식염의 섭취량을 제한하면 음식의 맛이 단조로워져서 식욕을 잃기 때문에 식염의 맛을 내는 염으로 암모늄염이나 칼륨염 등을 이용한다. 소금 맛은 보통 1% 전후의 즙으로 사용하는데, 이 농도는 단맛과 조화하면 체액의 염농도와 거의 같아진다. 또, 소금 맛은 단맛·신맛·쓴맛 등 미각의 성질과 비교하면 온도나 연식(連食)에 의한 영향이 가장 적고, 또 균일하다는 점이 특이하다. 소금 맛은 예민하여 맛볼 때는 식염의 1.5㎎이라도 알 수 있다. 물에 녹인 경우는 0.5% 정도로 맛을 느낀다.

▷ **떫은맛(astringency)**: 혀 점막의 수렴(收斂)에 의해 일어나는 미각이다. 타닌(tannin)·철·동 등 금속류, 알데히드 등이 이 맛을 낸다. 덜 익은 과일이나 차(茶)에서 나는 떫은맛은 타닌, 건어(乾魚)가 오래되어 생기는 떫은맛은 지방이 산패하여 생기는 유리지방산과 알데히드 때문이다.

▷ **신맛**: 신맛, 즉 산미(酸味)는 '시다'는 기본적인 미각의 하나로 수소이온의 미각이다. 따라서 신맛을 가지고 있는 것은 화학적으로 산(酸)인데 산의 염류도 물에 녹아서 수소이온으로 해리되면 신맛을 나타낸다. 산의 종류로는 무기산·시트르산나트륨·유기산·인산나트륨·아세트산마그네시아·아세트칼륨 등이 있

다. 숙신산·이노신산 등이 신맛 외에 특별한 다른 맛이 나는 것은 음이온의 작용에 의한 것이다. 또, 유기산인 젖산·시트르산·타르타르산 등은 상쾌한 맛이 있으므로 청량음료를 만드는 데 사용된다.

식초가 음료 된 사연

식초는 술과 함께 인류의 식생활사에서 가장 오랜 역사를 갖고 있다. 식초는 동서양을 막론하고 옛날부터 소금과 같이 음식을 조리할 때 신맛을 내는 조미료로 쓰이는 것은 물론이고 민간의약으로도 널리 사용됐다. 해동역사에 의하면 우리나라는 고려시대에 식초가 음식의 조리에 이용되었으며, 향약구급방 중에 약방으로 식초의 다양한 이용이 기술되어 있다. 최근 건강 식초 시장이 크게 성장하고 있다. 건강 식초는 꿀과 함께 물에 희석하며 먹거나 약 30㎖ 정도를 마시기도 한다. 또한 최근 식초가 마시기 어렵다는 점에 착안하여 이들 식초를 원료로 한 식초음료들도 속속 개발·출시되고 있다. 이미 음료업계에는 "매실 이후 음료 시장에서 차기 최고 히트상품 자리는 식초음료가 차지할 것"이라는 전망이 나돌고 있다.

▶ 성공 이면에는 쓰라린 실패의 경험

식초음료의 성공 이면에는 쓰라린 실패의 역사가 숨어 있다. 오뚜기는 86년 흑초를 시장에 내놓았지만, 시장에서 외면당했다. 식초를 음료로 마신다는 것이 소비자들의 호응을 받지 못해서였다. 2005년 6월 마시는 홍초를 내놓은 대상은 초반에 활발한 홍보활동에도 불구하고 매출 면에서는 별다른 호응을 얻지 못했다. 이들 식초제품이 인기를 끌게 된 것은 지난해 10월, 식초 전도사 샘표식품 박승복 회장의 식초건강론이 세간의 시선을 끌면서부터다. 샘표의 식초제품이 불티나듯 팔렸고, 부진을 면치 못했던 대상의 홍초 매출액은 월 10억 이상으로 뛰어올랐다.

▶ 식초붐과 함께 신제품 출시 봇물

지난해 10월 대상의 '청정원 마시는 홍초'가 인기를 타기 시작하자 이후 DHC코리아의 'DHC 현미흑초음료', 오뚜기의 '흑초', 샘표의 '샘표 마시는 벌꿀흑초' 등이 잇따라 시장에 선보였다. 대상의 '마시는 홍초'는 작년 7월 신제품 출시 9개월 만에 매출액 100억을 달성하는 쾌거를 거두기도 했다. 주로 조미 식초를 만들던 이들 업체가 내놓은 식초음료는 희석식이란 것이 특징이다. 물에 타서 음료로 마시기 때문에 건강 이미지는 강하지만 음료수로 마시기에는 번거로움이 있다. 또한 강한 신맛도 음료로서는 부담스런 부분이다. 이에 식품업계에서는 신맛을 개선하고, 기능성도 대폭 가미한 식초음료를 개발, 출시하기 시작했다. 이런 흐름에 가장 먼저 동참한 음료 업체는 한국야쿠르트로서 지난해 음료 타입의 식초 음료인 '女in美'를 내놓았다. 사과초와 장미, 석류 3가지 종류로 피부미용 및 다이어트 등 여성들을 위한 기능성 형태의 저칼로리, 고칼슘, 식이섬유 음료란 점으로 어필하고 있다. 또한 매실음료로 음료 시장에 일대 파란을 일으켰던 웅진식품도 올해 두 가지 타입의 식초음료 '그녀의 초심'과 '그의 흑심'을 선보이며 적극적으로 시장에 뛰어들었다.

롯데칠성 역시 한발 앞서 '웰빙 현미흑초'를 내놓았고 동원F&B와 CJ도 최근 식초 음료 '녹차빈', '토미토빈'과 '미초'를 발 빠르게 내놓으면서 시장에 동참, 경쟁이 가열되고 있는 양상이다. 아직은 시장형성 단계이지만 식초음료는 벌써 시장에서 강한 힘을 받기 시작했다. 지난해 5월 출시된 '女in美'는 월 평균 35만 개 이상이 판매되고 있다. 웅진식품도 올해 100억~200억 이상의 매출을 올릴 것을 목표로 하고 있으며 업계 전체 매출로는 수백억 원대에 이를 전망이다.

▶ 갖가지 뛰어난 효능으로 장밋빛 미래

향후 식초음료시장의 성장전망에 대한 근거는 식초의 뛰어난 효능에 있다. 일반적으로 식초는 원기회복, 주독 해소, 상처의 소독, 고혈압 등에 효과가 있다고 알려져 있다. 중약 대사전에는 어혈을 제거해주고, 혈액 생성을 도와주며, 해독 작용, 숙취해소 등 효능이 있다고 기술돼 있다. 근육을 강하고 부드럽게 해 유연성을 높여

주고, 급만성 간염의 치료에 효과가 있다는 임상보고도 있다.

일본에서는 소화의과대학의 나까야마 사다오 교수가 자신의 저서에서 식초가 원기회복, 피부미용, 고혈압 및 동맥경화 예방에 효과가 있다고 밝히고 있다. 그리고 최근 NHK에서는 일본 구주 대학의 연구결과를 인용, 식초는 피 속의 노폐물을 제거하고 콜레스테롤 등을 저하시켜, 혈류를 원활하게 하며 고혈압, 동맥경화 예방에 효과가 있다고 보도하기도 했다.

‘식초방제’란 무엇인가?

식초를 뿌리면 병해가 줄고 맛이 좋아진다.

감식초나 사과식초 같은 자가제 과일식초를 작물에 뿌리면 “아무래도 병해가 줄어드는 것 같다.”라고 하는 것은 6월호 「2000년 병해충방제특집호」로 특집한 ‘식초방제’ 현상과 꼭 같다. 식초는 작물 체내에 붙어 있는 질소를 소화시키는 작용이 있는 것 같다. 그것을 알고 식초를 농업에 이용하는 사람이 세상에는 상당히 많은 것 같다.

岐阜縣의 大森 昭義 씨도 그중의 한 사람이다. 쓰고 있는 것은 과일식초가 아니라 시판하고 있는 ‘초산’과 ‘구연산’이지만 금년의 토마토에서는 아주 현저한 효과가 보였다고 한다.

이상한 줄기가 나왔다. ‘이것이다. 바로 그것이구나.’ “이것이 이상한 줄기가 고쳐진 나무이다. 정말로 구멍이 뚫려 저쪽이 보였는데 그것이 막혔다.”라고 하면서 大森 씨가 보여준 나무를 보니 확실히 굵은 줄기 한가운데 근처에 약간의 이상한 흔적이 보였다. 토마토의 이상한 줄기라는 것은 다른 이름으로는 안경이라고도 불리듯이 갑자기 나무가 강해져 줄기가 굵어지면서 구멍이 뚫리고 마는 병이다. 심할 때에는 심이 멎고 만다. 大森 씨는 ‘줄기가 굵어졌군.’라고 느끼면서 이 초산과 구연산을 엽면 살포하였다. 방법은 간단하다. 등에 지는 분무기(용량 9ℓ) 가뜩한 물에 초산(40%)를 10cc, 구연산을 15g을 넣어 거의 1.000배액을 만든다. 이것을 토마토 생장점을 향해 뿌리는 것이다. 식초가 대사를 진행시킨다.

도대체 식초를 뿌리면 왜 이상한 줄기가 나온 것일까.

6월호(現代農業 2002.9. 60p)에서 薄上 秀男 씨는 그 기작을 다음과 같이 설명하고 있다. 작물은 체내에서는 구연산 회로라고도 불리는 TCA사이클이 작용하여 여러 가지 유기산을 만들고 있다. 이 유기산과 뿌리에서 흡수된 암모니아태질소가 동화되어 아미노산을 만들고 단백질을 합성하여 식물체가 만들어진다. 그런데 일조부족 같은 것으로 유기산이 부족하면 앞서의 흐름이 멎고 대사불량을 일으켜 질소과잉이 되고 만다. 따라서 식초를 뿌려 유기산을 공급해주면 보다 빠르게 돌릴 수 있어서 질소가 아미노산과 단백질로 순서적으로 동화되어 질소과잉을 억제할 수 있다.

大森 씨의 토마토는 아마도 대사불량을 일으켜 질소가 과잉되어 이상한 줄기가 발생한 곳에 대사를 진행시키는 식초를 뿌렸기 때문에 이상한 줄기가 고쳐진 것이 틀림이 없다. '식초를 뿌리면 어딘지 모르게 작물이 기운차게' 된다고 하는 말을 자주 듣지만 사실은 이런 깊은 뜻이 있었다.

작물 체내의 대사가 진전되어 건전한 생육으로 조정해주는 것이'식초'이다. 이 식초의 작용을 이용하여 병해충을 줄일 수 있는 것은 「現代農業」에서는 지난 6월호 이후 '식초방제'라고 부르고 있다. 그렇지만 식초는 사실은 사려면 비싸다. 정말로 '식초방제'를 하려고 생각하면 이번 가을 잔뜩 딴 과일로 만들면 어떨까.

참고: 도서출판 서원 간 『개정 흑설탕 식초농법』(김광은 저)

세척만으로 농약을 제거할 수 있을까?

기존에 농산물에 잔류하고 있는 농약을 물 또는 주방세제로 세척을 하면 제거할 수 있다는 말들이 오고 갔으며, 현재에도 농약성분을 세척할 수 있다는 제품에 대한 광고를 쉽게 볼 수 있다. 그리고 농약회사에서는 기존의 농약성분을 광분해하는 등 농약성분의 잔류량을 최소화시키는 데 중점을 두고 있다. 그러나 농산물에 남아 있는 농약의 성분을 완전히 제거한다는 것은 불가능하며, 한 예로 기존에 실제 실험되었던 세척에 대한 연구 자료를 살펴보고, 이를 바탕으로 우리가 앞으로 농산물에 대한 안전성에 대한 인식과 방향성을 새롭게 정립해나가야 할 것이다.

일반적으로 농약은 햇빛에 의한 분해, 강우 및 휘산에 의한 소실 또는 식물의 생장으로 비대해지면서 농도가 희석되어 낮아질 수 있다. 그리고 일부 식물 체내에 침투한 농약도 효소에 의한 대사 작용에 의하여 분해되는 등 여러 가지 요인에 의하여 잔류량이 감소되기도 한다.

식물에 잔류하는 농약은 대부분 식물체 표면에 부착된 농약의 양과 식물체 표면의 상태에 따라 크게 영향을 받는다. 주로 농약의 잔류 정도는 비 표면적이 크고 단위중량이 적은 농산물에 많으며 식물체 표면의 섬모 등 돌기가 많은 식물에서는 수화제의 부착량이 유제보다 많았고 그렇지 않은 경우에는 반대의 경향을 나타낸 것으로 보고되었다. 이렇게 잔류되어 있는 농약은 체내에 축적되어 농약의 잔류성과 독성으로 인한 많은 문제를 발생시켰으며 근래에는 내분비계를 교란시키는 물질로 주목을 받고 있다. 이들이 야생동물이나 사람에게 미치는 영향으로는 생식기 독성, 면역기능이상, 유방암 등 각종 암 발생, 호르몬 분비의 불균형 등이 보고되어 있다.

채소류의 잔류농약은 물에 의한 수세, 다듬기, 데치기, 가열 등 여러 가지 조리와 가공처리에 의하여 일부 제거되며 저장기간이 경과됨에 따라 소실됨이 보고된 바 있다. 식물체 성장 중 토양으로부터 유래된 잔류농약과 살충 및 제초 등 목적으로 수회의 살포에 따라 식물이 성장, 생산단계까지 자연스레 식물 체내에 잔류되어 있는 시료를 대상으로 한 연구는 미비한 실정이다.

다음에 소개된 연구는 경기도 보건환경연구원에서 인위적으로 농약을 첨가하여 실험한 것과는 달리 잔류농약이 검출된 농산물을 시료로 하여 여러 가지 세척방법으로 인한 잔류농약의 제거 정도를 1년간 조사한 실험이다.

▶ 재　료

　시중 유통 중인 농산물에 대하여 식품공전에 규정된 잔류농약 측정을 실시한 후 잔류농약이 검출된 농산물에 대하여 여러 가지 세척방법에 의한 잔류 정도를 측정하였다.

　잔류농약이 검출된 농산물은 얼갈이 3건, 취나물 2건, 시금치, 배추솎음, 꽈리고추, 복숭아, 사과 각 1건씩 총 11건을 대상으로 하였다. 본 실험에서 농산물에서 검출된 농약은 유기인계 잔류농약인 클로로피리포스, 프로시미돈, 아세페이트 및 유기염소계 농약인 엔도설판, 클로로타로닐, 헥사코나졸이었다.

▶ 실험방법

〈시료의 조제〉

　농약이 검출된 시료에 대하여 도마와 칼을 이용하여 2~3㎝로 세절하여 아래와 같은 여러 가지 방법으로 세척을 한 후 각각 물기가 흐르지 않을 정도로 수분을 제거한 뒤 잔류농약을 측정하였다.

1) 흐르는 물에 의한 세척: 수돗물을 이용하여 흐르는 물에 세척하여 시료를 소쿠리에 건진 후 다시 흐르는 수돗물을 이용 세척을 반복 3회까지 세척하였다.
2) 세제에 의한 세척: 수돗물을 큰 용기에 담아 계면활성제가 들어 있는 가정용 주방세제를 1%의 농도로 희석하여 시료를 침지시켜 가볍게 흔들어 주어 3회까지 세척을 실시하였다
3) 식초에 의한 세척: 수돗물을 큰 용기에 담아 시중에서 구입한 사과식초를 1%의 농도로 희석하여 준 뒤 시료를 침지시켜 가볍게 흔들어 3회까지 세척하였다
4) 초음파 세척기를 이용한 세척: 초음파 세척기에 시료를 넣은 후 약 5분간 초음파 진탕 후 소쿠리에 건져내어 물기를 제거 후 사용하였다.
5) 껍질의 제거에 의한 잔류농약의 측정: 과일류는 껍질상태 과일 그대로, 껍질만, 껍질 제거 후 속 가식부만 취하여 분석하였다

▶ 분석방법

잔류농약 정밀기기(GC)를 이용하여 동시다성분 분석법으로 분석하였다.

▶ 결과 및 고찰

1) 흐르는 물에 의한 세척

본 실험에 앞서 실시한 예비실험 결과 잔류농약이 검출된 농산물에 대하여 세절하지 아니하고 원상태 그대로 중량을 측정하여 잔류농약실험을 실시하였을 때 분석결과의 오차가 매우 큰 폭으로 차이가 남을 알 수 있었다. 따라서 살충 및 살균의 목적으로 농약을 살포 시 농약이 농산물 표면적에 균일하게 살포되지 아니한 이유라 생각된다. 따라서 본 연구에 사용된 시료는 약 1~2kg을 취하여 모두 2~3㎝로 세절하여 균일하게 섞은 후 사용하였다. 유기인계 잔류농약인 클로로피리포스가 검출된 얼갈이, 시금치, 배추속음, 취나물에 대하여 흐르는 물에 의한 세척방법에 의한 잔류농약의 감소는 Table 5와 같이 43.3~82% 제거된 것으로 나타났다. 시금치는 물에 의한 세척으로 잔류농약이 82% 제거되어 가장 많이 제거된 것으로 나타났고 취나물의 경우 43.3% 제거되어 가장 낮은 제거를 나타내었다. 이는 시금치 표면과 취나물의 표면의 차이라 여겨지며 취나물과 같이 표면적이 돌기와 거친 형태에서 적게 감소된 것은 전 3)의 논문과 일치한다. 얼갈이의 경우 검출된 프로시미돈이 흐르는 물에 의하여 67.6%까지 제거되었다. 취나물에서 헥사코나졸과 꽈리고추에서 검출된 아세페이트의 경우 물에 의한 제거 정도가 각각 17.7%, 4.7%로 나타나 세척에 의한 잔류농약 제거가 어려움을 알 수 있었다. 이는 헥사코나졸이 물에 의한 용해도가 적고 안정된 화합물이라 제거가 어려운 것으로 여겨진다. 얼갈이의 경우 물에 의한 세척으로는 클로르타로닐이 88.4% 제거됨으로 나타났고 상추에 있어서 엔도설판의 물에 의한 제거는 61.8%로 나타났다.

Table 5. 물에 세척 후 잔류농약의 변화

농약 제초제	초기농도 ppm	남아 있는 양 ppm(%)		
		한번세척	두번세척	세번세척
eulgari Chloropyrifos	0.130	0.076(58.5)	0.071(54.6)	0.064(49.2)
spinach Chloropyrifos	0.050	0.014(28.0)	0.011(22.0)	0.009(18.0)
bachusocum Chloropyrifos	0.191	0.158(82.7)	0.109(57.1)	0.104(54.5)
Aster scaber Chloropyrifos	0.328	0.273(83.2)	0.258(78.6)	0.186(56.7)
eulgari Procymidone	2.390	1.310(54.8)	0.910(38.1)	0.774(32.4)
quarri pepper Acephate	3.256	2.222(68.2)	2.992(91.9)	3.105(95.3)
lettuce Endosulfan	0.131	0.066(50.4)	0.058(44.2)	0.050(38.2)
eulgari Chlorthalonil	1.896	0.312(16.5)	0.185(9.8)	0.220(11.6)
Aster scaber Hexaconazole	0.356	0.359(100.8)	0.316(88.8)	0.293(82.3)

2) 세제에 의한 세척

클로르피리포스가 검출된 얼갈이, 시금치, 배추솎음, 취나물에 대하여 세제에 의한 세척방법에 의한 잔류농약의 감소는 측정한 결과 Table 6과 같이 38.3~78%가 제거됨으로 나타났다. 시금치에서 세제에 의한 세척으로 얼갈이에서 클로르타로닐이 74.8% 제거되어 세제에 의해 높은 제거율을 나타내었고 헥사코나졸이 검출된 취나물에서 세제에 의하여 잔류농약이 26.7%의 제거율을 나타내었다.

Table 6. 세제에 세척 후 잔류농약의 변화

농약제초제	초기농도 ppm	남아 있는 양 ppm(%)		
		한번세척	두번세척	세번세척
eulgari Chloropyrifos	0.130	0.053(40.7)	0.046(35.4)	0.040(30.7)
spinach Chloropyrifos	0.050	0.014(28.0)	0.012(24.0)	0.011(22.0)
bachusocum Chloropyrifos	0.191	0.132(69.1)	0.126(66.0)	0.118(61.7)
Aster scaber Chloropyrifos	0.328	0.190(57.9)	0.188(57.3)	0.152(46.3)
eulgari Procymidone	2.390	1.100(46.0)	0.741(31.0)	0.732(30.6)
quarri pepper Acephate	3.256	2.943(90.4)	2.727(83.7)	2.805(86.1)
lettuce Endosulfan	0.131	0.04(30.5)	0.03(22.9)	0.03(22.9)
eulgari Chlorthalonil	1.896	0.372(19.6)	0.261(13.7)	0.288(15.2)
Aster scaber Hexaconazole	0.356	0.359(100.8)	0.277(77.8)	0.261(73.3)

3) 식초에 의한 세척

클로르피리포스가 검출된 얼갈이, 시금치, 배추솎음, 취나물에 대하여 식초에 의한 세척 방법에 의한 잔류농약의 감소는 측정한 결과 52.1~84%가 제거됨으로 나타났다(Table 7). 시금치에서 식초에 의한 세척으로 84% 감소되어 가장 높은 제거율을 나타냈고 취나물에서 클로르피리포스는 52.1%로 가장 적게 제거된 것으로 나타났다.

Table 7. 식초에 세척 후 잔류농약의 변화

농약제초제	초기농도 ppm	남아 있는 양 ppm(%)		
		한번세척	두번세척	세번세척
eulgari Chloropyrifos	0.130	0.044(33.8)	0.045(34.6)	0.038(29.2)
spinach Chloropyrifos	0.050	0.011(22.0)	0.010(20.0)	0.008(16.0)
bachusocum Chloropyrifos	0.191	0.132(69.1)	0.089(46.6)	0.081(42.4)
Asterscaber Chloropyrifos	0.328	0.242(73.8)	0.221(67.3)	0.157(47.9)
eulgari Procymidone	2.390	1.100(46.0)	0.74(30.9)	0.732(30.6)
quarri pepper Acephate	3.256	3.711(114.0)	3.490(107.2)	3.434(105.5)
lettuce Endosulfan	0.131	0.048(36.6)	0.04(31.3)	0.03(22.9)
eulgari Chlorthalonil	1.896	0.674(35.5)	0.575(30.3)	0.543(28.6)
Aster scaber Hexaconazole	0.356	0.277(77.8)	0.214(60.1)	0.201(56.5)

얼갈이의 경우 검출된 프로시미돈이 식초에 의하여 69.4%까지 제거되었다. 꽈리고추에서 검출된 아세페이트는 제거가 거의 되지 않은 것으로 나타났다. 상추에 있어서 엔도설판의 식초에 의한 제거 정도는 77.1%로 나타났다.

얼갈이에서 클로르타로닐이 71.4% 제거되어 식초에 의해 높은 제거율을 나타내었고 헥사코나졸이 검출된 취나물의 경우 식초에 의하여 잔류농약이 43.5%의 제거되는 것으로 나타났다.

4) 초음파에 의한 세척

초음파에 의한 세척의 정도는 취나물 원시료에서 검출된 헥사코나졸 0.356ppm보다 22.5% 감소한 0.276ppm으로 나타났다.

얼갈이의 경우 원시료에서 프로시미돈 2.39ppm 검출되었는데 초음파세척에 의하여 1.28ppm으로 나타나 46.4% 감소된 것으로 측정되었다. 얼갈이에서 클로르타로닐이 1.896ppm 검출된 시료의 경우 초음파에 의하여 49.0% 감소된 0.966ppm으로 측정되었다.

5) 껍질의 제거에 따른 측정

복숭아 및 사과에 대하여 일반적으로 가정에서 섭취하는 방법과 같이 과도를 이용하여 껍질을 제거한 후 가식부와 껍질에 대하여 각각 잔류농약을 측정한 결과 Table 8과 같았다.

시료의 껍질부위만 취하여 측정한 결과 복숭아 0.127ppm 사과0.134ppm이 검출되었으나 시료에서는 불검출로 측정되었다. 왜냐하면 원시료는 사과의 가식부위 전체에서 취해지므로 껍질 제거된 과육 부위와 농약이 검출된 껍질부위가 함께 시료로 측정되어 껍질만 취하였을 경우보다 잔류농약이 희석되어 불검출된 것으로 판단된다.

Table 8. 껍질 제거 후 잔류농약의 변화

과일제초제	초기농도ppm	남아 있는 양 ppm(%)	
		껍질 벗긴 가식부위 껍질	과일 전체(시료)
peach chlor−pyrifos	0 0	0.127	0
apple chlor−pyrifos	0 0	0.134	0

▶ 결 론

얼갈이, 시금치, 배추속음 등 유통농산물에서 검출된 클로르피리포스, 프로시미돈, 엔도설판, 클로르타로닐, 헥사코나졸에 대하여 여러 가지 세척방법을 사용하여 제거 정도를 측정한 결과 다음과 같았다.

1) 흐르는 물에 의한 농약의 제거율은 4.7~88.4%로 나타났고 세제에 의한 농약의 제거율은 13.9~78.0%로 나타났다.

2) 식초물에 의한 농약의 제거율은 0~84.0%로 나타났고 초음파에 의한 세척은 22.5~49%로 나타났다.

3) 세척효과는 방법의 종류보다 횟수가 증가할수록 효과적이었으며 세척률의 차이는 각 농약의 특성상 차이로 표면에 부착하는 양과 내부에 침투한 양이 다르기 때문으로 나타났다.

4) 검사대상 시료 중 시금치에서 잔류농약 제거 효과가 가장 높았으며 농약으로는 클로르타로닐 제거율이 가장 높았다.

5) 과일류는 껍질부위에서 주로 잔류농약이 검출되었으며 껍질 제거된 가식부에서는 검출되지 않았다.

따라서 많은 농약성분 중 몇 가지 농약성분에 대해서도 세척 후 잔류량은 각기 그 편차가 크게 나타났다. 또한 여러 방법의 단순한 세척만으로는 농약성분의 100% 제거는 불가능하게 나타났다.

자료출처: 경기도보건환경연구원

식초에 대한 요약

　식초는 가장 일반적인 보존료였으며 치료제로 식초에 대해서는 매우 오래전부터 언급되어 왔는데 클레오파트라가 진주를 식초에 녹여 마셨다는 이야기도 전해지며, 구약성서의 모세오경과 룻기에도 언급되어 있다. 이런 기록들을 보면 마시는 식초의 기원이 매우 오래다고 할 수 있겠다.

　국내에서는 언제부터 식초를 마시기 시작했는지는 알 수 없지만 여러 문헌을 볼 때 오래전부터 민간약으로 마셔 왔던 것으로 추정된다. 또한 최근 주정을 사용한 양조식초 외에 감식초 같은 건강 식초 시장이 크게 성장하고 있다. 건강 식초는 꿀과 함께 물에 희석하며 먹거나 약 30㎖ 정도를 마시기도 하는데, 최근 건강 식초가 바로 마시기 어렵다는 점에 착안하여 이들 식초를 원료로 한 식초음료들도 개발되어 바야흐로 마시는 식초 시대가 도래(到來)하였다고 하겠다.

　유럽에서는 식초를 vinegar와 alegar로 구분한다. Vinegar는 과실을 원료로 하여 만든 과실초로서 apple cider vinegar와 wine vinegar가 유명하며, alegar는 주로 곡물을 원료로 하는 것으로 malt alegar가 유명하다. 또한 이외에도 독특하게 herb를 이용한 herb vinegar도 사용되고 있다. 일본은 쌀식초, 곡물식초, 과실초로 나누며 쌀식초는 흑초라 하여 일본인들이 건강식초로 애용하고 있다.

　우리나라는 식품공전에서 곡류, 과실류, 주류 등을 원료로 하여 발효시킨 양조식초와 빙초산 또는 초산을 음용수로 희석하여 만든 합성식초로 분류하고 있으며, 양조식초는 다시 원료에 따라 과실식초, 곡물식초, 주정식초로 구분하고 있다. 다만 과실식초 중 감식초는 규격을 별도 규정하고 있다. 국내에서 시판되는 마시는 건강 식초로 가장 많이 알려진 것은 감식초이며 이외에도 포도식초, 매실식초, 솔식초 등이 있다.

식초는 동서양을 막론하고 조리용과, 건강요법으로 널리 이용되어 왔다. 오히려 고대에는 약용으로 더 이용되었다고 한다. 고대 앗시리아인의 의학 교과서에는 귀의 질병 치료에 대한 식초의 이용에 대해 기술되어 있고, 서양의학의 시초라고 일컬어지는 히포크라테스는 상처의 소독에 식초를 이용하였다. 동양에서도 중약대사전, 동의보감 등에 식초의 효능이 언급되어 있다. 국내에서는 오래전부터 동맥경화, 고혈압, 원기회복에 탁월한 효과를 지니는 약으로 인식되어 왔으며, 얼마 전까지만해도 연탄가스 중독 시 식초를 응급 처방으로 사용했던 것을 기억할 수 있다.

일반적으로 식초는 전통적으로 원기회복, 주독 해소, 상처의 소독, 고혈압 등에 효과가 있는 것으로 알려져 왔다. 유럽에서는 식초의 강한 살균력을 이용하여, 상처의 소독, 식품의 보존 등에 이용되어 왔는데, 특히 'Great Plague of Europe' 때에 페스트 오염을 막기 위해 사용되기도 하였다. 동양에서는 우리나라를 비롯하여 중국과 일본에서 식초를 동맥경화, 고혈압, 혈행 촉진, 해독 등을 위해 사용하여 왔다. 中藥 大辭典에는 식초에 대하여 어혈을 제거해주고, 혈액 생성을 도와주며, 해독 작용, 숙취해소 등 효능이 있다고 기술되어 있으며, 근육을 강하고 부드럽게 해주어 유연성을 높여주고, 급만성 간염의 치료에 대한 임상보고도 있다. 또한 향약집성방(鄕藥集成方)에는 식초에 대하여 "식초는 어혈을 흩어지게 하고 음식을 소화시킨다. 또한 악독을 풀고 결기(結氣)를 흩어지게 한다."라고 설명하고 있다.

최근 식초에 대한 연구가 주로 일본과 유럽, 미국에서 진행되고 있는데, 식초가 식이성 섬유를 많이 함유하고 있어 암 예방에 효과가 있으며, 콜레스테롤 저하 효과가 있다고 USSurgeon General에서 보고하였으며, 과실초가 알츠하이머에 효과가 있다는 보고도 있다. 또한 식초가 관절염과 류머티즘에도 효과가 있으며, 칼슘, 철, 붕소 결핍 해소에도 도움을 준다고 보고하고 있다. 일본에서는 과실초에 의한 원기회복 효과, 면역력 증강 효과, 스트레스 해소 가능성에 대해 연구 보고되었으며, 식초가 단백질 합성 능력 향상에도 도움을 준다는 연구도 보고되었다. 또한 소화의과 대학의 나까야마 사다오 교수는 자신의 저서에서 식초가 원기회복, 피부미용, 고혈압 및 동맥경화 예방에 효과가 있으며 특히 초는 Crab's cycle을 활성화하여 원기회복에 도움을 준다고 설명하고 있다. 그리고 최근 NHK에서는 일본 구주 대학 矢野武彦 교수 연구결과를 인용하여 식초를 복용하면 피 속의 노폐물을 제거하고 콜레스테롤 등을 저하시켜, 혈류를 원활하게 하며 고혈압, 동맥경화 예방에 효과가 있다고 보도한 바 있다.

국내에서는 최근에 계명 대학교 김기진 교수 연구팀에서 감식초 및 감식초 함유 음료에 대한 연구를 수행하여 감식초 및 감식초 음료가 지방대사를 활성화하여 체지방 감소에 도움을 준다고 보고하였다. 또한 혈액의 산소 운반 능력을 향상시키고 젖산의 생성을 억제해 원기회복 효과가 뛰어나며, 숙취해소 효과도 있다고 보고하였다.

음식 맛을 톡 쏘게 만들어주는 식초 속에는 일반인들이 생각하지 못한 효능이 많다. 뼈를 유연하게 만들어준다는 말은 많았지만 정작 식초의 효능에 대해서는 잘 모르고 있었던 것이 사실이다. 대표적인 알칼리성 식품인 식초는 비만, 고혈압, 당뇨병 등 성인병을 예방, 치료하고 위장병, 요통, 피부미용에도 한몫을 해낸다고 한다. 특히 식초의 효능으로 식초는 당의 대사를 활발하게 하는 작용도 있어서 혈당치를 낮추고 스트레스를 해소하는 효과도 있으며 혈압강하 작용, 비만방지 작용, 항당뇨 효과가 있어서 고혈압, 비만증, 당뇨병 예방과 치료에 좋을 뿐만 아니라 장으로부터 흡수한 지방, 단백질 등 영양 성분을 분해 합성하는 과정에서 체내 독소를 분해하므로 간장, 위장질환에도 유효하다고 알려져 있으며 살균효과도 뛰어나 대장균 등 각종 세균을 죽이거나 염증을 예방하는 효능이 있고, 위장의 운동을 조절해 설사나 변비를 막아주는 작용을 한다. 또한 그 외에도 각종 요리에 식초를 쓰게 되면 소금 사용량을 줄일 수 있기 때문에 혈압이 올라가는 것을 막을 수 있다. 따라서 식초를 이용한 여러 가지 식품들은 다이어트나 피부미용, 두통, 요통, 신경통, 어깨 결림 등 각종 통증해소에도 효과적이라는 것이 증명되었다. 이상의 연구 결과와 자료를 토대로 식초의 용도를 정리하면 체내에서, 식품 조리 시, 일상생활에서, 가

정생활에서 그리고 의류에, 피부미용 등에 다용도로 쓰이고 있는 귀중한 조미식품이다.

특히 KBS, SBS에서 방영된 "생로병사의 비밀", "비법 대공개"에서 발효식초와 솔잎의 유용성에 대한 많은 정보를 제공함으로써 소나무발효식초에 대한 관심도가 폭발적으로 확산되고 있는 것도 사실이다. 그러나 식품은 어디까지나 식품이고 너무 과장해서 소비자를 현혹시켜서는 안 된다.

오래전부터 솔잎은 우리 조상들의 민간요법으로 요긴하게 애용되어 왔음을 알 수 있으나 좀 더 체계 있는 연구가 필요하며 아무리 좋은 약리기능과 효능이 있다고 하더라도 의약품처럼 과학적 약리성분 분석과 정확한 용법 단계적 임상 실험이 없기 때문에 경험적 효능을 너무 믿어서도 아니 됨을 강조하고 싶다. 그러나 옛 고서(본초강목, 신약초본, 동의보감)는 어디까지나 참고할 서적이고 앞으로 충분한 임상 실험으로 식초의 과학적 효능에 대하여 밝혀지겠지만 경험에서 얻어지는 것도 큰 수확이 아닐 수 없다.

또한 전 세계적으로 10만여 종의 화학물질이 유통되고, 매년 2,000여 종의 화학 제품이 새로 나온다. 화학제품은 생활을 편리하게 하지만 인체에 들어와 내분기계 장애를 초래하고 생식기능을 감소시키는 등 점차 인류의 미래를 어둡게 만드는 재앙이 되고 있다. 따라서 작은 실천이지만 세탁과 목욕 때 조금이라도 화학제품을 덜 써보자. 머리를 감을 때는 샴푸 대신 비누를 쓰고, 린스 대신 동백기름이나 식초를 한두 방울 물에 넣어서 헹구면 말끔해진다. 빨래를 헹굴 때도 섬유 유연제를 사용하지 말고 식초를 이용하면 좋다. 음식물 찌꺼기, 머리카락 등으로 하수구가 막혔을 때는 강력 세제를 쓰지 말고 베이비파우더와 뜨거운 물을 부으면 잘 뚫린다. 설거지할 때는 쌀뜨물 외에 시금치 등 채소 데친 물도 훌륭한 세제가 된다. 세탁 시에는 가능한 한 간단한 세제만 사용하고 이것저것 기능성세제를 사용하지 말아야 한다. 세탁 후에도 바람과 햇볕이 잘 드는 곳에 말리면 남아 있는 화학물질을 제거하는 데 좋다. 드라이 클리닝한 옷에는 클리닝 용제에 들어 있는 벤젠 나프탈렌 등 화학물질이 남아 있어 백혈병과 기억력 약화의 원인이 될 수 있는 만큼 비닐 커버를 벗겨 바람이 잘 통하는 곳에 걸어둔 다음 옷장에 넣는 것이 좋다.

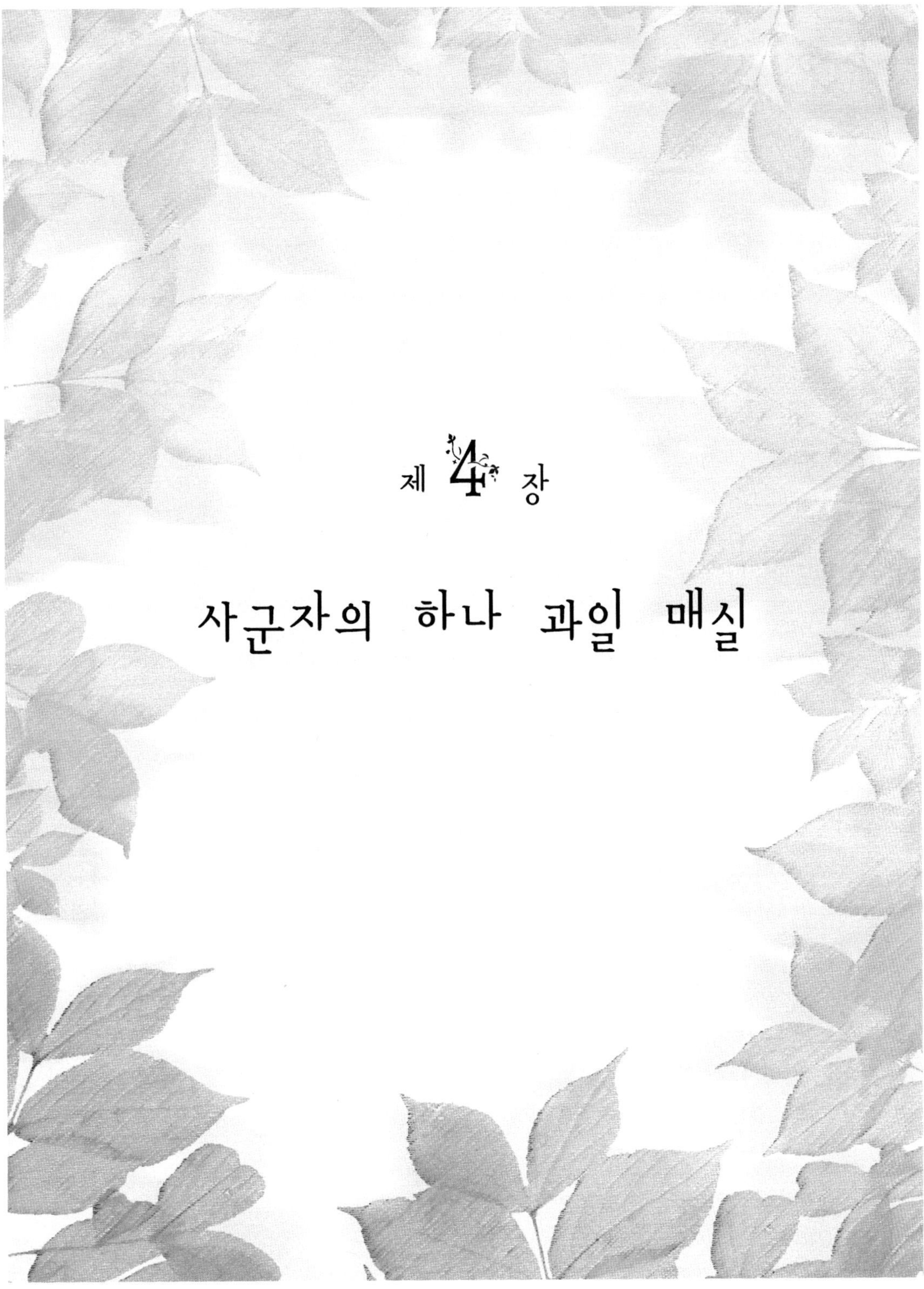

제 4 장

사군자의 하나 과일 매실

개 요

매실이란

▶ 사군자의 하나인 매화

매화나무는 예부터 관상용으로 재배하여 원예품종은 2백여 종이나 되며 과수로서 재배되는 것은 과실이 큰 품종이다. 예부터 매화는 사군자, 즉 매(梅), 난(蘭), 국(菊), 죽(竹)의 하나로 그 고결함과 청결을 말해준다. 눈 속에서 피는 설중매, 추위 속에서 피는 한중매(寒中梅) 등은 문인묵객의 총애를 받는 꽃이다. 매화는 앵도과에 속하는 낙엽 활엽의 소교목(小喬木)으로 높이는 4.5미터 정도이고 흰 꽃 또는 연분홍 꽃이 피며 열매는 5~6월에 익는다. 매화의 원산지는 중국의 사천, 호북지역으로 우리나라에서는 중부 이남지방에서 관상용으로 정원에 심거나 과수원에서 재배하기도 한다.

매실은 신맛이 특징이다. 산미(酸味)로 인하여 타액선이 자극되어 침의 분비를 왕성하게 한다. 타액의 분비는 건강의 척도라고 할 수 있어 건강이 왕성할수록 타액 분비도 비례적으로 많아진다. 따라서 환자나 노인들은 타액분비가 적어져서 음식 맛이 없고 입 안이 타서 구취가 나기 마련이다. 건강한 사람일지라도 과로하였을 때에는 입 안이 마른다.

삼국지에 보면 조조가 대군을 거느리고 여름철에 남정(南征)할 때 병졸들이 목이 마르고 타서 거의 행군을 못 하게 되자 영을 내려 조금만 더 가면 매실 숲이 있으니 빨리 가 그늘에서 쉬면서 매실을 따 먹으라고 하였더니 그 말에 모두 입 안에 저절로 침이 생겨서 목을 축이고 원기백배하여 승리하였다는 고사가 있다. 여기서 나온 말이 망매지갈(望梅止渴) 또는 상매소갈(想梅消渴)이다.

매실로 오매(烏梅)와 백매(白梅)를 만든다. 껍질이 연한 녹색이고 과육이 단단하며 덜 익어 신맛이 강한 매실인 청매(靑梅)를 짚불 연기의 불기운에 말려 오래 두면 검게 변하는데 이를 오매라 하며 청매를 소금물에 담가 10일쯤 두었다가 건져내어 오래 두면 표면에 흰 가루가 끼는데 이를 백매라고 하며 향이 좋고 빛깔이 노란 황매, 청매를 쪄서 말린 금매라고 칭한다. 한약 재료로는 주로 오매가 쓰인다. 매실은 수확시기와 가공방법에 따라 이름과 효능이 다르다. 수확시기와 가공법에 따라 여러 종류로 나뉜다.

- **청매**: 껍질이 파랗고 과육이 단단한 상태로 신맛이 가장 강할 때다.
- **황매**: 노랗게 익은 것. 향기가 매우 좋은데 과육이 물러 흠이 나기 쉽다.
- **금매**: 청매를 증기에 쪄서 말린 것. 금매로 술을 담그면 빛깔도 좋고 맛도 뛰어나다.
- **오매**: 오매는 빛깔이 까마귀처럼 검다고 해서 붙여진 이름이다. 청매를 따서 껍질을 벗기고 나무나 풀 말린 것을 태운 연기에 그을려 만든다. 각종 해독작용이 있을 뿐 아니라 해열, 지혈, 진통, 구충, 갈증방지 등에 탁월한 효과가 있다.
- **백매**: 옅은 소금물에 청매를 하룻밤 절인 다음 햇볕에 말린 것. 효능은 오매와 비슷하지만 오매보다 만들기 쉽고 먹기에도 좋다. 매화나무의 열매인 매실은 가공식품이 매우 발달해 있다. 신맛이 너무 강해 가공하지 않고는 먹을 수가 없기 때문이다. 그러나 잘 가공해두기만 하면 필요할 때, 몇 년씩 두고 먹을 수 있다는 장점이 있다.

이상은 매실에 대한 도식적인 해석이다. 하지만 매실의 분류는 별 의미가 없으며 원래 청매실은 꽃이 흰 꽃이 피는 걸 말하지만 대부분 우리 토종매실은 분홍빛 꽃이 핀다. 흰 꽃이나 분홍 꽃이나 별로 구분하지 않으며 다만 청매실은 알이 토종에 비해 굵은 게 특징이다. 그리고 일반적으로 청매와 황매는 익고 안 익고의 차이로 통용이 되고 있다. 수확 시기는 제 경우는 6월 10일 전에는 절대 따지를 않는다. 이 말은 여러 해 겪으면서 분명한 것은 맛이나 향으로 볼 때 너무나 현격한 차이가 있기 때문이다. 또한 풋매실은 따서 놔두어도 마르기만 했지 향도 없고 더 이상 익지도 않는다. 하지만 6월 10일 이후의 매실은 따서 두면 하루가 다르게 익으면서 향이 터져 나온다. 엄청난 차이가 있다. 그리고 매실을 가장 효과적으로 이용하는 것은 설탕에 절여 엑스를 내는 방법이다. 매실의 본래 성분이 가장 파괴되지 않고 잘 보관하려면 결국 열이나 기타 인위적인 가공을 줄이는 것이 좋다. 여러 가지 가공방법이 개발이 되고 있고 실제로 활용하고 있는 것은 결국 우리가 편하게 먹기 위한 궁여지책이랄 수 있다. 그리고 굳이 매실의 효능과 약성을 들먹이지 않더라도 맛이 참 좋다. 여름철 음료용으로 매실 엑스를 사용한다면 어떤 음료도 따라올 수 없다. 그리고 겨울에 따뜻한 물에 타 먹는 맛도 일품이다.

▪▪▪ 매실나무란?

매실나무(Prunus mume Sieb. Et Zucc)는 도이속(桃李屬: Prunus Linn), 이아속(李亞屬: E.K.)에 속하는 核果類로서 그 원산지는 중국의 사천성과 호북성의 산간지로 알려져 있다. 매실에 대한 기록은 중국의 고서(古書)인 『시경(詩經)』에 처음으로 기재되어 있으며, 호북강육(湖北江陸)의 전국묘(戰國墓)에서 매실씨가 발견이 되어 3,000년 전부터 매실의 재배가 이루어졌음을 알 수 있다. 또한 신농본초경(新農本草經, 502－556)에 의하면 매실은 가장 오래된 과수(果水)의 일종으로서 약용으로 사용되어 왔다.

이웃 일본에서는 우매보시(매실김치)가 1천 년의 역사와 전통을 지닌 건강식품이라고 자랑이 대단하다. 그러나 사실은 1천3백 년 전 가락국(가야)이 멸망할 때 그 유민들이 일본으로 건너가면서 매실문화도 일본으로 가져간 것이 분명하다. 그것은 일본의 고사기인 만엽집에 매실에 관련된 기록들이 1백10건에 달하고 있는 것으로 보아도 짐작할 수 있다. 우리나라에서는 삼국시대(BC1－AD7) 이래 매실을 건강식품으로 이용하였고, 통일신라~고려시대 (AD7－14)에는 불교문화를 중심으로 매실을 애용했다는 자료가 얼마든지 발견되고 있다. 결과적으로 한일 양국 간의 매실문화수준은 현실적으로 현격한 격차가 생겼다. 그러나 불행 중 다행이랄까. 우리는 질적으로 우수한 순토종 매실인 송광 설중매를 확보하고 있다. 매실에는 약 80%의 과육이 있는데, 약 85%가 수분이며 당질이 10% 정도를 차지한다. 무기질, 비타민, 유기산은 다른 식품이 미치지 못할 정도로 풍부하다. 매실의 유기산은 구연산, 사과산, 호박산, 주석산 등이며 칼슘, 인, 칼륨 등 무기질과 카로틴도 약간 함유되어 있다. 매실의 구연산은 당질의 대사를 촉진하고 원기회복을 돕는다. 피로가 쌓일 때 매실차나 매실장아찌를 먹으면 좋다. 매실의 풍부한 유기산은 위장의 작용을 활발하게 하고 식욕을 돋우며 변비나 거친 피부에 도움이 된다. 또 열을 흡수하는 작용을 하기 때문에 해열에도 좋다. 매실은 또 숙취나 멀미에도 효과가 있는데 이는 매실의 피크린산이 간장의 기능을 활성화하기 때문이다. 과음한 다음 날 아침, 매실차 한 잔을 마시고 나면 숙취가 어느 정도 해소된다. 매실의 산에는 강한 살균성과 해독작용이 있어 식중독이 흔한 여름철에 먹으면 위 속의 산성이 강해져 식중독을 예방한다.

스트레스, 원기회복엔 매실이 최고!!
우주는 대자연(大自然)이고 인간은 소자연(小自然)이다!!

바꿔 말해 인간은 우주의 모든 것을 빠짐없이 두루 갖추고 있는 것이다. 따라서 어떤 원인으로든지 인간에게 발생한 결함(병)은 그것이 정신적인 것이든 물질적인 것이든 자연의 현상 또는 물질로써 회복하여야 한다.

문제는 우주 간에 충만되어 있는 제반 요소들을 어떻게 이용하여 인체질병 치료에 이용하느냐 하는 점이다. 병이 생기는 원인을 외인(外因), 내인(內因)으로 가리면 외부적인 환경변화나 외부에서 침범해오는 원인 균에 의한 병도 있고, 환자 스스로의 체내 조건에 따라서 생겨나는 병도 있다. 요즘 사람의 심리적인 갈등이나 충격이 여러 가지 병의 원인이 된다는 것이 많이 알려지게 됨으로써 사람의 병을 단순히 병만 보고 기계적으로 다룰 것이 아니라 환자의 심리적인 배경을 헤아려서 진찰 또는 치료를 해야 하는 것으로 되어가고 있다.

그런가 하면 또 한편에서는 사람을 순전히 물질의 집합체인 정밀기계로 보아 정신이나 마음과는 관계없이 순전히 물리화학적으로 다루려고 하는 의학도 있다. 양극단이 모두 올바르지 못하고 물질과 정신 두 가지를 모두 다 공평하게 취급해야 완전히 치료가 될 수 있을 것이다. 이처럼 정신적인 스트레스와 원기회복, 정장작용에 매실이 좋다고 한다.

매화나무 열매인 매실에는 살균과 원기회복에 뛰어나고 칼슘흡수를 촉진하는 구연산과 사과산이 풍부하다. 스트레스로 칼슘의 소모가 많아 체질이 심하게 산성화되어 초조감이나 불면증에 시달리는 현대인에게 매실이 좋은 것이 이 때문이다. 매실은 장내 살균작용 또한 탁월하다. 일본인들은 마늘을 먹지 않는 대신 절인 매실(우매보시)을 먹어 장에 탈이 나는 것을 예방하고 있다. 매실을 소금에 절이면 구연산 등이 스며 나와 얼마 후에는 붉은 매초가 생겨 매실은 붉어지게 된다. 신맛이 셀수록 강하게 반응을 하는데 신맛이 강한 덜 익은 매실이 우메보시의 재료로 좋다. 발색 정도는 산의 강도에 따라 크게 달라지는데 학술적으로 말하면 수소이온농도 3.2pH 이하가 되어야 색이 나타나는 것이다.

매실의 품종이나 성숙도에 따라 붉어지지 않는 일도 있는데 이럴 때에는 구연산을 더 넣어 수소이온 농도를 3.2-3.0으로 조절하면 곱게 물들게 된다.

매실은 5월 말부터 6월 중순까지 전남 광양, 경북 영천과 경남 논공, 하동 등에서 많이 난다. 또 일본 제일의 생산지는 와카야마현으로 오래전부터 우메보시를 제조해 왔으며 와카야마의 남부천 유역에는 일본 제일의 매실 밭이 있다.

본초강목이나 동의보감 등 고의서에는 말할 나위도 없고 근래에 간행된 내외 의학서적에도 한결같이 매실의 뛰어난 약성 효과를 서로 유사하게 기록하고 있다. 그러나 최근 매실에 대한 잘못된 인식으로 아직 씨로 생기지 않은 어린 매실을 선호하는 등 매실 오용의 문제가 지적되기도 한다. 충실한 청매를 채취하고 잘 씻어서 따라서는 1-2일간 쌀뜨물에 담그기도 하지만 매실 중량의 20-30%의 소금으로 약 2주일간 절인다. 이때는 나무통에서 절이는데 매실 무게의 1.5-2배 정도 되는 돌을 얹어놓으면 15-20시간이 지나 물이 생기기 시작한다. 7월 하순경 소금에 절인 매실을 꺼내어 3일을 자연 건조시키면 색깔이 고와지고 육질도 단단해진다. 처음 3일간은 낮에만 햇빛에 말리고 밤에는 매초(소금으로 절일 때 생긴 물)에 담근다. 밤에만 말리고 낮에는 매초에 담그는 식으로 정확히 3일 밤, 낮을 작업해야 한다. 이렇게 말리는 것을 토용간(土用干)이라고 하며 백간(白干)이라고도 한다.

우리나라의 경우 매실은 술에 담가 먹는 것이 보통이지만 농축액을 만들거나 말려 먹기도 한다. 매실주는 단단하고 흠집이 없는 청매를 깨끗이 씻어 물기를 뺀 다음 매실 1kg에 소주 1L의 비율로 담가 6개월 이상을 숙성시켜서 먹으면 된다. 소주는 독할수록 좋고 설탕을 넣어서 숙성시켜도 좋다. 농축액은 청매를 믹서로 갈아 과즙을 낸 뒤 약한 불에 끈적끈적해질 때까지 끓여서 먹으면 스트레스, 원기회복, 정장작용, 불면증 등에 그만이다.

알맞게 익은 매실(남부 지방에서는 하지 전후에 수확한 매실)에는 구연산 약성이 많이 함유되어 있다. 사과 등 복숭아, 자두 따위의 30~40배가 들어 있으므로 맛이 매우 시다. 많이 먹으면 치아를 손상시킨다. 토종매실의 구연산은 인체에 해를 끼치는 각종 박테리아의 활동과 번식력을 강력히 제어한다. 그러므로 이질이나 세균성 설사에 직효이다. 예로 여름철에 김치단지 또는 막걸리병 안에 가공된 매실 몇 알을 넣어두면, 냉장고 밖에서도 5~6일 동안 거의 변하지 않는다.

매실나무는 도이 속, 이아 속에 속하는 핵과류로서 그 원산지는 중국의 사천성과 호북성의 산간지로 알려져 있다. 매실에 대한 기록은 중국의 고서인 『시경』에 처음으로 기재돼 있으며, 호북강릉의 전국 묘에서 매실 씨가 발견되어 약 3000년 전부터 재배되어 왔음을 알 수 있다. 중국고서(신농본초경)에 의하면 매실은 가장 오래된 과수의 일종으로서 약용으로 사용되어 왔다. 우리나라에는 약 1500년 전에 건너와 우리의 선조들은 오랜 세월을 두고 이 열매를 식용이나 약용으로 애용해왔다. 일본에서는 매화나무의 과실인 매실을 건강식품이라 하여 매실김치(우메보시), 농축액, 죽, 즙, 술, 차, 산자 등 각종 식품으로 개량되어 오래전부터 각광을 받고 있다. 또한, 한방에서는 근, 엽, 화, 미숙과실(청매)을 건위, 지혈, 지사, 거담, 주독, 해독 및 구충 등에 효과를 나타내는 한약재로 이용하고 있다.

매화나무는 이른 봄 잎보다 백색의 5편화가 먼저 피고, 열매인 매실은 살구와 비슷한 크기인 12~20g의 구형핵과로 6~7월경에 성숙한다.

매실은 약알칼리성 식품으로서 그 성분 중에 특히 구연산, 무기질 등 유익한 영양소를 다량으로 함유하고 있어 인체의 혈액을 약알칼리성으로 만들고 정혈작용, 강장작용, 보간작용, 원기회복, 노화방지, 살균작용 등을 한다. 과육 부분이 전체의 85%이며 주성분은 탄수화물이고 당분 10%와 다량의 유기산을 함유하고 있다. 유기산은 구연산, 사과산, 주석산, 호박산 등으로 구성돼 있는데 특히 구연산의 함량이 다른 과실에 비해 월등히 높아 매실이 건강식품으로 널리 애용되고 있다. 그 밖에 카테킨산, 펙틴, 타닌 등을 함유하고 있다.

청매실농원의 대표적 매실

청매실농원에는 청매가 재배면적의 약 80%를 점유하고 있으며, 품종으로는 백가하, 남고, 고성, 청축 등이 있고, 수분수가 약 20%를 차지하고 있다. 수분수는 화분이 많은 매실나무와 수분율이 좋은 품종으로, 자기수분이 불가능한 품종 등에 수분용으로 재배되고 있다. 수분수에는 소입남고, 서천, 백옥, 소매 등이 있다.

▶ 남고매

꽃은 백색으로 3월 상순부터 하순에 개화한다. 과실의 크기는 큰 열매가 평균 25－35g이며 껍질이 부드럽게 과육이 많아, 매실장아찌 및 반찬용으로는 최고급품이다. 과실의 색은 녹색이며 완숙해감에 따라 황색계통으로 변하고, 햇볕이 닿는 곳은 신선하고 맑은 홍색으로 변한다. 개화 후 추위에 강하고 수확량도 많으며 풍토에 적합한 최우수품종이다.

▶ 고 성

꽃은 백색으로 개화기는 조금 늦으며, 수확기는 6월 상순부터 시작된다. 과실크기는 25-30g 정도, 과실의 색깔은 녹색이고, 과육은 많은 반면 씨앗은 작은 것이 특징이다. 내병성이 있고 청매로서 최고급 제품이다. 이 품종은 매실주와 매실주스용으로 적합한 제품이다.

▶ 소 매

과실의 크기는 16-25g 정도이다. 품질은 남고매와 같으며, 수분수용으로 많이 심어져 있다.

▶ 봉오리

매실수확이 끝나고 매실 밭이 초록으로 물드는 9월 중순 꽃눈은 분화를 시작해 1주일에서 10일 간격으로 꽃잎, 꽃순을 형성한다. 11월 중순부터 12월 중순까지 배주가 형성되고 개화와 함께 휴면에 들어간다. 휴면에서 깨어나면 꽃순은 급속히 커지고 사진과 같이 개화에 다다른 봉오리가 된다.

▶ 개 화

기나긴 겨울의 혹한을 이겨내고 모든 꽃 중에서 새봄을 제일 먼저 알려주는 매화는 개화시기가 기후에 크게 좌우된다. 광양 청매실농원은 평균기온이 7~8도가 되는 2월 말부터 3월 상순에 피기 시작하고, 3월 중순경에는 만개하게 되어 하순까지 꽃을 피우게 된다. 산들거리는 봄바람과 함께 실려 오는 매실 특유의 단맛과 시큼한 향기로 인해 주위의 벌과 나비 그리고 사람들의 발길을 불러들인다.

▶ 결 실

매실농원에는 실제 매실을 수확하는 매실나무 외에 결실에 상당히 좋은 수분수가 20% 정도 심어져 있다. 매실 꽃의 꿀과 화분을 구해서 날아드는 벌과 나비 그리고 새들이 수분수의 화분을 실제 수확되는 매실나무에 옮겨서 결실을 맺게 한다. 착과 후에는 양분을 공급해 성장시키고, 6월 중순에는 성숙한 매실이 되는 것이다.

매실의 품종

▶ 백가하

이 품종은 늦서리 피해에 강하고 안정된 과실수확을 가져다주는 중간지역에 알맞은 품종이다. 과실이 원형으로 녹백색을 띠고 있기 때문에 백가하(백옥매)라고 명명된다.

▶ 양청매

양노매가 개량된 것으로서 기름지고 보수력이 있는 토지 외에는 재배관리가 힘든 품종이다. 타원형이며 녹황색의 과실은 완숙되어도 항상 푸른색을 유지한다. 양로계의 청매용 품종이므로 양청매라고 명명된다.

▶ 고 성

수세(樹勢)가 강하고 약간 직립성(直立性)이며, 신초생장이 왕성하고 많으며 가지는 굵고 길다. 신초는 담록색(淡綠色)으로 햇빛 받는 부위가 약간 담홍색(淡紅色)으로 된다. 유목(幼木)에는 단과지(短果枝) 형성이 잘 되지 않으나 성과기(盛果期)에 들어가면 단과지 형성이 잘 되고 중장과지(中長果枝)도 많이 발생된다.

꽃의 크기는 중간이고 완전화(完全花)가 많으며 백색 홑꽃으로 되어 있다. 꽃가루가 거의 없어 수분수의 혼식(混植)이 필요하다.

개화기(開花期)는 중간으로 백가하(白加賀), 풍후(豊後), 옥영(玉英)보다 빠르고 남고(南高), 양노(養老) 등과 비슷하다. 기형화(畸形花)의 발생이 적으며 해거리가 적고 풍산성(豊産性)이다. 과실은 타원형(楕圓形)으로 짙은 녹색을 띠며 윤기가 흐른다.

과실크기는 20~25g 정도로 중간이다. 청매(靑梅)로서 우수하며, 절임용으로는 부적합하나 양조(釀造), 농축과즙(濃縮果汁, 엑스)용이다. 재배상 유의할 점은 단과지(短果枝)보다 중장과지(中長果枝)의 형성이 많으므로 초기에 단가지를 형성시키는 전정방법이 필요하다. 꽃가루가 없기 때문에 반드시 수분수를 혼식해야 한다.

이 품종은 집약관리를 하면 결실량이 많아지며 내병성이 강한 것이 특징이다. 숙기가 빠른 과실은 큰 타원형으로 되고 녹색 때문에 고성(청옥매)이라고 명명한다.

▶ 개량내전매

예부터 재배된 내분매가 개량되어 알이 큰 열매만이 남아 있는 것으로 수세는 매우 강하고 생산성도 높지만 결실은 불안정하고 숙기가 빠르며 생리낙하가 많은 품종이다.

▶ 남고매

수세(樹勢)는 강하고 개장성(開張性)이다. 가지 굵기는 중간 정도이나 가는 편이고 발생수가 많으며, 중과지(中果枝) 결실성이 좋고 단과지(短果枝)와 함께 좋은 결과지가 된다. 신초(新梢)의 색깔은 적갈색(赤褐色)이다. 발아(發芽)와 전엽(展葉)이 소매류(小梅類)보다는 늦고, 백가하(白加賀)보다는 빠른 중정도로서 3월 중하순경이며, 해거리가 비교적 적은 다수성(多收性) 품종이다.

꽃잎이 백색(白色) 홑꽃이며 크기는 중간 정도이다. 불완전화(不完全花)가 적고 꽃가루는 많으나 자가결실성(自家結實性)은 높지 않다.

과실은 짧은 타원형(楕圓形)이고 약간 납작한 경향이 있다. 과실표면(果皮)에 털이 많아 선명한 녹색보다 약간 짙은 녹황색(綠黃色)으로 햇빛이 닿는 부분(陽光面)은 약간 착색(着色)된다. 과실크기는 20g 정도이고 6월 하순에 수확하여 절임용으로 가공적성(加工適性)이 높다. 재배상 유의할 점은 가지 발생이 많기 때문에 솎음전정을 위주로 전정한다.

단과지(短果枝)는 물론 중과지(中果枝)에도 결실이 잘 되는 풍산성(豊産性)이며, 수분수(授粉樹)로 많이 심고 있으나 최근에는 주품종으로 많이 심는다. 꽃가루는 많으나 자가결실성(自家結實性)이 높지 않기 때문에 다른 수분수(授粉樹)를 섞어 심어야 한다. 흑성병(黑星病), 세균성 구멍병에 약하고 양조(釀造) 및 절임용으로 이용되기 때문에 미숙청과(釀造用)와 완숙과(절임용)를 용도에 따라 수확시기를 달리한다. 이 품종은 껍질이 부드럽고 과육이 많으며 개화 후에도 추위에 강하고 수확량도 많은 최고급 품종이다.

▶ 지장매

이 품종은 건조에 강하고 결실성이 높기 때문에 가지가 많이 발생하지 않는 것이 특징이다.

개장성(開張性)으로 수세(樹勢)는 중정도이고, 결과지(結果枝) 형성이 잘 되며 특히 중·단과지(中短果枝) 형성이 잘 된다. 신초(新梢)는 녹색(綠色)이나 햇빛을 받는 면(陽光面)이 약간 붉은색을 띤다.

▶ 화양실

개화기(開花期)가 늦고, 꽃잎은 엷은 복숭아색(淡挑色)으로 21매 이상이 되며, 꽃가루가 극히 많아 수분수(授粉樹)로 많이 심는다. 해거리가 적고 과실은 짧은 타원형(楕圓形)으로 연녹색을 띠며, 특히 햇빛을 받는 면이 붉어 상품가치가 다소 떨어진다.

과실크기는 25g 내외로 내병성(耐病性)이 강하다. 재배상 유의할 점은 품질이 다소 불량하여 주품종(主品種)보다는 수분수용(授粉樹用)으로 혼식(混植)하는 것이 좋으며, 양조(釀造) 및 절임용과 엑스용으로 이용된다.

매실의 재배적지

　　매실은 따뜻한 기후를 좋아하며 연 평균기온이 12~15℃되는 지역에서 안전하게 재배될 수 있다. 특히 매실은 낙엽과수 중 개화기가 가장 빨라 3월 상·중순부터 개화하기 때문에 이때부터 유과기인 4월 말까지에 이상저온이나 늦서리가 있으면 화기(花器)와 유과의 동해, 고사 등 저온피해가 심하게 되고 그해의 풍흉을 좌우하게 된다. 과수원 지형이 곡간(谷間)바닥이나 움푹 들어간 소분지(小盆地), 요함지 등에서는 밤 동안 따뜻한 공기를 밀어 올린 차가운 공기가 내려앉아 오랫동안 정체(停滯)되기 때문에 개화기 늦서리의 피해 및 월 동기 동해(凍害)를 받기 쉽다. 또 여름철에는 과습 상태가 되어 뿌리 뻗음이 불량하여 생육이 나빠지고 바람이 잘 통하지 않아 세균성 구멍병이나 문우병 등 병해발생이 심해진다. 동일지역에서도 남향의 경사지보다 북서향 또는 북동향 경사지에서 개화기가 2~3일 늦어지는 경향이 있어 늦서리 피해를 적게 받는 경우도 있다. 정남향에서는 심한 가뭄으로 수세가 약해지고 조기낙엽으로 다음 해 결실이 불량해지는 경우도 있다. 매실의 주산지를 이루고 있는 전남 담양, 곡성, 승주, 보성, 화순, 장성과 전북 임실 등지는 모든 지역의 온도 값이 매실을 안전하게 생산하기에는 약간 낮은 편이고 특히 개화기인 3월의 기온이 낮기 때문에 불리한 조건이므로 국지기상이 상대적으로 유리한 적지를 선별하여 재배해야 한다. 매실나무는 토양에 대한 적응성이 비교적 높은 편으로서 극단적인 조립질(粗粒質: 자갈 땅, 모래땅 등)이나 토양통기가 불량한 질 땅 또는 지하수위가 높고 물 빠짐(透水)이 나쁜 곳이 아니면 생육에는 큰 지장이 없다. 적합한 토양조건은 중립질인 사양토와 식양토가 좋고 식양토의 경우 심토에 자갈이 20~30% 내외 섞여 있으면 물 빠짐이 좋아지므로 더욱 좋다. 토양수분이 지나치게 많거나 적으면 세균성병해, 생리낙과, 조기개화 및 낙엽 등 생리장해현상이 일어나기 쉽고 특히 심토에 경반층(硬盤層)이 있거나 오목한 지형에서는 수분 과다가 되기 쉬우므로 피하는 것이 좋다. 구릉지(丘陵地)와 산지(山地)의 경우 통기성은 좋으나 침식 등으로 양분유실이 심하며 토심이 100㎝ 이하로 얕은 지역은 가뭄피해를 받기가 쉽다.

음식물을 섭취하면 몸속에서 음식물이 에너지로 변하는 과정에서 찌꺼기로 연소가스가 발생된다. 이것이 유산, 초성포도산 등 산독화 물질이다. 이 유산이나 초성포도산이 몸속에 쌓이면 피로도 쌓이게 된다. 또한 이러한 피로물질은 세포나 혈관을 노화시키며, 알레르기 등을 일으키기도 한다. 매실에 있는 천연구연산은 우리 몸 안에 축적된 유산을 탄산가스와 물로 분해시켜 몸 밖으로 배출하므로 피로를 제거해준다. 또한 매실 속의 피루브산은 간장을 자극하여 간장의 해독작용을 높여준다. 매실에는 강력한 건위, 정장의 효과가 있는데 성분 중의 하나인 카데킨산이 장내의 항균, 살균작용을 높여 정장작용을 하게 되므로 설사와 변비에 즉효를 나타내는 것이다. 건강한 사람의 체액과 혈액이 약알칼리 상태라는 것은 상식이다. 그러나 최근 우리의 식생활 습관은 미식을 추구하는 경향이고, 이 맛이 있다는 음식물의 대부분은 산성식품이다. 그런데 고맙게도 매실은 전형적인 알칼리식품으로 이 밖에도 해조류, 야채류 등이 있으나, 최근의 식생활에서 이들 알칼리식품은 멀리하기가 쉽다. 그 때문에 많은 사람들이 산성식품의 과다섭취로 인하여 혈액이 산성화되어, 동양의학에서 말하는 어혈을 일으켜 고생을 하기도 한다. 이 어혈은 만성병을 일으키는 원인이 된다. 또한 체액이 산성으로 기울면 사람은 안절부절못하게 되면서 피곤해지기 쉬우며, 질병에 걸릴 가능성도 높아진다. 말하자면 몸이 점점 쇠약해지는 것이다. 따라서 이런 만성병을 고치고, 참건강체가 되기 위해서는 근본적으로 체질을 개선하여야 하며, 그 방법은 오직 잘못된 식생활을 바로잡는 것뿐이다. 가령 강한 산성식품인 백설탕 100g을 섭취했을 때는 산과 알칼리의 밸런스를 맞추기 위해서 당근 440g, 무 750g이 필요하게 된다. 그러나 이때 매실 농축액이라면 단 2g이면 충분하다. 그러므로 맛있는 식사만을 선호하는 현대인들에게는 강력한 알칼리성 식품인 매실이 건강을 위한 동반자로서 반드시 필요한 것이다.

매실은 피로를 없애주고 몸속의 노폐물을 청소해준다. 매실은 체내에 흡수되기 어려운 칼슘의 흡수를 크게 도와주며, 원기회복, 식용증진, 식중독균 살균효과까지 가지고 있다. 또한 복통, 설사, 감기, 변비 등에도 놀라울 정도로 효험이 크다. 예) 매실 농축액의 투여가 남녀에 관계없이 운동 후 휴식시간이 길어짐에 따라 혈 중 젖산 수준이 감소되는 경향을 촉진시켰으며, 회복률도 크게 증가시켰다. 그러나 남성은 단기적 처치에서 여성은 장기적 처치에서 크게 나타나 남성은 단기적, 장기적 처치에서 효과를 기대할 수 있지만 여성은 단기적 처치보다는 장기적인 투여가 더욱 큰 효과를 초래할 것으로 기대된다. 결국 매실 농축액은 성별에 관계없이 혈 중 젖산 수준을 감소시켜 운동 후 원기회복에 긍정적인 효과를 미치므로 스포츠지도 현장에서 이용할 수 있다고 제언하는 바이다.

매실의 신비

매실의 약성

▶ 효 능

6월은 매실장아찌, 매실 엑스, 매실주스, 매실주의 계절이다. 구연산, 사과산을 함유하고 있어 신맛이 강한 매실은 원래 중국에서 전해진 것으로 알려져 있다. 덜 익은 청매에는 독이 있는 청산(靑酸)이 함유되어 있어 매실을 생것으로 먹으면 설사를 하기도 한다. 그러나 가공을 하면 이 청산은 중화되어 독이 없어지고 반대로 약효를 강하게 한다. 매실의 살균, 정장작용이 강해 전염병과 식중독일 때는 매실장아찌를 계속 먹으면 효과가 뛰어나며 여행지에서 음료수에 체하기 쉬운 사람도 매실장아찌를 먹어두면 곤란을 피할 수가 있다. 이것은 세균의 발생을 억제하고 피로를 회복시킨다. 또 여름에 먹으면 세균 예방과 전염병 예방도 된다. 아침에 매실장아찌를 먹어두면 하루의 정장을 이롭게 한다. 정장작용이 강하면 장내에 있는 노폐물을 감소시키며 이상 발효 독소를 제거하기 때문에 전신의 기능을 튼튼하게 해준다. 또 위산을 정상적으로 분비하므로 위산과증과 저산증(低酸症)에도 큰 효과가 있다. 변비와 설사를 번갈아 하는 사람은 저산증(低酸症)이 많고 위암도 통계를 보면 저산증(低酸症)인 사람에게 많다. 특히 이런 사람은 매일 매실장아찌를 먹으면 좋다. 매실에는 암을 예방하거나 치료하는 비타민 B_{17}이 많이 함유되어 있다. 이것은 특히 매실의 핵(核)에 많으므로 매실장아찌의 씨도 버리지 말고 핵을 먹도록 한다.

암뿐만 아니라 독소와 공해물질을 배출시키므로 매실은 항공해식품이라고 할 수 있다. 그 신맛의 근원인 유기산이 위나 장 속에서는 강한 산성 반응을 하고 몸에 나쁜 영향을 주는 균의 성장을 저지해준다. 그리고 장의 알칼리성을 높여 순환이 잘 되게 하고 병에 대한 저항력을 갖게 하여 자연 치유력을 높여준다.

▶본초강목 등 고서에서 말하는 매실의 효능

* 맛이 시고 무독하다. 간과 담을 다스린다.
* 근(세포)을 튼튼히 하며 혈액을 정상으로 만든다.
* 번열을 내리게 하며 마음을 편안하게 하고 사지통증을 멈추게 한다.
* 내장의 열을 다스리고 갈증을 조절한다.
* 토사곽란을 멈추게 하고 냉을 없애고 설사를 멈추게 한다.
* 주독을 없애며 종기를 없애고 담을 없앤다.
* 뱃속의 벌레를 없애며 물의 독과 물고기의 독을 없앤다.
* 자궁의 피를 멈추게 하고 월경불순, 염증대하에 좋다.
* 대변불통, 대변하혈, 피오줌을 낫게 한다.
* 입 안의 냄새를 없애며 가슴앓이와 배 아픈 것을 다스리고 허증피로를 다스리며 폐와 장을 수렴한다. 또한 중풍과 경기를 다스린다. 매실식품은 약으로도 쓸 수 있다. 또한 미용효과가 뛰어나 화장품으로도 응용할 수 있다.

▶ 약 효

* 감기: 매실장아찌 1개와 묵은 생강을 매실장아찌의 1/3가량 찧어서 잔에 넣고 여기에 뜨거운 엽차를 부어 매실장아찌를 으깬다. 이것을 아침에 일어나자마자 복용하거나 밤에 자기 전에 씨를 뺀 나머지를 복용한다. 혈압이 높아 염분을 삼가고

있는 사람은 매실장아찌의 분량을 줄이도록 한다.

  * 원기회복, 혈액정화: 매실에는 구연산이 많이 함유되어 있다. 이 구연산은 포도당의 효력을 10배 정도 늘리는 효능이 있어서 당질의 소화흡수를 돕고 보다 많은 매실 엑스를 만들어낸다. 집성(集性) 포도산 등 유산(乳酸) 등의 파로틴도 중화하며 혈액정화 작용을 한다. 매실의 구연산, 피크린산은 알칼리성을 높여 신진대사를 촉진하고 간장을 보호해준다.

  * 식욕증진, 위장장해: 매실장아찌는 타액선, 위액선을 자극해서 소화액을 분비하며 전분질의 소화흡수를 정상으로 만든다. 입덧, 숙취 등 식욕이 없을 때에도 매실장아찌를 먹으면 식욕이 난다. 또 매실에 함유된 카데킨산은 장의 연동운동을 활발히 하여 장내의 유해균을 살균하므로 단백질의 분해를 돕고 체력도 강하게 한다. 또 칼슘의 흡수도 돕고 장내의 유효균을 기르며 유해균을 죽이는 효능도 강하므로 정장을 위해서도 매일 매실장아찌를 먹으면 좋다.

매실에 대한 상식

1) 매실에 함유된 구연산의 작용: 구연산은 유산의 발생을 억제하는 작용이 있다.
2) 유산이 축적되면 세포가 약해지는데 매실은 이에 대한 예방에 도움을 준다.
3) 매실의 구연산은 유산의 발생을 억제함과 동시에 호르몬인 '파로틴'의 대사를 활발하게 하기 때문에 세포손상을 막는 효과가 있다.
4) 피크린산은 간의 일을 돕는 작용을 하고 배멀미나 차멀미, 술의 부작용 해소에 도움을 줄 수 있다.
5) 카테킨산은 장의 움직임을 활발히 하는 작용이 있다.
6) 매실은 병균의 생활을 억제하는 기능이 있다.
7) 구연산 등 유기산의 작용으로 위액의 활동이 원활해진다.

■ ■ ■
매실 농축액의 신비

▶ 산성체질을 건강한 체질로 개선, 매실은 최고의 강알칼리식품

건강한 사람의 체액과 혈액이 약알칼리 상태라는 것은 상식이다. 그러나 최근 우리의 식생활 습관은 미식을 추구하는 경향이고, 이 맛이 있다는 음식물의 대부분은 산성식품이다. 그런데 고맙게도 매실은 전형적인 알칼리식품이다. 알칼리식품으로는 이 밖에도 해조류, 야채류 등이 있으나, 최근의 식생활에서 이들 알칼리식품은 멀리하기가 쉽다. 그 때문에 많은 사람들이 산성식품의 과다섭취로 인하여 혈액이 산성화되어, 동양의학에서 말하는 어혈을 일으켜 고생을 하기도 한다. 이 어혈은 만성병을 일으키는 원인이 된다. 또한 체액이 산성으로 기울면 사람은 안절부절못하게 되면서 피곤해지기 쉬우며, 질병에 걸릴 가능성도 높아진다. 말하자면 몸이 점점 쇠약해지는 것이다. 따라서 이런 만성병을 고치고, 참건강체가 되기 위해서는 근본적으로 체질을 개선하여야 하며 그 방법은 오직 잘못된 식생활을 바로잡는 것뿐이다. 가령 강한 산성식품인 백설탕 100g을 섭취하였을 때는 산과 알칼리의 밸런스를 맞추기 위해서 당근 440g, 무 750g이 필요하게 된다. 그러나 이때 매실 농축액이라면 단 2g이면 충분하다. 그러므로 맛있는 식사만을 선호하는 현대인들에게는 강력한 알칼리성 식품인 매실이 건강을 위한 동반자로서 반드시 필요한 것이다.

▶ 매실의 가장 큰 무기는 천연구연산

● 장내의 유해균을 조절하는 정장작용

음식물을 섭취하면 몸속에서 음식물이 에너지로 변하는 과정에서 찌꺼기로 연소 가스가 발생된다. 이것이 유산, 초성포도산 등의 산 독화 물질이다. 이 유산이나 초성포도산이 몸속에 쌓이면 피로도 쌓이게 된다. 또한 이러한 피로물질은 세포나 혈관을 노화시키며, 알레르기 등을 일으키기도 한다. 매실에 있는 천연구연산은 우리 몸 안에 축적된 유산을 탄산가스와 물로 분해시켜 몸 밖으로 배출하므로 피로를 제거해준다. 또한 매실 속의 피루브산은 간장을 자극하여 간장의 해독작용을 높여준다. 매실에는 강력한 건위, 정장의 효과가 있는데 성분 중의 하나인 카데킨산이 장 내의 항균, 살균 작용을 높여 정장작용을 하게 되므로 설사와 변비에 즉효를 나타내는 것이다.

과실 중의 구연산의 량(과즙 100㎖ 중)

과실명(산지)	구연산(%)	사과산(%)	합계(%)
매실(백가하)	3.20−3.41	080−151	4.0−4.92
감	1.50	0.07	1.57
하밀감	1.65	0.12	1.77
사과 홍옥	극미량 0.51−0.65	− 0.51−0.65	0.02 0.53−0.67
복숭아(명성) 복숭아(약도 2호)	0.29 0.47	0.07 0.70	0.41 0.54
딸기	0.71	0.41	0.85
배	0.11 0.15	미량 0.16	0.05 0.15
포도	미량	0.43	0.43

　영양소가 부족하면 몸의 컨디션이 흐트러져 건강유지가 어렵게 될 정도로 중요한 것으로서 이들은 어느 것이든 식품에서밖에 보급할 수가 없다. 매실은 알칼리성 식품에 속하기 때문에 먹어보면 신맛이 있어 산성식품 같지만 알칼리성의 무기질성분이 많이 포함되어 있다. 따라서 산성식품과잉으로 얻어지는 성인병의 원인을 해소시켜 줄 수 있는 식품으로 매실은 절대적이다.

▶ 위와 장을 도와주며 살균에도 효과

이질 장티푸스 등 무서운 병에 매실이 묘약으로 크게 활용하고 있음은 고서에 많이 기록되어 있다. 건강한 위장이라면 그 안에 들어 있는 염산이 세균을 죽여 병을 막을 수 있지만 위의 기능이 약해져 있으면 균이 살아남아서 장에까지 침입한다. 그런데 소장은 알칼리성에 약하여 멸균작용을 할 수 없어 균을 죽이지 못하기 때문에 발병이 된다. 이러한 때에 매실의 유기산(有機酸)이 위력을 발휘한다. 매실이 장내를 일시적으로 산성화시켜 침입한 균을 죽이기 때문이다. 특히 매육(매실의 속살), 엑스(약물 또는 음식물의 유효성분을 추출하여 진한 즙으로 만든 것)는 강력한 것이어서 이질균, 포도구균, 티푸스균 등 무서운 세균의 발육을 저지한다. 매실은 또 설사와 변비, 위산과다 등 무산증(無酸症) 등 정반대되는 증상을 좋게 하는 작용도 있다. 이것을 '매실의 가역성'이라 부르는데 위장의 움직임을 도와주는 독특한 작용의 하나이다. 설사와 변비는 정반대의 증세이지만 어떤 쪽이든 장이 순조롭게 움직이지 않는 데서 일어나는 증세로 장의 연동운동(소화할 때 일어나는 위장의 운동)이 활발해지면 어느 것이든 해소가 된다. 매실은 이와 같이 건전한 위와 장의 움직임을 활발하도록 하는 데 효용되고 있다.

▶ 피로를 없애주고 노화를 방지해주는 놀라운 매실

매실은 신맛이 대표적인 특징으로서 그 신맛이 강할수록 효과가 더 있는 것으로 알려지고 있다. 매실은 기호식품보다는 약용으로 더 널리 쓰이고 있으며, 오매는 지금도 한방약으로서 회충구제, 해열, 정장, 기침, 해소, 설사, 구토증세 등에 쓰이고 있으며, 보통 1회분 3~5개를 약한 불에 훈증하여 복용하고 있다. 우리가 항상 먹는 밥은 인체에서 소화 흡수되면 당질이나 포도당의 분자가 되고, 서서히 에너지로 변하는데 이 과정에서는 젖산이 발생된다. 이 젖산은 피로의 원인이 되고, 세포나 혈관을 굳어지게 만들어 노화의 원인이 된다. 매실에 풍부하게 함유된 유기산은 이 젖산의 과잉생성을 억제하고, 젖산을 탄산가스와 물로 분해시켜 몸 밖으로 배설하는 기능을 한다. 또한 이 유기산은 혈액의 산화를 중화하거나 칼슘흡수를 촉진하는 중요한 역할을 하며, 이외에도 에너지대사에서 탁월한 작용을 한다. 이처럼 매실에 있는 유기산은 몸의 피로요소를 제거하고, 노화를 방지하는 효과가 있어서 항상 젊은 몸과 피부를 지니도록 해주기 때문에 오늘날에도 매실의 애용자는 끊이지 않고 오히려 늘어나고 있다.

▶ 매실은 우리 몸에 있는 독성물질의 청소부

● 간장의 해독작용을 높이는 피루브산

매실의 우수성은 식품이면서도 높은 약리 효과를 지녔다는 점이다. 매실은 3독을 제거한다고 알려져 왔는데, 이것은 피의 해독을 말한다. 이 3독은 각종 질병이나 증상과 관계가 있으므로 매실이 지닌 혈액정화작용과 같은 효용은 3독으로 일어나는 여러 가지 질병의 예방과 개선에 유효하다. 우리들은 매일 자기도 모르는 사이에 화학합성의 식품 첨가물이나, 방부제, 인공 착색제 등을 먹고 있는데 이것들은 본래 인체에 유해한 독소들이고, 이것을 해독, 배설하는 장기가 간장과 신장이다. 그런데 매실에는 이 간장의 기능을 향상시키는 중요한 대사증강체인 피루브산이라는 성분이 있다. 말하자면 간장을 혹사시키고 있는 방사능의 해독을 제거하는 작용도 있는데, 이것은 유기산 때문인 것으로 알려져 있다.

▶ 매실로 하는 민간요법

● 더위를 먹었을 때 – 매실장아찌를 먹는다.

짭짤하고 신맛이 있어 평소에 밥반찬으로 먹으면 입맛을 돋우고 침의 분비를 활발하게 해 소화 흡수를 돕는다. 뜨거운 물 1컵에 장아찌를 2개 넣고 10분 정도 우려내어 꿀을 조금 넣고 마시면 여름 타는 것을 막아줄 뿐만 아니라 더위 먹은 증세에도 효과가 있다.

• 갱년기 장애 – 매실조청을 먹는다.

8g 정도를 따뜻한 물에 타서 꿀을 넣고 차처럼 마시는데 하루에 3번 정도로 꾸준히 마신다. 중년의 불쾌한 증세에 빠른 효과를 나타낸다.

• 식욕이 없을 때 – 매실주를 마신다.

매실주는 맛이 순해 잘 취하지 않고 숙취 등 뒤끝이 없는 것이 특징이다. 매실의 피크린산이 간 기능을 활성화시켜 알코올 분해가 빨리 이루어지기 때문이다. 또 식욕을 증진시키므로 식욕이 없을 때 반주로 곁들여도 좋고 혈액순환을 촉진한다.

• 변비나 비만에 – 매실 엑스나 매실 액을 음용한다.

위장작용의 활성화로 변비 해소와 체 지방 감소로 비만에 도움이 된다.

▶ 매실(梅實) 고약 요법

이것은 일본의 민간가정약으로는 왕자에 속하는 것인데 우리나라에서도 얼마든지 만들어 쓸 수 있는 것이다. 이 고약은 고아서 만들었다 해서 고약이라 한 것이고 실제로는 매실 엑기스이다. 만드는 법은 아직 익지 않은 푸른 매자나무 열매를 따다 으깨어 씨를 빼고 곱게 갈아서 자루에 넣어 눌러 열매의 즙을 짜내고 이것을 오지그릇에 담아 약한 불로 끓이면 차차 끈끈해져 암갈색이 되며 표면에 기포가 생긴다. 이 정도가 되면 불을 멈추어 식혀 병에다 넣어 보관해둔다. 찬 곳이 좋다. 이 매실 고약은 의학박사 구보다(窪田孝) 가도오(加藤英一) 씨가 직접 임상보고로써 그 다양한 효과를 입증했다. 즉 자가 중독증(自家中毒症), 이질, 급성장(急性腸) 카타르에 이 매실고약을 큰 콩알 두 개 정도의 양을 물로 먹으면 치료 효과가 있다는 것이다. 당뇨병, 간장병에도 매일 조금씩 장복하면 틀림없이 효과를 본다고 한다. 또 습진, 무좀, 옴, 대머리 병 그 밖에 세균성 피부질환에 이것을 물로 엷게 풀어 발랐더니 뚜렷한 효과가 있었다는 것이다.

또한 이 고약을 10배의 물로 타서 직전에 질 내에 주입하여 놓았더니 아무런 부작용 없이 피임할 수 있다는 것이 밝혀졌다. 뿐만 아니라 장티브스, 파라티브스, 콜레라 등 전염병 유행 시에 고약을 물에 타서 먹으면 예방적 효과가 뚜렷하다는 것이다.

1. 자연 약의 위력: 오줌을 마셔 장수한 옛 건강법은 오늘날 '우르키나제'라는 뇌혈전 등 특효약이 {오줌}에서 나오는 것으로 완전히 입증되고 있는 것이다.
2. 자연 약의 위력: {메밀꽃}이 좋다는 것은 오늘날 그 꽃에서 '루친'이라는 동맥경화 특효약을 추출해 팔고 있는 것으로 입증되고 있다.

매실의 성분

▶ 매실의 성분분석

매실에는 약 80%의 과육이 있는데, 약 85%가 수분이며 당질이 10% 정도를 차지한다. 무기질, 비타민, 유기산은 다른 식품이 미치지 못할 정도로 풍부하다. 매실의 유기산은 구연산, 사과산, 호박산, 주석산 등이며 칼슘, 인, 칼륨 등 무기질과 카로틴도 약간 함유되어 있다.

매실의 구연산은 당질의 대사를 촉진하고 원기회복을 돕는다. 피로가 쌓일 때 매실차나 매실장아찌를 먹으면 좋다. 매실의 풍부한 유기산은 위장의 작용을 활발하게 하고 식욕을 돋우며 변비나 거친 피부에 도움이 된다. 또 열을 흡수하는 작용을 하기 때문에 해열에도 좋다. 매실은 또 숙취나 멀미에도 효과가 있는데 이는 매실의 피크린산이 간장의 기능을 활성화하기 때문이다. 과음한 다음 날 아침, 매실차 한 잔을 마시고 나면 숙취가 어느 정도 해소된다. 매실의 산에는 강한 살균성과 해독작용이 있어 식중독이 흔한 여름철에 먹으면 위 속의 산성이 강해져 식중독을 예방한다.

▶ 매실의 영양가 표

일반성분

식품명	영 명	열량 (kcal)	수분 (%)	단백질 (g)	지질 (g)	당질 (g)	섬유 (g)	회분 (g)
매실	Japanese apricot	29	90.1	0.7	0.5	7.6	0.6	0.5

비타민과 무기질

칼슘 (㎎)	인 (㎎)	철 (㎎)	나트륨 (㎎)	칼륨 (㎎)	비타민A (R.E)	레티놀 (μg)	$\beta-$카로틴 (μg)	비타민 B2 (㎎)	나이아신 (㎎)	비타민 C (㎎)	비타민 B1 (㎎)	식품 번호
12	14	0.6	2	240	18	0	120	0.05	0.4	6	0.03	08036

※ 참고: 한국 영양학회: 한국인 영양권장량(제6차개정판), 1995

매실의 성분이 주는 효능

▶ 과일 매실의 효능

예부터 매실은 음식으로, 약으로 활용되어 왔다. 2000여 년 전에 쓰인 중국의 의학서 「신농본권경」을 보면 이미 그때부터 매실이 약으로 쓰였음을 알 수 있고 한방 의학서인 『동의보감』과 『본초강목』에도 효능이 자세히 기록되어 있다.

매실의 효능은 구연산을 포함한 각종 유기산과 풍부한 비타민, 무기질에 의한 것이다. 현대에 와서 효과와 효능이 과학적으로 증명되고 있다. 그러나 아무리 좋아도 매실을 날로 먹을 수는 없다. 신맛이 몹시 강한데다 이를 상하게 하는 등 부작용이 있기 때문이다. 이런 부작용은 매실에 들어 있는 독성물질인 청산배당체 때문으로 풋매실인 청매의 과육과 씨에 들어 있다. 보통 매실 농축액이나 매실주, 매실식초 등으로 가공해 사용하는데, 약효도 좋아지고 저장성도 높아져 일석이조다.

● 원기회복에 좋다

매실에는 구연산, 사과산, 호박산 등 유기산이 많이 함유되어 있다. 그중에서도 구연산이 특히 풍부하다. 구연산은 우리 몸의 피로물질인 젖산을 분해시켜 몸 밖으로 배출시키는 작용을 한다. 구연산이 몸속의 피로물질을 씻어내는 능력은 무려 포도당의 10배이다. 피로물질인 젖산이 체내에 쌓이게 되면 어깨 결림, 두통, 요통 등 증상이 나타나는데 이럴 때 매실이 좋다. 매실을 장복하면 좀처럼 피로를 느끼지 못하고 체력이 좋아진다.

● 체질 개선 효과가 있다

육류와 인스턴트 음식을 많이 섭취하면 체질은 산성으로 기운다. 몸이 산성으로 기울면 두통, 현기증, 불면증, 피로 등 증상이 쉽게 나타난다. 매실은 신맛이 강하지만 알칼리성 식품이다. 매실을 꾸준히 먹으면 체질이 산성으로 기우는 것을 막아 약알칼리성으로 유지할 수 있다.

● 간장을 보호하고 간 기능을 향상시킨다

우리 몸에 들어온 독성물질을 해독하는 기관은 간이다. 매실에는 간의 기능을 상승시키는 피루브산이라는 성분이 있다. 따라서 늘 피곤하거나 술을 자주 마시는 사람에게 좋다. 또한 술을 마시고 난 뒤 매실 농축액을 물에 타서 마시면 다음날 아침에 한결 가뿐하다.

● 해독작용이 뛰어나다

매실은 3독을 없앤다는 말이 있다. 3독이란 음식물의 독, 피 속의 독, 물의 독을 말하는 것. 매실에는 피크린산이라는 성분이 미량 들어 있는데 이것이 독성물질을 분해하는 역할을 한다. 따라서 식중독, 배탈 등 음식으로 인한 질병을 예방, 치료하는 데 효과적이다. 또한 매실에는 암을 예방·치료하는 데 도움이 되는 각종 비타민과 무기질이 아주 풍부하게 들어 있다. 최근에는 항암식품으로서의 매실의 기능이 부각되고 연구도 활발하게 진행되고 있다.

● 소화 불량, 위장 장애를 없앤다

매실을 장복한 사람들은 매실이 위장에 좋다는 것을 실감한다. 매실의 신맛은 소화기관에 영향을 주어 위장, 십이지장 등에서 소화액을 내보내게 한다. 또한 매실즙은 위액의 분비를 촉진하고 정상화시키는 작용이 있어 위산 과다와 소화불량에 모두 효험을 보인다.

● 만성 변비를 없앤다

매실 속에는 강한 해독작용과 살균효과가 있는 카테킨산이 들어 있다. 카테킨산은 장 안에 살고 있는 나쁜 균의 번식을 억제하고 장내의 살균성을 높여 장의 염증과 이상 발효를 막는다. 동시에 장의 연동운동을 활발하게 해 장을 건강하게 유지시켜 나간다. 장이 건강해지면 변비는 자연히 치료되는 법이다.

● 피부미용에 좋다

매실을 꾸준히 먹다 보면 피부가 탄력 있고 촉촉해지는 것을 느낄 수 있다. 매실 속에 들어 있는 각종 성분이 신진대사를 원활하게 해주기 때문이다. 각종 유기산과 비타민이 혈액순환을 도와 피부에 좋은 작용을 한다.

● 열을 내리고 염증을 없애준다

매실에는 통증을 줄여주는 효과가 있다. 매실을 불에 구운 오매의 진통효과는『동의보감』에도 나와 있다. 곪거나 상처 난 부위에 매실 농축액을 바르거나 습포를 해주면 화끈거리는 증상도 없어지고 빨리 낫는다. 놀다가 다치고 들어온 아이에게 매실 농축액 한두 방울이면 다른 약이 필요 없을 정도다. 감기로 인해 열이 날 때도 좋다.

● 칼슘의 흡수율을 높인다

매실식품은 임산부와 폐경기 여성에게 매우 좋다. 매실 속에는 들어 있는 칼슘의 양은 포도의 2배, 멜론의 4배에 이른다. 또한 매실 속에는 칼슘도 다량 함유되어 있다. 체액의 성질이 산성으로 기울면 인체는 그것을 중화시키려고 하는데 이때 칼슘이 필요하다. 칼슘은 장에서 흡수되기 어려운 성질이 있으나 구연산과 결합하면 흡수율이 높아진다. 따라서 성장기 어린이, 임산부, 폐경기 여성에게 매우 좋다.

● 강력한 살균, 살충 작용이 있다

음식물을 통해 위로 들어온 유해균은 위 속의 염산에 의해 대부분 죽지만 위의 활동이 원만하지 못할 때는 살아서 장까지 내려간다. 소장은 약알칼리성으로 살균효과가 거의 없다. 이때 발생하는 것이 배탈, 설사, 식중독이다. 그러나 매실 농축액을 먹으면 장내가 일시적으로 산성화되어 유해균이 살아남지 못한다. 또한 매실 농축액은 이질균, 장티푸스균, 대장균의 발육을 억제하고 장염 비브리오균에도 항균작용을 하는 것으로 알려져 있다. 전염병이 유행할 때나 전쟁터에서 매실이 유용하게 쓰였던 것도 이러한 살균효과 때문이다. 특히 오매는 간디스토마에 효험이 있다.

* 매실 식품은 만병 치료약이 아니고, 일상생활의 음식 및 음료수로 즐기시면 몸에 이롭다.

* 약대용으로 음용하실 분들께서는 담당 의사와 꼭 상담이 필요하다.

▶ 청매실의 응용범위

① 만성 위염(단 위산과다 자는 제외): 안중산(安中散)＋매실 엑스

② 만성 피로 증후군

③ 구강 건조증

④ 대장 증후군

⑤ 견비통 예방

⑥ 만성 간염에의 식이요법

⑦ 위하수, 폭포수위: 폭포수위는 선천성 기형으로 유발되며(우리나라 인구의 1／10) 어릴 때는 증상이 안 나타나다가 30－40대에 나타난다. 밥 먹고 나면 등을 두드리는 것이 특징이다.

⑧ 두경부암 방사선치료의 부작용 방지

⑨ 고지혈증, 지방간 환자의 식이요법 감기예방, 면역기전 강화, 항암제 독성방지 제일 효과 빠른 것이 만성위염, 타액선 분비 강화이다.
⑩ 변비에 효과가 뛰어나고 체질조절현상으로 비만에도 큰 약효를 발휘한다.

▶ 증상별 응용범위

관절질환은 식초를 못 따라오나 어깨 아픈 데는 매실이 식초보다 더 낫다. 담낭, 췌장, 소화기 질환으로 어깨 아픈 경우가 있다. 소화기, 면역계통, 신경계(pH 조절), 해독

① 소화기

두경부 방사선으로 타액이 마르는 경우 매실 엑스를 계속 먹으면 이를 방지해준다. 아주머니들 갱년기에 입이 쓴 경우에도 매실을 먹게 되면 타액분비가 촉진돼 구고 증싱이 없어진다.

※ 타액분비 촉진 → 위액분비 촉진 → 장액분비 촉진으로 연결된다. 따라서 매실은 위장, 대장, 소장의 운동을 아주 강하게 만들어준다.
※ 고기 집에서 고기 먹기 전 매실 엑스를 먹고 고기를 먹으면 평소의 2배를 먹는다.
※ 매실 엑스는 소장점막에서 흡수된다. 소장 자체에서 흡수된다는 것은 중요한 의의를 가지닌즉 이것이 portal vein을 타고 전신에 작용한다는 것을 의미한다. 감식초는 단지 소장에서 음식이 쉽게 흡수되게끔 도와주는 역할만을 한다.
※ 매실은 수렴작용을 하니 이는 두 가지 의미를 지닌다.
첫째, 불필요하게 빠져나가는 것을 막아주는 역할을 하며
둘째, 기능이 이탈된 것을 수렴시켜 주는 역할을 한다.

② 면역계통

매실은 마크로파지(대식세포)의 기능을 강화시킨다. 백혈구나 호중구는 세균밖에 못 먹으나 대식세포는 노폐물까지 먹어 치운다.

※ 인체에 균이 들어오면 ㉠ 타액으로 죽임, ㉡ 위액으로 죽임, ㉢ 담도액으로 죽임,

㉣ 그래도 안 죽으면 소장점막을 파괴시켜 병변을 일으킨다.

※ 소아질환 중 '무과립구증'이란 것이 있다. 이는 선천적 대사이상, 면역성이상으로 폐렴이 덮쳐버린다. 양방에서는 항생제, 과립제를 쓰면 좀 괜찮았다. 다시 또 재발하고는 한다. 방암탕(湯)의 원리를 이용하면 된다. 즉 영지(靈芝)＋계혈장(鷄血藤)＋송엽(松葉)＋황(黃) 등 다당체 처방을 구성한다.

※ 또 꿀에 매실을 재워 먹이면 면역기능이 좋아져 감기 등에 잘 안 걸리게 된다.

※ 고전(古典)에 매실이 반위(反胃)를 치료했다는 기록이 있다. 이는 실제로 암세포를 죽이는 힘은 없으나 대식세포의 기능을 강화시키고 몸의 산성화를 방지하는 역할을 한다.

③ 신경계(pH 조절)

※ 매실은 산염기의 평형을 조절하는 역할을 한다. 따라서 이는 neurosis에 응용할 수 있다.

※ neurosis는 수승화강(水升火降)이 안 된 것으로, 산염기 평형은 콩팥에서 맞추어주는데 폐경기가 가까워 오면 난자를 만들 필요가 없으므로 체액이 산성으로 기울어지게 된다. 이온균형이 안 맞아 칼슘이 없어지면 뼈를 녹여 이를 맞추니 골다공증이 생기게 된다. 이때 억지로 에스트로겐 주사를 맞으면 또 balance가 안 맞게 돼 종양이 생긴다. 칼슘은 근육을 움직이고, 심박동을 하게 하며, 전신의 신경을 안정시켜 주는 역할을 하는데 갱년기에는 이것이 부족해지니 열이 오르고, 초조하고, 가슴이 뛰고 하게 된다. 이걸 매실이 해결해준다.

④ 해 독

※ 매실(梅實)엑스가 삼독(三毒), 즉 수독, 혈독, 식독을 없앤다. 마크로파지(Macrophage: 식균세포로 이물질을 잡아먹는 세포)기능을 강화시킨다. 마크로파지(Macrophage)기능이 활성화되면 심장으로 가는 혈관의 지질을 처리해주는 작용이 있다. 매실(梅實)엑스로 지으면 매실(梅實) 자체가 유기산으로 에너지대사의 조효소로 작용한다. 이것을 먹으면 소화가 잘 된다.

매실은 과연 만병통치약인가?

▶ 간이 실한 사람, 위 나쁜 사람에겐 되레 해로워

근래에 들어 여름이면 청매실 음료수를 많이 마시고 매실주와 매실절임 등 청매실 식품도 많이 나오는데, 청매실 제품은 약효와 관련해 아무나 함부로 많이 마시거나 먹을 일은 아니라는 게 전문가들의 조언이다. 매실은 오행상목에 해당하는 것이어서 간이 실한 체질에는 해롭다는 것이다.

특히 한국인은 간이 실한 체질이 많아 예로부터 조상들이 매실을 그렇게 열렬하게 좋아한 예는 문헌에서 찾아보기 어렵다. 그리고 매실농사를 하는 사람들은 위가 나쁜 사람이 많다. 한국인들은 비허위실 체질이 많아 단 음식을 좋아해서 식혜 수정과 등 음료와 잔칫상에 오르는 음식 가운데 단맛을 내는 것이 많았다. 그리고 위가 나쁜 사람이 매실제품을 먹으면 속이 쓰려 위를 더 상하게 된다. 약효에 있어서 매실은 장기복용보다는 필요할 때 잠깐 쓰는, 일종의 치료제로 분류된다. 늘 마시거나 집에 두고 먹을 일은 아니라는 것이다. 시중에 나오는 거의 모든 매실주는 처음부터 매실을 발효시킨 게 아니고 염색과정에서 매염제를 넣듯이 매실에 소주를 부어 '생발효'시킨 것이다. 약효가 떨어짐은 물론이고 마신 뒤 머리가 아픈 이유이다. 매실은 비실간허의 음실체질(뚱뚱이)에는 좋다. 또 폐실대(장)허 체질이나 근육강화에도 좋다. 일본은 기후가 습해서 폐실대허 체질이 많다. 또 매실은 회의 비린내를 없애준다. 그래서 일본인들은 매실제품을 애용하고 산출양 위주의 개량종 매실을 내놓았다. 이런 종류의 청매실을 재료로 일본 매실제품을 본떠 만든 매실제품이 범람하고 있어 국민건강이 우려된다. 일제가 이 땅 영봉들의 민족정기를 끊기 위해 박은 쇠말뚝을 뽑아내는 일과, 일제가 이 땅 들녘을 일본화하기 위해 갖다 심어놓은 녹차와 일제 매실나무들을 토종으로 바꿔 심는 일을 같은 차원에서 봐야 한다는 게 뜻있는 이들의 생각이다.

매실로 만든 식품에 대하여

앵도과에 속하는 낙엽활엽교목의 열매가 매실이다. 강한 신맛은 구연산의 함유량이 많기 때문이다. 아미그달린(amygdalin)은 덜 익은 과육에 많으며 효소의 작용으로 분해되면 청산을 만드는데, 나무에서 익으면 아미그달린이 씨애 옮겨감으로 무해하다. 덜 익은 청매에는 아미그달린이라는 청산배당체가 들어 있어서 식중독을 일으킬 수 있다.

매실가공식품은 조금 미숙한 것을 이용하는데, 매실주, 매실추출물 등에는 발효 가공되는 동안에 효소가 활력을 잃어 아미그달린에서 청산이 유리되지 않기 때문에 식중독의 염려가 없다.

매실 가공식품의 효능

매실 가공식품의 효능으로, 구연산은 피로의 원인이 되는 젖산 발생을 억제하며 세포노화에 의한 동맥경화, 간장병, 신경통, 류머티스 등을 예방 치료하고 파로틴의 대사를 활발히 하여 노화방지에 효과가 있으며 변비예방으로 피부미용에 효과가 있는 한편 숙취 멀미에도 효과가 있다고 한다. 또한 위궤양의 예방 및 치료에도 효과가 있다고 한다. 구연산의 작용으로 원기회복에 효과적이다. 체내에서 대사회로(代謝回路)가 원만하게 작동하지 않으면 젖산이 발생하여 근육의 단백질과 결합하여 피로의 원인이 된다. 구연산은 피로의 원인이 되는 젖산의 발생을 억제하는 작용이 있다. 젖산이 축적되면 세포가 노화하여 동맥경화, 고혈압, 간장병, 신경통, 류머티스 등을 촉진하는데 이를 예방, 치료하는 데 효과적이다.

매실의 구연산은 젖산의 발생을 억제함과 동시에 젊어지는 호르몬인 파로틴의 대사를 활발하게 하기 때문에 이중으로 노화방지 효과가 있다. 피크린산에는 간장의 기능을 높이는 효능이 있으며 배나 차멀미, 숙취에 특히 효과가 있다고 한다. 카데킨산은 장의 활동을 활발하게 하는 작용이 있어 변비에 효과가 있으며 그 결과 피부가 거칠어지는 것을 예방하는 데 효과적이다. 매실은 특히 살균작용이 강하므로 설사를 할 때 매실 엑스가 사용되고 있다. 구연산 등 유기산의 작용에 의해서 위액의 분비를 정상화하여 위궤양의 예방, 치료에 효과가 있다. 동양의 의성(醫聖)이라고 일컫는 허준(許浚)의 동의보감(東醫寶鑑)에는 "오매(烏梅)는 염을 제거하고 토역(吐逆)을 그치게 하며 갈증과 이질, 열과 뼈 쑤시는 것을 다스리며 주독을 풀고 상한과 곽란, 조갈증을 다스린다."라고 되어 있으며 소화액 분비를 좋게 해주고 간 기능도 보(補)하여 준다고 되어 있다.

서양의 민간요법에서는 매실을 식욕촉진, 갈증 멈추는 데 사용하며 스테미너를 강하게 하는 데도 사용된다.

■■■
한의학에서의 설명

▷ 성질이 순하고, 맛이 시다. 무독하며, 갈증을 멈추게 하고 격상(황격막위)을 열하게 한다.

▷ 매실과육: 수분 85%, 당질 10%, 유기산 5%

▷과육 100g 중에 들어 있는 성분: 단백질 (1.7g), 지질(2.8g), 당질(10g), 섬유질(1.7g), 무기질(1.6g) 등 칼슘(65㎎), 나트륨(12㎎), 철(2.7㎎), 칼륨(450㎎) 등의 미네랄, 구연산, 사과산, 호박산, 주석산 등 유기산

▷매실식품의 특징: 매실은 알칼리성 식품으로 매실에 들어 있는 유기산은 신맛이 강해 원기회복과 입맛을 돋우는 효과가 크며, 독성과 병균의 침입을 줄이는 작용이 있다. 에너지는 음식으로 먹는 당질이나 지방이 포도당으로 바뀌어 에너지가 되는데, 이 에너지 발생과정을 구연산 사이클이라고 한다. 구연산 등 유기산이 사이클에서 계속 만들어지고 소비되는 것이다. 운동을 하면 에너지가 연소하여 피로를 느끼게 하는 유산이 근육 중에 쌓여 피로를 느끼게 된다. 구연산은 혈액의 산성을 중화시키고 칼슘의 흡수를 돕는 작용이 있고, 에너지대사 때 생긴 유산과 초성포도산의 과잉생산을 억제하여 체외로 배설하는 작용이 있다. 매실 내의 유기산은 타액과 위액의 분비를 촉진시키며, 장내 균의 번식을 억제하여 장의 활동을 정상적으로 유지하게 한다. 묽은 변을 계속하는 경우와 변의는 있으나 변이 나오지 않는 경우 사용되곤 한다.

※ 주의: 설사와 변비의 치료는 전문의의 치료가 우선이다.

매실의 유기산 중에서 피크린산은 간의 여러 가지 역할에 영향을 주며, 구연산은 산소의 운반량을 정상화하는 작용이 있다.

항산화 식품

항산화 식품으로는 사과, 복숭아, 포도, 자두, 오렌지, 매실 등 과일과 브로컬리, 마늘, 당근, 홍고추, 파프리카, 적양배추(적채), 버섯, 무순, 샐러리, 토마토, 청경채 등 채소에 많이 함유되어 있다. 또한 두부, 달걀, 연어, 해초류 등이 있으며, 이 중에서 1위가 복숭아, 2위 포도, 3위 오렌지, 4위 자두 등 순이라고 한다. 술에는 포

도주가 항산화물질이 상당히 많이 들어 있고, 실생활에서 가장 흔한 항산화식품은 '김치'라고 한다. 이 음식들은 몸을 건강하게 만들어 주고, 몸속의 노폐물들을 걸러 주고 인간의 DNA를 보호해서 세포가 사멸(자살)하는 것을 막아준다. 인간이 노화를 하는 것 중 가장 큰 요인은 세포가 점점 만들어지지 않다가 종국엔 세포가 완전히 죽어 버리는 것이 사망이다. 따라서 세포가 만들어지는 것보다 죽어 나가는 것이 많아지면 바로 늙어가는 것이다. 인간은 20대 초중반을 거점으로 그 과정이 진행되는데 이 과정을 늦추어 활기찬 노년을 맞이할 수 있는 방법 중 하나가 식습관을 조절해서 활성산소를 막아내는 방법이 있다.

▶ 활성산소에 대하여

● 성인병의 원인 활성산소

유해산소란 호흡으로 우리 체내에 들어온 산소 중 비정상적 전자구조(프리래디칼·유리기)를 이루고 있는 약 2%의 활성산소를 말한다. 유해산소는 불안정한 구조에서 스스로 안정된 형태를 갖추기 위해 다른 세포조직으로부터 전자를 빼앗게 되고 전자를 빼앗긴 세포는 다른 조직에 연쇄반응을 일으켜 공격하는 신체부위에 따라 암, 심장병, 백내장, 노화 등 병을 일으킨다는 것이다. 다행히 생체 내엔 이러한 유해산소를 차단하는 효소가 있어 이를 방어하고 있지만 최근 공해·오염된 물·가공식품·염장식품·탄음식의 섭취가 늘어나면서 체내유해산소도 급격히 늘고 있다.

● 활성산소가 노화 유발

활성산소란 공기 중의 산소를 세포가 이용하는 과정에서 생기는 물질로, 때로 외부에서 침입한 병원체를 살균하기도 하지만 제때 제거하지 못할 경우 정상세포에 해를 입혀 노화를 일으킨다.

활성산소라는 물질은 운동하는 사람에게는 치명적인 '독'이다. 일본 스포츠 과학계가 마라톤 선수나 등반가를 선발할 때 체내에서 활성산소가 얼마나 생성되느냐를 체크하는 것도 그것이 적게 나오는 사람일수록 '우수선수'가 될 수 있다고 보기 때문이다.

활성산소는 지속적으로 장시간 숨차게 호흡할 때 산소가 분자화하면서 많이 생긴다. 피 속에 산소가 부족해 흐름이 나빠지면 활성산소는 더욱 기승을 부려 뇌혈관의 내피를 상하게 하고 유전자를 다치게 한다. 젊은 사람은 체내에서 활성산소 분해 효소가 많이 나와 심하게 운동을 해도 별 탈이 없다.

그러나 나이 많은 장년층은 활성산소를 분해하는 효소가 적게 생산돼 심하게 운동하면 위험천만이다. 물론 다른 원인도 있겠지만, 평소 건강하던 사람이 달리기나 등산을 하다 갑자기 쓰러지는 것은 대부분 이러한 부작용 때문이다.

● 과도한 운동은 독이다

활성산소 해소의 처방은 비타민을 많이 섭취하고 푹 쉬는 것이다. 운동하기에 좋은 계절이나 휴일이면 산에는 등산객들이 줄을 잇고, 가을철에 잇따라 열리는 마라톤대회에 참가하기 위해 연습하는 '예비 마라토너'도 많다. 운동을 통해 쾌감을 만끽하려는 사람도 있고 슬럼프에 빠진 생활리듬을 되찾으려는 사람도 있다. 그러나 궁극적으로 모두가 건강한 몸을 얻기 위해서다. 최근 열린 한 마라톤대회에 참가했던 50대 남자가 달리던 도중 쓰러져 병원으로 실려 갔다. 아직도 중태다. 심하지는 않지만 의사의 도움을 받은 사람도 많았다. 활성산소는 운동 중 대략 숨이 찰 때부터 본격 생산된다. 머리가 '띵' 하면 위험신호다. 그때 중단하면 화를 면할 수 있다.

매실추출물식품이란?

매실추출물식품이라 함은 매실의 과즙을 식용에 적합하도록 여과, 농축한 것을 주원료로 하여 섭취가 용이하도록 액상, 페이스트상, 분말, 과립, 정제, 캡셀 등으로 가공한 것을 말한다. 매실추출물이란 매실 농축물로 고형분 20% 이상이며 고형분 중 유기산(구연산으로) 함량이 4.5% 이상인 것을 말한다. 매실추출물 가공식품의 주 원료성분 배합기준은 매실추출물(고형분 20% 기준) 50% 이상이다.

매실추출물식품(식용 매실추출물포함)의 성분 규격은 다음과 같다.

성상은 고유의 색택을 가지며 이미 이취가 없어야 하고 수분은 고형제품에 한하여 15% 이하, 유기산 산도는 구연산으로서 4.5% 이상이어야 한다. 시안화합물과 타르색소는 검출되어서는 아니 되며 대장균은 음성이어야 한다. 정제, 캅셀제품에 한하여 붕해시험이 적합하여야 한다. 표시기준은 매실추출물 가공식품으로 표시하여야 하며 제품 중 매실추출물 함량(고형분 %)을 표시하여야 한다. 제품은 직사광선을 받지 아니하는 서늘한 곳에 보관 유통하여야 한다. 제품의 향미에 영향을 줄 수 있는 다른 식품 첨가물 등과는 분리 보관하여야 한다. 권장 유통기간은 2년이다.

▶ 손쉽게 먹을 수 있는 매실간장 만드는 법

매실 구연산이 소금에 가장 잘 용해된다는 사실을 이용, 매실 0.5kg을 얇파 망주머니에 싸서 간장 항아리에 집어넣는다. 망주머니에 쌓여 간장항아리에 잠긴 매실은 10일 이내에 껍질과 핵(씨알)만 남고 과육(구연산)은 간장에 녹아나 버린다. 매실은 마치 마른 대추처럼 쪼그라들어 있을 것이다. 이 방법은 눈코 뜰 사이 없이 바쁜 주부들에게 권장하고 싶은 것이다. 가공하는 데 거의 시간이 걸리지 않을뿐더러 실패율이 아주 낮아 실용적이다. 죽을 끓이고 생나물을 무치고 비빔밥을 먹을 때도 간장을 곁들여야 한다. 때문에 자신도 모르는 사이에 매실 구연산을 먹게 되고 건강해질 것이다. 이처럼 손쉽게 마련된 간장 맛은 보통 것보다 놀랄 만큼 뛰어나다. 누구든지 두 가지 장맛을 비교해본다면 금방 확인할 수가 있다. 뿐만 아니라 매실간장은 입에서는 침, 밥통에서는 위액 그리고 오장육부에서는 각기 해당되는 분비물이 번져 나오게 한다. 비교적 염도와 당도가 낮은 음식물을 취하게 됨으로써 설탕, 소금, 알코올을 기피해야 할 분들에게는 안성맞춤인 것이 매실간장이다. 그렇다면 매실간장을 마련하려면 반드시 생매실이어야 할까? 그렇지는 않다. 매실주 또는 매실진액을 간장단지에 풀어 넣어도 된다. 여기서 가장 손쉽게 먹을 수 있는 방법 한 가지를 소개한다. 매실 구연산이 소금에 가장 잘 용해된다는 사실을 이용,

▶ 매실음료(매실사랑, 매실액, 매실원) (1)
- 재료 및 분량: 황매 1kg, 설탕 200g
- 만드는 방법
① 노랗게 잘 익은 것을 깨끗이 씻어 남비에 넣어 끓인다.
② 익힌 매실을 고운체로 씨와 껍질을 걸러내고 설탕을 넣고 다시 끓인다.
③ 뜨거울 때 소독한 병에 담아 열탕하여 보관한다.

▶ 매실음료 (2)
- 재료 및 분량: 청매 7kg, 설탕 3kg
- 만드는 방법
① 매실은 깨끗이 씻어 물기를 제거한 다음 항아리에 차곡차곡 담고 그 위에 설
   탕을 넣어 단단히 눌러 매실과 공기가 접촉하지 못하게 한다.
② 상온에서 3~4개월 동안 발효시킨다.
③ 또는 냉장고에 넣어 5~6개월 숙성시킨다.
상온에 두면 빨리 먹을 수 있으나 술 냄새가 나는 단점이 있다. 그러나 저온숙성
법은 기간은 다소 길게 걸리나 맛이 향긋하고 부드럽다.

▶ 매실조청
- 재료: 황매, 엿기름
- 만드는 방법
① 가루로 빻아놓은 엿기름을 준비한다.
② 엿기름 분량의 3배쯤 되게 물을 부어 손으로 주물주물 잘 섞어 엿기름의 황백
   색 물이 잘 배어나오게 한 다음 체에 받쳐 엿기름물을 받아 놓는다.
③ 황매를 물에 잘 씻어 물기를 빼낸 다음 삼베나 망사주머니를 이용해 즙을 낸다.
④ 받쳐진 엿기름물의 맑은 웃물만 따라내어, 매실즙의 분량과 동일하게 섞는다.
⑤ 냄비에 넣어 약한 불에서 주걱으로 잘 저어가며 달인다. 물 분량이 절반 정도

로 졸아들면 조청이 완성된다.

▶ 매실청

매실청은 보관기간도 길고 매실의 특징을 고스란히 간직하고 있어 주로 물에 희석하여 음료로 마시는데 샐러드드레싱이나 초장을 만들 때 고기와 생선을 양념할 때 사용하면 좋다.

- 재료: 청매실 500g, 설탕 3컵, 물 1/2컵, 꿀 1/2컵, 대추 20개
- 만드는 방법
① 매실은 꼭지를 떼어내고 씻어 행주로 물기를 닦은 뒤 이쑤시개로 군데군데 구멍을 낸다. 대추는 깨끗이 씻어 가위 끝으로 군데군데 잘라준다.
② 냄비에 분량의 물을 붓고 설탕 1컵을 넣어 서서히 끓여 녹인다.
③ 끓인 시럽에 꿀 1/2컵을 넣은 후 고루 저어 식힌다.
④ 소독한 병에 매실과 대추를 담고 나머지 설탕을 겨겨이 뿌린다.
⑤ (4) 위에 (3)의 시럽을 부은 후 밀봉한다.
⑥ 3-4개월이 지나서 매실의 맛이 우러나면 매실청만 체에 걸러 병에 담아 보관한다.

▶ 청매실 김치
- 재료 및 분량: 매실 2kg, 소금 270g
- 만드는 법
① 매실을 깨끗하게 씻어 물기를 뺀 다음 통 매실에 소금 200g을 넣고 하룻밤 간한다.
② 매실만 건져 햇빛에 2~3일 정도 말린 다음 씻어서 물기를 빼놓는다.
③ 물 1되, 소금 1/3홉 분량을 넣고 완전히 끓여 식혀 둔다.
④ 매실에 ③의 물을 적실 정도로 부은 후 그 위에 설탕이 덮일 정도로 붓는다.
⑤ 20~30일 정도 지나면 맛있는 매실김치가 된다.

▶ 매실식초

● 재료 및 분량: 매실 60%, 황설탕 40% (또는 매실 80%, 황설탕 20%)

● 만드는 방법

① 약간 노릇하게 익은 매실을 깨끗이 씻어 물기를 제거한다.

② 오지로 만든 항아리에 황설탕과 켜켜로 담고 적당량을 남겨 위를 덮고, 창호지나 한지로 밀봉한 뒤 뚜껑을 덮는다.

③ 햇볕이 잘 드는 양지(마당이나 장독대)에 자리를 잡아 5개월간 알코올 발효를 거친 다음, 매실은 건져내고 부드럽고 구멍이 미세한 천으로 걸러낸다.

④ 새 항아리에 주액만을 담고 다시 4~5개월간 숙성시킨다.

※ 매실식초는 조미료용보다 음료로 또는 약으로 마시기에 좋다. 조미료용으로 쓰려면 원료를 60:40의 비율로 하면 된다.

※ 매실식초는 원료 자체가 가지고 있는 구연산 및 사과산, 호박산, 주석산 등 유기산의 해독 살균작용으로 체내의 독소를 제거하는 데 사용되는 만큼, 여름철의 식중독과 하리·구토·소화불량·진해·거담 등의 예방효과를 볼 수 있으며, 음료로 마실 경우, 특히 충치·풍치 등 치과질환의 예방과 치료효과가 뛰어나다.

▶ 매실 마늘장아찌

● 재료: 황매, 햇마늘, 소금, 설탕

● 만드는 방법

① 햇마늘은 뿌리를 잘 다듬어 통째로 잘 씻은 후 엷은 소금물에 한 달 정도 담가두는데, 반드시 시원한 곳에 놓아둔다.

② 노랗게 익은 황매를 깨끗이 씻어 물기를 빼고 설탕에 잘 버무려 유리병이나 옹기 항아리에 담아둔다. 유리병 윗부분은 설탕을 두껍게 얹어 공기접촉을 방지한다.

③ 보름에서 한 달 정도 지나면 밀봉해둔 항아리에서 황매를 꺼내 거즈나 삼베에

걸러내 배어나온 매실물을 받아둔다.

④ 매실물만 걸러 약한 불에서 서서히 끓여낸 후 차게 식힌다.

⑤ ①의 통마늘은 건져 껍질을 벗겨 반 토막을 낸 후 물기를 제거하고, 식혀 놓은 매실물에 마늘을 다시 담근다. 마늘이 위로 떠오르지 않도록 주의한다.

⑥ 1주일에서 열흘 정도 지나면 맛이 독특하고 빛깔이 고운 매실·마늘장아찌를 맛볼 수 있다.

▶ 매실 고추장장아찌

● 재료 및 분량: 매실, 고추장

● 만드는 방법

① 흠집이 없이 잘 익은 청매를 씻어 물기를 빼고 씨를 발라내 6등분한다.

② 청매를 엷은 소금물 속에 담가 하룻밤 재워둔다.

③ 청매를 건져 햇빛에 3~4일 정도 바짝 말린다. 청매 표면이 쭈글쭈글해질 정도로 말린다.

④ ③을 고추장 항아리 속에 넣고, 고추장으로 완전히 덮은 후 꼭꼭 눌러주어 고추장 속에 공기가 통하지 않게 한다.

⑤ 한 달 정도 지나 맛이 배면 꺼내 먹을 수 있지만 제 향을 음미하려면 적어도 서너 달 정도 삭힌다.

▶ 입맛 잃은 아이 여름 간식으로 매실 크러스트 파이

● 재료: 매실 300g, 레몬 즙 1큰술, 설탕 1/3컵, 오렌지 즙 1/4컵, 생크림 2큰술, 소금 약간, 말린 살구 30g, 잘게 썬 땅콩 3큰술, 버터 1/2큰술, 밀가루 1작은술, 파이 크러스트(밀가루 1/2컵, 버터 3큰술, 달걀노른자 1개분, 소금 약간, 우유 3큰술)

● 만드는 방법

① 속 씨를 발라낸 매실을 칼로 썰어 믹서에 넣고 오렌지 즙과 설탕, 레몬 즙을

함께 넣어 곱게 갈아 매실즙을 만든다.
② 냄비에 분량의 버터와 밀가루를 넣은 뒤, 연한 갈색이 날 때까지 볶다가 ①의
   매실즙을 붓고 끓인다. 적당한 농도가 되면 약간의 소금을 넣고 불을 끈다.
③ 분량의 밀가루에 버터를 넣고 손으로 비벼 섞어 체에 내린 다음, 달걀 노른자
   와 소금, 우유를 넣고 가볍게 반죽한다.
④ ③의 반죽을 0.5㎝ 정도 두께로 둥글게 민 뒤, 버터를 바른 파이 팬에 평평하
   게 놓는다.
⑤ 오븐에 ④를 넣고 200℃ 정도의 온도에서 20분 동안 구워낸다.
⑥ ⑤의 파이 크러스트에 ②의 매실 시럽을 평평하게 붓고 분량의 생크림을 뿌려
   준 다음, 말린 살구와 땅콩을 잘게 썰어 뿌린다.
⑦ 250℃로 예열한 오븐에 ⑥을 넣고 10분 정도 더 구워낸다.

▶ 청매정과
● 재료: 청매 500g, 말린 살구 100g, 잣가루, 설탕 1/2컵, 꿀 2큰술
● 만드는 방법
① 청매는 상처가 없는 것을 골라 물에 헹궈 건져낸 후, 소금을 약간 넣은 끓는
   물에 3분 정도 삶아낸다.
② 냄비에 청매가 잠길 정도로 물을 붓고 분량의 설탕을 넣어준 다음, 중간 이하
   불에서 서서히 끓인다.
③ 매실 표면이 쪼글쪼글하게 졸여지면 분량의 꿀을 넣고 물기 없이 졸인다.
④ 말린 살구정과와 청매 정과를 그릇에 담고 잣가루를 뿌린다.

▶ 여름밤 남편과 함께 마시는 매실 스카치
● 재료: 매실주 2/3컵, 청매 8개, 레몬 약간, 설탕 시럽(물 2컵, 설탕 5큰술), 탄
산수 2/3컵, 얼음
● 만드는 방법

① 분량대로 설탕 시럽을 만들어 끓인 후 차게 식힌다.

② 청매는 씨를 발라내고 과육만 썰어 믹서에 넣은 후, 설탕 시럽을 함께 넣고
갈아 매실즙을 만든다.

③ ②의 매실즙을 베보에 내려 거품을 말끔히 걷어낸다.

④ ③의 매실즙에 매실주와 탄산수를 섞어 컵에 붓고 레몬 쪽과 얼음을 띄운다.

▶ 매실쨈

● 재료: 청매 500g, 설탕 300g

● 만드는 방법

① 청매는 씻어 물기를 닦아준 다음, 4등분으로 칼집을 내 씨를 제거한다.

② ①의 청매 과육을 믹서에 넣고 곱게 간다.

③ 코팅된 냄비에 청매 과육 간 것을 넣은 뒤, 분량의 설탕을 넣어 서서히 졸여
낸다. 미지막에 분량의 꿀을 넣고 저어 담는다.

▶ 우메보시

매실(Prunus Mume Siebet Tucc)의 원산지는 중국의 장강(長江, Chang-
jiang)중류, 호북성(湖北省, Hubei-isheng)의 산악부(山岳部)로 알려져 있다. 1500
년 정도 이전에 견당사(遣唐使, 630~894)가 중국에서 약용의 우바이(烏梅)라고 하
는 형식으로 가져와 당시부터 식용으로 진중된 것이 최초라고 불리고 있다. 매실은
일본의 풍토기후에 따라 중국의 매실과는 품질이 다른 일본 독자의 것으로 다시 태
어나 지금에 와서는 중국의 매실을 살구(杏梅), 일본의 매실을 산매실(酸梅)이라고
부를 만큼 일본의 매실은 시고, 유기산의 함유율이 많은 것으로 되어 있다. 일본 제
일의 매실수확은 와카야마현이지만 그중에서도 현의 미나베 가와무라(南部川村), 미
나베쵸(南部町), 타베시(田邊市)가 전국의 50% 이상을 생산하고 있다. 매실의 종류
도 몇 백 종류가 되지만 그중에서도 난코우메(南高梅)가 생산의 80%를 차지하고
있다.

매실은 알칼리성 식품의 왕이라고 불리며 매실에는 쿠엔산(citric acid.)이라고 하는 것이 신진대사를 활발히 해서 병노회복, 체력증진에도 도움이 많이 된다고 한다. 또한 살균, 해독(음식, 물, 혈액에 대해 해독), 혈액정화작용을 해서 옛날에는 식탁의 상비식으로서 많이 이용되었지만 한때 일본에서는 우메보시(매실을 말려 만든 식품)에 염분이 너무 많이 함유되어 있다고 해서 특히 젊은 사람들은 우메보시를 많이 안 먹는 경향이 있었다. 하지만 일본 내에서도 이 우메보시를 재개발하여 염분을 좀 억제시켜 건강식품으로서 매실잼, 매실제리 등 많은 제품으로 재탄생되어 더욱 사랑받는 식품으로 자리잡게 되었다. 겨울이 가고 봄소식을 전하는 꽃이 바로 매화이다. 벚꽃만큼 화려하지는 않지만 향기가 매우 짙고 예부터 마당의 나무로 심어왔다. 또 가인이나 시인들이 노래를 읊을 때 자주 이용하던 꽃으로도 유명하다. 매화는 꽃을 즐기는 것뿐만이 아니라 식용, 약용 등 여러 가지로 이용되는데, 그중에서 가장 대표적인 것이 바로 우메보시이다. 우메보시는 나라시대 중국에서 전래되었으며 문서에 처음 기록된 것은 8세기에 들어와서부터이다. 오랜 전통을 지닌 우메보시는 일본을 상징하는 음식 중의 하나이다.

여름을 맞이하기 전 6~7월 중순에 오는 장마를 츠유(梅雨)라고 한다. 이 기간은 비가 계속 내리며 습도도 높아 불쾌지수가 아주 높다. 그래서 우울해지는 사람도 있고 컨디션이 나빠지는 사람도 있다. 또 세탁물이 마르지 않아 주부들의 스트레스가 쌓이는 시기이기도 하다. 장마를 일본어로 '梅雨'라고 표기하는데, 이것은 장마가 시작되는 시기에 매실의 열매가 급격하게 커진다는 의미에서 '梅雨'라 표기하게 되었다고 한다. 그래서 장마와 우메보시는 떼려야 뗄 수 없는 관계인 것이다. 과거에는 장마를 '사미다레(五月雨)'라고도 했다. 이는 5월에 내리는 비라는 의미를 가지는데 음력으로 5월은 현재의 6월에 해당된다. 그러나 현재 일본은 양력으로만 날짜를 따지기 때문에 차츰 사용하지 않게 된 것이다. 우메보시는 보존성이 아주 높아 10년 정도는 충분히 보존할 수 있다. 상태만 좋으면 100년도 가능하다. 언젠가 뉴스에서 옛집을 수리하다가 에도시대에 담근 우메보시를 발견했는데, 지금도 충분히 먹을 수 있는 상태였다고 보 도되기도 했을 정도다.

우메보시는 흰밥과 같이 먹는 것이 보편적이며, 찜요리나 츠케모노, 과자 등의 맛을 내는 데 쓰인다. 술에도 사용되어 매실주가 있고, 소주를 물이나 뜨거운 물로 탄 우메록이 있다. 우메보시는 식욕촉진작용도 있어 더위 방지에 그만이다. 그리고 위장이나 원기회복에도 효과가 있다. 최근에는 저염 우메보시가 개발되어 알칼리성 식품의 최고봉이 될 정도로 각광을 받고 있다.

한국 사람이 제일 싫어하는 맛으로 이것도 일본김치 중의 하나이다. 매실을 시소잎으로 빨갛게 물들인 후 소금에 절인 것이 많다. 일반적으로 일본의 김치는 이와 같이 소금에 절인 것이 많다. 맛은 새콤새콤하다. 옛날부터 보존식품으로 중요시되어 왔으며 오니기리 속에 넣기도 하고, 죽에 넣어서 먹기도 한다. 그리고 도시락의 흰밥 위에 이 우메보시를 한 개 얹어 놓은 것은 그 모양이 일본의 국기와 비슷하다는 이유로 [히노마루벤또]라고 부른다.

● 우메보시(梅干: うめぼし) 만드는 법(1)
① 매실 10kg을 물로 씻고 물기를 없앤다. 소금은 1.8kg을 준비하고 그중 3분의 2를 사용하여 매실과 교대로 넣는다. 그리고 남은 3분의 1은 맨 위에 넣는다. 매실은 담그고 약 20일이 지나면 매초액이 완전히 나온다. 머릿돌은 매실과 같은 무게 정도가 좋다고 생각한다.
② 담근 매실을 꺼내서 날씨가 좋은 날에 말린다. 날씨가 좋은 날이라면 3~4일 햇볕이 전체에 골고루 쬐도록 해준다.
③ 바짝 말랐으면 항아리 병에 보존해준다. 남은 매초액은 병에 채워서 보존하면 절임, 식초(생선요리에 잘 사용) 등에 중요하게 사용한다.

● 우메보시(梅干: うめぼし) 만드는 법(2)
매실장아찌 1kg 붉은 차조기 500g의 비율로 입구가 넓은 병에 교대로 넣는다. 다음에 매초액을 안으로 부어넣는다. (매실장아찌, 차조기 잎이 충분히 잠기게 넣어준다). 담그고서 약 1개월이 지나면 엷게 붉은 아름답고 향기가 풍부한 차조기절임이 만들어진다. 말린 것이 좋은 경우는 매실장아찌가 엷은 홍색이 된 후 햇볕에 말린다. 붉은 차조기는 잎이 주름져서 오그라진 것을 구한다. (물기가 남아 있으면 곰팡이가 생기는 원인이 된다). 물기를 뺀 붉은 차조기는 분량의 5% 소금으로 비벼 떫고 쓴맛을 우려낸다. 더하여 5%의 소금으로 다시 한 번 떫은맛을 비벼 밖으로 내고 매실의 위에 놓은 머릿돌(김칫돌)은 하지 않고 종이덮개를 걸쳐 토왕(입하, 입추, 입동, 입춘 전의 18일간)까지 둔다.

7월에 들어 토왕의 날씨가 좋은 날을 선택하여 토왕말림(햇볕에 쬐고 바람에 쐼)을 한다. 최초의 3일은 물기를 빼서 하루 종일 말리고 밤에는 매실초액에 넣고, 다음의 3일은 밤에 말려서 낮에는 매실초액에 담근다. 햇볕에 말릴 때는 차조기 잎과 매실초액도 햇볕에 쬔다. 말린 매실장아찌와 차조기 잎은 다른 용기에 넣어 보존한다.

▶ 매실장아찌의 염분을 제거하는 법

매실장아찌의 염분이 마음에 걸릴 때 염분을 빼는 방법

매실장아찌 500g을 물 3리터 안에 넣어 소금 작은 숟가락 1잔을 넣어 휘저어 뒤섞는다. 약 12시간 후에 염수를 버리고 다시 한 번 물 3리터, 소금 작은 숟가락 1잔을 넣어 휘저어 뒤섞어서 12시간 두면 된다. 염을 뺀 매실은 간장(장유), 조미료 등 좋아하는 양을 넣어 맛을 내면 맛있게 먹을 수 있다만 반드시 냉장고에 보관해 준다.

▶ 매실 먹거리 만들기

매화나무의 과실을 매실이라 하며 매화나무는 3~4월이 개화기로 이른 봄, 잎보다 꽃이 먼저 피고, 열매인 매실은 살구와 비슷한 크기인 12g~20g의 구형핵과로 6~7월경에 성숙한다. 관상수 및 과수로 심는 매화나무는 5~6미터까지 자란다. 많은 꽃을 피우는 매화는 흰색, 담홍색, 홍색 등 여러 가지가 있으며 꽃말은 고결, 충실, 인내, 맑은 마음이다.

매화나무는 장미과 벗나무 속의 낙엽교목으로 매실의 정식학명은 Prunus mume Sieb et Zucc로 원산지는 중국의 장강(長江) 중류 사천성과 하북성(河北省)의 산악부(山岳部)라고 알려져 있고, 이미 2,000년 전 청매를 훈제하고 약용으로 이용하고 있었다.

▶ 매실 주스 만드는 법(1)

① 매실 2kg을 냉동실에 24시간 넣어 냉동시킨다. 냉동하는 것으로 실패 없이 단기간에 드실 수 있다.

② 설탕 1.5kg(기호에 따라 양을 조절)과 매실을 교대로 병에 넣고 밀봉한다. 매실이 해동하기 시작하면 가끔 병을 움직여 설탕을 녹인다. 약 10일이 지나면 주스가 된다.

③ 보존하는 경우는 주스를 병에 넣어 약 80℃로 15분간 가열 살균 후 냉장고에 보존해준다.

▶ 매실술(소주법)

① 매실 2kg을 물로 씻고 물기를 없앤다. 설탕을 물에 녹여 얼음사탕을 만든다.

② 입구가 넓은 병에 매실, 얼음사탕을 교대로 넣고 white liquor(증류주) 1.8L(한 되)를 따른다. white liquor 대신에 소주나 위스키, 브랜디를 사용해도 맛있는 과실주가 된다.

③ 냉암소에 보존하고 가끔 병을 움직여서 얼음사탕을 녹인다. 1개월 후에 매실을 끄집어낸다. 꺼낸 매실은 잼 등에 사용할 수 있다.

▶ 매실술(설탕법)

설탕법이란 알맞게 익은 매실 1kg에 황설탕 4백~5백g을 섞어 술을 빚는 방법을 말한다. 앞에 말한 소주법과 같은 방법으로 깨끗이 씻어 물기를 완전히 말린 다음 황설탕을 섞어 정갈한 유리 또는 도자기 항아리에 안친다. 이때 주의해야 할 사항으로는,

① 소주법에서는 없던 항아리의 소독문제다. 더운 물로 항아리를 깨끗이 씻은 다음 거즈나 헝겊에 25도 소주를 촉촉하게 묻혀 항아리 안을 두세 차례 문질러

완전히 소독한다. 잡균이 들어가면 실패하기 쉽기 때문이다.

② 매실과 필요한 설탕 3분의 2를 잘 섞어 차곡차곡 담고 마지막으로 3분의 1의 설탕으로 매실 윗부분을 완전히 덮는다.

③ 설탕 위 항아리 안으로 들어갈 만한 넓이의 쟁반 3~4개를 엎어 덮는다. 빚어진 술 위로 매실이 떠오르는 것을 막기 위해 쟁반이나 납작 돌로 눌러준다.

④ 창호지를 겹으로 덮은 다음 비닐로 가볍게 묶어 그늘진 곳에 보관한다. 햇볕을 받으면 안 된다. 가능하다면 지하실이 가장 적합한 곳일 것이다.

⑤ 하지(6월 22일)에 담았다면 4주 후 초복날(7월 17일) 전후에 개봉하여 소주법에서와 같은 방법으로 걸러내야 한다.

⑥ 설탕법은 전배기술 1되에 대해서 25도 소주 3병을 첨가하여 깨끗한 거즈로 다시 걸러서 병에 담아 보관한다. 잡균이 들어가지 않는 한 영원히 보관될 수 있을 것이며, 해가 갈수록 맛과 향기가 더 좋아진다. 소주법, 설탕법 2가지를 시음케 한 결과 설탕법 술을 선호하는 사람이 75%를 차지했다. 역시 찌꺼기는 유용하게 쓰인다.

▶ 매실 미숫가루 만드는 법

① 씨가 착실하게 생긴 매실 1kg을 구입한다. 하룻밤(10~20시간) 물에 담가 먼지 등을 우려낸 다음 25도 소주를 흩뿌려 다시 소독한다.

② 소독 전 매실에 물기가 없어질 때까지 기다렸다가 씨와 살찜(매육)을 분리하여 매육을 햇볕에 3~4일 동안 바싹 말린다. 하지가 지나면 장마철에 접어들어 말리다 썩힐 우려가 있으므로 망종과 하지 사이의 건조기를 잘 이용한다.

③ 나무껍질처럼 잘 마른 매실을 절구로 빻거나 떡 방앗간에서 가루로 만들어 습기가 없는 곳에 보관한다. 이것을 나물 무치는 데나 국 끓이는 데 혹은 밑반찬 등에 조금씩 뿌려 먹으면 새큼한 맛은 신기할 정도로 좋아지고, 저장할 어떤 음식물에든지 조금씩 뿌려주면 구연산의 살균효과로 음식이 냉장고 안에서 보다 더 변질되지 않는다. 매실 미숫가루는 순수 천연구연산으로 소금(매실장아찌), 알코올(매실주), 설탕(조청)이 들지 않아 노약자나 중환자에게도 안성맞

춤인 건강식품이다.

▶ 매실고 만드는 법

① 청매실을 깨끗이 씻는 후에 말려서 강판, 녹즙기, 주스기에 간 다음 꼭 짜서 청매실물을 유리그릇에 담는다. 처음에 강한 불로 끓인 후에 불을 약하게 하여 끓인다. 처음에는 거품이 이는데 이를 제거하고 계속 끓인다. 색이 갈색으로 변하고 다음에는 진한 고동색으로 변하는데 액이 끈적끈적해질 때부터는 눌지 않게 수저로 잘 젓는다. 매실을 끓일 때에 황색의 기름막 같은 것이 벌겋게 비누거품처럼 뜨는데 이것이 아미그달린이다. 불을 낮추고 이것을 제거하면서 끓여야 한다. 액이 실처럼 달라붙으면 매실 엑기스가 완성된 것이다. 청매실 1kg에 엑기스가 약 20g 정도 나온다. 완전히 엑기스를 내지 말고 녹각과 같이 끈끈해지면 그만 달여도 된다. 양은 많이 나온다. 매실 찌꺼기는 잼으로 만들어 먹는데 유기산이 그대로 들어 있다.

② 건강원에 가서 중탕을 한 다음 들통에 매실물을 담아 가지고 와서 계속 끓인다. 방법은 ①과 같다.

③ 매실을 설탕에 재여서 15일간 숙성시킨 후에 꽉 짠다. 오래되면 매실 씨앗에 있는 아미그달린이 나오게 된다. 맛이 달면서 약간 시어서 먹기가 좋다. 어린 아이가 밥 안 먹을 때 좋다.

매실술을 1달 이상 숙성시키면 아미그달린 때문에 맛이 굉장히 독해진다.

▶ 송광매 차조기 만드는 법

● 재료: 난숙한 매실 1000g, 차조기 잎 300g, 머위줄기 50g, 천일염 100~150g 또는 황설탕 200~300g

● 만드는 방법

① 난숙한 매실이란 6월 말 7월 초순에 잘 익어서 홍시처럼 되기 전후의 것이다.

잘 씻어 먼지와 앙금을 제거하고 물기를 없앤 난숙매실 1kg에 볶은 소금 100
~150g으로 장마철이 지날 때까지 약 3~4주 동안 절인다.

② 차조기 잎은 중복(7월 27일) 전후에 채취한 것에서 가장 진한 꽃자주색이 나
온다. 추분(9월 22일)을 지나면 발색하지 않는다. 깨끗하게 씻은 차조기 잎에
서 물기를 뺀 다음 차조기 잎 1/10의 볶은 소금으로 1~2시간 절이고 거기
서 생긴 물(즙)은 꼭 짜서 버리고 절인 차조기 잎을 10~20분 동안 문지른다.
거기서 생긴 물과 차조기 잎을 매실 절인 항아리에 섞어 넣으면 절인 매실과
물이 진한 꽃자주색으로 변한다.

③ 초복(7월 17일) 전후에 채취한 머위줄기 50g에 볶은 소금 10~20g을 5~7일 동
안 절여 생긴 물은 버리고 주기는 0.3~0.7㎜로 잘게 썰어 항아리 안에 섞어
넣으면 머위줄기에도 진한 꽃자루 물이 든다. 머위의 효험도 차조기와 유사하다
(동의보감). 항아리를 밀봉하여 온도변화가 적은 어두컴컴한 곳에 추분(9월 22
일) 전후까지 보관한다.

※ 주의사항

매실이 건강식품으로서 약성 효과가 조금이라도 있으려면 아무리 이르다 해도 소
만(5월 21일)은 지나야 한다. 제 효과가 있으려면 남부지방에서는 6월 20일~30일
사이에 채취한 것이라야 한다. 과학적인 성분분석 결과를 보면, 5월 중순에 채취한
매실의 구연산 함유량이 1백이라면 6월 하순 것은 1천4백에 이르고 있다.

현명한 주부라면 어린 매실을 거저 주더라도 결코 받지 않을 것이다. 하물며 비
싼 값을 주고 사들이다니 어리석은 일이다. 혹 5월 말~6월 초에 미리 따서 저장했
던 매실이 시장에 나오기도 하는데, 이것도 잘 구별해야 한다. 가위나 장도칼로 매
실을 베어 씨(핵)까지 싹둑 베이는 것은 사지 말아야 한다.

1. 청매는 씻어 물기를 닦아준 다음, 4등분으로 칼집을 내 씨를 제거한다.
2. ①의 청매 과육을 믹서에 넣고 곱게 간다.

매실은 우리 몸에 이렇게 좋아요!

● 여름철 원기회복에 만점

매실에 함유된 구연산, 사과산, 호박산은 피로의 원인물질인 유산을 분해, 피로를 회복시켜 주고 체내 에너지대사를 촉진시킨다.

● 알칼리성 체질개선 효과

칼슘, 마그네슘, 나트륨 등 각종 미네랄이 들어 있는 천연 알칼리성 식품인 매실은, 육류 위주의 식사와 인스턴트식품으로 산성화되어 가는 우리 몸을 약알칼리성으로 개선해준다.

● 과음으로 지친 남편에게 활력을……

계속되는 과음으로 지친 남편의 간장을 지키는 데도 역시 매실이 최고. 매실에 함유된 피크린산은 간 기능을 향상시키고, 구연산이 산소 운반량을 정상화하여 숙취 제거에도 효과가 있다.

● 쾌변, 이뇨, 미용에도 짱!

매실에 함유된 카데킨산은 장의 활동을 원활히 하여 쾌변을 도와주고 위장작용을 원활하게 해준다. 또한 타액 중에 들어 있는 노화방지 호르몬인 파로틴 분비를 촉진, 피부노화 방지에 도움이 된다.

● 우리 몸을 깨끗하게

매실의 카데킨산은 강한 해독, 살균효과가 있어 인체 내의 세균 번식을 억제하고 장의 염증을 없애주며, 설사를 멎게 하는 효과가 있다.

■ ■ ■ ■
매실요리법

　매실은 해독작용이 뛰어나고 매실에는 피크린산이라는 성분이 소량 들어 있어 독성 물질을 분해하는 역할을 한다.
　매실은 시트르산과 주석산 같은 유기산과 무기질이 많아 피로를 풀어주고 식욕을 돋우는 효능이 있다. 한의학에서는 발열 질환이나 오랜 감기로 수분이 부족할 때 처방에 넣어 쓰기도 하지만, 근육이 위축되거나 치아가 나쁜 사람에게는 해롭다고 한다.

▶ 불로장수의 약주, 매실주

　매화를 이용한 우리나라 고유의 식품으로는 매화주(매화를 주머니에 넣어 술항아리에 담갔다가 꺼낸 술), 매화죽(매화를 깨끗이 씻어 흰죽에 넣어서 쑨 죽), 매화차(매화 봉오리를 따서 말렸다가 끓는 물에 넣어 만든 차) 등이 있다. 매실을 이용한 것으로는 매실주, 매실초, 매간, 매실 엑스 등이 있다. 여기 소개되는 것은 일반적인 것이다. 기호에 따라 틀리니까 알아서 기호에 맞게 조절을 하여야 한다. 특히 중요한 게 있는데 매실꼭지에 자세히 보면 가지자국이 조그맣게 붙어 있다. 이것이 아주 쓴맛을 내는데 귀찮더라도 떼어내고 요리하면 더욱 맛있는 요리를 할 수 있다.

▶ 매실주
● 재료: 청매 1.2kg, 소주 1.8ℓ, 설탕 600g
● 만드는 방법
　매실을 깨끗이 씻어 물기를 빼고 마른 헝겊으로 잘 닦아 하룻밤 시원한 곳에 둔다. 소독한 병에 매실과 설탕을 켜켜로 놓은 뒤, 소주를 부어 서늘하고 햇볕이 잘 들지 않는 곳에서 숙성시킨다. 다 익으면 아름다운 호박색이 되는데, 보통 3개월 정도면 숙성된다. 오래 익힐수록 맛과 향이 좋아지므로 3~4년 숙성시켜 먹는 것이 매실술을 제대로 즐기는 법이다.

매실주는 식욕을 증진시키고 메스꺼움을 가라앉히며 신경통과 류머티스에 효과가 있다고 전해지고 있다.

▶ 매실초

매실을 소금에 절여 나온 즙에다 차조기(꿀풀과의 일년초, 들깨와 비슷하나 잎이 자주 빛이고 향기가 있음, 한방약재)잎을 비비어 만든다. 매실초는 식용으로 사용할 뿐만 아니라 설사, 감기 등에 약용으로 사용하기도 한다. 설사가 심할 때 매실초 한 잔을 마시면 좋고, 감기에는 매실초 한 잔에 설탕을 조금 타고 열탕을 부어 마시면 효과가 있다.

▶ 매 간

매간(梅干)은 예부터 장수 식품으로 전해오고 있으며 일본에서는 우메보시라 하여 식품으로 애용한다. 매간은 조금 덜 익은 매실을 씻어 말려서 소금에 절인다. 조금 절여지면 말려서 차조기 잎을 섞어 다시 절인다. 차조기 잎에는 시소닌이라는 색소가 있어 매실이 빨갛게 된다. 매간은 오래 둘수록 좋다. 주먹밥 속에 매간 한 개를 넣으면 밥이 쉬지 않으며 매간의 산미는 식욕을 돕는 효과도 있다. 매간은 열을 흡수하는 힘이 있어 치통, 감기, 열병 등에 효과가 있다.

▶ 매실 엑스

가정상비약으로 적당하며 복통, 설사, 변비, 감기, 급성위장염, 적리, 불명열(不明熱), 성홍열, 장티푸스, 늑막염, 기침 등에 효과가 있다고 한다.

매실 엑스를 만드는 방법은 덜 익은 청매를 씨를 빼고 강판에 갈아서 자루에 넣고 짠다. 이 액즙의 수분을 증발시키면 물엿 같은 갈색의 엑스가 된다. 청매 4홉에서 약 1홉의 엑스가 나온다. 청매즙을 짜낸 찌꺼기는 잼을 만들어 먹으면 좋다. 매실의 유효성분은 누렇게 익기 전의 청매 과육에 많기 때문에 청매를 사용한다.

● 황매실 엑스 만드는 법
▷ **재료 및 분량**: 황매 1kg, 설탕 200g
▷ **만드는 방법**
① 노랗게 잘 익은 것을 깨끗이 씻어 냄비에 넣어 끓인다.
② 익힌 매실을 고운체로 씨와 껍질을 걸러내고 설탕을 넣고 다시 끓인다.
③ 뜨거울 때 소독한 병에 담아 열탕하여 보관한다.

● 청매실 엑스 만드는 법
▷ **재료 및 분량**: 청매 1kg, 설탕 1kg
▷ **만드는 방법**
① 매실은 깨끗이 씻어 물기를 제거한 다음 항아리에 설탕과 켜켜로 넣어 2~3일
   정도 재워둔다. (설탕 700g 정도)
② 시럽을 따라내고 나머지 설탕을 넣어 버무려 놓는다.
③ 2~3일 후 다시 시럽을 따라내어 ③의 시럽과 혼합하여 열 탕 밀봉한다.

▶ 간장, 고추장 등으로 담그는 매실장아찌

● 간장으로 담그는 법(1):
① 잘 익은 통 매실을 골라 깨끗이 씻어 소금물에 담가 하룻밤 정도 절인다.
② 절인 매실을 건져서 표면이 쪼글쪼글해질 정도로 햇볕에 말린다.
③ 말린 매실을 끓여서 식힌 조선간장에 매실이 푹 잠기도록 담근다.
④ 일주일이 지나면 간장을 따라내어 다시 한 번 끓여서 식힌 후 붓는다.
⑤ 3~4개월이 지나면 맛있는 매실간장 장아찌가 된다.

● 고추장으로 담그는 법(2):
① 잘 익은 통 매실을 골라 깨끗이 씻어 소금물에 담가 하룻밤 정도 절인다.
② 절인 매실을 건져서 표면이 쪼글쪼글해질 정도로 햇볕에 말린다.

③ 말린 매실을 끓여서 식힌 조선간장에 매실이 푹 잠기도록 담근다.

④ 고추장과 청주, 물엿을 끓여 식힌다.

⑤ 말린 매실을 고추장에 잘 버무린 후 항아리에 꼭꼭 눌러 담고 무거운 것으로 눌러둔다.

※ 2~3주 후면 잘 익어 먹을 수 있으나 2~3개월 지나야 제 맛이 우러난다.

● 일반 매실장아찌
  ▷ 재료: 청매 1kg, 소금 3컵 반, 물 2컵, 차조기 잎
  ▷ 만드는 방법

청매를 깨끗이 씻어 물기를 닦아내고 소금 1컵 반을 뿌려 하루 정도 재워둔다. 매실이 절여지면 체에 밭쳐 소금을 뺀 후 서늘한 곳에서 1주일 정도 꾸덕꾸덕해질 정도로 말린다. 차조기 잎(들깨와 비슷한 식물로 향미료로 쓰임. 없으면 안 넣어도 됨)은 손으로 잘게 찢어 바락바락 씻은 후 물기를 빼고 말린 매실과 함께 밀폐용기에 켜켜로 깐다. 물 2컵에 소금 2컵을 섞은 소금물을 부어 서늘한 곳에 1개월 정도 재워두면 붉은색의 매실장아찌가 완성된다.

● 우메보시 매실장아찌 만드는 법

매실장아찌란 일본사람들이 우메보시라고 하는 것과 유사한 밑반찬 건강식품이다. 최상급 장아찌를 빚기 위해서는 ① 천혜의 자연적 조건, ② 양질의 원자재, ③ 숙달된 가공관리 기법이 필수적으로 갖추어져야 한다. 이를 다음과 같이 설명할 수 있다.

① 천혜의 자연적 조건

이 땅에서 아마도 수천수만 년 동안 돌보는 이 없이 야생상태로 군락지를 이루고 있었던 야생매실인 송광설중매의 체질은 강인하고, 거기서 맺힌 열매는 주성분인 구연산 등의 함유량과 그 질이 특이할 만큼 높다. 그것은 아마도 고려인삼처럼 특이한 기후풍토에 크게 영향받는 탓인 듯하다. 송광설중매는 늦겨울부터 꽃 피기 시작하여 결실하고 성숙된다. 입춘(2월 4일) 춘분(3월 22일)–망종(6월 6일), 하지(6월

21일)의 그 산뜻하고 선명한 절후에 영향받은 특산물이 아닌가 싶다. 또한 매실은 가공하기에 가장 알맞게 익은 하지 때부터 약 3주 동안 우리나라는 장마철이다. 습기가 많고 기온이 높은 이 장마철은 장아찌(술 진액 포함) 빚기에 가장 적합하다. 소서(7월 7일) 초복(7월 17일) 등의 고온인데다 청명한 날씨는 장아찌를 완성시키기에 또한 천혜적이다. 지구상 이처럼 훌륭한 계절을 가진 나라가 또 어디 있겠는가?

② 양질의 원자재

장아찌를 빚을 매실은 매실나무에서 채취할 때 열매 한쪽 모서리가 누르스름하게 익어야 한다. 지금까지 사람들은 시중에서 구입한 어리고 새파란 매실로 술을 담그거나 장아찌를 담가왔기 때문에 제 맛과 제 향기 그리고 제 모습을 나타내지 못했다. 남부지방의 경우 하지(6월 22일) 전후에 채취한 것을 원자재로 사용하지 않으면 장아찌 빚기에 실패한다. 다시 강조하거니와 누르스름하게 익은 매실은 5월 초순에 채취한 어린 것보다 주성분인 구연산이 무려 14배나 더 들어 있다는 사실을 명심해야 한다.(동경대학 분석자료) 다음은 크기가 중간치(직경 2.0~2.5㎝) 정도의 구슬처럼 동글동글하면서도 표면에 기장쌀 크기만 한 반점이 있는 것이 좋다. 그것은 농약을 치지 않았다는 증거다. 5월 초순부터 진딧물이 나붙기 시작하는데, 이때부터 2~3차례 농약을 뿌리지 않으면 벌레가 배설하는 진딧물 꿀이 열매에 튕겨 그 자국이 위에서 말한 반점으로 변한다. 이 반점은 인체에 해롭지 않을뿐더러 오히려 활력소 노릇을 한다고 전문가들은 말한다.

③ 숙달된 가공관리 기법이 필수적으로 갖추어져야 한다

매실을 구입한 다음에는 즉시 맑은 물에 10~20시간 동안 담가 먼지와 앙금을 우려낸다. 미숙과 또는 농약을 많이 쳐서 검은 반점 하나 없이 매끈한 것은 30~40시간 정도는 우려내는 것이 좋다. 매실장아찌는 두 갈래로 나눈다. 하나는 백장아찌, 다른 하나는 홍장아찌다. 먼저 백장아찌 빚는 방법을 설명해보면, 장아찌를 담을 항아리는 되도록 유리 또는 도자기로 하고 금속기구는 피하는 것이 좋다. 특히 알루미늄 용기는 금물이다.

● 매실 백장아찌 담그는 법

먼저 정성 들여 물에 우리고 씻은 매실 1kg에 볶은 왕소금 100~150g을 잘 섞어 미리 소독된 항아리에 차곡차곡 담고 윗부분을 남은 소금으로 담뿍 덮는다. 밀봉하여 그늘진 곳에 3~4일 보관하면 항아리에 가득하던 매실이 쪼글쪼글 절여진다. 부피는 절반으로 줄어들고 맑은 물이 가득 생겨 있을 것이다. 전자를 매실 백장아찌라 하고 후자를 백매초라고 한다. 이런 상태를 그대로 유지하면서 장마철이 끝나는 소서(7월 7일) 전후까지 밀봉해 그늘진 곳에 보관한다. 이때 비중이 높은 백매초 위로 매실이 떠오르지 못하게 쟁반 등으로 눌러준다. 떠올라서 곰팡이가 피는 것을 막기 위해서다. 장마전선이 물러간 뒤 청명한 날을 골라서 백매초는 항아리에 둔 채 백장아찌를 햇볕에 10시간쯤 말렸다가 백매초에 다시 담그기 3~4차례 반복하면 훌륭한 매실 백장아찌가 된다.

● 매실 홍장아찌 남그는 법

매실 백장아찌와 백매초 그리고 참소엽(차조기)에서 짜낸 즙을 이용하여 꽃가루 색으로 물들게 한 것을 홍장아찌라고 한다. 홍장아찌의 보조 원료인 참소엽 다루는 법은 비교적 간단하다. 원료매실 1kg에 참소엽 잎 200~300g이면 충분하다. 홍장아찌 끝손질하는 방법은 다음과 같다.

① 입수한 참소엽을 깨끗이 씻은 다음 소엽 100g에 15g씩의 막소금으로 1~2시간 절인다.
② 이를 가볍게 문질러 즙을 내어 찌꺼기와 함께 미리 준비된 백매초 항아리에 넣는다.
③ 이때 백매초는 곧 홍매초로 변색되는데 거기다 백장아찌를 넣고 밀봉하여 10일간쯤 숙성시킨다.
④ 8월 상순 청명한 날을 택하여 꽃가루색으로 물든 매실을 10시간쯤 햇볕에 말려 해가 지면 홍매초가 든 항아리에 다시 갖다 넣는다.
⑤ 이런 작업을 3~4월 계속하면 장아찌에 배인 수분과 잡균은 도망가고, 홍매초는 장아찌 속으로 흡수되어 홍장아찌가 완성된다.

▶ 매실쨈

● 재료: 청매 1kg, 설탕 1.4kg 정도, 물 3컵

● 만드는 방법: 청매를 씻은 뒤 껍질을 벗겨 씨를 뺀 뒤 얇게 썰거나 믹서에 간다. 준비된 재료를 냄비에 붓고 처음에는 한 번 끓인 후 끈기가 생길 때까지 은근히 졸인다. 단맛의 정도는 기호에 맞게 조절한다. (냄비는 도자기나 내열유리, 법랑 재질을 사용하는 것이 좋다.) 찬물에 한 방울 떨어뜨려서 퍼지지 않으면 적당한 상태이다.

● 매실탕: 매실 500g에 물푸레나무꽃과 박하, 설탕, 소금 등을 조금 넣고 끓인 액즙을 냉장고에 보관하고 매일 조금씩 마시면 여름철 허약 피로를 해소하고 더위 먹은 증상을 개선하는 효과가 있다. 매실탕은 오래 먹어도 부작용이 없다.

매실 엑스 만드는 법

매실을 물에 씻고 물기를 없앤 후 담글 용기에 붓고 그 위에 설탕을 붓는데 이때 매실 조금, 설탕 조금 켜켜이 넣어도 되는데 마지막 맨 위에는 매실이 보이지 않을 정도로 설탕을 붓는다(이것은 중요한데 매실이 위에 드러나면 부패될 위험이 있기 때문이다). 그 후 약 40일~50일 경과 후 액과 찌꺼기를 분리하는데 찌꺼기에는 술을 부어놓으면 훌륭한 매실주가 된다.

중간에 약 1주일 정도 경과 후 한 번 저어주면 아래에 설탕이 녹지 않고 굳어지는 걸 방지할 수 있다. 다 만들어진 매실 엑스는 아무 곳이나 보관해도 되는데 몇 년이 지나도 변하지 않는다.

초고추장 맛있게 만드는 법

고추장에 감식초와 설탕을 적당량 잘 혼합하면 되는데 이때 매실 엑스를 약간 넣어 (기호에 맞는 분들은 많이 넣어 드셔도 된다) 만들면 매실 향이 향긋한 게 아주 좋다. 매실 엑스 넣는 량만큼 설탕을 적게 넣어야겠다.

최근 연구 동향

매실의 연구사(硏究史)

　매실(Prunus mume Sieb. et Zucc)은 장미목 장미아목(亞目) 벚나무과(科) 자두나무아속(亞屬)에 속하는 목본류로서 과수원예학(果樹園藝學)상은 핵과류(核果類)에 포함된다. 자두나무아속(亞屬)은 잎이 어긋나고 간혹 마주나며 탁엽이 있다. 꽃은 양성이고 방사대칭이며 꽃받침통은 꽃탁과 붙어 있다. 꽃받침조각은 5개, 꽃잎도 이와 같은 수이지만 간혹 없는 것도 있다. 수술은 많으나 때로는 적다. 암술은 1개이거나 또는 여러 개로 떨어져 있으며 자방은 상위에서부터 하위까지 있다.

　세계에 널리 퍼져 있으며 특히 유럽·북아메리카·아시아에 많고 6아과(亞科) 115속(屬) 3,200종(種)으로 구성되며 한국에는 4아과(亞科) 35속(屬) 207종(種)이 자란다. 학자에 따라서는 능금나무속을 분리하여 능금나무과로 분류하기도 한다. 매실과 근연종의 살구, 자두 등을 포함 약 200종류, 1만 이상의 품종이 핵과류에 포함되어 있다. 매실의 원산지(原產地)는 동북아시아의 온대지방인 중국의 사천, 호북, 운남 지방으로 대만, 대한민국, 일본 등지에도 자생(自生)하는 동양특유의 과수(果樹)이다(정 등, 1994). 꽃은 잎보다 먼저 피고 연한 홍색이며 향기가 강하다. 백색

꽃이 피는 것을 흰매실(Prunus mume for. alba REHDER)이라고 하며, 많첩흰매실 (Prunus mume for. alboplena BAILEY)은 흰매실의 많첩꽃이고 많첩홍매실(Prunus mume for. alphandii REHDER)은 붉은빛이 도는 많첩꽃이다(이, 1980).

매실 재배의 역사는 약 3000년 전에 시작되었으며(土方, 1983) 우리나라에는 중국 으로부터 전래되어 삼국시대부터 재배되기 시작하였다. 이러한 것을 볼 때 매화나무 의 원산지는 중국이나 우리의 생활 속에서 오랫동안 친숙한 식물로 알려져 왔다.

매실이 중국, 대만, 한국, 일본 등 동아시아에서만 자생(自生)하는 과수이기 때문 에 매실의 분류에 대한 연구는 거의 없으며, 우리나라에서도 매실의 분류(分類)는 드문 실정이다.

21세기는 생물자원(生物資源) 전쟁시대라 할 만큼 식물 유전자원 확보가 치열해 지고 있다(松尾, 1989). 우리도 자생식물 자원의 효율적인 활용을 위한 가장 기초적 인 연구로서 전국적인 규모의 우수식물유전 자원의 분포와 실태 및 자생지의 생태 적인 특성을 체계적으로 파악하고 이에 따른 자생지의 적절한 관리가 뒤따라야 한 다. 그러나 이제까지 자생식물(自生植物)에 대한 재배 및 인공번식에 관련한 연구는 널리 시도된 바 있으나 특정 식물에 있어서의 자생지 정보 및 생태파악에 관한 연구 보고는 부족한 실정이다.

우량한 특성을 재조합(再造合)하여 이상적인 새로운 품종을 육성하고, 선발 효율 을 높이기 위해서는 품종 간 유연관계를 알아야 하며, 유연관계를 규명하기 위해서 다변량 분석법이 널리 이용되어 왔다. 특히 군집분석(群集分析), 인자분석(因子分析) 주성분분석(主成分分析) 등은 품종 간 상관이나 품종 간 특성에 의한 유전적 연관 관계를 규명할 수가 있다.

매실과 살구, 자두는 식물분류학(植物分類學)상으로 매우 가까운 근연종(近緣種) 으로 가와가미(川上, 1951)는 순수매실, 살구성매실, 중간계, 매실성살구, 순수살구를 형태(形態) 및 생태적(生態的) 특징을 들어 분류했다. 일반적(一般的)으로 매실성에 가까운 품종일수록 살구성 품종에 비해 개화가 빠르고 과실이 작은 편이며 신미가 높다. 매실의 꽃은 원래 백색(白色)이지만 살구와 교잡(交雜)하여 화색의 분화(分化) 가 일어나고 홍매(紅梅)가 생긴다. 더구나 잡종(雜種)을 구분하기 위하여 탁엽(托葉)

절부(節部) 육류(肉瘤) 등의 형태적(形態的) 차이로부터 매실과 살구의 교잡성(交雜性) 정도를 분류했다.

일반적(一般的)으로 목본식물(木本植物)은 다른 식물 종에 비하여 다양한 유전적(遺傳的) 변이(變異)를 보유하고 있는데, 이는 대면적의 연속적인 분포(分布)를 갖고 타가(他家)수정에 의해 주로 번식이 이루어지며, 종자나 화분의 이동이 장거리에 걸쳐서 이루어지고 장수하는 목본식물(木本植物)의 생태적(生態的) 특성 때문인 것으로 알려져 있고 또한 유전적(遺傳的) 다양성(多樣性)은 지리적 분포 범위와 교배양식, 번식체계(繁殖體系), 종자비산양상(種子飛散樣相), 생활사 그리고 천이계열상의 위치 등에 따라 각기 다르게 나타난다고 보고되고 있다. 이와 같이 목본식물의 생태적 특성과 교배양식을 고려할 때, 목본식물에서의 유전적 다양성은 집단 간 차이에 의하기보다는 대부분이 집단 내의 개체 간 차이에 의하여 생긴다고 하였다.

양적형질(量的形質)을 대상(對象)으로 한 분류대상체간(分類對象體間)의 유사도의 측정(測定)은 일찍이 Pearsion(1926)의 Coefficient of Racial Linkeness 이후(以後) 여러 가지 방법이 제시되었으며, Fisher(138)의 판별함수(判別函數), 유크리드 거수(距數), Mahalanobis(1936)의 Generalized Distance(D2), Q 상관계수(相關係數), 주성분 득점(主成分 得点), 인자분석 득점(因子分析 得点) 등이 있다.

우리나라에서 D2에 의한 품종군의 분류는 벼, 찔레, 참깨, 고추, 미나리 등의 보고가 있으며 주성분 분석에서 각 품종의 주성분 득점 간의 유크리드 거수를 이용한 분류로는 옥수수, 면화, 고추, 벼, 미나리 등이 있다.

인자분류법(因子分類法)에 의한 품종분류(品種分類)도 있다. Erwin(1929)은 고추의 품종군(品種群) 분류를 화탁, 신미, 꽃받침, 과실모양의 질적 구분에 따라 Chilli 군 등 6개 품종군으로 분류하였고, 일본의 능택(能擇) 等(1955)은 Erwin의 분류 기준형질 외에 초형(草型), 열기(熱期), 초만성(草晚性) 등을 추가하여 오포군(五包群) 등의 6개 품종군을 분류하였다.

우리나라에서도 황(黃) 등(1977)이 우리나라 재래종 37종과 도입종 85종으로 과장 / 과폭(果長 / 果幅)의 과형지수(果形指數)에 의하여 7개 품종군으로 분류하였다. 양적형질을 이용한 분류는 이(李) 등(1984)이 고추 50개 품종을 대상으로 14개 품종군으로 분류하였으며, 엄(1986) 등은 고추 59개 품종을 대상으로 하여 주성분득점 간의 유크리드 거수(距數)에 의하여 품종군을 7개 품종군으로 분류하였는데 대부분이 1~3품종군에 속하였고 특성차이(特性差異)를 분명하게 나타냈음을 보고하였다. 권(權) 등은(1989) 골풀을 대상으로 국내 수집종 33품종 도입종 3종 등 38품종으로 다변량 분석법에 의하여 7개 품종군으로 분류하였으며, 지리적인 분포와 유전적인 변이는 직접적으로 연관이 없다고 보고하였다. 구 등(1983)은 유색(有色) 대두(大豆) 전국 수집종 32개 품종의 21개 형질을 이용하여 10개 분류군으로 분류하였는데, 각 품종군은 각 형질평균으로 보아 가군이 특징 있게 구분된다고 보고하였다. 또 이 등(1984)은 고추 국내 수집종 24품종과 외국도입종 24품종 등 50품종을 이용하여 다변량 분석한 결과 D2에 의하여 14개 품종군으로 분류하였으며, 각각의 품종군은 각 형질에서 뚜렷한 특성을 보였다고 보고하였다. 주성분 및 군집분석법에 의한 계통의 분류에서 보리 장려품종은 12개 형태적 특성에 대한 주성분 분석결괴, 12개 형태적 형질 중 제4 고윳값까지만으로 전체변이의 82%를 설명해준다고 보고하였다. 또한 차나무는 제1, 제2 주성분의 고웃값만으로 전체변이의 89%를 설명할 수 있다고 보고하였고, 고추 품종의 품종 분류에서는 13개의 주요성분 중에서 제7주성분까지만으로도 전체변이의 89.7%의 유전정보를 갖고 있다고 보고하였다.

또한, starch gel 전기영동법(電氣靈動法)으로 매실과 살구의 peroxidase isozyme type을 조사하고 4가지의 특이성(特異性) band의 유무로 6가지 유형으로 분리(分利)하였다.(靑木 등, 1972) 생물(生物)에 포함되어 있는 isozyme의 차이(差異)에 의해, 종(種)또는 품종(品種)의 분류(分類)를 시험(試驗)해보는 연구(研究)가 발전(發展)해왔다.

· '매실'이라고 하면 일본을 떠올릴 만큼 일단 일본은 매실 연구와 상품개발에 앞서 있다. 일본 대학의 연구진들은 쥐 실험 등을 통해 매실이 원기회복은 물론 혈류개선 고혈압 억제와 항암효과까지 있다는 내용의 연구 성과물들을 쏟아내고 있다.

재단법인 매실연구회가 중심이 돼 매년 매실 수확이 본격화되는 6월 1일을 '매실의 날'로 제정, 운영하고 있다. 매실 상품만 우메보시, 장아찌, 과자, 조미료, 잼 음료 등 50여 종에 달한다. 일본에서는 5년 전쯤 TV에서 매실 엑스가 건강에 좋다는 내용이 방영되면서 매실 붐이 일었으나 현재는 다소 주춤한 상태이다.

· 우리나라도 최근 매실에 대한 연구와 상품화에 박차를 가하고 있다.

국내 최대 매실 산지인 전남 광양시가 웅진식품과 공동으로 지난해 9월 '산농경제공동체추진위원회'와 '매실세계화기획단'을 발족했다. 매실재배 농민, 지자체, 학계, 문화계, 매실가공식품업계가 함께 참여했다. 광양시 등은 한국식품저장유통학회(회장 정순택 목포대 교수)와 함께 올 3월 서울에서 매실에 관한 최초의 국제심포지엄과 매실세계화의 밤 행사를 열었다.

정순택 교수는 "녹차심포지엄이 세계적인 학술심포지엄이 된 것처럼 매실도 주생산지인 동북아 학자들을 중심으로 연구 움직임이 본격화되면서 건강기능성을 갖춘 세계적인 식품으로 발전가능성이 커지고 있다."라며 "매실주 매실음료 외에 매실씨를 이용한 약품제조 등의 분야도 유망하다."라고 설명했다.

－광양시의 경우 '매실산업특구' 지정을 정부에 건의해놓은 상태다.

광양시의 매실 생산규모는 1365농가 502ha 재배로 재배면적은 전국의 20%, 생산량은 전국의 25%선이다.

－광양시 농업지원과 관계자는 "한·칠레 FTA 협정 체결에 따른 농가보호를 위해 매실산업특구 지정, 매실 국가특용작물 지정, 매화축제의 문광부 지정 축제화 등 다양한 매실산업 육성정책을 준비하고 있다."라고 말했다. 광양에서는 18~27개월 된 출하 직전의 한우에게 매실추출물 및 부산물을 먹여 키우고 있다.

－대구 한의대(총장 황병태)는 지난달 말 경북 경산시 유곡동 캠퍼스에 '대구한의대 화장품 공장'을 준공했다. 산학협력촉진법에 의해 국내 첫 대학 내 자체기업인 이 공장에서는 다음 달부터 매실을 이용한 '매향'이라는 한방크림을 시판한다. 이 대학 안봉전 (화장품 약리학과) 교수는 "중국 왕녀들의 화장에 관한 옛 문헌들을 조사한 결과 그을린 매실(오매)을 가장 많이 이용했을 정도로 매실은 피부를 하얗게 해주는 미백효과가 탁월하다."라고 매실화장품 생산의 배경을 설명했다.

－보해양조 매실연구센터의 황현주 팀장은 "매실을 프랑스의 포도, 미국의 오렌지처럼 우리나라를 대표하는 과일로 집중 육성한다는 방침에 따라 매실연구센터를 가동하게 됐다."라고 밝혔다.

※ 중국 대만의 경우 매실 식품이 그리 발달한 편은 아니다. 대만 및 대만과 인접한 중국 복건성이 매실 주산지이며 주로 생매실 형태로 수출하고 일부는 우리의 장아찌처럼 삭혀 먹거나 엑스를 만들어 먹기도 한다.

매실 농축액 복용이 ALL-OUT 운동 후 회복 정도에 미치는 영향

– 한양대학교 대학원 최건우의 박사학위논문 중에서 발췌함.

▶ 신농본초경, 본초강목 등이 매실의 효과 증명

매실의 효능은 최근에 와서 재인식되고 있으며 여러 식품 분야에서 주목을 받고 있다. 중국의 대표적인 의서인 신농본초경에 의하면 2천여 년 전부터 매실의 약효는 높이 평가받아 왔음을 알 수 있다. 매실은 맛이 시고, 독이 없으며, 기를 내리고, 열과 가슴앓이를 없게 한다. 또한 매실은 마음을 편하게 하고, 팔다리와 몸의 통증을 멈추게 하며, 반신불수와 죽은 피부가 살아나게 한다고 한다. 이 외에도 설사가 중지되며, 갈증을 멈추게 하고, 근육과 맥박의 활기를 찾게 한다고 알려지고 있으며, 이 밖에 본초강목에는 매실의 씨가 눈을 밝게 하고 기운을 돕는다고 쓰여 있다. 이와 같은 기록은 한두 가지의 예에 불과하고 옛날부터 체험적으로 증명이 되어온 매실은 여러 가지 효능으로 활용되어 왔던 소중한 약용식품이라고 할 수 있겠다.

▶ 크레브스 박사의 노벨상은 구연산 사이클 이론의 수립에서

1953년 영국의 크레브스 박사는 유기산의 비밀을 해명, 구연산 사이클이라 불리는 이론으로 노벨상을 수상하였다. 구연산은 매실, 레몬, 귤 등 과즙에 함유되어 있는데 매실이 신맛을 가지고 있는 것은 거기에 함유된 여러 가지 유기산 때문이며,

매실은 그중에서도 특히 구연산과 사과산을 다량 함유하고 있다.

구연산 사이클 이론은 인체 내에서 과일의 주성분인 구연산이라는 유기산에서 출발하여 여러 가지 유기산이 세포막에서 차례로 돌아가면서 생화학반응을 일으켜 우리 몸의 생존에너지 물질인 APT 및 기타 물질을 생성시킨다는 이론이다. 따라서 유기산 사이클이 순조롭게 회전되지 못하면 피로상태가 겹치고 신진대사가 원활치 못하며 동작이 우둔해지고 어깨 결림, 요통 같은 증세가 나타난다는 것이다.

매실에서 신규 올리고당 성분 검출
(항스트레스 및 혈압저하작용 기대)

일본 동경약대 연구팀은 매실에서 신규 올리고당 성분을 검출했다고 최근 열린 일본약학회에서 발표했다.

매실은 고대부터 약용식물로서 혈류개선 작용 및 항알레르기 등에 사용되어 왔고, 일본에서는 그 매실 성분에 대한 약리활성 연구를 꾸준히 진행하여 많은 성과가 발표된 바 있다.

이번 동경약대의 연구에서는 생매실의 씨를 제거하고 과육부의 메탄올추출 엑기스를 성분 검색하여 새롭게 5종류의 화합물을 분리하는 데 성공했다.

이번 분리에 성공한 물질 중 △3-O-(E)-p-coumaroylsucrose, △3-O-(Z)-p-coumaroylsucrose, △6-O-acetyl-3-O-(Z)-p-coumaroylsucrose의 세 종류는 올리고당인 설탕 관련물질로 이번에 처음으로 분리에 성공했다.

또, 그중 △3-O-(Z)-p-coumaroylsucrose, △6-O-acetyl-3-O-(Z)-p-coumaroylsucrose의 두 종류는 문헌에도 기재되지 않은 신규 성분으로 밝혀졌다.

연구팀은 "이번 검출된 신규물질은 분자구조로부터 항스트레스효과 및 혈압저하작용 등을 기대할 수 있다."라며, 향후 이들 화합물의 유효성 연구를 실시할 계획이라고 밝히고 있다.

한편, 공동연구를 진행한 매실연구회에서는 매실의 효용을 계몽·보급하기 위한 연구 활동을 적극적으로 추진하여 많은 학회를 통해 연구 성과를 발표하고 있다.

이와 관련, 재작년에는 매실과 관련된 책자를 대만과 중국에서 번역본으로 출간하는 작업 등을 통해 매실의 효과를 해외에 알리는 작업을 진행한 바 있다.

매실 에탄올 추출물의 항산화 활성
(Antioxidant activity of Measil EtOH extract)

▶ 연구 개발의 최종 목표

● 현재까지의 매실의 재배와 이용

재배 기술: 원예 시험장을 중심으로 하여 상당한 연구가 있었음.

재배 지역, 재배 한계지에 관한 연구 등

새로운 품종이 도입되어 현재 나주 배연구소에서 재배 중임.

이용 기술: 매실주-기 개발되어 있어 상품화에 성공적임.

매실음료-다량 개발되어 있음.

약용으로 개발-엑스제로 건강식품으로 취급하여 판매되고 있고 또한, 민간약으로 이용성이 높음.

● 현재까지의 연구동향 및 이용

성분-구연산 사과산 주석산 등 함유 sitosterol, oleanolic acid, ceryl alcohol 등이 보고되어 있음.

약리작용-약리작용은 오매의 MeOH 엑스는 그람 양성과 그람음성의 장내 세균에 대해서 시험관 내에서 현저하게 억제작용이 있다고 밝혀졌으며 각종 진균에 대한 항균효과가 있고 특히 단백질 과민성(過敏性), 히스타민쇼크를 크게 감소시키고 있음이 규명됨.

청량성(淸凉性), 수렴약(收斂藥), 지사, 해갈(解渴)에 쓰이고 구충제, 해열(解熱), 진해(鎭咳), 거담(祛痰), 진구약양(鎭嘔藥羊) 장과 위를 보호하고 충을 죽인다. 환약 등 내복과 외용으로 사용, 생율(生律) 수렴(收斂) 변혈(便血) 뇨혈(尿血) 구토(嘔吐) 회충구제(蛔蟲驅除) 구갈(口渴) 등에 응용－오매(烏梅)

노화의 원인 중의 하나인 산소에서 유리되는 여러 활성산소가 세포기능에 미치는 영향은 매우 크기 때문에 이들의 효율적인 제거에 관심이 점점 높아지고 있다. 건강한 조직에서는 백혈구 등을 이용하여 외부에서 침입한 비자기 물질들을 비특이적으로 제거하는 데 이용하는 면역 활동에 있어서 필수적인 물질이기도 하지만 불포화 지방산이 풍부한 생체막에서는 자유라디칼 반응에 관여함으로써 지질의 과산화를 일으키는 것으로 알려져 있다. 이들은 지질 외에도 생체 내 구성물질인 단백질, 아미노산, 펩티드 및 효소, 당질, DNA 등에 비특이적으로 작용하여 세포의 구조적 기능을 손상시키며 각종 염증, 암 등을 비롯한 생체 내 이상을 초래한다고 알려져 있다. 한편 유지식품의 가장 큰 변질요인의 하나인 산패를 방지하기 위하여 각종 항산화제가 이용되고 있는데 그 효과와 경제적 측면에서 BHA, BHT등 인공 합성 항산화제가 널리 사용되어 왔다. 그러나 이들의 위해성이 거론되면서 한전성이 확보된 천연물로부터 항산화 효과가 있는 물질을 찾고자 하는 노력이 국내외적으로 많이 이루어지고 있다.

Chan 등은 소 근육으로부터 천연항산화성분인 carnosine을 추출하여 저지질산화 촉매제로서의 가능성을 타진하였고 식물체에서는 포도와 포도주, 쌀, 보리 잎 등에서 천연항산화성분 분리에 관한 연구가 행해졌으며 Djanmati 등은 초임계 CO_2추출에 의해 세이지로부터 높은 항산화력이 있는 물질을 추출하여 BHT보다 높은 항산화능을 확인하였다. 한편, 국내에서는 생약추출물 및 냉이, 패모, 음양곽, 산사 및 가자, 갓과 겨자 등 식물성분들로부터 항산화성분의 추출에 관한 연구는 많이 이루어졌으나 매실로부터 항산화성분의 추출에 관한 연구는 드문 형편이다. 이에 본 실험에서는 매실에서 분리 추출한 생리활성물질을 건강약품 및 식품보존제 등 이용성이 많은 항산화제로 개발하는 데 기초적인 자료를 얻기 위해 수행하고자 한다.

● 연구의 최종 목표

노화의 원인 중의 하나로 산소에서 유래되는 Superoxide anion radical, Hydroxy radical, Singlet oxygen 및 H_2O_2 등의 활성산소에 대한 산화가 노화의 원인과 질병 등 여러 가지 문제의 원인이 되는데 이들의 제거에 관심이 모아지고 있다. 이들은 건강한 조직에서는 백혈구 등이 이를 이용하여 외부에서 침입한 각종 비자기 물질들을 비특이적으로 제거하는 필수적인 물질이기도 하지만 주로 불포화지방산이 풍부한 생체막에서 자유라디칼반응에 관여함으로써 지질과산화를 일으키는 것으로 알려져 있다. 이들은 지질 외에도 생체 내 구성물질인 단백질, 아미노산, 펩티드 및 효소, 당질, DNA 등에 비특이적으로 작용하여 세포의 구조적 기능을 손상시키며 각종 염증, 암 등을 비롯한 생체 내 이상을 초래한다고 알려져 있다. 이에 본 연구에서는 천연적으로 식물 체내에 존재하는 매실의 항산화성분이 세포와 mouse 간의 효소활성에 어떠한 영향을 미치는가를 세포생물학적 및 생화학적 방법을 통해 매실의 생리적 및 약리적 특성을 규명하고자 한다. 한편, 매실의 항산화성분물질의 안정성을 검토하고 상품화 방안을 연구한다.

▶ 연구내용 및 범위

매실에서 물과 에탄올 추출물을 사용하여 여러 가지 용매를 사용하여 성분의 용해성을 이용 극성에 따라 순서대로 추출분획을 조제하고 다양한 column을 사용하여 여러 성분을 정제한다.

정제된 분획을 쥐의 척수신경세포 배양액에 첨가하고, 활성물질의 효과로써 추출물의 농도에 따라 살아 있는 세포 수를 조사함으로써 척수신경세포 배양액과 항산화제인 Glutathione과의 상호비교를 통해 생물학적변화와 아울러 정상적인 세포에 대한 생리적 활성효과를 연구하며 또한 mouse 간의 효소활성을 측정하여 항산화물질들이 효소에 어떠한 영향을 미치는가를 연구 검토한다. 분자구조 확인 이전까지 수행하여 수월성을 강조토록 한다.

▶ 재 료 및 방법

● 재 료

실험에 사용된 매실은 해남 난지과수 시험장과 승주 농협에서 8품종을 구입하였고 이를 수세한 후 분쇄하여 에탄올(1:1 w/v)을 가하고 수일 침지시켜 추출하고 Wahtman NO.6을 사용하여 여과하였다. 이 여액을 감압 증발시켜 매실의 기능성 탐색을 위한 추출시료로 사용하였다.

또한 실험에 사용하는 mouse는 *Balb C*종 (60마리)을 실험동물로 사용하였다.

● 시 약

Bovine serum albumin(BSA), Sucrose, BCA protein Assay Reagent A,

BCA protein Assay Reagent B, Xanthine, Xanthine oxidase, Triton X−100, 1−chloro−2,4−dinitro−benzene(CDNB), Linoleic acid, 1.1−diphenyl−2−picryl−hydrazyl(DPPH), Glutathione, Hypoxanthine, Buthylated hydroxy toluene (BHT), Buthylated hydroxy anisol(BHA), Hypoxanthine 등은 Sigma 社 제품을 Silica gel 60은 MERCK 社 제품, 그 밖의 일반적인 시약은 특급을 사용하였다.

● 기 기

Spectrophotometer, Rotary evaporator, Centrifuge, High speed centrifuge,

Ultra centrifuge, Deep Freezer, Vortex mixer, Microelisa reader 등을 실험기기로 사용을 하였다.

● 세포 성분의 분리

Mouse(*Balb C*)를 대한 실험 동물센터에서 구입하여 나무 깔집이 깔린 cage에서 펠렛 사료로 사육실에서 사육하였다. mouse(*Balb C*)를 경추탈골법으로 처리한 후 즉시 흉부를 절개하여 간을 적출하였다. 적출한 간은 1.15% KCl 200㎖ 용액(4℃)으로

30분간 세척하여 hemoglobin 및 지방질을 제거한 후, 0.25 M sucrose용액으로 균질화한 다음, 이 균질물을 2,000 rpm에서 10분 동안 원심분리하고, 얻어진 상등액을 12,000×g로 40분 동안 원심분리한다. 원심분리한 상등액을 다시 105,000×g로 60분간 원심분리하여 침전된 microsome과 상등액 (cytosol)을 냉동고($-74℃$)에 보관하면서 실험에 이용하였다.

● 연구 방법

– 매실의 추출

해남 난지시험장에서 구입한 만개 후 70일인 8품종(고전매, 남고, 옥영, 앵숙, 화향실, 소매, 백가하, 고성)과 승주 농협에서 구입한 만개 후 90일인 매실 2품종(남고, 옥영)을 극성이 다른 여러 유기용매로 추출한 후 회전농축기로 감압 농축하여 추출을 실시한 후 활성이 있는 분획을 5시간 동안 환류 추출하여 산성임을 확인한 후 ethylacetate로 추출한 후 40℃, 감압 농축기에서 감압 농축시켰다.

– 항산화 분획의 판별

극성이 다른 여러 용매로 추출한 분획에서 항산화 활성 분획을 찾기 위해 Takao(1994) 등의 방법[21]을 약간 수정하여 실험을 실시하였다.

프리라디칼인 1.1−diphenyl−2−picrylhydrazyl (DPPH)용액을 80μg / ㎖ in EtOH로 조제하고 이 용액 1㎖에 각 분획을 2㎎ / ㎖의 농도가 되도록 에탄올에 용해시킨 후 DPPH의 color변화를 관찰하여 개략적인 항산화 활성 여부를 판정한다.

– 추출물의 분리 정제

항산화 효과가 있는 ethylacetate 분획을 분리, 정제하기 위해 silicagel column을 사용하였다.

항산화 효과가 비교적 강한 ethylacetate용출 분획을 감압 농축하여 5㎖로 한 후 silicagel column(3.3×45㎝, Merck)에 가하여 methanol: chloroform의 비율을 10%~

100%까지 methanol의 양을 증가하면서 전개 용매에 의해 순차적으로 매실 8품종을 용출시켰다.

 - 매실품종, 시기별 전자공여작용의 측정

고전매, 남고, 옥영, 앵숙, 화향실, 소매, 백가하, 고성 이상 8품종의 전자 공여작용을 측정하고 이 중 전자 공여작용이 비교적 큰 고성, 남고, 옥영, 고전매를 만개 후 70일과 90일로 나누어 측정하고 해남 난지시험장과 승주 농협에서 구입한 것으로 비교 측정하였다.

전자 공여작용(Electron Donating Abilities, EDA)의 측정은 각 시료 0.1㎖에 4×10^{-4}

M용액(99.9% ethanol에 용해) 1.9㎖를 가한 후 vortex mixer로 10초간 진탕한 후 5~10분 후 분광광도계를 사용하여 525㎚에서 흡광도를 측정하였다.

 - 항산화력 측정

전자 공여작용이 우수한 품종을 인공 항산화제인 BHT와의 비교를 통해 Thiocynate 방법[21]으로 다음과 같이 측정한다. 각 sample solution (200㎕ in EtOH)을 sample tube(1.5×4.3㎝)에 넣고 linoleic acid (200㎕)를 함께 가하며 pH 7.4, 0.2M phosphate buffer(400㎕) 그리고 distilled water(200㎕)를 가하여 이 tube를 24시간, 37℃ 암조건에서 배양시킨다. 각 sample solution(100㎕)에 75% EtOH(3㎖), NH₄SCN(100㎕) Ferrous chloride regent(100㎕ described)를 가한 후 3분 후 분광광도계의 500㎚에서 흡광도를 측정하였다.

 - 단백질 정량

Smith 등의 방법[20]에 따라 BCA protein assay reagent을 이용하여 단백질 정량을 측정하였다.

BCA 시약A와 시약B를 50:1의 비율로 조제하고 여기에 2㎎ / ㎖ BSA standard를 이용하여 562㎚에서 흡광도를 측정함으로써 microsome, 옥영, 남고, 고전매의 단백질정량을 실시한다.

– Xanthine oxidase 저해 활성 측정

Beyer 등의 방법[2]에 따라 Xanthine 0.5㎖ 및 pH 7.5, 50mM phosphate buffer 0.3㎖을 혼합하고 분획의 농도를 달리해 0.1㎖를 가하고 buffer에 50배 희석한 Xanthine oxidase를 0.1㎖ 가하여 293㎚에서 3분간 흡광도 증가를 측정한다.

– Glutathione S – Transferase(GSH – T)의 활성 측정

Phosphate buffer, 0.25M (pH 6.5)를 0.2㎖, 2% triton X – 100을 0.05㎖, 분획의 농도를 달리해 0.15㎖를 가하고, microsome (10㎎ / ㎖)을 0.1㎖씩 첨가하여 잘 섞은 액을 가용화 MS라 한다.

GSH–T활성 측정은 Habig 등의 방법[5]에 따라 0.25M phosphate buffer (pH 6.5)를 0.4㎖, 증류수를 0.45㎖, 가용화 MS를 0.05㎖ 20mM CDNB용액을 0.05㎖씩 시험관(10㎖)에 넣고 잘 섞은 후 cuvette에 옮겨 넣고 340㎚에서 1분간 변화된 흡광도의 양을 효소 활성으로 하였다.

– 세포 배양

▷ 쥐의 척수신경세포 배양

Mouse(Balb C)의 척수신경세포를 절취하여 phosphate buffered saline (PBS)으로 씻고 myeline을 확대 현미경하에서 제거 후 수술용 칼로써 잘게 세절하고 0.25% trypsine과 2㎎ / ㎖ DNase를 첨가하여 37℃ incubator에서 15분간 배양한다. 그 후 trypsine용액을 제거하고 PBS를 10㎖ 가하여 pasteuer pipet로 조용히 상하로 파이펫팅한 후 상등액을 없애고 10% Fetal Bovine Serum(FBS)이나 혹은 horse serum을 Minimum Essential Media (MEM)에 첨가하여 원심분리한다. Single Cells로 된 것을 확인한 후 polylysine으로 이미 coating된 96 multiwell에 균일하게 분주했다.

－MTT 방법에 의한 활성 효과 측정

Mouse의 척수신경세포를 5% FBS가 포함된 MEM, 5% CO₂, 37℃에서 적어도 1일 정도 배양한 후 매실에서 추출된 각각의 분획을 일정 농도와 시간으로 배양액에 첨가하여 배양한다. 배양 후 살아 있는 세포 배지액에 MTT를 첨가하여 4시간 정도 배양한 후 배양액을 버리고 일정량의 isopropanol을 첨가한 후 microelisa reader로 570㎚ 파장에서 측정하고 살아 있는 세포 수는 control구에 비해서 백분율로 계산하여 측정한다. 이 방법은 이 실험에 있어서 매실추출물을 척수신경세포 배양액에 처리한 후 세포에 미치는 영향을 연구하는 데 이용한다.

살아 있는 세포 수를 통하여 추출물의 척수 신경세포에 대한 효과는 Tim의 방법에 따라 실시하며, 1주일 동안 배양한 세포는 약 1시간 동안 37℃, 0.5% CO₂에서 preincubation을 한 후 old media를 버리고 2×5% FBS를 함유한 media로 씻고 그 후 새로운 media 100㎕씩 각 96 multiwell에 분배한 후 1, 2, 3, 4시간 동안 37℃ 5% CO₂에서 배양한다. 그 후 MTT를 60㎕ (20㎎ / ㎖) 첨가하여 4시간 동안 다시 배양한 후 media를 버리고 150㎕ isopropanol을 첨가하여 5분 동안 가볍게 shaking한 다음 570㎚에서 흡광도를 잰다. 척수신경세포에 3시간 동안 15, 20, 25, 30mU / ㎖의 xanthine oxidase를 첨가하여 Dose－response 관계, 25mU / ㎖ xanthine oxidase와 0.1mM hypoxanthine의 첨가에 따른 Time－response 관계를 조사하고 2시간 동안 10㎎ / g 농도의 옥 영추출물(1, 3, 6㎖)을 첨가하여 8mM glutathion (GSH)과의 비교를 MTT assay로 측정하였다.

▶ 결과 및 요약

채취 시기별 매실 기능성 측정조사에서 만개 90일 후가 만개 70일 후보다 높은 항산화 활성의 결과가 나왔고 매실 종류별 추출물의 DPPH를 통한 높은 전자 공여 작용과 Thiocynate 방법에서 옥영이 8가지 조사된 품종 중 가장 높은 97.5%라는 높은 항산화력이 나타났으며 BHT와 비교를 통한 실험에서 매실의 모든 품종에서 BHT의 80% 이상의 활성능력을 확인하였고 아울러 DPPH를 통한 높은 전자 공여 작용이 있는 옥영, 남고, 고전매에 대한 효소활성 측정에서 Glutathione S－

Transferase의 활성이 기존 상품화되어 있는 BHT와 비교한 결과 각각 72.4, 77.6, 71.2%를 보여 70% 이상의 항산화 활성효과가 있는 것이 밝혀졌다. 또한 mouse의 척수 신경세포에 대한 MTT assay에서 항산화 효과가 있는 Glutathion과의 비교에서 83%라는 높은 세포 생존율이 결과로 나타났다. 이러한 결과를 토대로 앞으로 매실추출물의 항산화제로서의 개발가능성이 타진되었고 매실 수요 창출의 홍보에 있어서도 매실의 기능성을 부각시켜 새로운 건강, 보조식품으로서의 자리를 구축할 수 있을 것으로 생각된다.

▶ 기대효과 및 활용방안

1) 매실의 새로운 기능성 확인이 가능함.

2) 새로운 기능성 확인과 함께 홍보효과는 매실의 새로운 수요 창출로 이어질 것임.

3) 식품분야 등에서는 식품보존제로서의 이용가능성을 타진하여 인체의 부작용을 없애고 새로운 식품의 이미지를 구축히는 데에 크게 이용할 수 있고 아울러 건강, 보건식품으로서의 사용가능성이 있을 것임.

4) 본 연구의 결과에 따라서 새로운 제품(의약품) 조제의 가능성이 높아질 것임.

5) 이렇게 함으로써 본 연구는 국제경쟁력을 가진 고부가가치의 신기능 소재자원의 생산기술을 개발하는 데 크게 기여할 것임.

▶ 참고 문헌

1. Aebi, H.(1974) In Methods of Enzymatic Analysis (Bergmeter, H. U. ed.), Vol.2, pp.674−678, Academic press, New York.

2. Beyer, W. F. and I. Fridonvich(1987) Assaying for superoxide dismugase activity. Anal. Biocham. 161, 559.

3. Chan, K. M., E. A. Decker and W. J. Means, 1993, Extraction and activity of Carnosine, a naturally occuring antioxidant in Beef Muscle, J. of Food Science, 58, 1:1−4.

4. Conra. S., L. Ronnevi and F. Norris,1982, Amyotrophic lateral sclerosis, In Rowland

LP(ed): "Human Neuron Disease", New York Raven Press, 35－36.

5. Habig, W. H.,Pabest, M. J. and Jakoby, W. B.(1974) J. Biol. Chem. 249, 7130－7139.

6. Hantano, T., T. Yasuhara, T. Fukuda, T. Noro, and T. Okuda(1989) Phenolic constituents of Licorce. Ⅱ. Structures of Licopyanocoumarin, and inhibitory effects of Licorice phenolics on xanthine oxidase. Chem. Pharm. Bull. 37, 3005.

7. Iio, M., A. Moriyama, Y. Matsumoto, N. Takaki, and M. Fukumoto (1985) Inhibition of xanthine oxidase by flavonoids. Agric. Biol. Chem. 49, 2173.

8. Kanner, J. and E. Frankel, R. Granit, B. German and E. Kinsella, 1994, Natural antioxidants in grapes and wines, J. Agric. Food Chem, 42, 64－69.

9. Kikuchi, S. and S. U. Kim, 1993, Glutamate neurotoxicity in mesencephalic dopaminerhic nerons in culture, J. Neurosci. Res., 38, 558－569.

10. Kim, Y. S. and S. U. Kim, 1991, Oligodendoflial cell death induced by oxygen radecals and its protection by catalase, J. Neurosci. Res., 20, 100－106.

11. Kumamoto, H., Y. Matsubara, Y. Iizuka, K. Okamoto and K. Yokoi, 1985, Structure and Hypotensive Effect of Flavonoid Glycosides in Yuzu(*Citrus junos* Sieb) Peelings, Nippon Nogaikagaku Kaishi, 59, 7:683－687.

12. McCord, J. R, Colby, M. D. and Fridovich, I.(1972) J. Biol. Chem. 231, 6049－6055.

13. Michikawa, M., S. Kikuchi and S.U. Kim, 1992, Leukemia inhibitory factor(LIF) mediated increas of choline acetyl transferase activity in mouse spinal cord neurons in culture, Neuroscience Lett., 140, 75－77.

14. Nakata, N., H. Kato and K. Kogure, 1993, Protective effects of basic fibroblast growth factor against hippocampal neuronal damage following cerebral ischemia in the gerbil, Brain. Res., 605, 354－356.

15. Osawa, T. H. Katsuzaki, Y. Hagiwara. and T, Shibamoto. (1992) A novel antioxidant isolated from young green barley leave. J. Agric Food Cheml 10, 1135－1138.

16. Park, S.T. and S.U. Kim, 1995, Study of neurotrophic factor for spinal motoneurons, Kor. J. Anat., 28, 381－389.

17. Rosen, D., T. Siddique, D. Patterson, D. Figlewiez, P. Sapp, A. Hentai, D. Donaldson, J.O. Goto, J. Regan, H. Deng, Z. Rahmani and A. Krizus, 1993, Mutation in Cu / Zn superoxide dismutase geneare associated with familial amyotrophic lateral selerosis, Nature London, 362, 59−62.

18. Rothstein, J.D., G. Tsai, R.W. Kunel, S. Clawson, D.R. Cornbiath, D.B. Drachman, A. Pestronk, B.L. Stauch and J.T. Coyle, 1990, Abnormal excitatory amino acid metabolism in amyotrophic lateral selerosis, Ann. Neurol., 28, 18−25.

19. Satoh, J. I., H. Muramatsu, G. Moretto, T. Muramatsu, H. G. Chang, S. T. Kim, J. M. Cho and S. U. Kim, 1993, Midkine that promotes survival of fetal human nerons is produced by fetal human astrocytes in culture, Develop. Brain. Res., 75, 201−205.

20. Smith, P. K., Krohn, R. I., Hermanson, G. T., Mallia, A. K. and Gartner, E. K.; Goeke, N. M.; Olson, B. J.; Klenk, D. C. Measurement of Protein Using Bicinchoninic Acid. Anal. Biochem. 150, 76−85.

21. Takao, T., F. Kitatani, N. Watanabe, A. Yagi and K. Sakata, 1994, A simple screening method for antioxidants and isolation of several antioxidants produced by marine bacteria from fish and shellfish, Biosci. Biotech. Biochem., 58, 10:1780−1783.

22. Yamamoto, M., T. Shima, T. Uozuni, K. Yamada and T. Kawasaki, 1983, A possible role of lipid peroxidation in cellular damages caused by cerebral ischemia and protective effect of alpa−tocopherol administration, Stroke, 14, 977−982.

23. 김정숙, 이기동, 권중호, 윤형식, 1993, 산사 및 가자에테르 추출물의 항산화 효과, 한국농화학회지, 36, 3:203−207.

24. 김성렬, 김진환, 김승겸, 1992, 음양곽 추출물중의 항산화성분의 분리 및 성질, Korean J. Food Sci. Technol., 24, 6:535−540.

25. 홍정일, 권미향, 나경수, 성하진, 양한철, 1995, 냉이 (*Capsellbursa−pastoris*) 에탄올 추출물의 유리라디칼 소거 및 Xanthine Oxidase 저해활성, 한국농화학회지, 38, 6:590−595.

26. 한용봉, 김미라, 한병훈, 한용남, 1987, 갓과 겨자의 항산화 활성성분에 관한 연구, 생약학회지, 18, 1:41−49.

기타 상식

매실과 유정란

매실과 유정란을 합하여 만든 식품이 뇌졸중으로 절대 쓰러지지 않는 비법으로 일본에서는 구전으로 내려오고 있다. 그 비법에 대하여 소개하고자 한다.

뇌졸중은 뇌동맥에 생긴 경화증(硬化症)이나 고혈압으로 혈류(血流)장애가 생겼을 때 일어나는 병으로 사람이 앓는 병 중에서 가장 무서운 병의 하나이다. 그 이유는 현대인에게 사망률이 가장 높은 뇌졸중, 아마 심장병 중에서 뇌졸중이 우리나라 사람의 사인별 사망순위에 있어 1위를 차지하고 있기 때문이다. 뇌졸중은 특별한 예고 증상이 없이 갑자기 일어나며 발병 후 즉시 사망하는 경우도 있어 손을 쓸 수가 없는 환자들도 많다. 또한 예후도 좋지 않아 한 번 뇌졸중을 일으키면 죽든가, 산다고 하더라도 후유증으로 인해 반신불수나 사지마비가 되는데 이러한 뇌졸중을 흔히 중풍(中風)이라고 한다. 뇌졸중은 우리나라에서 사망 원인 중 두 번째로 많은 원인을 차지할 뿐 아니라 성인에게서 신체적 장애를 일으키는 주범이기도 한다. 특히 이러한 신체적 장애는 환자 본인은 물론 가족 구성원에게까지 지대한 영향을 미치게 된다. 주로 노인질환으로 인식되었지만 요즈음은 30-40대에도 뇌졸중이 흔히 발병하는데 이는 식생활의 변화와 운동부족으로 인해 뇌졸중의 주원인인 비만, 고혈압, 당뇨, 고지혈증 등의 발병률이 높아졌고 이에 대한 조절이 적절하게 되지 않기 때문이라 할 수 있다.

뇌졸중으로 절대 쓰러지지 않는 비법으로 일본의 구니와께 市에 있는 양로원인 '게이쇼엔'에서 여러 노인들이 쓰고 있던 아래 비법이 세상에 알려져 일본에서는 선풍적 유행을 한 비법으로 이미 수천 명의 사람들이 실험을 해본 결과 이 방법을 사용한 사람들은 한 사람도 뇌졸중으로 쓰러진 사람이 없었다고 한다.

▶ 신비의 약 만드는 법 (1인분 기준)

1. 계란(유정란): 1개 (단, 흰자위만)

2. 머구(머위)잎의 즙: 작은 스픈 3스픈(3잎 정도)

   (잎 뒤에 털이 있는 것은 효과 없음)

3. 청주(정송): 작은 스픈 3스픈 (소주는 인 됨)

4. 매실즙: 매실 1개를 씨를 빼고 즙을 낸다.

   (반드시 청매실일 것: 익은 것은 약효 떨어짐)

5. 조제 순서

 ▷ 계란 흰자를 플라스틱 용기에 넣고 나무젓가락으로 150회 정도 같은 방향으로 젓는다.

 ▷ 머구잎 즙을 넣고 50회 정도 젓는다.

 ▷ 그다음 청주(3스픈)를 넣고 30회 정도 젓는다.

 ▷ 마지막으로 매실즙을 넣고 20회 정도 젓는다.

▶ 주　의

반드시 순서대로, 쇠붙이에 닿으면 안 되며, 복용 후 30분 이내는 물, 음식물을 절대 먹지 말 것. 틀니나 의치가 있는 분들은 빨대를 이용할 것.

5월 말경

좋은 매실 고르는 법

　매실주는 매실씨의 성분이 많이 함유되어야 좋은 매실주가 되므로 알이 작은 매실을 고르시는 것이 좋고, 매실장아찌는 과육을 사용하는 것이기 때문에 매실의 크기가 큰 것이 좋다. 매실엑기스는 크기에 크게 구애를 받지 않으나 매실 과육이 큰 것이 액이 많이 흘러나오므로 기왕이면 큰 것이 좋다고 볼 수 있다. 또 매실 가공 방법에 따라 청매를 살 것인지 황매를 살 것인지도 달라진다. 매실장아찌는 과육이 단단해야 쫄깃한 맛이 살아 있기 때문에 완전히 익은 황매보다는 청매가 좋으며, 매실 품종 중에서는 붉은 빛을 띠는 남고가 장아찌용으로 좋다. 매실주나 매실 엑기스는 꼭 청매를 쓸 필요는 없다. 잘 익은 황매가 오히려 향도 좋고 매실액도 많이 얻을 수 있기 때문이다. 매실을 구입하는 시기는 6월 중순 이후가 좋다. 남부지방에 속해 있고 지대가 높이(해발 500미터) 있는 농장은 같은 지역의 다른 농장보다 매실이 늦게 익는 편이기는 하지만 제대로 자라서 익으려면 적어도 6월 말경은 되어야 한다. 그리고 대부분의 남부지방은 6월 중순 이후가 되어야 제대로 성숙한 매실이 수확될 수 있는 것이다. 중부지방에 속한 농장들도 남부지방의 농장과 비슷한 6월 말이나 7월 초가 되어야 비로소 제대로 익은 매실이 수확될 수 있다.

　일반적으로 매실이 빠른 경우 5월 중순경이면 시장에 나왔다가 6월 중순쯤이면 오히려 자취를 감춰버리는데, 이는 잘못된 농산물 유통구조의 폐해로 인해 조금이라도 좋은 값을 받아보고자 덜 자란 매실을 따서 시장에 내다 팔기 때문이다.

　매실은 각종 유기산의 보고이며 특히 구연산이 풍부한 과일인데, 5월경에 수확한 매실에는 구연산은 거의 없고 오히려 독성인 비소가 가득하다는 연구 결과가 있다. 특히 5월경의 매실에 비해 6월 말에 수확한 매실은 구연산의 함유량이 무려 14배가 많다고 한다. 몸에 좋다고 먹는 매실이므로 독성이 가득한 매실을 구입해서는 안 되겠다. 따라서 매실은 반드시 6월 중순 이후에 수확된 매실을 구입해야 한다. 간혹 5월 말에 어린 매실을 미리 따서 나중에 파는 경우도 있는데, 이를 구분하는 방법은 육안으로 구분하는 방법과 잘라보는 방법이 있다. 어린 매실은 부드러운 털로 덮여 있는데 이것이 자라면서 조금씩 벗겨지게 된다. 그러므로 덜 자란 매실은 전체가 털로 덮여 있는 것이라고 보시면 되나 이보다 더 정확한 방법은 칼로 매실을 반으로 잘라보는 방법이다. 매실은 자라면서 매실 씨가 점점 더 단단해지는데 매실 씨가 절반으로 갈라지지 않을 만큼 단단해져야 비로소 제대로 자란 매실이라 할 수 있다. 그럼 매실을 어떻게 구입할 것인가?

새파란 청매만 고집하지 말고 과육이 물렁거리지만 않는다면 오히려 잘 익은 매실이 쓰임새가 더 많다. 매실이 노랗게 되었다고 해서 약효가 없는 것이 아니며 배송에 어려움이 있어서 그럴 뿐이지 황매로 만들었을 때 더 좋은 매실 가공품들이 더욱 많다.

또 매실은 껍질을 까지 않고 그냥 가공하는 과실이기 때문에 농약의 피해도 고려하지 않을 수 없다. 무농약 재배된 매실을 고르시는 것이 좋고, 만약 농약의 피해가 걱정되신다면 물에 충분히 담가 농약의 잔류 성분을 제거하신 후 매실을 가공하여야 한다.

매실즙을 담글 때 설탕을 많이 넣어서
먹어도 몸에 해롭지 않을까?

매실즙을 담그는데 매실크기가 큰 것 기준 10kg이면 설탕비율도 13kg이어서 이렇게 설탕을 많이 넣어서 먹어도 몸에 해롭지 않은지 궁금해하시는 분들이 많은 것 같다. 그래서 간단하게 계산해 보았다. 매실 10킬로에 설탕 13킬로를 넣는다. 그래서 제대로 자란 가장 큰 매실을 넣고 담근다면 매실즙 15리터 정도를 얻을 수 있다.

1.5리터 페트병 10병 정도가 된다. 음료수로 음용할 경우 5배로 희석해서 음용한다.

다시 말해서 1.5리터 50병의 매실음료를 얻을 수 있는데, 즉 한 병당 설탕양은 260그램 정도라고 할 수 있다. 매실음료 한 컵에 들어가는 설탕양은 25g 정도라고 할 수 있다. 매실즙의 설탕은 설탕을 그대로 섭취하는 것이 아니고, 매실과 화학적 결합을 통하여 장기간 동안 숙성과정을 거친 것이므로 설탕 그대로를 섭취하는 것과는 다르다고 생각한다. 생활 속에서 설탕을 꼭 사용하여야 할 경우 설탕 대신 매실즙을 사용하시면 건강에 도움이 되리라 생각된다. 건강에 무익한 탄산음료 대신 매실음료를 음용함으로써 건강에 유익하다.

설탕이 포함된 과자 빵 탄산음료와 음식 만들 때 넣게 되는 설탕의 양은 간과하면서 매실에 들어가는 설탕은 민감하게 받아들이는 게 아닌가고 생각되지만 이는 매실의 좋은 성분과 그것을 섭취하기 위한 가공법이니 이해해주시고 설탕양은 절대적인 기준은 아니므로 조금 줄이거나 늘려 담가도 무방하다.

매실즙을 음료 말고 다른 용도로 쓸 수 있는 방법은?

매실즙을 음료로만 사용하니 많이 남아 올해 담지 않는다는 분들이 있어 다른 용도로 다양하게 활용할 수 있는 몇 가지를 소개한다.

▷ 생수에 타서 마신다.
▷ 따뜻한 물에 타서 마신다.
▷ 우유에 섞으면 플레인 요구르트처럼 되어 맛있다.
▷ 쌈장을 만들 때 사용하기도 하며 파를 곁들여 쌈장에 같이 섞어 먹으면 맛이 한결 좋아진다.
▷ 고추장 담글 때 넣으면 상온에서도 고추장이 변질이 안 되고 맛도 좋다.
▷ 게장 담글 때 넣으면 특유의 비린내가 없어진다.

▷ 마늘장아찌, 깻잎장아찌 만들 때도 조금 넣어보면 물러지지 않고 맛이 있다.

▷ 불고기 양념에 넣으면 고기가 연해지고 맛있다.

▷ 멸치볶음, 장조림, 콩조림 등 설탕이나 물엿이 들어가는 곳에 대신 조금씩 양념으로 사용하면 맛이 좋다.

▷ 토마토나 야채주스 등에 조금 넣으면 한결 먹기 좋다.

▷ 샐러드드레싱에 사용하면 좋다.

▷ 튀김이나 전 종류를 먹을 때 사용할 진간장에 넣어 소스를 만든다.

▷ 고추장에 넣어 초고추장을 만든다.

▷ 가려운 곳이나 아토피에 희석해서 바르면 가려움증이 잘 가라앉는다.

▷ 희석해서 세수할 때나 마사지할 때 사용하면 피부가 깨끗하고 탱탱해짐을 느낄 수 있다.

▷ 커피 좋아하시는 분은 냉커피에 타서 드시면 색다른 맛을 느낄 수 있다.

▷ 매실즙을 희석하여 그릇에 담아 냉동고에 넣어두시면 맛있는 매실 슬러쉬가 만들어져 아이들이 아이스크림처럼 숟가락으로 떠서 먹을 수 있다.

▷ 설탕이 들어가야 할 곳에 매실즙을 다양하게 활용하여 보면 좋다.

생활 속에서 만나는 매실

▷ 매실은 구연산과 유기산이 풍부한 알칼리성 건강식품이다.

▷ 수험생의 스트레스 해소와 정신집중에 많은 도움을 준다.

▷ 시원한 매실주스는 운전 시 졸음이나 피로를 덜어주고 숙취해소에도 좋다.

▷ 속이 더부룩하거나 입 냄새가 날 때 마시면 한결 개운해짐을 느낄 수 있다.

▷ 매실즙을 만들어 물에 희석하여 여름엔 차가운 매실주스로, 겨울엔 따뜻한 매실차로 마시면 매실 속에 다량 함유된 구연산 때문에 원기회복과 감기예방, 소화촉진에 효과가 탁월하다.

▷ 샐러드드레싱, 냉채, 초고추장, 초간장, 쌈장에 매실즙을 사용한다.

▷ 고추장 담글 때 사용하시면 맛도 좋고 상온에서도 변질되지 않게 해 준다.

▷ 매실간장 장아찌, 매실 고추장장아찌는 고기나 생선을 먹을 때 비린 맛을 덜어 주고 입맛을 돋우며, 소화에 아주 좋다.

▷ 갈비나 불고기 양념할 때 조금 넣으면 고기가 연해지고 맛도 한결 좋아진다.

▷ 멸치 볶음, 어묵 조림, 떡볶이 등을 만들 때도 설탕이나 물엿 대신 사용한다.

▷ 커피를 좋아하시는 분은 냉커피에 타서 차게 마시면 색다른 맛을 느낄 수 있다.

▷ 매실즙과 생수를 희석하여 냉동고에 넣어두면 맛있는 슬러시가 만들어져 아이들이 매실을 맛있게 먹을 수 있게 된다.

▷ 우유에 타서 마시면 농축 요구르트처럼 맛도 좋고 소화도 아주 잘 된다.

▷ 매실즙을 희석하여 자기 전에 아토피염에 바르고 다음날 보면 눈에 띄게 좋아진 것을 확인할 수 있다.[희석하여 조금씩 사용.]

▷ 희석하여 세안 시 마사지하듯 사용하면 피부가 아주 매끄러워진다.

▷ 매실즙은 상온의 그늘에서 2-3년 두어도 변질이 되지 않으며 숙성되어 더욱 맛이 좋아진다.

▷ 매실즙을 쓸 만큼 페트병에 담아 가족들이 쉽게 사용할 수 있게 하셔서 일 년 내내 가족 모두 건강하게 지내기 바란다.

몸에 좋은 매실 활용법

매실은 피로를 불러일으키는 물질인 유산의 과잉 생산을 억제할 뿐만 아니라 혈액을 맑게 하여 영양소의 소화 흡수를 돕는다. 그리고 인체의 자연 치유력을 높이고 매실의 구연산은 해독과 살균 작용을 해서 식중독에 걸리기 쉬운 여름철에는 건강에 큰 도움을 주기도 한다.

이런 효능을 가진 매실을 어떻게 활용하면 더 유용하게 사용할 수 있을까? 우리 몸에 좋은 매실, 좀 더 유용하게 활용해보도록 하자.

● 상처가 생겼을 때

뛰거나 구르길 좋아하는 어린 아이가 있는 집이라면, 매실 농축액을 준비해두었다가 아이가 상처가 났을 때 곪거나 다친 부위에 발라주자. 매실이 열이 나고 화끈거리는 증상을 없애주고 통증도 줄여준다.

● 음식물 보관할 때

여름철에 김치나 막걸리에 가공된 매실을 넣어두자. 냉장고에 보관하지 않아도 5~6일 동안은 맛이 변하지 않는다. 매실 미숫가루를 냉장고에 보관할 때 음식물에 조금씩 뿌려주면 살균효과로 오래 저장할 수 있다.

● 감기 걸렸을 때

약한 불에 구운 매실 2개를 흑설탕과 뜨거운 물 반 컵을 부어 마신다. 기침을 가라앉히고 열을 내려 감기에 효과를 볼 수 있다.

● 멀미 날 때

멀미를 잘 느끼는 사람은 매실김치를 챙겨 갖고 간다. 멀미날 때 조금씩 먹으면 효과를 볼 수 있다.

● 피로가 쌓였을 때

매실식초에 생수를 1:3 비율로 희석해서 마시면 원기회복에 탁월한 효과를 볼 수 있다.

● 음식의 비린내를 제거할 때

매실차에 사용한 매실이나 매실 미숫가루를 생선이나 고기를 양념할 때 첨가하면 비린내를 제거할 수 있다. 나물 무칠 때나 국 끓일 때 넣으면 향신료 역할도 한다.

● 몸이 가려울 때

몸이 가려울 때는 매실식초를 물에 타서 목욕을 해보자. 매실 속의 알칼리 성분이 가려움을 제거해준다. 여름철에 모기에 물려 가려울 때도 효과적이다.

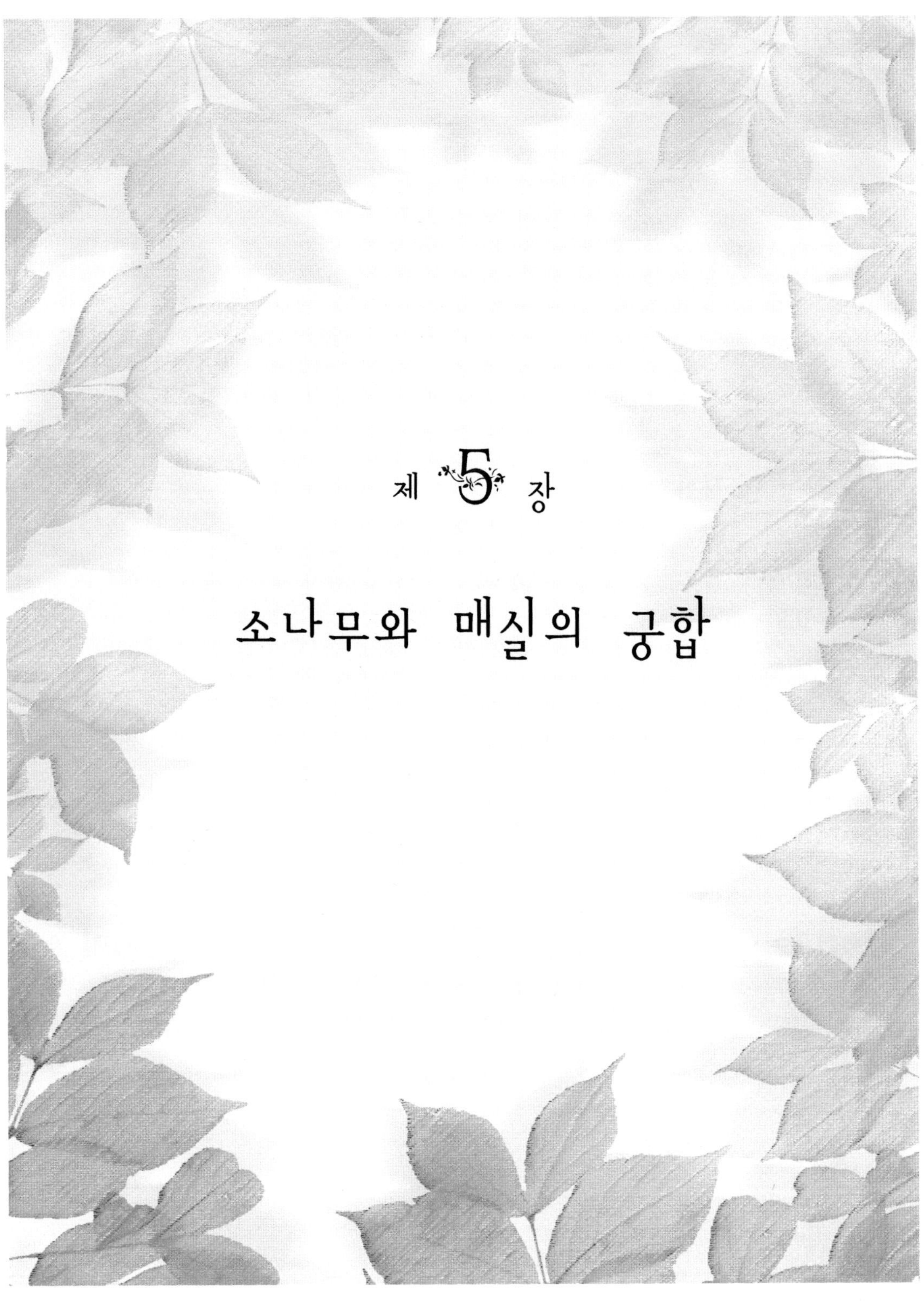

제 **5** 장

소나무와 매실의 궁합

식품이라는 것은

■■■
식품에 관한 지식

사람은 먹지 않고는 생명을 유지할 수 없다. 식생활이 올바르면 건강하게 오래 살 수 있고 식생활이 올바르지 못하면 병이 생기고 오래 살지 못한다. 그래서 예부터 동서양을 막론하고 위대한 의사들은 우선 식생활의 올바르지 못한 것을 고쳐주고 그래도 병이 낫지 않을 때에 비로소 약을 써야 한다고 했다.

그런데 생각할수록 신기한 사실은 모든 식품이 과학의 기술로 합성된 것이 아니라 식물성이건 동물성이건 모두 하나님께서 창조하신 흙과 태양의 공기에 의해서 생산된 것이라는 사실이다. 아무리 농업 기술이 발달되었다 할지라도 결국 식품은 모두 자연의 힘에 의해서 만들어진 것이다. 따라서 식품치고 자연식품이 아닌 것이 없다고 해도 지나친 말은 아니다.

그러나 사람의 잔재주가 발달되어감에 따라서 자연생산물에 인공을 가미하는 기술이 생기기 시작하더니 오염시킨 토양에서 제철도 아닌 때에 화학약품의 힘을 빌려서 농작물을 만들어내고 있다. 또 그뿐이랴. 생산된 농작물에 식품 첨가물이라는 독성 물질을 넣어 가공 식품을 만들어내는 것을 식품공업의 자랑으로 생각하고 있다. "식품을 먹는 것은 영양분이나 칼로리만 먹는 것이 아니라 그 속에 들어 있는 생명력을 먹는 것이다."라는 말이 있거니와, 오늘날의 식품은 영양소나 칼로리는 지나칠 정도로 풍부하니 생명력을 잃은, 한마디로 표현하면 기가 빠진 식품을 먹고 있다는 것이다. 이렇게 됨으로써 암, 뇌졸중, 심장병, 간장병, 당뇨병, 요새는 더욱 발전되어 노인성 치매증 등 성인병이 범람하고 있다.

그와 같은 성인병들이 결국은 올바르지 못한 식생활에서 생긴다는 것이 점차 밝혀져서 성인병을 식원병이라고 하는 것이 상식화되어 가고 있다.

이러한 성인병을 예방하고 치료하려면 식생활을 바로잡아야 한다. 그러려면 무엇보다도 필요한 것이 식품에 대한 올바른 지식이며, 건강에 관심을 지닌 모든 사람들, 그 중에서도 특히 가정의 건강과 식사를 관리하는 모든 사람들에게 올바른 식품의 지식이 보급되어야 한다. 식생활이 올바르면 병이 생길 턱이 없고, 생겼더라도 식생활을 바로잡으면 고칠 수 있다. 음식물이 약이요, 식생활을 바로잡는 것이 바로 건강법이요, 병을 고치는 의료가 된다고 하여 '식약일체'니 '의식동원'이라는 말이 있는 것이다.

하루도 빠짐없이 먹는 식품처럼 중요한 것인데도 식품에 관한 지식은 놀라울 정도로 빈약하다. 의약품이나 병에 관한 지식이 많아지면 많아질수록 살아간다는 것에 대해서 겁이 나고, 자기의 건강에 대한 열등의식이 생기기 마련이다. 이와 반대로 식품에 관한 지식이 많아지고 깊어질수록 건강에 대한 자신감과 생에 대한 의욕이 생긴다.

자연건강식품이라는 단어 속의 함정

요즈음 자연식, 건강식 또는 두 단어를 합쳐서 자연건강식이라는 말을 많이 한다. 자연이란 무엇을 뜻하는 것이며, 건강이란 어떤 상태를 말하는 것이냐고 묻는다면 새삼스럽게 설명할 필요도 없는 쉬운 질문인 것 같으면서도 한마디로는 설명하기 어려운, 알쏭달쏭한 질문이다. 아직 어느 나라에서도 법이나 규정으로 자연식이나 건강식을 정의했다는 말을 듣지 못했으며, 세계보건기구(WHO)나 식량농업기구(FAO)에서도 자연식 또는 건강식에 대한 정의를 검토하고 있을 뿐이다.

이와 같은 상황이기 때문에 별 희한한 자연식과 건강법이 범람하고 있는데 우선 자연식품부터 알아보자. 자연이란 미국에서 1960년부터 불기 시작한 '자연으로 돌아가자'라는 슬로건 아래 자유분방한 생활을 하던 히피족들이 많이 사용한 단어지만, 식품에서는 전혀 오염되지 않은 토지에서 농약이나 화학비료를 일절 사용하지 않고 만들어낸 식료품을 말한다. 그런데 일부에서는 이 자연이라는 개념을 마치 근원적인 '자연으로의 회귀'로 해석해 오늘날의 모든 공업문명과 과학기술을 부정하고 원시적인 생활로 돌아가 야생적인 식품재료를 가공도 하지 않고 생식하는 것을 자연식이라고 하는 별난 사람들도 있다. 그렇게까지 극단적이진 않지만 이와 비슷한 생각은 우리 주변에서도 쉽게 찾아볼 수 있다. 그 예로 잔류 농약이 무섭다고 일부러 벌레 먹은 채소를 골라 구하는 사람이 있다. 벌레가 먹은 것이니까 농약이 없을 것 아니겠느냐는 논리이다.

나날이 수도 물이 오염되어 가고 있다니까 약수터가 인산인해를 이루어 오히려 약수물의 오염이 수돗물보다 더 심해져 대장균투성이라는 웃지 못할 일도 생기고 있다.

또 건강보조식품이라고 하여 과학적으로 증명되지 않았지만 예부터 몸에 좋다고 전해지는 식품들이 있다. 몸에 좋다는 뜻은 주로 강정이니 보약이니 하여 정력을 증진시킨다는 것을 말하는 경우가 많다. 그러나 그런 것들이 뚜렷한 근거도 없이 불법으로 유통됨으로써 올바른 국민 건강을 방해하는 경우도 적지 않다. 아무리 자연이라는 말이 매력적일지라도 현대의 과학문명과 식품공업을 일체 버리고 원시로 되돌아가지는 말자. 다시 말해 자연식이란 무엇을 먹느냐도 중요하지만, 어떻게 먹느냐가 더 중요한 것이다.

건강식의 비결

값싸고 평범한 식품을 이것저것 골고루 먹자. 올바른 식생활의 지침은 크게 6개 항목으로 나누어지는데 **첫째**가 다양한 식품으로 영양의 균형을 취해야 한다는 것이다.

전에는 칼로리니 비타민이니 따졌지만 요즘 영양학에서는 여러 가지 식품으로 균형 있는 식단을 만들어 먹으면 만사 오케이라고 한다. 어떤 식품치고 몸에 필요한 성분이 들어 있지 않은 것이 없으므로, 값싸고 평범한 식품을 이것저것 먹으면 필요한 영양소가 골고루 보충되고, 또 몸에 좋지 않은 성분이 있더라도 서로 중화시킨다. 편식이 모든 병의 원인이 되므로 이것저것 가리지 않고 여러 가지를 먹어야만 건강할 수 있다. 먼저 균형 있는 식단을 짜려면 매일 하루 동안에 식탁에 오르는 식품원료의 종류가 적어도 30종은 되어야 한다. 30종류를 반찬 가짓수라고 생각한다면 놀랄 일이지만, 반찬을 만드는 데 들어가는 재료를 전부 친다면 그리 놀랄 일이 아니다. 30가지를 다음의 6개 그룹의 식품에서 고르면 아래와 같다.

제1군: 질이 좋은 단백질로 되어 있는 식품이며, 생선, 육류, 계란, 콩 등이다.
제2군: 칼슘이 풍부한 식품으로 우유 및 유제품, 미역이나 뼈째로 먹을 수 있는 생선 등이다.
제3군: 비타민 A가 되는 카로틴이 많이 들어 있는 식품으로 녹황색 채소인 시금치, 당근, 호박, 피망, 풋고추 등이다.
제4군: 비타민 C와 미네랄이 많은 식품으로 모든 채소와 과일이 여기에 속한다.
제5군: 당질성 에너지를 공급하는 식품으로 쌀, 빵, 면류, 감자 등이 있다.
제6군: 지방성 에너지를 공급하는 식품이며 기름류가 여기에 속한다.

둘째, 주식, 주채, 부채를 골고루 먹어야 한다.
주식: 쌀, 빵, 면류 등 곡류 제품
주채: 생성, 육류, 계란, 콩 제품 등으로 만든 반찬
부채: 주채에 곁들여 먹는 야채로 만든 반찬
셋째, 활동에 알맞은 칼로리를 섭취해야 하는데, 과식해서 비만증이 되는 일이 없도록 한다. 또한 활동을 줄여서 식사를 적게 하려고 하지 말고 적극적으로 활동하여 식사량을 늘리도록 한다.
넷째, 지방양과 질을 생각해서 섭취해야 한다. 지나친 지방 섭취는 고지혈증이나

심장병 등의 원인이 되므로 동물성 지방보다 식물성 지방을 섭취하도록 한다.

다섯째, 소금을 하루 10g 이하로 적게 먹어야 한다.

여섯째, 가족과 함께 식사하도록 한다. 식사시간을 가족들이 다 함께 모여 즐기는 시간이 되도록 하며, 가공식품보다는 손수 만든 음식으로 즐거운 식사를 하도록 해야 한다.

■ ■ ■ 우리 식생활의 문제점

우리나라에서 가장 많이 팔리는 약이 소화제이며 병원을 찾는 환자의 60%가 위장병 환자라는 사실은 이젠 놀랄 일도 아니다. 우리의 식생활에서 시급히 고쳐야 할 문제점은 대충 다음과 같다.

첫째, 흰쌀밥 중심의 주식을 고쳐야 한다. 원래 쌀도 씨앗의 일종이기 때문에 건강식품인데 쌀을 정백하여 눈을 깎아버리고 흰쌀을 만들어 먹는 데서 병이 생기기 시작했다. 흰쌀도 영양분이 들어 있긴 하나 생명이 들어 있지 않기 때문에 그것만 먹게 되면 결국은 식원병이 된다. 쌀밥을 줄이고 그 대신 밀, 보리, 감자, 옥수수 등으로 만든 음식을 먹도록 하여 현재의 쌀 소비량을 2/3 정도로 줄여야 한다.

둘째, 밑반찬이 위암의 원인이 된다. 우리나라와 일본이 세계에서 위암 발생률이 제일 높은데 그 원인으로 밑반찬이 제기되고 있다. 중국 음식이나 서양 음식에 맨입으로 먹을 수 없는 밑반찬이 있는가를 생각해볼 필요가 있다. 노르웨이는 세계 최장수국의 하나로, 원래 해산물을 많이 잡는 수산국이다. 생선을 소금에 절여 염장어로 많이 만들어 먹을 때는 위암에 의한 사망률이 높아서 평균수명이 형편없었는데 전기냉동업이 발달되면서 염장어의 소비량이 줄어듦에 따라 평균수명이 높아지기 시작한 것이다.

셋째, 소금 섭취량이 너무 많다. 소금 섭취량이 적을수록 고혈압과 동맥경화증 예방에 좋다는 것은 이젠 누구나 다 아는 상식이다. 그런데 소금의 하루 섭취량이 우리는 30g이고, 일본은 20g이다. 왜 우리나라의 소금 섭취량은 그렇게 많은가? 우리의 입맛이 짠 음식을 좋아하기 때문이라기보다도 국물이 많은 탕류 음식이 많고, 김치, 깍두기 등 반찬을 너무 많이 먹기 때문이다.

넷째, 식사 때에 먹는 국물류의 액체 섭취량이 너무 많다. 따라서 소화액이 희석되어 소화불량이 생기고, 섭취하는 음식의 양이 많아지므로 위가 확장되며, 액체와 음식을 삼키면 씹는 횟수가 부족하게 된다. 우리나라에서 가장 많이 팔리는 약이 소화제이며 병원을 찾는 환자의 60%가 위장병 환자라는 사실을 생각해볼 필요가 있다.

다섯째, 동물성 단백질 섭취량이 아직도 적다. 육식 편중이 나쁘기 때문에 요즘 미국에서는 식물성 단백질인 두부를 비롯하여 콩으로 만든 음식을 먹으라고 야단인데, 우리는 아직도 동물성 단백질 섭취량이 평균적으로 모자라다. 사람들 중에는 콜레스테롤을 무서워하여 계란을 기피하는데 그럴 이유가 하나도 없다. 콜레스테롤은 인체에 절대적으로 필요하며 성호르몬, 세포막, 담즙 등의 생성을 위해서 없어서는 안 되는 영양소이다. 다만 필요 이상으로 많아서는 안 된다는 것뿐이다. 고지혈증이 되면 동맥경화증, 고혈압 등이 생기기 때문이다. 동물성 단백질원으로는 쇠고기, 돼지고기, 닭고기, 계란, 우유, 생선 등 크게 여섯 가지를 들 수 있다. 그런데 우리나라는 유독 쇠고기를 선호하기 때문에 없어도 먹을 바엔 쇠고기를 먹는다는 생각으로 동물성 단백질 섭취량이 늘지 못하고 있다. 쇠고기 한 근 값이면 계란 100개를 살 수 있다는 계산을 왜 못 할까.

우리가 무엇보다도 먼저 섭취해야 할 동물성 식품으로는 생선(되도록이면 잔생선류), 우유, 계란, 동물 내장 등 순서이며 쇠고기는 수입할 필요가 없게 되었으면 하는 것이 소망이다.

■ ■ ■

바르게 먹는 것이 보약이다

곡식, 육류, 과일, 채소 등은 바른 성질을 지니고 있는 물질이며 약으로 사용되는 풀이나 나무, 벌레, 물고기 등은 성질이 편파적이다. 요즘 건강에 대한 관심이 높아져서 자신의 건강은 자기가 지켜야겠다는 인식이 높아져 가고 있는 것은 매우 바람직한 일이라고 생각한다. 그러나 좋다는 것도 많고 나쁘다는 것도 많아서 무엇을 택하고 피해야 할지 갈피를 잡기 힘든 것 또한 사실이다. 이런 때일수록 올바르고 근거 있는 건강법을 정확히 알고 실천하는 일이 무엇보다 중요하다. 무턱대고 남이 좋다니까 과학적 근거도 없는 괴상야릇한 것을 찾아 먹어서는 안 된다. 요즘 자연식이니 약식건강법이니 의식동원이니 식약일체니 하는 말이 많이 유행되고 있는데 건강을 증진시키는 데 있어서 약보다 매일 먹는 음식이 더 큰 영향을 미친다는 사실은 더 이상 말할 필요도 없다. 식자명이라는 말이 있듯이 생명의 근원은 먹는 데 있다. 옛말에 "살육모차자 정성야 초목충어자 편성야 양성이 정성자 치병이 편성자"라고 하여 곡식, 육류, 과일, 채소 등은 모두 바른 성질을 지니고 있는 물질이며 약으로 사용되는 풀이나 나무, 벌레, 물고기 등은 성질이 편파적이다.

바른 성질을 지닌 음식은 건강을 증진시키고 성질이 편파적인 것은 병을 고치는 작용을 한다고 했다. 바꾸어 말하면 약은 모두다 독이란 뜻도 된다.

건강을 유지하고 증진시키는 데 기적이란 없다. 하고 싶은 짓 다 하면서 건강을 유지하는 방법은 도저히 있을 수 없다. 주색을 삼가고 과로하지 않으며 긍정적으로 생활하는 기반 위에서만 보약이 효과를 나타내는 것이다.

불로초를 찾던 진시황이 불과 49세에 세상을 떠났고, 조선조 500년 동안 27명의 임금 중에서 60세 이상 사신 분이 불과 5명밖에 없었다. 옛 속담에 "임금님 약 없어 돌아가셨나."라는 것도 있다. 생명의 원동력인 음식을 바르게 취함으로써 건강과 장수를 누리자는 것이 식보이다. 식보는 오래 계속하는 가운데 부지불식간에 효과가 나타나는 것이지, 지금 당장에 무슨 피를 마셨더니 그날 저녁 불쑥 효과가 나타났다 하는 식은 아니다. 건강을 지켜 나가기만 하면 틀림없이 성인병을 예방할 수 있고, 성인병일지라도 치료가 되게 할 수 있는 그런 식보의 지식을 힘자라는 데까지 엮어보자는 것이다.

소나무와 매실이 어우러질 때

소나무가 영양의 보고인 이유

솔잎에 없는 Vitamin B와 E는 송화가루가 묻어 있는 송실에서, 부족한 탄수화물은 소나무 껍질 속에서, 부족한 지방은 솔 씨에서 보충할 수 있다. 따라서 소나무는 거의 완전식품이다. 특히 아스파라긴산과 아연, 유기 동, 칼슘, 칼륨, 철 등이 생명의 근원인 혈액의 헤모글로빈 합성을 돕고 신진대사작용을 잘해 만성피로와 스태미너를 증진시켜 남성, 여성을 강하게 한다.

소나무를 이용하여 만든 식품이 기적 같은 건강개선 효과가 나타나는 이유는 필수아미노산과 각종 성분이 몸속에서 여러 가지 생화학 작용을 하는 결과라는 것을 고문헌 이외에 최근 석·박사논문에서 이를 입증해주고 있다.

예를 들면 쿠에르체틴, 쿠에르치트린, 이소쿠에르치트린, 루틴 등의 아미노산과 타닌 등이 서로 상승해서 피를 맑게 하고 혈액순환을 잘 되게 하여 동맥경화나 고혈압 등 뇌졸중의 예방과 치유에 특효를 보인다. 또한 수분대사를 잘 시켜주고 피부에 활력을 주며 소염, 소종효과와 해독작용을 잘 하는 소나무는 여성들에게 불청객으로 찾아오는 월경불순, 냉대하, 자궁염, 자궁수탈증 등의 포괄적인 여성 질환에 좋고 타닌이 '멜라닌 색소'와 결합해 소변으로 배설하고 '멜라닌색소'가 침착되는 것을 막아 살결이 희어지고 매끄러워지며 피부에 탄력을 준다는 것이다.

소나무가 가지고 있는 몇 가지 영양성분의 특징을 소개하면 다음과 같다.

▶ 아미노산

일반채소의 경우 aspartic acid와 glutamic acid의 함량분포가 거의 비슷한데 소나무의 경우에는 glutamic acid보다 aspartic acid가 약 2.8배 많이 함유되어 피로감을 회복시켜 주는 역할이 매우 크다. 특히 소나무가 함유하고 있는 유리아미노산은 생체활성물질의 구성성분으로 중요할 뿐 아니라 그 자체가 특징 있는 맛을 식품에 부여하기도 한다고 太田靜行(1976)은 보고한 바 있으며 小保(1969)는 아미노산 맛 분류에서는 glycine, alanine, threonine, proline, serine 등은 단맛을 leusine, isoleusine, methionine, plenylalanine, lysine, valine, arginine 등은 쓴맛을 aspartic acid는 신맛을 glutamic acid는 감칠맛을 갖는다고 하였다. 따라서 소나무 중에 함유되어 있는 주 아미노산인 aspartic acid, glutamic acid, serine, alanine 등은 정미성분과 부분적으로나마 밀접한 관계가 있다고 한다.

▶ 지방산

불포화 지방산은 광선, 온도 등의 물리적 요인에 대하여 불안정할 뿐 아니라 lipolytic acylhydrolase나 lipoxygenase 등 효소에 의하여 산화 분해되어 변색 등을 일으키며 특히 과실, 채소, 식물 잎 중에는 이러한 불포화 지방산의 함량이 많아 과실, 채소의 저온장해, 잎의 황하, 과실의 착색과 밀접한 관계가 있는 것으로 Mazliak 등(1963)은 보고한 바 있지만 소나무에서는 채취 후 저장조건이 적당한 때는 큰 문제가 없는 것으로 알려져 있다. 소나무의 지방질을 구성하는 지방산은 linolenic acid를 다량 함유하는 것이 큰 특징이라 할 수 있으며 전체 지방 함량의 약 20%로 필수지방산이 다량 함유되어 있는 유용한 식물자원이다.

▶ 비타민

보편적으로 식용하는 한국산 야생식물에는 ascorbic acid가 시료 100g당 약 15㎎ 정도 함유되어 있다고 농촌진흥청에서 발표된 바 있으나 소나무는 야생식물과 비교 시 많은 비타민 함량을 가지고 있으므로 엽채류로서도 우수하다고 볼 수 있다. 그러나 비타민은 열처리에 그 함량이 약 반 정도로 감소된다고 한다. 임화재 등은 한국인 상용식품 중의 리보플라빈 함량 추정에 관한 문제점이란 논문에서 발표한 바와 같이 리보플라빈의 경우 햇빛에 노출된 시간과 잔존율은 반비례 관계를 보인다고 하였고 Herried(1952)의 연구에서도 비타민의 파괴율은 겨울철보다 여름철에 더 크다고 보고되어 있는 것으로 보아 비타민은 열과 광선에의 노출이 손실을 초래하므로 식물성 추출물은 열처리를 하지 않는 것이 좋은 것으로 생각된다.

▶ 무기질

무기질은 채소로부터 공급되는 중요한 성분으로 종류와 품종에 따라 다르며 식물이 자라는 토지의 pH와 유기물의 미량원소 함량에 따라 차이가 크다고 학자들은 보고하고 있지만 소나무는 위와 같은 것과 상관없이 타 식물보다도 무기질 함량이 높은 우수한 엽록소 식품이다.

▶ 식이섬유소

식이섬유소는 그 구성요소와 물리적인 성질에 따라 영양학적 측면에서 다양한 물질이라고 신효선(1985)은 발표한 바 있으며 Labuza (1979) 등은 보수성이 커서 물분자가 식이섬유의 표면에 흡착되거나 식이섬유 틈새에 침입하여 식이섬의 용적을 증가시킨다고 하였듯이 소나무에서 착즙한 생즙에는 NDF(Neutral Detergent Fiber), Hemicellulose, Cellulose, Lignine 등의 함량이 높아 약용이 높은 식품이라고 평가를 받고 있다.

▶ 천연물질의 대표적인 식물이기 때문이다.

천연물질 중에는 생체에 대한 기능성 물질이 존재하고 있음이 보고되고 있다. 과거 과학적 입증 없이 경험적으로 이용되어 왔던 생약제제들은 면역계, 내분비계, 순환계 등에 중요한 영향을 미치고 있음이 점차 알려지고 특정 생약의 경우 만성간염, 류머티스, 관절염, 신장염 등과 같이 현대 의약으로도 완전치유가 어려운 자기면역질환(auto-immune disease)에 대해서도 임상적으로 그 효과가 인정되고 있어 이들이 면역계에 어떠한 중요한 역할(immunomodulating activity)을 하고 있는 것이다. 이 중 하나가 "백목지장(百木之長)이요, 만수지왕(萬樹之王)이요, 노군자(老君子)"로 일컫는 소나무(송피, 송엽, 송실, 송지)라 말할 수 있다.

소나무 식품은 외관, 구성, 색깔, 형태 등 시각적인 특징과 향미 등 구강 내 화학적인 반응 그리고 식품의 영양생리 등이 신체부위에서 나타나는 반응 등 직접 오감에 의하여 인지되므로 이 식물을 복용함으로써 커다란 즐거움을 주고 더 나아가 예부터 구황식품으로서 우리의 민족의 허기진 배를 채워주는 등 민족의 애환을 같이한 나무로 풍부한 약효를 가지고 있는 식물이기에 소나무를 접할 때 즐거움은 더욱 큰 기쁨으로 도래할 수 있기 때문이다.

식·약 일체의 으뜸 소나무와 매실

음식처럼 아무 때나 누구든지 먹을 수 있으면서 아무런 부작용이 없는 약이 있다면 얼마나 좋겠는가. 그와 같은 식품이야말로 이상적인 보약이라고 할 수 있겠다. 중국 본초서의 가장 오래된 원전인 「신농본초경」이라는 책에 그와 같은 식·약 일체의 보약을 상약이라고 하여 120종의 약품을 나열하고 있는데 그중의 으뜸이 소나무이다. 소나무와 매실을 오랫동안 계속해서 먹으면 스트레스가 해소되고 비특이성 저항력이 증가되는 작용이 나타난다는 것이 오늘날의 정설로 되어 있다. 옛날에는 소나무에서 솔잎은 가루로 또는 즙을 그리고 식초로 사용하였으며 매실은 소화제의 정설로 내려오고 있으며 그냥 생것을 가지고 농축액이나 술에 담가 먹었다고 한다. 지금도 많은 사람들이 애용하고 있는 것이다. 영양학적으로 소나무와 매실의 가장 큰 특징은 비타민, 미네랄, 섬유소 등이 풍부하다는 점이다. 비타민 C가 풍부하고 비타민 B_2, B_6, 엽산, 판토텐산 등(이것들을 통틀어 비타민 B_2 복합체라고 한다)이 많이 들어 있는데, 비타민 B_2가 모자라면 머리털이 빠지고 피부염, 결막염 등이 생기며 혓바닥의 염증, 입가가 갈라져서 짓무르는 등 증상이 생긴다. 또 비타민 A가 모자라면 피부가 거칠어지고 기관지염, 감기 등에 걸리기 쉬울 뿐만 아니라 밤눈이 어두워져 영화관에 들어갔을 때에 갑자기 캄캄해지면 보이지 않아 좌석을 찾지 못하고 더듬거리게 된다. 이런 것을 암적응 능력이 나빠졌다고 한다.

옛날에는 채소가 모자라 이런 여러 가지 비타민 결핍증이 생겨 고통을 겪을 때 소나무의 껍데기에서 전분질을 내어 송기떡을 하여 섭취함으로써 결핍증을 해결하였다고 한다. 또 매실 농축액을 먹으면 "중풍에 걸리지 않는다."라는 말이 있는 것도 예부터 소나무와 매실이 건강을 지켜주는 식품이라는 것을 알고 있었음을 말해 준다. 당뇨병에도 그리고 뱃속의 기생충(촌중, 회충 등)을 떨어뜨리는 약이 되며 감기로 가래가 생기며 기침이 날 때에 소나무를 달이거나 매실 농축액을 물로 달여서 하루에 세 번 마시면 거뜬해진다.

■ ■ ■
솔잎과 매실의 일반성분과 인삼(수삼)의 일반성분 비교

구 분		소나무와 매실		인 삼
		솔 잎	매 실	
열량(kcal)		161	29	98
수분(%)		58.1	90.1	72.1
단백질(g)		4.5	0.7	4.5
지방(g)		3.9	0.5	0.8
탄수화물(g)	당 질	19.6	7.6	20.2
	섬유질	18.8	0.6	1.5
화분(g)		0.6	0.5	1.4
칼슘(mg)		61	12	113
인(mg)		51	14	97
철(mg)		8.1	0.6	8.8
나트륨(mg)		(75)	2	(18)
칼륨(mg)		(1622)	240	(324)
비타민A(R.E)		452	18	0
레티놀 μg		—	0	—
β−카로틴 μg		—	120	—
비타민B1(mg)		0.70	0.08	0.05
비타민B2(mg)		0.16	0.05	0.14
니아신(mg)		0.2	0.4	0.6
비타민 C(mg)		29	6	15

참고: 사단법인 한국영양학회발행 한국인 영양권장량

■ ■ ■
노폐물을 배출시키는 소나무, 매실식초

근육이나 두뇌 활동이 피로하게 되는 것은 피로물질이 쌓였기 때문인데, 유기산이 이 물질들을 체내에서 내쫓는다. "호산자다음"이라는 말이 있다. 신 것을 좋아하는 사람은 정력이 세다는 뜻이다. 어린애들이나 젊은이들은 신 것을 잘 먹는데 늙어서 쇠약한 사람들은 신 것을 좋아하지 않는다. 우리가 음식을 섭취하면 단백질은 아미노산으로 전분은 포도당으로, 지방은 글리세린과 지방산으로 각각 분해되어 체내에 흡수된다. 흡수된 이와 같은 성분들은 체내에서 연소되어 에너지를 방출해야 하는데, 그와 같은 생화학적 과정에서 없어서는 안 될 물질이 구연산, 초산(식초), 능금산, 호박산 등 유기산이라는 것이 밝혀졌다. 이와 같은 과정을 발견한 학자의 이름을 따서 크레브스 사이클(Krebs cycle)이라고 한다.

만약 유기사이 모자라게 되면 영양분의 연소가 불충분해 젖산, 초성, 포도산 등 물질이 근육 또는 뇌 속에 쌓이게 된다. 이런 물질들을 피로물질이라고 하는데 근육이나 두뇌 활동이 피로하게 되는 것은 이와 같은 물질이 축적되기 때문이며, 이런 물질을 몸 밖으로 내보내면 피로가 풀리고 원기가 회복된다. 피로물질의 축적이 결국은 당뇨병, 동맥경화, 고혈압, 천식, 위장병, 신경통 등 원인이 된다고 한다. 피로물질이 생기지 않도록, 생겼더라도 빨리 체내에서 밖으로 배설시키려면 소나무식초나 매실식초를 비롯한 유기산이 필요하다는 논리가 된다. 요새 이와 같은 취지에서 식초가 건강식품으로 유행되고 있는데 이치에 맞는다고 할 수 있겠다.

식초는 피로를 풀어주며 건강을 증진시킨다(식초가 산성 체질을 정상적인 약알칼리성 체질로 바꿔주기 때문). 또한 비타민 C를 안정화시켜 식욕을 증진시킨다. 식초는 합성해 만든 빙초산을 물에 탄 것보다는 소나무나 매실로 발효시켜 만든 것이 좋다. 그런데 한 가지 주의해야 할 점은 식초가 좋다고 해서 무턱대고 식초를 많이 마실 것이 아니라 되도록이면 음식을 통해 자연스럽게 섭취하든가 천연 양조식초의 묽은 것을 적당량 마시는 것이 좋다. 한쪽으로 기울어진 편식이 건강을 해치는 원인이 된다는 것은 식초에 있어서도 마찬가지이다.

예로부터 소나무와 매실은 만능의 치유식물로 평가

소나무는 우리나라에서만도 6종류나 되고 외국의 소나무까지 넣으면 100여 종에 이른다. 다시 변종(變種)의 품종까지 포함하면 수많은 수효에 이른다. 그중 어느 종류를 써서 건강하게 될 것인가가 의문이 되기도 하고 또 어느 계절의 소나무가 가장 약효가 있는 것인가 하고 질문하는 것도 당연하다는 생각이 든다. 그러나 우리나라의 소나무과 중에 적송과 곰솔(해송) 등 어떤 것이나 성분을 조사 분석해본 결과 거의 큰 차이가 없었다.

원래 송피와 송실은 구황식품으로, 솔잎은 선인식품(仙人食品)으로 장생구시(長生久視: 선인이 되는 수행법)의 식량의 재료 중 하나로 구전되어왔고 또한 소나무의 모든 부위는 질병에 효과가 있다는 것이다.

예로부터 매실은 장수하는 사람들의 건강보조식품이었다. 약 3000년 전부터 이용된 매실은 중국의 최고의 약서인 「신농본경전」과 우리나라 허준의 『동의보감』 등 여러 한방서에 자세히 기록되어 있다. 매실의 주성분인 구연산(신맛)의 가장 큰 효과는 살균효과다. 85년에 간행된 화한약(和漢藥)에 따르면 이질, 설사, 유행성감기, 장티푸스, 콜레라균 등을 5~60분 이내에 죽여 버린다고 한다. 또 하나는 '구연산 사이클 효과'다. '크레브스(Krebs) 사이클 효과'라고도 불리는 것은 영국의 의학자 크레브스가 1937년에 이 효과를 발견하고 53년에 노벨 의학상을 받았기 때문이다. 그에 따르면 우리가 섭취한 영양은 소화, 흡수되는 과정에서 인체에 불리하게 작용하는 초성포도산도 발생한다는 것이다. 이것이 체내에 쌓여 체질이 산성화되고 나중에는 온갖 성인병으로 발전된다고 한다. 매실에 다량으로 함유된 천연구연산은 초성포도산 등 인체 내부의 이 같은 유해물질을 몰아내는 한편 체질을 약알칼리성으로 바뀌게 한다. 오장육부와 뇌신경 등 인체 내부의 신진대사를 적절히 촉진 조정해 심신의 건강을 유지시켜 주는 것이다.

매실의 효능이 최근에 와서 재인식되고 있다. 한의학적 견해로 『동의보감』(1516), 탕액편 2, 과부(果部) 매실(梅實)에 따르면 매실은 맛이 시고, 독이 없으며, 기를 내리고 열과 가슴앓이를 없게 한다. 또한 마음을 편하게 하며, 갈증과 설사를 멈추게 하며 근육과 맥박이 활기를 찾는다고 밝히고 있다. 『본초강목』에서는 간과 담을 다스리며 근(세포)을 튼튼하게 해주며, 원기회복에 효과가 있다. 사지 통증을 멈추게 하며 토역곽란을 멈추게 하고 주독을 없애며, 종기를 없애고 담을 없앤다. 뱃속의 벌레를 없애며, 유량독과 물고기의 독을 없앤다. 월경불순, 염증대하에 좋으며, 대변불통(변비), 대변하열, 소변혈뇨(피오줌)를 낮게 한다. 입 속의 냄새를 없애며 중풍과 경기를 다스린다. 소나무와 매실은 질병의 치료를 목적으로 하는 의약품이 아니고 식품에 불과함으로 약리효과를 맹신하거나 치료제로 오인이 없어야 한다. 그리고 많은 고문헌과 현대의 문헌에 나와 있는 대로 소나무로서, 매실로서 질병과 증상에 대하여 처리한 것을 정리하여 보았다.

· 고혈압증: 솔잎을 한 줌 전(煎)하여 차 대신 마신다. 또 다른 방법은 솔잎 50개 정도를 물에 씻고 1㎝ 길이로 자르고 절구 따위에 넣어 2잔의 물을 넣고 문지른다. 그 송엽액을 베보자기로 걸러 짜서 1일 3회 공복 시에 복용한다면 효과가 있다. 또 한 가지 솔잎 씹기를 병행한다. 매실차를 가까이 두고 복용하면 좋다.
· 본능성 고혈압: 매실 농축액이나 한 줌의 솔잎을 전하여 차 대신 마신다. 솔잎을 찧어낸 물을 베보자기로 걸러 1일 3회 공복 시 복용한다.
· 심근경색: 매실이나 솔잎의 생즙을 마시는 것이 좋다. 어린 솔잎을 따서 한 줌을 유발에 넣어 찧고 물을 넣어 섞어서 그것을 베보자기로 짜면 녹색의 솔잎즙이 되므로 그것을 1일 3회로 나누어 마신다. 매실은 씨앗을 제거하고 위방법이나 녹즙기를 이용하여 짜서 수시 복용하면 좋다.
· 심장신경증: 솔잎이나 매실차를 매일 마시면 좋다.
· 심막내막염: 녹색의 액즙을 1일 3회 마신다. 소나무는 옛날부터 심장의 약으로 알려져 있다.
· 심장천식: 신선하고 깨끗한 즙을 1일 3회 내복한다.
· 심장병(심장이 약함): 가장 간단하고 특효가 있는 것은 솔잎의 어린 눈을 생으로 수시로 씹어서 액을 마신다. 또 솔잎 목욕도 한다. 신선한 솔잎 50~100g과

들에서 나는 쑥 잎 또 버드나무 잎도 베주머니에 넣어 탕물에 넣고 목욕한다. 또 솔잎 술을 담가 마시는 것도 좋다.

· 중풍: 특히 혀가 잘 돌지 않을 때는 자송엽(雌松葉)을 잘게 썰어 술로 끓여 그 술을 마시면 중풍으로 혀가 잘 움직이지 않는 것을 치료한다. 청송엽(靑松葉) 20g 정도를 잘게 썰어 이것을 주머니에 넣어 술 5홉을 절반가량으로 졸여 그 즙을 소량씩 마신다. 예방에는 매일 씹는다.

· 혈압혈진: 소나무의 새로 나오는 순을 먹으면 좋다.

· 졸중(뇌일혈): 자송(雌松), 종즙엽(棕櫚葉), 대두(大豆) 각 20g를 합해서 전복(煎服)하여 머리에 땀을 내면 좋다. 특히 소나무생즙을 복용하면 두뇌가 명석하게 된다.

· 동맥경화: 녹즙 및 송엽주를 매 식전 또는 식후에 1~2잔씩 마신다.

· 혈압강하: 매실의 차나 솔잎 녹즙을 마신다.

· 뇌졸중: 솔잎, 종여염 대두를 달여서 복용하면 졸중을 고친다. 솔잎을 씹어 나오는 즙을 삼키면 혈액을 정화하여 색전(塞栓)을 예방하는 효과가 있다. 솔잎을 달여 내복하든지 송엽주를 조금씩 마시면 좋다.

· 변비: 심한 변비로 통변이 나쁠 때에 소나무의 아랫부분에 나는 굵은 솔잎 3개를 잘 씹으면 기가 통하게 된다. 또한 매실 농축액을 차로 만들어 마시면 된다.

· 설사나 복통, 식체가 있을 때 매실즙을 복용한다.

· 해독작용: 매실에는 피크린산이라는 성분이 소량 들어 있어 독성물질 분해한다.

· 위확장: 송엽주 및 녹즙으로 식욕부진이 회복됨으로써 위확장이 완쾌된다.

· 장 가다루: 녹즙 1일 3회 마신다.

· 급성장염: 매실 과즙을 햇볕에 말리거나 뭉근한 불에 졸여서 과육엑스를 만들어 먹는다. 유기산이 풍부하다.

· 만성위 가다루: 솔잎을 3월에 채취해서 전용(煎用)한다.

· 위하수증으로 식욕부진, 위 무력증상이 심하면 매실차를 꾸준히 마신다.

· 배가 불러온다: 흑송엽 15g과 물 600g을 반 정도로 줄어들 때까지 졸여 그 전 집을 1일 3회 식전 30분에서 1시간마다 마신다.

· 급성위염: 음건(陰乾)한 솔잎 10g과 300㎖의 물을 반 정도의 양으로 졸여 1일 3회 공복 시에 내복한다.
· 급성위확장: 매 식후 생즙을 마신다.
· 위경련: 매실, 대추(씨를 뺀 것), 껍질을 벗긴 살구씨를 1:2:7의 비율로 섞어 보드랍게 찧어 남성은 따뜻한 물로 여성은 식초를 넣어 먹는다.
· 하리증: 생즙을 마신다.
· 위장병: 녹즙(생즙)과 매실차를 상용한다. 매일 3컵 정도 마시면 좋다.
· 하혈멈춤: 어린 솔잎을 음력 4월 8일에 채취해서 술에 한밤 담갔다가 말려서 흑소(黑燒)로 하여 가루로 만들어 술로 먹으면 하혈이 멎는다.
· 출혈: 솔잎을 가루로 만들어 상처 위에 뿌린다.
· 만성위염: 음건(陰乾)한 솔잎 10g과 300㎖의 물을 반 정도의 양으로 졸여 1일 3회 공복 시에 내복하되 반달 이상 계속 복용해야 한다.
· 궤양: 녹즙이나 달여 먹는다.
· 당뇨병: 자주 목이 마를 때 생녹즙을 마시면 좋다. 이때 육식은 피한다.
  소나무와 매실의 영양분이 당뇨에 좋은 것은 신장 부근에 있는 내분비 기관인 부신(副腎)을 활성화시킴으로써 인슐린의 분비가 촉진되기 때문에 좋다.
· 음위: 어린 솔잎과 송구, 송지 등은 회생제(回生劑)로 쓰인다. 식후 생송엽 3, 4개씩 잘 씹어 먹는다.
· 구갈: 생녹즙을 마신다.
· 탈저: 소나무의 새순을 설탕 조림해 매일 아침저녁에 작은 컵으로 3회씩 계속 마시면 통증이 적어진다.
· 숙취: 소나무 잎을 달인 것이나 생매실의 농축액이나 소나무 녹즙을 마시면 숙취가 곧 깬다.
· 일반구충: 소나무와 매실 생녹즙을 매일 마심으로써 예방 및 구충에 좋다.
· 토혈: 흑송의 새순을 오래 끓여서 이것에 술 0.36ℓ 정도와 설탕 25g를 섞어서 재전(再煎)하여 짙게 졸여 쓰면 토혈을 멎게 한다.
· 기관지염: 매실씨를 굽든가 생으로 씹어 먹는다.

· 기관지천식: 소나무 또는 매실의 생녹즙을 마신다.
· 천식: 신경성 천식에는 솔잎의 새순을 검게 태워 그 분말을 목에 붙인다. 자송 (雌松)의 잎은 음건한 것을 전복(煎服), 20g를 1일 양으로 한다.
· 가슴이 답답할 때: 솔잎을 끓이거나 생녹즙 또는 매실차를 복용한다.
· 목이 쉰 데: 생솔잎으로부터 짜낸 녹즙을 몇 회로 나누어 마신다.
· 식도염: 덜 익은 청매실 8−10개를 1회분으로 달여서 하루 2−3회씩 2−3일간 복용한다.
· 백일해: 생녹즙에 과즙을 넣어 마신다.
· 구취: 솔잎을 몇 개 씹는다.
· 구내염: 송엽액을 탈지면에 묻혀 환부에 바른다.
· 인후에 가시가 걸린 데: 솔잎의 새순을 달여서 입에 물면 좋다. 소나무의 심(芯)을 태워 그 분말을 불어넣어도 좋다. 솔잎과 봉선화(鳳仙花)의 잎과 줄기를 검게 태워 술에 타 마셔도 좋다. 솔잎을 유건하여 달여 입 안에 문다.
· 자가중독증: 솔잎이나 매실을 진하게 달여 마신다.
· 숨찬 데, 숨이 막힌 데: 생녹즙을 마신다.
· 구토: 생녹즙을 마신다. 아주 천천히 마신다. 솔잎을 검게 태워 그 가루를 목에 바른다.
· 십이지장충의 구제: 자송(雌松)의 잎을 음건하여 분말을 1일 3포(包) 식간에 1수저씩 물로 복용한다.
· 소변이 안 나온다: 생솔잎 4g과 흰말(白馬)의 털(毛) 4g을 전복(煎服)하면 잘 듣는다.
· 옻 올린 데: 푸른 솔잎을 달여서 그 물로 씻는다.
· 트리고모나스질염: 솔잎을 달인 물로 씻으면 잘 듣는다.
· 알레르기성비염: 신선한 솔잎을 한 줌 또는 유건한 잎을 20g정도 달려서 내복한다.
· 만성알코올중독: 솔잎을 한 줌 달여서 또는 생녹즙을 하루에 3번 복용한다.
· 혈관계통의 질환: 소나무 생즙을 복용한다.
· 안저출혈: 솔잎을 1일량 20g 달여서 복용한다.

· 통풍: 솔잎을 달여 40℃ 정도 된 더운물에 수족을 담근다.
· 감기: 솔잎의 달인 물이나 매실차를 달여 복용하면 감기에 가장 잘 든다. 감기, 독감의 예방에도 좋다. 특히 솔잎을 진하게 떫고 쓸 정도로 끓이는 것을 요령이라고 한다. 솔잎은 검은흙보다 붉은 흙에서 제대로 못 자란 나쁜 것일수록 효과가 더 좋다고 한다. 기침과 가래 삭히는 데도 좋다. 1일 2회 정도 송엽액으로 양치질을 하면 좋다. 달인 매실차는 수시로 복용한다.
· 명치끝이 아픈 데: 음건(陰乾)한 솔잎 10g를 300㎖의 물을 절반 량으로 졸여 1일 3회 공복 시에 내복한다.
· 손발이 저림: 마른 솔잎을 분말로 해서 차수저 3숟갈을 하나씩으로 하루 3회 물로 마신다.
· 냄새를 모른다: 솔잎을 달이거나 생녹즙을 차 대신 마신다.
· 스트레스에서 오는 제 증상: 솔잎목욕을 하고 매실차를 복용한다.
· 류마티스: 솔잎을 끓여 온습포(溫濕布) 또는 소나무 즙을 이용하면 잘 든다. 매 식전에 한두 잔씩 마시면 좋다.
· 폐결핵근막염: 초봄에 나와 있는 새순(송화가루포함)을 음건하여 10g 정도씩을 전복(煎服)한다.
· 대하증: 솔잎의 새순을 4월경에 채취하여 이것을 음건 바싹 마른 뒤에 술을 뿌려 3, 4일 지난 뒤 이것을 검게 태워서 극소량의 술과 함께 마시면 3, 4일 만에 효력이 나타난다.
· 신경통: 소나무 생즙을 복용한다.
· 차멀미, 배멀미: 솔잎을 씹고 있으면 효과가 있다.
· 기계충: 소나무의 새순을 음건하여 검게 태워 참기름으로 개어 바르면 좋다.
· 임질: 소나무 생즙을 마신다.
· 견비통: 솔잎을 달여서 복용하거나 소나무 생즙을 복용하면 좋다.
· 졸도했을 때: 솔잎을 잘 비벼 냉수에 넣어 그 기름진 것을 입 속에 넣는다.
· 열병: 솔잎과 비쭈기나무(木神)의 잎을 달여서 그 즙으로 행인(杏仁)이나 오매(烏梅)의 검게 탄(黑燒) 것을 복용한다.

· 요통: 솔잎을 한 줌 끓여서 마신다.
· 염좌, 탈구: 푸른 소나무 잎을 주머니에 넣고 짜서 잘 쪄진 것으로 더운찜질을 한다. 이 방법은 관절의 운동이 마음대로 안 될 때도 효과가 있다.
· 피로할 때: 소나무 생즙을 복용하거나 송엽주를 복용하면 좋다. 매실에는 시트르산, 주석산 같은 유기산과 무기질이 많아서 복용하면 피로를 풀어준다.
· 인후가다루: 인후가다루로 소리가 나오지 않을 때에는 솔잎, 검은콩의 잎을 달여서 복용한다.
· 수족이 저린 데: 솔잎을 달여서 마시거나 소나무 생즙을 복용하고 솔잎을 찧어 술과 풀로 개어 붙이면 각기(脚氣)로 인한 저림이나 통증 부종을 잘 낫게 한다.
· 수족의 마비: 소나무 생즙을 복용한다.
· 손톱의 변형: 송엽주를 매 식전 매 식후 마신다.
· 치통: 충치에는 솔잎을 찧어 그것을 다시 짜서 그 즙을 아픈 곳에 넣는다. 솔잎을 끓인 물로 양치질을 하면 들뜬 것이나 통증을 멎게 한다. 송엽액을 탈지면에 묻혀 환부에 댄다. 솔의 어린잎을 뜨거운 물에 넣었다가 식혀서 양치질을 한다. 또 솔잎을 씹어도 좋다. 잇몸에서 피가 나오는 사람은 송엽액으로도 낫고 잇몸이 수축되고 목이 아픈 것도 없어지고 음성도 잘 나오게 된다. 평소에도 송엽액으로 양치질을 자주 하는 것이 좋다.
· 잇몸이 부은 데: 송엽의 전즙(煎汁)에 소금을 넣어 입에 한참 물고 있는다. 솔잎을 검게 태워 아픈 이 속에 채운다. 청송잎을 몇 개 함께 씹는다.
· 아구창: 깨끗한 솔잎을 한 줌 달여서 그 즙을 잠시 입 안에 물었다가 양치질을 한다.
· 치조농루: 솔잎 한 줌을 넉넉한 400㎖의 물로 반 량이 되기까지 졸여 체온 정도까지 식혀서 양치질을 한다. 송엽액을 탈지면에 적셔 환부에 댄다. 솔잎을 검게 태워 아픈 이 속에 메운다. 청솔 잎을 몇 개 함께 씹어 먹는다.
· 타박상에 통증이 심할 때: 솔잎 한 줌을 찧어서 식초에 넣어 두었다가 가끔 바른다.
· 입 속이 아플 때, 구강 내의 종기: 한 줌의 생솔잎을 달인 즙을 잠시 입 속에

문다. 마른 솔잎과 산초(山椒)를 분말로 하여 입 속의 종기에 바르든가 또는 달여서 양치질을 한다.

· 창상: 솔잎을 검게 태워서 그 분말을 바른다.
· 머리의 종기: 솔잎을 검게 태워서 기름에 개어 바르면 머리의 종기를 고친다.
· 손 튼 데: 생솔잎 두 줌 정도에 뜨거운 물을 붓고 그 물이 약간 우러났을 때에 환부를 적셔 따뜻하게 한다.
· 심통: 솔잎을 3, 4월경에 채취하고 건조시켜 썰어 좋은 술에 달여서 쓴다. 생솔잎도 함께 쓰면 좋다.
· 좌상: 솔잎, 계분(鷄糞), 술 찌꺼기의 3미(味)를 잘 찧고 섞어서 아픈 데 바른다.
· 종기: 솔잎을 찧어 별꽃의 즙으로 개서 붙인다.
· 표저, 생안손: 소나무 잎의 흑소와 주사(主砂)의 세말(細末)을 참기름에 개어 붙인다.
· 창상에 지혈되지 않을 때: 솔잎을 세말로 하여 붙인다. 솔의 새순을 일본 된장 물에 데워 거즈에 적셔서 상처에 댄다. 그 후 묶고 붕대로 감는다. 1일 4, 5회 갈아준다.
· 동상: 양은대야에 솔잎 400g 정도를 넣고 그대로 끓이면 물이 노랗게 되고 이 물을 알맞은 온탕으로 하여 환부를 그 속에 담그고 따뜻하게 한다. 2, 3회 그 방법을 되풀이하는 동안에 어떤 심한 것도 낫는다.
· 강장제: 송엽액, 송엽식, 송엽주 등이 있다.
· 중한 장의 질병을 송엽액으로 고친다.

이와 같이 소나무와 과일 매실로 치유하는 데 확실한 가치는 시대의 발전에 따라 생약(生藥)의 연구에 깊은 관심이 집중되는 가운데 솔잎을 비롯한 소나무의 모든 것과 매실은 장생 식품이며 갖가지 잡병은 물론 치유가 어려운 질환 치유에도 효과적이라는 관점이 현대과학에서도 입증되기 시작하였다. 이에 따라서 생활의학(민간요법)과 한의학(경험의학)의 측면에서 새로운 사실을 찾아 소중하게 간직하여야 할 것이다.

진 갈홍(葛洪)의 포박자(抱朴子) 용형(用刑)에 있는 말로 "명치병지술자(明治病之術者), 두미생지질(杜未生之疾), 즉 병을 잘 고칠 줄 아는 사람은 질병이 발생하기 전에 이를 막는다."라고 하였듯이 소나무와 청매실의 모든 것은 질병이 발생하기 전에 이를 막을 수 있는 효험이 있는 귀중한 식물이다.

소나무와 매실의 약리학적 특징

우리나라엔 황토, 개펄, 점토 등 토양 가운데 기(氣)가 가장 충만한 곳이 있으며 거기에 뿌리를 둔 토종은 생명을 기르는 선약(仙藥)으로 이를 섭생하면 만병을 예방하고 오래도록 건강을 누릴 수 있다는 일종의 섭생법이 '양명술(養命術)'이며 바로 신토불이(身土不二)식 건강법이다. 이 양명술은 조선 후기 고종의 건강을 보좌하는 낭청의 내시였던 이재우(李載祐: 1884~1963)가 대대로 왕실에 내려온 양명술을 체득하여 임금의 건강을 보좌했다고 한다. 이러한 왕실 양명술을 그의 자손인 이원섭(李元燮: 왕실 양명술 저자, 초롱刊)에게 구술로써 전수한 내용으로 그중 소나무의 귀중성과 약리학적인 가치를 다음과 같이 남겼다.

"조선의 토종 적송(赤松)은 나라 나무이며 국운과도 관계가 있다고 하였다. 고려 인종 때 소나무 병충해가 심하자 인종은 북방의 병화(兵禍)를 겁냈으며 급기야 묘청의 반란이 발생했고 고려 고종 때 소나무 병충해가 매우 심하여 5년 가던 병충해 끝에 국력이 쇠잔하여 몽고 침입이 일어났다고 했다. 소나무는 겨레의 방패일 뿐 아니라 겨레가 영원불멸하다는 선식(仙食), 즉 약용 식량원이 된다 했다. 앞으로 소나무에서 무서운 전염병을 다스리는 약이 추출될 것이며 스트레스, 협심증, 폐암, 심장, 고혈압 개선제는 소나무라야 된다고 언급하면서 솔술, 솔차, 솔꿀, 불로괴도 그런 개선제라 했다."

소나무는 불로장생을 위해서 신선이 사용했다고 전해지는 식물(植物)로 강정제로도 이용되어 왔고 양질의 프로테인과 비타민 A가 풍부하고 담즙의 분비를 촉진하는 역할 및 혈액을 정화하는 작용뿐 아니라 앞에서 기술한 바와 같이 동맥경화, 고혈압, 담 등 성인병 치료 및 뇌경색, 망막과 언어장애, 풍기, 당뇨병, 기타 변비, 설사, 치질 등에 많은 효능이 있다.

특히 소나무의 3대 약효로는 심장강화, 고혈압강하, 강정이다.

소나무를 먹고 있으면 적혈구가 증가하기 때문에 빈혈에도 좋고 모세혈관을 강하게 하는 루틴이 함유되어 있어 노화방지에도 효과가 있다고 한다. 두통이 잘 일어나는 사람, 두통이 지병인 사람은 거의 혈액이 산성으로 치우쳐 있으므로 건강의 핵인 혈액을 정상인 알칼리성으로 되돌려 정화시켜 주는 것이 두통 해소의 지름길이다.

최근 민간요법과 단약(單藥)처방에 대한 관심이 고조되고 세계의 여러 연구소에서 소나무의 효능을 과학적으로 밝히면서 소나무 요법이 되살아나기 시작하고 있다. 한국은 아직도 연구소가 없다. 잎은 약으로, 열매는 식용으로, 수지는 테레핀유의 원료, 송피는 시용과 약용으로 사용되어온 소나무는 우리나라에서 널리 알려져 있는 것만도 6종류나 되지만 현재 자생하고 있는 것은 9종류이며 세계적으로는 100여 종이며 소나무는 선인이 먹는 식품이고 장생구시(長生久視: 선인이 되는 수행법)의 식량 재료 중 하나로 질병에 효과가 있다고 하였다.

열매인 매실은 살구와 비슷한 12~20g의 구형핵과로 잎보다 백색 5장의 꽃잎이 피고, 6~7월경에 성숙한다. 매실은 과육 부분이 전체의 85%이며, 주성분은 탄수화물이고, 당분 10%와 다량의 유기산을 함유하고 있다. 유기산은 구연산, 사과산, 주석산, 호박산 등으로 구성돼 있는데 특히 구연산의 함량이 다른 과실에 비해 월등히 높아 매실이 건강보조식품으로 널리 애용되고 있다. 그 밖에 카테킨산, 펙틴, 타닌 등을 함유하고 있다.

세계 최장수국인 이웃 일본에서는 매실이 건강보조식품으로 널리 애용되고 있으며 매실을 원료로 한 식품만도 50여 종에 이르고 있다.

새봄을 맞기에는 아직 이른 2월의 혹한 속에서 연분홍 꽃망울을 터트리는 매화는 예부터 고귀한 자태와 은은한 향취로 수많은 문학작품과 그림의 좋은 소재가 되어왔다.

매화가 군자의 기상을 닮아 4군자의 으뜸이 되었듯이 그 열매인 매실은 예부터 귀중한 건강보조식품으로 다뤄져 왔다. 매실나무는 장미과의 엽소교목으로 매화나무라고도 불리고 있으며 중국이 원산지로 한국, 일본 등 동양 3국에서 주로 재배되고 있다. 우리나라에는 일반적으로 중부 이남에서 재배되고 있으며 일본에는 1500년 전 백제 왕인 박사가 천자문과 함께 매실나무를 일본에 전한 것으로 알려지고 있다.

이것은 인삼이 중국이나 시베리아에서도 재배가 가능하나 약효나 성분에서 한국산 인삼에 비길 바가 못 되는 것과 같은 이치이다. 이와 같이 효용가치가 뛰어난 소나무와 매실의 약리학적 특징으로는

▶ 독성이 전혀 없다

어느 물질이 생체에 어떤 변화를 주는지의 여부와 작용의 여부에 대해서 독성 여부를 통해 알 수 있다. 즉 생체를 이루고 있는 세포나 조직, 기관에 변화나 상해를 일으키는 것과 세포나 조직, 기관에 직접 상처를 입히지는 않으나 그 작용, 다시 말하면 활동에만 변화를 일으키는 것이 있다. 따라서 어떤 물질이라도 독성이 강하면 훌륭한 약도, 식품도 될 수 없다는 것이다. 그러나 많은 고서와 현대 논문의 보고로 소나무에서 독성을 확인하였다는 근거는 찾아볼 수 없었다.

▶ 원기회복에 좋다

소나무와 매실에는 구연산, 사과산, 호박산, 스트르산, 주석산 등 유기산과 무기질이 많이 함유되어 있다. 특히 매실에는 구연산이 풍부한데 구연산은 우리 몸의 피로물질인 젖산을 분해시켜 몸 밖으로 배출시키는 작용을 한다. 구연산이 몸속의 피로물질을 씻어내는 능력은 무려 포도당의 10배이다. 피로물질인 젖산이 체내에 쌓이게 되면 어깨 결림, 두통, 요통 등 증상이 나타나는데 이럴 때 매실이 좋다. 따라서 소나무와 매실을 어울러 만든 식품을 장복하면 좀처럼 피로를 느끼지 못하고 체력이 좋아진다.

▶ 체질 개선 효과가 있다

육류와 인스턴트 음식을 많이 섭취하면 체질은 산성으로 기운다. 몸이 산성으로 기울면 두통, 현기증, 불면증, 피로 등 증상이 쉽게 나타난다. 소나무식초와 매실은 신맛이 강하지만 알칼리성 식품이다. 따라서 꾸준히 복용하면 체질이 산성으로 기우는 것을 막아 약알칼리성으로 유지할 수 있다.

▶ 간장을 보호하고 간 기능을 향상시킨다

우리 몸에 들어온 독성물질을 해독하는 기관은 간이다. 소나무에는 콜레스테롤의 흡수를 저해하는 시토스타놀(sitostanol)이라는 성분이 있어 모세혈관의 순환을 좋게 하는 작용을 하여 혈액을 맑고 깨끗하게 정화시키며 세포에 신선한 산소나 영양을 공급하며 무기질이 풍부하여 몸 안에 생기는 산성 물질을 중화시켜 혈액순환을 원활하게 함으로 숙취해소에 탁월하며 또한 매실에는 간의 기능을 상승시키는 피르부산이라는 성분이 있으므로 늘 피곤하거나 술을 자주 마시는 사람에게 좋다. 따라서 술을 마시고 난 뒤 소나무와 매실이 어우러진 농축액을 물에 타서 마시면 다음 날 아침에 한결 가뿐하다.

▶ 해독작용이 뛰어나다

'매실은 3독을 없앤다.'라는 말이 있다. 3독이란 음식물의 독, 피 속의 독, 물의 독을 말하는 것이다. 매실에는 피크린산이라는 성분이 미량 들어 있는데 이것이 독성물질을 분해하는 역할을 한다. 따라서 식중독, 배탈 등 음식으로 인한 질병을 예방 치료하는 데 효과적이다. 또한 매실에는 암을 예방·치료하는 데 도움이 되는 각종 비타민과 무기질이 아주 풍부하게 들어 있다. 최근에는 항암식품으로서의 매실의 기능이 부각되고 연구도 활발하게 진행되고 있다.

▶ 소화 불량, 위장 장애를 없앤다

매실을 장복한 사람들은 매실이 위장에 좋다는 것을 실감한다. 매실의 신맛은 소화기관에 영향을 주어 위장, 십이지장 등에서 소화액을 내보내게 한다. 또한 매실즙은 위액의 분비를 촉진하고 정상화시키는 작용이 있어 위산 과다와 소화불량에 모두 효험을 보인다.

▶ 혈압을 정상화한다

소나무의 성분 중 쿠에르체틴, 루틴, 타닌 등이 서로 상승해서 피를 맑게 하고 혈액순환을 잘 되게 하여 동맥경화나 고혈압 등 뇌졸중의 예방과 치료에 특효를 보였다.
또한 최근 소나무에서 sitostanol이라는 성분을 추출 마가린에 첨가하여 고혈압 환자에게 섭취시킨바 콜레스테롤의 함량이 줄었다는 미국의 발표논문이 이를 입증해주고 있다.

▶ 호르몬 분비를 왕성하게 한다

우리 몸 안에서 보다 중요한 '부신피질세포'가 비대하고 증식되는 것이 인정되었다. 특히 임파구의 놀랄 만한 증대가 확인되었다.

▶ 면역력과 저항력이 증대한다

장(腸) 안의 세균주 속에 있는 여러 가지 해로운 세균의 번식이 억제되고 유해(有害) 아민, 특히 히스타민 등의 발생이 억제되어 두통 등의 해소에 도움이 된다.

▶ 자연치유력에 효과가 있다

－인간의 몸속에 들어온 각종 이물(異物)과 독물 혹은 체내 세포의 파괴산물이나 불필요한 적혈구나 백혈구, 지방 등을 탐식하고 소화해 무해한 것으로 만드는 대식세포(大食細胞, Macrophage)가 활성화하여 세균이나 바이러스 등의 감염을 예방하는 기능이 확인되었다.
－체질 개선 효과가 있다.

육류와 인스턴트 음식을 많이 섭취하면 체질은 산성으로 기운다. 몸이 산성으로 기울면 두통, 현기증, 불면증, 피로 등 증상이 쉽게 나타난다. 매실은 신맛이 강하지만 알칼리성 식품이다. 매실을 꾸준히 먹으면 체질이 산성으로 기우는 것을 막아 약알칼리성으로 유지할 수 있다.

▶ 소화 불량, 위장 장애를 없앤다

소나무와 매실을 장복한 사람들은 위장에 좋다는 것을 실감한다. 매실의 신맛은 소화기관에 영향을 주어 위장, 십이지장 등에서 소화액을 내보내게 한다. 또한 매실즙은 위액의 분비를 촉진하고 정상화시키는 작용이 있어 위산 과다와 소화불량에 모두 효험을 보인다.

▶ 혈액을 깨끗이 한다

소나무에 함유된 섬유질의 역할로 혈관에 낀 노폐물이나 독소가 배출되고 따라서 혈행도 좋아진다. 특히 소나무가 가지고 있는 '불포화지방산'의 역할로 혈액을 깨끗이 하고 몸 안의 독소를 배설시킴으로써 모든 병에 대한 효과가 높아질 뿐 아니라 혼탁한 혈액을 깨끗이 하는 작용도 확인되었다. 특히 수용성 타닌은 물속의 중금속과 잘 결합하는 성질이 있다. 중금속인 수은이나 카드뮴이 타닌을 만나면 '타닌수은', '타닌카드뮴'이 되어 이 유해 중금속 성분들이 혈액에 녹지 않고 오줌으로 배설되어 공해독을 제거하여 우리 몸을 크게 보호한다.

▶ 만성 변비를 없앤다

소나무의 식이섬유는 발효성 식이섬유로서 장과 담즙산 수분을 흡수해서 팽윤하고 부드러운 음식물의 형태로 바꾸어 장관을 자극하여 호흡시킬 수 있는 작용을 하여 변의 양을 증가하고 장의 내압을 떨어뜨려 보다 더 빨리 통변을 기대하여 변비를 해결하며 또한 매실 속에는 강한 해독작용과 살균효과가 있는 카테킨산이 들어 있다. 카테킨산은 장 안에 살고 있는 나쁜 균의 번식을 억제하고 장내의 살균성을 높여 장의 염증과 이상 발효를 막는다. 동시에 장의 연동운동을 활발하게 해 장을 건강하게 유지시켜 나간다. 장이 건강해지면 변비는 자연히 치료되는 법이다.

▶ 피부 청정(淸淨)작용이 있다

몸 안의 독소와 호르몬 밸런스의 이상, 정신적 스트레스, 감식(減食) 등은 여성의 거친 살결과 기미를 만드는 조건이 된다. 이러한 조건을 해결할 수 있는 것이 소나무만이 가지고 있는 성분이다. 여성의 피부는 남성에 비해서 섬세하게 되어 있다. 이것은 콜라겐 단백질의 함량이 많기 때문이다. 소나무에는 이 콜라겐 단백질이 풍부하게 들어 있기 때문에 살결을 탄력 있게 하고 부드럽게 하는 데 효과가 높다. 피부는 피지선(皮脂腺), 땀선(汗腺) 등 분비선에서 나오는 분비물과 밖으로부터의 먼지 등으로 더럽혀져 있다. 이것들이 피부의 두꺼운 층의 온도가 상승하고 혈관이 확장됨으로써 말끔히 씻겨나가게 된다. 따라서 소나무 식품을 섭취와 동시에 목욕을 병행하였을 때 온몸의 땀구멍이 열려서 땀과 함께 몸 안에 축적된 독소와 죽은 세포(각질)가 빠져나오기 때문에 피부가 매끄러워지고 반점이나 피가 맺힌 상처는 정상으로 회복되는 것을 확인하였다.

특히 피부 표면에서 노화각질(비늘층)이 자연스럽게 탈락되지 않고 과도하게 쌓이는 생리적인 현상이 바로 피부 노화다. 이때는 세포교체주기가 늦어지게 되어 피부는 거칠어지는 증상이 일어나며 동시에 피부가 건조해지고 콜라겐 합성량이 감소되며, 신진대사 기능저하로 주름이 생기고, 피부가 탄력을 잃고 늘어지게 되며 이때 피부의 탄력을 좌우하는 것은 진피층의 콜라겐이나 엘라스틴이며, 멜라닌색소가 과잉 생성되어 기미, 주근깨, 검버섯의 원인이 되기도 한다. 따라서 피지의 제거와 더불어 타닌성분의 수렴작용과 염증제거에 좋은 효과는 물론 몸의 채취도 말끔히 없앤다. 또한 타닌 성분은 항산화효과가 강하기 때문에 피부를 형성하고 있는 단백질이나 지방을 산화, 변질시키는 활성산소를 제거하는 데 효과가 매우 탁월해 피부를 부드럽게 만든다. 그리고 수분대사를 잘 시켜주고 피부에 탄력을 주며 해독작용을 잘 하는 소나무는 포괄적인 여성 질환에 좋고 타닌이 '멜라닌색소'와 결합해 소변으로 배설하고 '멜라닌색소'가 피부에 침착되는 것을 막아 살결이 희어지고 탄력 있는 피부를 제공한다.

▶ 피부미용에 좋다

매실을 꾸준히 먹다 보면 피부가 탄력 있고 촉촉해지는 것을 느낄 수 있다. 매실 속에 들어 있는 각종 성분이 신진대사를 원활하게 해주기 때문이다. 각종 유기산과 비타민이 혈액순환을 도와 피부에 좋은 작용을 한다.

▶ 숙취 및 배설장해에 효과를 발휘한다

배설장해로 인하여 통풍이 발생하는 원인이 되고 과음, 지방질의 과잉섭취로 신장의 활동을 저하시키며 신진대사가 잘 되지 않아 간장의 기능 장애가 온다. 이때 소나무와 매실생즙 음용과 소나무 잔류물(찌꺼기)탕을 겸용할 때 (3개월에서 1년) 간장의 활동을 정상화시킬 수 있으며 오줌의 양을 증가시켜 신장활동을 정상화시켜 요산(尿酸)의 배설을 증가시킬 수 있다.

▶ 정장작용을 한다

건강을 위해선 정혈(淨血)을 기해야 한다. 그러자면 먼저 흡수기관인 장(腸)이 건강하지 않으면 안 된다. 따라서 소나무와 매실이 어우러진 생즙은 장의 연동운동항진, 즉 이는 소화력을 높여서 식욕을 촉진시키고 또한 변을 밀어내는 힘을 지녀 변비도 해소시킨다.

▶ 강정(强精)의 효과가 있다

소나무의 3대 효능 중 하나이다. 성력의 감퇴원인은 성호르몬 기능장애나 또는 성욕은 뇌에서 발생하므로 뇌 척추 장애 그리고 약제의 남용과 간장의 기능저하이며 생리적인 장해가 없다 하더라도 현대인에게 가장 큰 욕구불만, 불안, 긴장, 걱정, 초조함 등 스트레스다. 이것은 스트레스가 부신에 부담을 주기 때문으로 부신은 자극을 받아 부신피질 호르몬의 분비를 증가한다. 따라서 뇌하수체의 부신피질 자극호르몬(ACTH)의 활동은 증가하고 반면에 이 활동으로 같은 뇌하수체에서 분비되는 성선 호르몬의 방출이 제한된다. 이런 것이 원인이 되어 여성에겐 월경이상이나 무월경증이 생기기도 하고 남성에겐 임포텐스에서 반응성 우울병이 일어나기도 한다.

특히 현대 생의학은 만성무력증이 '아스파틴산' 부족에 의한 세포질의 에너지 저하 때문이라고 증명하고 있다. 소나무와 매실 속에 함유되어 있는 풍부한 아미노산 중 '아스파틴산'과 아연, 유기동, 칼슘, 칼륨, 철 등의 무기질이 생명의 근원인 혈액의 헤모글로빈 합성을 돕고 신진대사작용을 잘 해 만성피로와 스태미너를 증진시키고 남·여 성 기능을 강하게 한다.

▶ 열을 내리고 염증을 없애준다

매실에는 통증을 줄여주는 효과가 있다. 매실을 불에 구운 오매의 진통효과는『동의보감』에도 나와 있다. 곪거나 상처 난 부위에 매실 농축액을 바르거나 습포를 해주면 화끈거리는 증상도 없어지고 빨리 낫는다. 놀다가 다치고 들어온 아이에게 매실 농축액 한두 방울이면 다른 약이 필요 없을 정도다. 감기로 인해 열이 날 때도 좋다.

▶ 칼슘의 흡수율을 높인다

소나무와 매실이 어우러진 식품은 임산부와 폐경기 여성에게 매우 좋다. 소나무와 매실 속에 들어 있는 칼슘의 양은 포도의 2배, 멜론의 4배에 이른다. 또한 소나무와 매실 속에는 칼슘도 다량 함유되어 있다. 체액의 성질이 산성으로 기울면 인체는 그것을 중화시키려고 하는데 이때 칼슘이 필요하다. 칼슘은 장에서 흡수되기 어려운 성질이 있으나 구연산과 결합하면 흡수율이 높아진다. 따라서 성장기 어린이, 임산부, 폐경기 여성에게 매우 좋다.

▶ 강력한 살균, 살충 작용이 있다

음식물을 통해 위로 들어온 유해균은 위 속의 염산에 의해 대부분 죽지만 위의 활동이 원만하지 못할 때는 살아서 장까지 내려간다. 소장은 약알칼리성으로 살균 효과가 거의 없다. 이때 발생하는 것이 배탈, 설사, 식중독이다. 그러나 소나무와 매실이 어우러진 농축액을 먹으면 장내가 일시적으로 산성화되어 유해균이 살아남지 못한다. 또한 소나무와 매실이 어우러진 농축액은 이질균, 장티푸스균, 대장균의 발육을 억제하고 장염 비브리오균에도 향균작용을 하는 것으로 알려져 있다. 전염병이 유행할 때나 전쟁터에서 매실이 유용하게 쓰였던 것도 이러한 살균효과 때문이다. 특히 오매는 간티스토마에 효험이 있다.

<참고자료> KBS 건강 365 1999년 7월호

매실이 가지고 있는 성분의 작용

▶ 구연산, 사과산 등

매실에는 구연산, 사과산, 초박산 등 유기산이 많이 함유되어 있다. 그중에서도 구연산이 특히 풍부한데 구연산은 우리 몸의 피로물질인 젖산을 분해시켜 몸 밖으로 배출시키는 작용을 한다. 구연산이 몸속의 피로물질을 씻어내는 능력은 무려 포도당의 10배이다.

매실의 주성분인 구연산(신맛)의 살균효과다. 85년에 간행된 화한약(和漢藥)에 따르면 이질, 설사, 유행성감기, 장티푸스, 콜레라균 등을 5～60분 이내에 죽여 버린다고 한다. 그동안의 폭넓은 내 경험에 비추어 보더라도 매실 미숫가루 등 매실 가공품을 먹고 이 같은 병이 씻은 듯 나아버리는 것을 숱하게 보아왔다. 또 하나는 '구연산 사이클 효과'다. '크레브스(Krebs) 사이클 효과'라고도 불리는 것은 영국의 의학자 크레브스가 1937년에 이 효과를 발견하고 53년에 노벨 의학상을 받았기 때문이다. 그에 따르면 우리가 섭취한 영양은 소화, 흡수되는 과정에서 인체에 불리하게 작용하는 초성포도산도 발생한다는 것이다. 이것이 체내에 쌓여 체질이 산성화되고 나중에는 온갖 성인병으로 발전된다고 한다. 매실에 다량으로 함유된 천연구연산은 초성포도산 등 인체 내부의 이 같은 유해물질을 몰아내는 한편 체질을 약알칼리성으로 바뀌게 한다. 오장육부와 뇌신경 등 인체 내부의 신진대사를 적절히 촉진·조정해 심신의 건강을 유지시켜 주는 것이다.

<참고자료> KBS 건강 365 1999년 7월호

▶ 신 맛

육류와 인스턴트 음식을 많이 섭취하면 체질은 산성으로 기운다. 몸이 산성으로 기울면 두통, 현기증, 불면증, 피로 등 증상이 쉽게 나타난다. 매실은 신맛이 강하지만 알칼리성 식품이다. 매실을 꾸준히 먹으면 체질이 산성으로 기우는 것을 막아 약알칼리성으로 유지할 수 있다.

▶ 피르부산

술을 마시고 난 뒤 매실 농축액을 물에 타서 마시면 다음 날 아침에 한결 가뿐하다.

▶ 비타민, 무기질

'매실은 3독을 없앤다.'라는 말이 있다. 3독이란 음식물의 독, 피 속의 독, 물의 독을 말하는 것이다. 매실에는 피크린산이라는 성분이 미량 들어 있는데 이것이 독성물질을 분해하는 역할을 한다.

건강·자연식품의 범주 속에 소나무와 매실의 가치

오늘날 우리의 식생활에 여러 가지 문제를 일으키고 있는 것은 인스턴트식품, 가공식품, 식품 첨가물 등의 범람이다. 또한 현재 건강식품, 자연식품은 무지(無知)보다는 사람들의 심리작용을 이용하여 시장에 범람하고 있으나 이제는 비판의 소리가 앞서고 있는 것 같다. 최근 학계 일각에서는 시중에 범람하고 있는 건강식품에 대해 효능이나 독성을 증명해 권장할 것은 권장하고 제재할 것은 제재해야 한다는 의

견이 개진되고 있다.

▶ 분류에 따른 정의

'자연식품'은 제1차 산품, 특히 유기 농산물과 가공식품으로 분류되는데 제1차 산품은 유기농법과 자연농법에 따른 무농약 미곡과 야채, 열매류, 양식하지 않은 수산물, 배합사료 등에 의한 사육이 아니라 초지 사육에 의한 축산물 등이 여기에 속한다.

'가공식품'은 화학성분이 첨가되지 않은 것, 잔류농약이 포함되지 않은 것, 예부터 내려오는 제조법에 의한 것, 원재료에 들어 있는 성분에 해가 되지 않는 가공일 것 등이 그 조건이 된다.

따라서 자연식품을 넓은 의미로 주식, 부식, 간식, 조미료 등으로 표현한다면 건강식품은 보완적 식품으로 이것을 섭취하여 적극적으로 건강을 유지하거나 증진시키는 것을 목적으로 하는 식품으로 표현할 수 있다.

건강을 위주로 한 식품을 보통식품과 비교해보면 함유성분과 제조법에 특징이 있는데 이는

① 민간요법으로 예부터 경험에 따라 유용성이 인정된 것(전승적 식효식품)이다.

② 영양소의 보완적인 것으로 문헌상이나 학회 등에서 성분의 특징이 알려져 있는 비타민(Vitamin), 무기질(Mineral), 아미노산(Amino acid) 등을 주성분으로 한 식품(영양보조식품)으로 분류된다. 이 외 영양보조로서가 아닌 저염, 저칼로리 등의 보급을 권장하는 조정식품과 식물섬유 등 'Diet Food'을 생각할 수 있다. 이것은 넓은 의미로서의 건강을 위주로 한 식품에 해당됨을 알 수 있다. 따라서 자연식품에 속하면서 건강을 지켜주는 식품은 많이 있고 또한 주위에서 쉽게 찾을 수 있으나 식품의 지혜가 없다 보니 찾지 못하고 시중에 범람하는 알 수 없는 식품에 현혹되기 쉬운 것이 현실이다. 그러나 자연에서 자생하고 있는 소나무가 이 식품의 범위에 가장 근접한 식물임이 틀림없는 것은 자체 가지고 있는 식용·약용의 효능 가치 때문이다.

▶ 식용·약용의 범위

중국에서 가장 오래된 의서(醫書) 가운데 하나인 『황제 내경(皇帝 內經)』의 '소문(素問)'에 음식은 "공복을 채울 때는 음식물이라고 하고 병을 고칠 때는 약이라 한다."라고 쓰여 있다. 즉 음식물과 약을 같은 것으로 본 것이다.

"음식물은 좋은 약이 되기도 한다."라고 하는 동양 의학적(東洋 醫學的) 발상에서도 식품이라는 토대 위에 눈에 뜨이는 일부 식품이 신체의 조직기능을 증진시키거나 또는 질병에 대한 예방과 치료라는 목적의식을 세우게 하였고 의약품이라고 하는 누각을 세웠다고 할 수 있다.

코마샬의 연구결과를 인용하자면 음식물은 약이 되지만 의약품은 음식물이 될 수 없다는 것이다. 80년대는 포식의 시대 또는 영양소 과잉섭취시대라고 불리지만 이것은 지방과 탄수화물, 거기에 구성성분인 단백질 등 에너지원인 영양소를 과잉섭취하는 데서 생겨난 말이다. 이런 과잉섭취 속에서는 미량의 영양소가 부족하여도 그냥 지나치게 되는데 특히 여성의 1 / 3가량이 빈혈증상을 나타내고 있다는 것이다. 이런 현상은 철분이 부족하면 적혈구가 감소한다는 사실은 알고 있지만 철이 체내에 흡수되는 데는 비타민(Vitamin) C가 필요하고 B_{12}와 엽산 등 비타민(Vitamin)과 구리(Cu), 코발트(Cobalt)의 무기질(Mineral)이 함께 있어야만 적혈구를 생성할 수 있다는 것은 잘 알지 못한다. 따라서 이 모든 것을 균형 있게 잘 섭취하지 못하기 때문에 빈혈에 걸리는 것이다. 따라서 부족하거나 결여된 영양소를 보충함에 따라 병의 예방과 치료가 가능하게 된다. 따라서 이것을 만족시킬 수 있는 자연식물인 소나무와 과일인 매실은 예부터 내려온 구황식품으로 사람에게 강건함을 줄 수 있는 효능에서 알 수 있다.

송매(松梅: 소나무와 매실이 어우러진) 식품이란?

이는 소나무와 매실(송매)의 발효 액즙이 어우러져서 제조된 식품을 일컫는다.

소나무는 약의 신으로 제사 지내는 신농씨(神農氏) 사당 가운데 장수의 열 가지 (십장생)로 선정된 나무로는 유일하게 지목되었다. 불로장수의 비법은 산중에 들어간 수행자, 즉 선인은 곡물을 피하고 솔잎을 상식하여 그 정기 때문에 천안(天眼), 천이(天耳), 숙명(宿命), 타심(他心), 신족(神足)의 오통력(五通力)을 얻어 장수를 유지할 수 있다는 선인들의 체험에서 증명된다. 수도승이 단식으로 들어갈 때 솔잎을 한 줌 먹는 것은 체내에 잠긴 일체의 사독(師毒)을 내버리고 기력을 유지하기 위해서라고 한다. 이와 같이 소나무는 장기간 생식하면 늙지 않고 몸이 가벼워지며 힘이 나고 흰머리가 검어지고 추위와 배고픔을 모른다고 해서 신선식품이라고 하였다. 옛 고서에 기록된 것같이 소나무는 몸의 조직을 활성화시키고 체력을 길러 자연치유력(생체 항상성 유지)을 높이는 데 도움을 준다. 솔잎에 없는 Vitamin B와 E는 송화가루가 묻어 있는 송실에서, 부족한 탄수화물은 소나무 껍질 속에서, 부족한 지방은 솔 씨에서 보충할 수 있다. 따라서 소나무는 거의 완전식품이다. 특히 아스파라긴산과 아연, 유기 동, 칼슘, 칼륨, 철 등이 생명의 근원인 혈액의 헤모글로빈 합성을 돕고 신진대사작용을 잘 해 만성피로와 스태미너를 증진시켜 남성, 여성을 강하게 한다.

소나무를 이용하여 만든 식품이 기적 같은 건강개선 효과가 나타나는 이유는 필수아미노산과 각종 성분이 몸속에서 여러 가지 생화학 작용을 하는 결과라는 것을 고문헌 이외에 최근 석·박사논문에서 이를 입증해주고 있다. 또한 매실 자체에서 나온 엑스는 三毒, 즉 수독, 혈독, 식독을 없애며 마크로파지((Macrophage): 우리들의 몸에 바이러스나 세균과 같은 외부의 적이 침입해 들어오면 우리들의 혈액을 따라 무시로 순찰하고 있는 마크로파지라는 백혈구가 제일 먼저 발견하게 된다. 이와 같이 이는 식균세포(食菌細胞)로 이물질(異物質)을 잡아먹는 세포이다) 기능을 강화시킨다. 마크로파지(Macrophage) 기능이 활성화되면 심장으로 가는 혈관의 지질을 처리해주는 작용이 있어 이것을 먹으면 소화가 잘 된다. 또한 매실의 매육(매실의 속살), 엑스(약물 또는 음식물의 유효성분을 추출하여 진한 즙으로 만든 것)는 강력한 것이어서 산독화 물질인 유산이나 초성포도산을 천연구연산으로 우리 몸 안에 축적된 유산을 탄산가스와 물로 분해시켜 몸 밖으로 배출하므로 피로를 제거해준다. 또한 매실 속에는 간장의 기능을 향상시키는 중요한 대사증강체인 피루브산이 있는데 이 피루브산은 간장을 자극하여 간장의 해독작용을 높여준다. 매실에는 강력한 건위(健胃), 정장의 효과가 있는데 성분 중의 하나인 카데킨산이 장내의 항균, 살균작용을 높여 정장작용을 하게 되므로 설사와 변비에 즉효를 나타내는 것이다. 매실은 체내에 흡수되기 어려운 칼슘의 흡수를 크게 도와주며, 원기회복, 식용증진, 식중독균 살균효과까지 가지고 있다. 또한 복통, 설사, 감기, 변비 등에도 놀라울 정도로 효험이 크다. 매실 농축액은 성별에 관계없이 혈 중 젖산 수준을 감소시켜 운동 후 원기회복에 긍정적인 효과를 미친다.

고대희랍의 의사 헤로휠스(Herophilus)는 "만약 건강이 없으면 학문도 기예(技藝)도 다 그 효용을 나타낼 수 없고 힘도 쓸 수 없고 부(富)도 소용없고 웅변도 또한 무력하다."라고 하였다. 이는 바로 건강이야말로 인생의 최대 행복이고 고래(古來)로 인간의 행복은 그 병약(病弱)보다도 큰 것이 없었다는 명언이다.

소나무와 매실(송매)의 발효 액즙이란 100%의 소나무(솔잎, 송실, 송피, 송화) 엑스와 매실 농축물로 고형분 20% 이상이며 고형분 중 유기산(구연산으로) 함량이 4.5% 이상인 매실 엑스를 합쳐서 제조된 제품이기 때문에 위에서 언급된 효능을 배가시킬 수 있다는 것이다.

▶ 소나무와 매실을 신선식품으로 평가되어 왔다

예부터 소나무는 장기간 생식하면 늙지 않고 몸이 가벼워지며 힘이 나고 흰머리가 검어지고 추위와 배고픔을 모른다고 해서 신선식품이라 했다. 동의보감에도 "소나무는 풍습창을 다스리고 머리털을 나게 하며 오장을 편하게 하고 곡식 대용으로 쓴다."라고 말하고 있다. 현대의 민간요법에서도 소나무에 함유되어 있는 옥실팔티민산이 젊음을 유지시켜 주는 강력한 작용을 한다고 밝히고 있다. 또한 매실은 예로부터 장수하는 사람들이 애용해오던 식품이었다. 약 3000년 전부터 이용된 매실은 중국의 최고의 약서인 「신농본경전」과 우리나라 허준의 『동의보감』 등 여러 한방서에 자세히 기록되어 있다. 매실의 주성분인 구연산(신맛)의 살균효과다. 85년에 간행된 화한약(和漢藥)에 따르면 이질, 설사, 유행성감기, 장티푸스, 콜레라균 등을 5~60분 이내에 죽여 버린다고 한다. 또 하나는 '구연산 사이클 효과'다. '크레브스(Krebs) 사이클 효과'라고도 불리는 것은 영국의 의학자 크레브스가 1937년에 이 효과를 발견하고 53년에 노벨 의학상을 받았기 때문이다. 그에 따르면 우리가 섭취한 영양은 소화·흡수되는 과정에서 인체에 불리하게 작용하는 초성포도산도 발생한다는 것이다. 이것이 체내에 쌓여 체질이 산성화되고 나중에는 온갖 성인병으로 발전된다고 한다. 매실에 다량으로 함유된 천연구연산은 초성포도산 등 인체 내부의 이 같은 유해물질을 몰아내는 한편 체질을 약알칼리성으로 바뀌게 한다. 오장육부와 뇌신경 등 인체 내부의 신진대사를 적절히 촉진, 조정해 심신의 건강을 유지시켜 주는 것이다.

인간에게 질병이라는 고통을 신(神)은 안겨주었지만, 동시에 그 치료 수단까지 제공해준 것이다. 그러나 이렇듯 선인들의 지혜가 담겨 있는 숱한 민간요법은 눈부시게 발전하는 현대 의학의 위세에 짓눌려 점차 퇴색해왔다. 이는 민간요법에서 제시된 치유법들이 비과학적이라는 점에서 비롯되는데, 최근 들어 민간요법의 과학적 측면이 하나하나 규명됨에 따라 이에 대한 일반 의식 또한 달라지고 있다. 즉 많은 의학품 광고가 생약(生藥)성분이 함유되어 있다는 점을 강조하고 있으며, 그래야만 더욱 잘 팔린다는 업계 측의 이야기는 그 한 맥락이라 할 수 있다. 현대 의학의 가장 큰 한계인 약화, 즉 부작용의 위험이 전혀 없고 신비스러움까지 배어 있는 민간요법의 놀라운 신통력이 새롭게 조명되고 있는 것이다. 아울러 수백 년을 내려오면서 많은 사람들의 체험에서 빚어진 민간요법이야말로 가장 임상적이고 과학적인 치료법이라는 많은 의학자들의 주장도 설득력 있게 받아들여지고 있다. 이에 소나무와 매실은 생활 주변에서 손쉽게 얻을 수 있는 식물들로 갖가지 질병에 어떻게 쓰여 왔는지는 앞서 설명을 하였다. 그러나 소나무와 매실이 어우러져 제조된 이 식품이 민간요법의 해당 증상에 항상 전능(全能)한 것은 아니고, 개개인의 체질과 질

병의 정도에 따라 효과가 달리 나타날 수 있으나 예부터 이용되어 왔기에 신선식품
이라고 알려져 온 것이 아닐까 생각해본다.

▶ 송매(소나무와 매실이 어우러진) 발효액즙은 어디에 잘 듣는가?

소나무와 매실의 어우러진 발효액즙은 식품이기 때문에 약처럼 "어디에 잘 듣는
다.", "병이 낫는다." 등의 말은 할 수가 없으며 해서도 아니 된다. 이 발효액즙은
몸의 조직을 활성화시키고 체력을 길러 자연치유력을 높이는 데 도움을 주는 식품
이다. 또한 발효액즙은 병이나 상처를 치유하는 약이 아니라 사람이 태어나면서 본
래부터 가지고 있는 능력을 향상시키기 위해 만들어진 것이다. 자연치유력이 본래
상태로 회복되어 체질을 개선함으로써 결과적으로 본인 스스로가 정신적·육체적으
로 불안정한 곳을 바로잡아가는 것이다. 일찍이 서양의학의 시조 '히포크라테스'는
"식사로서 고칠 수 없는 병은 약으로도 고칠 수 없다."라고 강조하였고 "병은 우리
들이 간직하고 있는 자연의 힘, 즉 자연치유력으로 고칠 수 있다."라고 역설하였다.
또한 병이라는 것은 '이상조건의 생명현상'이므로 병을 치료하는 데는 그 잘못된
이상조건만 없애주면 되는 것으로 미국의 유명한 생리학자인 W. B. 카논 박사는
이와 같은 잘못된 이상조건을 없애주는 일은 우리들 몸에서 자동적으로 할 수 있으
며 몸의 모든 조건을 자동적으로 해줄 수 있기 때문이며 이것을 생체 항상성 유지
(Homeostasis)라고 지적하면서 이것이 자연치유력이라 하였다. 그러나 "병은 우리들
의 잘못된 생활태도를 버리고 올바른 건강생활로 돌아가라는 경고현상"이기 때문에
우리들 스스로가 우리들 몸의 건강을 지켜나가는 것이라 할 수 있다.

▶ 송매(소나무와 매실이 어우러진) 발효액즙의 보존기간

천연발효 가공방법으로 제조한 발효원액(물을 혼합시키지 않은 것)은 과일과 야채
등 천연재료로 발효를 억제시킴으로써 서늘한 곳에 보관한다면 몇 년이라도 두고두
고 복용할 수 있다. 단 장점으로는 열을 전혀 가하지 아니하여 소나무와 매실에 들
어 있는 영양성분 자체가 어우러져 효소화가 되도록 하였으며 오래 둘수록 효능 면에

서는 좋으나 단점으로는 소나무가 가지고 있는 엽록소가 발효원액 내에 함유되어 있는 유기산과 산화작용을 함으로써 갈변현상이 일어난다는 것이다. 그러나 영양적인 성분상에는 아무런 변화가 없다.

물을 혼합한 음료는 10℃ 이하 냉장보관을 하여야 한다. 이것은 물을 혼합함으로써 가수분해가 일어나 발효가 시작되기 때문에 반듯이 냉장보관을 함으로써 보존기간을 늘릴 수가 있다.

※ 보관요령 설명 시 주의

> 소나무, 매실이 어우러져 제조된 발효액즙은 서늘한 곳에 보관하도록 할 것이며 '2년'이라는 유효기간을 가지고 있다. 그러나 물을 가한 음료는 반듯이 10℃ 이하나 냉장 시를 전제로 하여 '6개월'이라는 유효기간 표시를 한 것이다.

소나무와 매실은 체력을 강건하게 하여 준다

"보기에는 훌륭한 체격인데 체력이 없다."라는 말은 젊은 세대를 두고 나온 말이다. 체격은 우람하여 좋게 보이는데 정말 강건한 것인가. 그렇지가 않다. 체력은 약해지고 끈기가 없고 질병에 대한 저항력도 없어 시름시름 잘 앓고 또한 질병에 걸리면 오래 앓는다. 특히 성인병까지 겹쳐 일어나고 있다. 이는 겉보기에는 건강한데 내성은 약해졌다는 것이다. 이것은 서양의 음식문화가 가져다준 결과라 본다. 다시 말해서 영양가가 높은 음식만이 좋다고 과신한 사람들은 가장 중요한 건강을 잃고 있다는 것이다. 이러한 원인에 대해서 근대에 와서는 자연의 섭리 속에서 오랫동안 우리 곁에 있었던 토종 식물(植物)에 대해 그 의미를 되새기는 기회가 되어 매일같이 합성식품이나 인스턴트식품만을 먹고 있어서는 체력뿐만 아니라 생명을 영위해나가는 일이 뒤틀려지는 것은 당연하다고 귀결지을 수 있다. 이제는 우리 조상들이 약도 의사도 없는 시대에 하나하나 체험에 의해서 확인되고 이용하였던 '우리 주위의 식물'들이 우리들의 생명과 건강에 있어서 자연스럽게 도움을 주는 것이 아닌가 하고 음미해본다. 이 가운데 청정하게 굳은 기상과 강한 생명력을 보여주는 만수지왕(萬樹之王)의 소나무와 매실의 가치는 소중하다 하겠다. 이러한 소나무는 우리나라에서 예부터 우리 문화의 대명사로 군림하면서 민간약이나 식용으로 이용되어 생활에 많은 보탬을 주어 흉년이나 전쟁으로 인한 기근 때에 구황식품(救荒食品)으로 이용되었음은 많은 고문헌에 기록되어 있다. 이것은 소나무만이 갖는 왕성한 생명력, 불가사의한 효력, 식량으로서의 가치를 우리 조상들이 자연이 주는 혜택으로 존중했음을 뜻한다. 특히 약효에 대해서도 수를 헤아릴 수 없을 정도로 많은 질병의 민간약으로 쓰여 왔던 것이 동의보감 등 수많은 고문헌에 기록되어 있다. 또한 매실은 알칼리성 식품의 왕이라고 불리며 매실에는 쿠엔산(citric acid.)이라고 하는 것이 신진대사를 활발히 해서 병노회복, 체력증진에도 도움이 많이 된다고 한다. 또한 살균, 해독(음식, 물, 혈액에 대해 해독), 혈액정화작용을 해서 옛날에는 식탁의 상비식으로서 많이 이용되었지만 한때 일본에서는 우메보시(매실을 말려 만든 식품)에 염분이 너무 많이 함유되어 있다고 해서 특히 젊은 사람들은 우메보시를 많이 안 먹는 경향이 있었다. 하지만 일본 내에서도 이 우메보시를 재개발하여 염분을 좀 억제시켜 건강식품으로서 매실잼, 매실제리 등 많은 제품으로 재탄생되어 더욱 사랑받는 식품으로 자리잡게 되었다.

만성병이나 성인병은 병적인 물질(독소나 노폐물)이 몸 안에 쌓이기 때문에 일어나며 이 때문에 만성질환을 일으킨다. 그러므로 고혈압이나 성인병은 그 근본을 해소하지 않으면 영원히 치유가 불가능하다. 그러나 소나무와 매실은 간장과 신장의 기능을 정상화시키는 힘이 높기 때문에 병이 되는 물질을 분해하는 작용을 함으로써 몸 안에 들어온 독소를 몸 밖으로 배출하도록 해주는 것이다. 또 소나무에 함유된 Sitostanol은 콜레스테롤 흡수를 저해시켜 몸 안의 콜레스테롤치를 정상화하는 역할과 소나무와 매실은 혈액의 정화작용에도 커다란 효과를 발휘하고 있다. 혈액이 오염되어 깨끗하지 못하면 신장뿐만 아니라 여러 장기에도 장해를 가져와 피로감이 강해지고 하찮은 일에도 병에 걸리기 쉽고 그것이 정신에도 영향을 미쳐서 매사가 귀찮아지고 소극적인 성격이 되어버린다. 또한 신진대사의 밸런스가 뒤틀려지면 몸의 저항력이 약해지거나 병에 대한 면역력이 저하된다. 이럴 때 소나무 엑스를 음용하면 임파구(淋巴球)의 증대가 촉진되어 다른 세포의 부활도 촉진함으로써 건강을 유지할 수가 있다는 것이다. 이와 같이 소나무와 매실에는 만성병, 난치병, 지병(持病) 등 증상에만 효과가 있는 것이 아니라 혈액, 세포, 독소 등 신체의 모든 부분에 영향을 주어 체력을 강건하게 함으로써 근본적으로 건강을 회복시키는 만능약(萬能藥)과 같은 효과를 가진 식물(植物)이라고 일컬을 수가 있다.

송매(소나무와 매실이 어우러진) 발효액즙은 Sports 음료의 대용물로 충분하다

음료(飮料)란 "음료수나 미네랄워터에 향기물질과 당류를 가해서 이산화탄소를 압입(壓入)한 또는 하지 아니한 것으로서 알코올을 0.5% 이상 함유하지 않은 음료"로 독일(獨逸)에서는 정의하고 있다. 음료는 일반적으로 청량감(淸凉感)을 부여하고 목의 갈증을 해소하며 알코올을 함유하지 않은 감미, 산미, 향미를 가진 것이라고 정의하고 있으며 우리나라에서는 식품공전(食品公典)의 분류에 따라 탄산음료, 과채류음료(주스), 두류 음료, 유산균 음료, 혼합 음료, 분말 청량음료 등 6가지로 대별되는데 이 중 Sports음료는 혼합음료에 속하며 이는 일반적으로 착향 탄산음료와 비슷한 제법으로 만드는데 흡수되기 쉬운 전해질이 함유되어 있어 이온음료 또는 전해질음료라고도 한다.

이 음료는 양이온으로 나트륨, 마그네슘, 칼륨, 칼슘 등이 사용되고 음이온으로는 염소(CL), 구연산, 젖산 등이 사용된다고 한다.

지금까지 많은 연구자들의 보고에 의하면 체중의 2%에 해당되는 적은 량의 수분 소실이라도 운동수행능력이 저하되며 체중의 5% 이상 소실 시는 활동수행능력이 약 30% 정도 감소된다고 한다. 특히 경기 중이거나 연습 중 또는 연습 후에 적당한 수분 보급은 운동선수에게서 열 손상의 위험인자인 체온상승을 최소한으로 억제하는 첫 단계임이 잘 알려져 있다. 따라서 운동 중에 일정한 간격으로 시원한 음료를 섭취하는 것은 경기자의 건강을 유지하기 위해서도 매우 중요한 일이다.

Sports음료는 1965년 미국 플로리다 주립대학교의 '로버트 케토' 박사가 미식 축구 선수들이 경기 도중 탈수현상으로 열사병을 일으켜 사망하자 이를 미연에 방지하고 운동수행능력을 끌어올릴 목적으로 개발한 것이 그 시초라고 알려져 있다.

Sports음료의 내용물은 크게 나누어 당류, 무기질, 유기산류, 비타민류, 향료 등을 혼합하여 제조되어 있고 그중에는 철새의 중요한 에너지원으로 근육기능개선과 기초대사증진 등에 효과가 있다고 알려져 있는 생리활성물질인 옥타코사놀(octacosanol)을 첨가하여 지구력을 증강시키며 장관에 유익한 비피더스균을 활성화시켜 장관의 연동운동을 촉진해준다는 저칼로리 감미료인 올리고당을 사용하기도 하는 등 현재 게토레이, 스포닉스, 이오니카 등 스포츠음료가 시판되고 있으나 큰 효과는 없다는 것이다. Sports음료는 물을 먹었을 때와 다름없는 생리적 기능(生理的 機能)을 유지하며 운동수행능력은 오히려 물보다 우수하여야 한다고 학자들은 말하고 있다.

특히 Sports음료는 장에서의 액체 흡수(吸收)를 촉진시켜야 하므로 이 존재는 포도당과 나트륨으로 음료 중의 액체나 영양소는 소장의 점막으로부터 흡수되어 혈관을 통해 간으로 운반되므로 음료의 생리적, 화학적 특성이 소장에서의 흡수에 영향을 미치는데 포도당과 나트륨은 액체의 흡수를 촉진시킨다. 그 생리적 기능을 보면 포도당과 나트륨에 의한 능동수송에 의해서 소장 점막세포의 몰 삼투압 농도는 소장 내에 들어온 섭취액체의 몰 삼투압 농도보다도 높게 되어 결국 액체의 흡수가 일어나게 되므로 포도당과 나트륨 혼합물은 액체 흡수를 촉진하는 기능을 가지고 있다는 것이다. 따라서 현재 설사로 인한 수분 손실을 보충하기 위한 경구용, 수분 공급 제제에 이 혼합물이 처방되고 또한 Sports음료에는 포도당이나 설탕이 대략 6~8% 정도 함유되어 있는데 이는 근육을 움직이는 에너지를 공급하는 원천이 되고 있으나 당질함량이 많으면 복부경련, 구토, 설사의 원인이 되는 경우가 있으므로 통상적으로 10% 전후 함유시키는 것이 효과적이라고 말하고 있다.

특히 한 시간당 당질을 적어도 25~30g 섭취하면 운동능력이 향상된다고 하여

ACSM(미국 스포츠 의학협회)에서는 운동 중에 15~20분마다 액체 4~8온스 섭취하도록 권장하고 있는데 이 권장량에 따라 계산하여 보면 음료의 당질농도는 약 6% 정도로 하는 것이 타당하다.

따라서 6% 정도의 당질이 함유된 음료를 15~20분마다 약 120~240㎖씩 마시면 한 시간에 당질 25~30g 정도 공급할 수 있다는 것이다. 더욱이 Sports 음료는 전해질이 중요하다. 무기질은 체내에서 분포량에 따라 다르지만 다음 두 가지 조건하에서 운동수행능력을 증강시키는데 그 첫 번째는 운동선수가 특정의 무기질이 부족하면 그 부족으로 인하여 운동수행능력에 악영향을 미치고 두 번째는 무기질 섭취량을 증가시키면 체내에서 본래의 기능을 더욱 북돋우어 결국 운동수행능력을 증대시킬 수 있다는 것이다.

신체의 표면으로 흘러나오는 땀에는 여러 종류의 유기 및 무기용질이 함유되어 있어 땀을 많이 흘릴 경우 자연히 이들 성분의 손실이 많아지게 된다. 땀과 혈장의 주요 전해질의 정상적인 농도범위를 Williams(1992) 등이 발표한 것은 아래의 표와 같다.

표에서 보는 바와 같이 땀은 혈장에 비하여 수분은 많으나 나트륨과 칼슘, 염화물은 적다. 따라서 운동이나 열 노출(사우나와 같은 조건) 시 종종 혈장의 전해질농도를 증가시킨다. 수분과 전해질 불균형은 나트륨 제한 식이를 섭취하고 있는 사람들에게서 흔히 일어난다고 한다. 이와 같은 불균형은 더운 조건하에서 장시간 또는 반복해서 운동하는 경우에도 일어나곤 한다. 많은 지구력을 요하는 운동선수들에게서 보고된 바 있다고 한다.

그러나 빈번히 일어나는 증상은 아니며 소량의 나트륨이 들어 있는 음료수를 섭취 보충하여 주면 이런 전해질 장해의 위험은 쉽게 줄일 수 있다. 그리고 Sports음료는 기호성 및 영양적이어야 한다. 맛, 향기, 시큼함, 입 촉감, 감미 등 미각은 음료의 기호성과 소비량에 영향을 미치므로 항상 시원하고 상쾌한 풍미를 지녀야 할 뿐만 아니라 감미가 있으면서 기호성이 높은 음료이어야만 하며 그 외 영양적인 가치가 풍부하여 위에 부담이 없고 갈증이 나거나 피로할 때 부담 없이 마실 수 있는 음료이어야 한다.

　이와 같이 Sports음료의 생리적 기능을 충족시킬 수 있는 식품으로는 소나무에서 추출한 추출액과 청매실을 어우러지게 하여 발효시킨 액즙을 이용하여 개발한 식품이 그 기능을 충족시킬 수 있다는 확신을 갖게 되었다.

　이 발효액즙은 부담 없이 마실 수 있으며 전혀 독성이 없고 소화를 촉진시켜 위에는 부담이 없고 장에서는 신속히 흡수되어 세포외액을 정상으로 유지시켜 줄 뿐 아니라 인공 화학 물질이 전혀 첨가되지 아니하면서 천연재료(꿀, 과일, 야채)만이 첨가되어 당질의 농도를 알맞게 조정하였고 특히 섬유질로 인하여 활동하는 에너지원으로 또한 수분 보급원으로서 효과적이다.

땀, 혈장, 세포액 내의 전해질 농도(m mol / l)

전해질	땀	혈　장	세포내액
나트륨	20～80	130～155	10
칼　륨	4～8	3.2～5.5	150
칼　슘	0～1	2.1～2.9	0
마그네슘	<2.0	0.7～1.5	15
염화물	20～60	96～110	8
중탄산염	0～35	23.28	10
인산염	0.1～0.2	0.7～1.6	65
황산염	0.1～2.0	0.3～0.9	10

　기호성은 천연재료에서 그대로 나오는 맛과 향기 등으로 입 냄새를 없애주어 항상 상쾌한 풍미를 가지고 있으며 영양학적으로도 예부터 구황식품으로 활용하였던 것과 같이 풍부한 영양원을 가지고 있어 이 발효액즙은 운동 이외에도 레저 활동, 힘든 육체노동, 목욕 후, 음주 전후, 장거리 여행, 실외업무, 시험공부 등에 의한 스트레스 발생을 억제시킬 수 있다고 하며 계속적인 연구가 진행되고 있다.

　또한 벌꿀 속에 함유되어 있는 전해질인 무기물을 주로 칼륨, 질소, 나트륨, 염소, 유황, 칼슘, 마그네슘, 철, 동, 니켈, 바륨 등이 미량 존재하므로 송매 발효액즙은 Sports음료의 가치를 더욱 높여 주고 있다.

특히 소나무와 매실이 가지고 있는 성질과 첨가물의 특성으로 발효액즙의 효과를 크게 대별한다면 첫째, 혈액순환을 촉진시켜주고 둘째, 신체의 세포액을 개선하고 체내 유독 물질을 분해하며 셋째, 직접살균과 함께 전신의 항균능력을 강화시켜줄 뿐 아니라 넷째, 신체의 정상세포로 하여금 같은 성질의 세포를 형성케 하는 능력을 부여한다. 다섯째, 스트레스를 덜어주는 기능과 신체 각 부위를 활성화시켜 창의력을 향상시키는 두뇌개발에도 매우 효과적이다. 여섯째, 독성이 전혀 없을 뿐 아니라 오래 복용해도 내성이나 습관성이 없고 연속 복용하다가 중단해도 금단(禁斷)증상이 없다는 것이다.

소나무와 매실이 어우러진 식품은 간장보호 및 숙취(宿醉)해소에 효과가 있다

세계보건기구(WHO)는 1998년 '적당한 음주'란 말을 '덜 위험한 음주'로 바꿨다. 그만큼 술은 해롭다. 술을 마시면 알코올은 위에서 10%, 소장에서 90% 정도 흡수되어 온몸의 핏줄을 타고 돈다. 혈 중 알코올은 뇌에 영향을 미치는데 뇌의 부위별로 어떻게 영향을 미치는지에 따라 주사(酒邪)가 달라진다. 간에서는 혈 중 알코올의 90%를 물과 이산화탄소로 분해하는데 이 과정에서 부산물로 생긴 '지방독'이 간세포에 쌓이는 것이 지방변성이다. 3~5일 정도 술을 마시지 않으면 지방독이 해독되어 정상간으로 복귀한다.

술을 마시면 술의 주성분인 에탄올이 간장에서 분해되어 아세트알데히드(acetalde-hyde)라는 성분이 몸에 유해물질로 분해되며 다시 아세트알데히드(acetaldehyde)는 분해하여 몸에 무해한 아세트산이 된다. 그리고 아세트산을 탄산가스와 물로 분해하는 것이다. 이 에탄올 분해 및 아세트알데히드(acetaldehyde) 분해 시 알코올탈수소효소와 아세트알데히드(acetaldehyde)탈수소효소가 작용하여 분해를 돕는다. 이러한 일련의 과정을 통해 알코올이 분해되는데 이런 알코올대사가 잘 되지 않을 때에는 숙취(宿醉)가 되는 것이다.

체내에 흡수된 에탄올 중 약 5%는 내쉬는 숨(呼氣)과 오줌에 소실되고 또한 에탄올이 혈 중에서 소실되는 것은 주로 간세포에 흡수되기 때문이며 90% 이상은 간장에서 대사되기 때문에 간장에서 에탄올대사를 담당하고 있는 효소계의 활성을 조정하여 주어야 숙취가 해소되는 것이다. 따라서 소나무에 함유되어 있는 시스테인(cysteine: 아미노산)은 효소의 활동을 촉진시켜 신진대사를 원활하게 하고 간에서의 해독작용을 좋게 해준다. 그러나 간장의 기능이 나빠졌을 때에는 독성작용이 아주 강한 아세트알데히드가 체내에 많이 쌓이게 되어 술이 쉽게 깨지를 못하고 머리가 아프며 전신의 컨디션이 나빠지는 숙취현상이 나타나면서 간장의 기능은 더 나빠진다. 이러한 숙취상태에서 소나무와 매실의 농축액이 어우러진 식품을 음용하게 되면 간장이 아세트알데히드(acetaldehyde)탈수소효소를 활성화시켜 에탄올대사를 촉진시키는 결과로 숙취해소에 큰 효능을 발휘하고 있음이 임상실험 결과로 나타나 있다. 특히 소나무, 매실에는 간 기능회복에 도움이 되고 효소의 활동을 촉진시켜 신진대사를 원활하게 하고 간에서 해독작용을 좋게 하는 메티오닌 등 필수아미노산이 풍부하고 비타민과 무기질이 풍부함으로 술의 대사 작용을 촉진시키기도 한다.

송매(松梅: 소나무와 매실) 발효액즙 효능 및 음용요령

▶ 제조배경

최근 현대과학을 연구하는 연구자들에 의해서 규명된 SOD(Super Oxide Dismutase)와 기타 많은 성분 등은 혈액을 정화시켜 대사성 질환에도 많은 효과를 보고 있다는 것이 증명되었고 또한 약리효과 및 기능성 식품으로서 유용성이 있는 음료용 발효액으로 질병을 예방하고 비만 및 노화를 예방할 수 있는 방법 등이 계속 연구되고 있는바 이는 자연에서 얻어지는 천연의 엽록소는 생체조절 가능성 인자의 항상성 유지로 질병을 예방하고 회복하는 데 크게 기여하고 있었으며 영양가를 파괴 손실시키지 아니할 때 효능이 배가할 수 있다는 것을 본 제품에서 찾아낼 수가 있었다. 다시 말하면 열을 전혀 가하지 아니하고 영양 효과가 높은 천연재료로서만 혼합된 제품을 제조할 때 그 우수성은 불노장생의 영약으로 평가받을 수 있을 정도의 효능을 가지고 있다는 사실이다. 따라서 소나무와 청매실을 어우러지게 하여 만들어진 발효액즙은 특수 영양식품이라고 평가받을 수 있음을 확인할 수 있었다.

▶ 효 능

송매(松梅)는 소나무의 액즙과 청매를 어우러지게 하여 가열시키지 아니한 생으로 발효시킨 제품으로서 영양적으로 완전에 가까운 식품이라고 말할 수 있다. 이 같은 생발효식품은 보존제 효과상승, 향료나 유지의 산화 분해 방지 등 안정화에도 도움을 받기 위해서 열을 가하지(끓이지 않는다) 아니하고 인공합성품(화학제품)을 첨가하지 않으며 그러한 것을 대신하여 천연산물인 각종 과일과 야채류를 첨가함으로써 천연산물이 가지고 있는 유기산류를 얻어 효과, 효능 면에서 탁월하게 제조되었다. 특히 이 제품이 가지고 있는 섬유질은 물을 흡수하여 팽창하는 성질, 유기분비를 흡착하는 성질, 이온흡착과 교환능력, 장내 미생물에 의한 분해 발효로 pH를 낮춰 장내 유용균의 증식 및 유해균 억제 등 특징을 가져 여러 생리작용에 관여한다. 또한 비만증, 소화기계질환, 콜레스테롤 대사, 심장질환, 담석증, 당뇨병, 암 등의 예방에 효과가 있다고 알려져 있으며 콜레스테롤은 간장에서 분해되어서 일부 담즙산이 되어 소장에 분비되나 보수성이 큰 식이섬유는 담즙산을 흡착하고 간장이 다시 콜레스테롤을 분해하기 때문에 혈 중 콜레스테롤을 저하시킨다고 알려져 있다. 따라서 이는 동맥경화, 심장병, 순환기계의 질환을 예방하게 되는 것이다. 그리고 식이섬유는 수분을 많이 보유하기 때문에 대변을 무르게 하고 용적을 크게 하기 때문에 배변을 용이하게 하며 이는 변비, 대장암, 충수염, 정맥류, 치질을 예방한다. 그리고 소장에서 당질의 소화 흡수가 늦어짐으로 혈당치의 상승이 억제되어 인슐린(Insulin)의 분비가 감소되기 때문에 당대사의 개선이 가능하여 당뇨병을 예방하기도 한다. 또한 당질, 단백질, 지방 등의 소화흡수를 억제하기 때문에 비만 방지에 효과가 있으며 발암성이 있는 유해물질이나 중금속류를 흡착하여 체내에서 흡수되는 것을 방지하고 몸 밖으로 배설을 빨리 하게 하는 작용도 한다. 특히 비피더스균 등 유익균의 장내 발육을 돕고 유해물질의 발생을 억제하는 효과도 있다. 이러한 많은 생리작용을 할 수 있도록 소나무와 청매를 어우러지게 하여 만든 이 식품이야말로 완벽한 영양식품이라 평할 수 있다.

▶ 음용방법

음용 시에는 두 수저 정도의 송매 발효액즙에다 소나무식초 한 수저와 물을 적당량(한 컵) 혼합하여 언제든지 음용하면 되고 차가울수록 더 음용하기에 좋다.

▶ 송매 발효액즙을 음용하고 나서

체험담 제보 1.

지금까지 소나무, 매실사이트를 검색하면서 많은 사람들의 체험담 속에 공통적으로 이야기를 기록한 내용을 위주로 그 효능에 대해서 참고하여 보았다.

소나무의 솔잎과 매실로 위와 장에 큰 효험을 봤다는 분들이 많은 걸 보면 그쪽으로는 탁월한 효과가 있는 것 같다. 그리고 숙취해소에 이보다 더 큰 효험이 없는 것 같다는 내용을 기록한 사람의 수가 상당히 많은 것을 보아 숙취해소에 좋은 것 같다. 대개 술을 좋아하는 사람들 대부분이 과음을 하고 난 후 깨끗하다는 말들을 많이들 기록하여 놓았다. 다음으로 멀미를 하는 분들이 준비를 하면 좋겠다는 것을 느낄 수가 있었다. 멀미에 참 좋았다는 사람들도 꽤나 있었고, 감기 기침 역시 그런대로 좋은 반응을 보였다. 또한 기타 편도선, 두드러기, 변비 등에도 효과가 있었다는 분들이 있었다. 그리고 비만에 사용하여 효험을 봤다는 사람들이 있었는데 저로서는 자신이 없지만 음용해서 손해 보는 게 아니니까 해볼 가치가 있다고 보아진다. 그리고 비만에 사용하려는 사람들은 이것(송매)에다 소나무식초를 타서 복용하였는데 상당한 효과가 있었다고 하고 피부에 무엇이 자꾸 나는 분들도 이 방법으로 음용하니 아주 좋다고 한다.

체험담 제보 2. 영업 쪽의 일을 한 사람이 쓴 글이다.

매일 20곳을 돌아다녀야 하는 직무에 시달려 어깨가 몹시 결려 고생을 했었다. 원래 몸이 약한 편이라 몹시 바쁘고 피로가 겹치면 항상 드링크제 같은 것을 마셔서 적당히 피로를 풀고 했었지만 심한 어깨의 통증만은 고칠 길이 없었다. 일은 계속 해야만 하고 어깨의 통증도 계속되고 해서 여간 고민이 되지 않을 수 없었다. 바로 그 무렵에 주위 사람들에 의하여 소나무와 매실을 이용한 식품이 있는데 한번 음용해보라는 권유를 받게 되었다. 그래서 우선 그 제품을 구입하니 식초를 곁들여 (혼합) 먹으면 더욱 좋을 것이라고 하여 나는 매일 밤 식후 자기 전에 송매(松梅) 발효액즙 3, 식초 1, 물 6으로 혼합하여 한 컵씩 마시는 것을 일과로 삼았다. 그러자 음용한 지 일주일째부터 어깨의 통증이 사라지고 그렇게 피로하였던 몸도 피로가 없어져 좋은 것을 알았다.

※ 매실의 효험 – 구연산 사이클 효과(권병탁 교수의 체험)

지금 교수님의 연세가 70인데도 건강한 편이라고 한다. 사실 젊은 시절에는 과로에다 폭음과 폭식까지 겹친 일상생활로 50고비를 넘길 때만 해도 건강이 아주 좋지 못했다. 남들은 건강하다고 했을지 모르나, 체중이 조금씩 늘고 아랫배가 나와서 허리띠를 연신 늘여야 했다. 머리와 몸이 무거워 동작이 느려지고 잠잘 때는 뒤숭숭한 꿈을 많이 꾸며, 어깨와 무릎, 다리가 저리고 발가락 사이가 헐었다. 시력이 감퇴되는가 하면 맥주를 마시면 설사가 나고 안 마시면 변비 증세가 있었다. 소변 색도 탁하면서 잘 나오지 않았다. 그런저런 탓으로 이렇다 할 의욕도 없었던 것이 사실이다. 인생 50년이라 하더니 이젠 별수 없군 하고 체념한 적도 없지 않았다.

그런데 지금은 어떤가.

1994년 8월 대학에서 정년퇴임한 이래 매실과 친숙해진 까닭인지 보는 사람마다 '많이 젊어졌다'고들 한다. 이것이 단순한 순 인사말만은 아닌 듯싶다.

그 이유는 이렇다.

94년 늦가을이었다. 폐계 20여 마리를 농장으로 사들여 두 갈래로 나누어 길러보았다. 한 패에게는 매실 찌꺼기를 먹이고, 다른 한 패에게는 보통 사료만 먹인 것이다. 그러자 사료를 먹은 닭은 비실비실하더니 곧장 죽어버린 데 반해, 매실 찌꺼기를 먹은 닭은 10일이 못 가서 알을 낳기 시작했다. 늦겨울 털갈이 시기를 제외하고는 마치 햇닭처럼 알을 낳고 털색도 매우 고운 것이었다. 더욱이 그중 한 마리는 만 3년이 지난 지금껏 햇닭 못지않게 알을 잘 낳고 있으니 신기한 일이다. 아마도 '구연산 사이클 효과'가 닭에게도 적용된 결과가 아닐까.

　최근 분석된 결과에 따르면 매실에 함유된 약성 효과가 가장 높은 시기는 하지(6월 21일) 전후이다. 매실에 약성 효과가 있으려면 아무리 이르다 해도 망종(6월 6일) 이후에 채취한 것이어야 한다. 그런데 우리나라에서는 5월 중순부터 어린 매실이 나돌기 시작하여 정작 6월 망종 때가 되면 그것이 시중에서 자취를 감추어버리니 안타깝기 그지없다. 어린 매실에는 주성분인 구연산은 적고 오히려 독성(비소)이 함유되어 있다. 혹 망종 이후에 구입한 것이라도 속에 씨알(핵)이 아직 영글지 않은 것은 결코 구입하지 말고 공짜로 줘도 받지 말아야 할 것이다. 체질에 구애받지 않는 효험 폐계가 매실 찌꺼기를 먹고 1~2년 동안 햇닭처럼 알을 낳는다. 18세 된 개가 젊은 새끼를 낳아 거뜬히 기르고 있다. 구연산 사이클 효과 덕분이리라. 이 같은 현상은 사람에게도 결코 예외는 아닐 성싶다. 구연산 사이클 효과란 쉽게 말하면 인체 내 피를 맑게 하는 효과라 할 수 있다. 피가 맑아진다는 것은 신진대사가 알맞게 조정, 촉진되어 몸이 건강해진다는 말과 같다. 남녀노소를 가릴 것 없이 어떤 체질에도 구애를 받지 않고 효험이 있다는 얘기다.

參考文獻

- 허균, 동의보감(1611).
- 이시진, 본초강목(1655).
- 竹內, 上田: 日本 醱酵工學會誌, 45(3), 204, (1967).
- H. Masai, S. Ohmori, T. Kaneko and H. Ebine: Agr. Biol. chem. 31, 1321, (1973).
- 박용구(朴容九): 한국식료품사. 정음사. (1974).
- 井上義昌 編: 英米故事傳說事典, 富山房, (1975).
- Etsuzo, E., Kunihiko, S., Yoshiya, K. and Hiroshi, M.: Microbicidal effect of awasezu (processed vinegar). Nippon Shokuhin Kogyo Gokkaishi, 28, 387(1981).
- 김찬조(金燦祚), 오만진(吳萬鎭) 등: 韓國産業微生物學會誌, 9(3), 139 (1981).
- 김찬조, 김교창, 김도영, 오만진, 이석건, 이수우, 정순택, 정지흔: 발효공학. 선진문화사, p.285, 1990.
- H. J. Rehm & Reed: Biotechnology vol.3, Verlag chemie, (1983).
- 안철: 식초의 규격 - 국내의 규격비교. 식품과학, 17, 60(1984).
- 장지현: 식초의 역사. 식품과학, 17, 5(1984).
- 藤卷正三 등 編集: 食料工業(柳田藤治著: 食酢), 恒星社厚生閣, (1985).
- 식품공업: 현미식초, 83, 26(1986).
- Yukimichi, K., Yasuhiro, U. and Fujiharu, Y.: The general composition, inorganic cations free amino acids and organic acid of special vinegars. Nippon Shokuhin Kogyo Gokkaishi, 34, 592(1987).
- 윤서석: 한국음식, 역사와 조리, 수학사, (1988).
- 조병희: 시판 식초의 품질 특성에 관한 연구. 서울여자대학 대학원 석사학위논문. 1988.
- 朝井勇宣: 醋酸菌 硏究 歷史. 醱酵協會誌(日本). 26, 25. 1968.
- 강춘기: 우리나라 과실류의 역사적 고찰. 한국식문화학회지. 5, 301(1990).
- Williams C and Devilin J., T: Foods, Nutrition and Sports performance. E& FN Spon, London, 1992.

- 전흥성, 박종필, 이양수, 김연순, 김종승, 김성준: 식초로부터 분리한 초산 발효균들의 특성에 관한 연구. 조선대학교 유전생물공학연구지, 2, 117. 1992.
- 박권삼, 장동석, 조학래, 박욱연: 고농도 에탄올 내성 초산균의 개발 및 배양특성. 한국영양식량학회지. 23, 666. 1994.
- 박권삼, 이명숙, 목종수, 장동석: 고농도 에탄올 내성균 Acetobacter FM−10을 이용한 초산 발효조건 검토. 한국영양식량학회지. 23, 845. 1994.
- 오영준: 배를 이용한 식초의 발효조건에 관한 연구. 한국영양식량학회지. 21, 337. 1992.
- 김해중, 조재선: 고량주 박초 제조에 관한 연구, 산업미생물학회지, 9, 191. 1981.
- 신두호, 배정: 감을 이용한 식초제조. 대전실전중경공전논문집. 16, 857. 1987.
- 김찬조, 박윤종, 이석건, 오만진: Acetobacter sp.와 그 변이주를 이용한 식초산 발효에 관한 연구(사과식초의 유기산 조성에 대하여), 산업미생물학회지, 9, 139. 1981.
- 서화중, 이명렬, 정두례: 매실 추출물이 흰쥐의 위액분비 및 사염화탄소로 유발시킨 가토의 간장장애에 미치는 영향, 한국영양식량학회지, 19, 1. 1990.
- 남성희, 유태종: 인삼성분이 천연발효에 미치는 영향, 고려인삼학회지, 4, 121. 1980.
- Krieg, N. R. and Holt, J. G.: Bergey's manual of systematic bacteriology. Williams and Wikins, Baltimore / London, Vol.1, p.267. 1984.
- Gerhardt, P., Murry, G. E., Costilow, R. N., Nester, E. W., Wood, W. A., Krieg, N, R. and Phillips, G. B.: Manual of methods for general bacteriology. American Society for Microbiology, Washington, D.C., p.85. 1981.
- 김동석: 경성대학교 박사학위논문, (1990).
- 北川博敏: 園藝食品の流通・貯藏・加工: 養賢堂(株), (1990).
- Antonia, H., Juan, F. B. and Rafael, G.,: Cellulase inhibition by polyphenols and olive fuits. Food cham., 38, 69(1990).
- 임경빈: 소나무. 한국민족문화대백과사전. 韓國情神文化硏究院. 1991.
- 大塚滋(おおつかしげる): 食の文化史. 中公新書, 1991.
- 權舜亨: 治生要覽의 調理學的 硏究. J.F.N. 1991.
- 岩科司: 植物におけるフラボノイド化合物の分布. 食品と開發, 27, 39 (1992).
- Lunec, J.: Free−radicals; Their imvolvement in disease processes, Ann. Clin.Biochem. 27, 173−182(1990).

- 宋在徹, 梁漢喆: 食品添加物學. 世文社(1993).
- 김원일: 자연을 마시는 98가지 방법. 고려문화사(1995).
- 食事で健康を守る本. '92 主婦と生活3月號第1付錄.
- 신현정: Bifidobacterium longum의 항균물질 생성 및 그 특성 연구, 성균관대학교 대학원, 석사학위논문(1996).
- 한억: 전통식초의 산업화 기술과 전망, 식품기술, 10(1997).
- 강국희: 식품생명자원총서. 성균관대학교 출판부(1997).
- 송재철, 박현정: 최신 식품가공학, 유림문화사(1997).
- 鄭東孝: 발효. 大光書林(1997).
- 강국희, 김영길, 서정희: 식품과 생명, 선문대학교 출판부(1998).
- 신재용: 신비의 특효 식초의 건강법, 가림출판사(1999).
- 하영득, 김광수: 식초의 문화사. 식품과 영양, 5(1), 1(2000).
- 동아일보 전국 종합판, 2000.3.10.
- 이광묵: 소나무를 이용한 식초산 발효에 관한 연구(2002).
- 이광묵: 영양의 보고 우리 민족수 소나무, 한농식품(2003).
- 이광묵: 소나무효소생즙과 프로폴리스, 한농식품(2003).
- 이광묵: 식이요소에 대한 일반 상식과 소나무 가치, 한국학술정보(주) (2006).
- 이광묵: 소나무의 신비, 민중일보(2006).
- 이광묵: 아름다운 살결 보존과 소나무, 한국학술정보(주)(2006).
- 김광은: 개정 흑설탕 식초농법참고, 도서출판 서원.
- 박선령 역 컬오레이저: 자연이 준 기적의 물식초, 웅진윙스.
- 윤미숙: 매실엑기스 섭취가 혈 중 유산농도와 혈청지질 성분에 미치는 영향(여자 장거리 선수를 대상으로), 경남대학교, (1988).
- 고려대부설 한국 영양 문제 연구소: 매실 엑기스의 항암성에 대한 연구.
- 고려대부설 한국 영양 문제 연구소: 동물체에 대한 매실엑기스의 영양효과 연구.
- 암세포증식에 미치는 Prunus Mume extract의 영향 연구, 고려대 논문집25－1, (1988).
- 박성희: 매실 액기스 구강 투여에 따른 유산소성 운동능력의 변, 숙명여대, (1993).
- 최건우: 매실 농축액 복용이 ALL－OUT운동후 회복정도에 미치는 영향(1991).
- Prunus속 식물(종자)의 항균력과 활성물질에 관한 연구이화여대 약학과, 1986.

- 오매의 간디스토마 살충성 물질에 관한 연구, 충남대 약학과, 1984.
- 매육엑기스 및 핵산추출물의 변이원성 억제 효과에 대하여, 일약학잡지, 1992.
- 민간 전승 약매내 엑그스의 장염비브리오에 대한 항균작용 및 Z유기산 조성, 식위지 29(6)402－407, 1988.
- 매실 투여가 장거리선수의 초대산소섭취량 및 혈액특성에 미치는 영향, 동아대부설 스포츠과학연구논문 제10호, 박상갑, 1992.
- 매실추출물이 흰쥐의 위액분비 및 사염화 탄소로 유발시킨 가토의 간장 장애에 미치는 영향, J. Korean soc. Food. Nutr. 1990.
- 노완섭, 허석현: 건강보조식품과 기능성 식품(최신개정판), 효일.
- 박원기 등: 한국식품사전(증보판), 신광출판사.
- 박영순: 질병에 따라 달라지는 식이요법, 정담.
- 이종노: 허브플러스 헬스 플러스: 허브와 함께하는 자연주의 건강법, 삼호미디어.
- 김은경 등: 생활주기 영양학(개정판), 신광출판사.
- 최은경: 매실(Prunus Mume Sieb)의 未熟胚로부터 體細胞胚 발생에 관한 연구, 전북대학교, 석사학위논문(1992).
- 이태훈: 암세포 증식에 미치는 매실(Prunus Mume) Extracts의 영향연구, 고려대학교, 박사학위논문(1988).
- 이영진: 몸안의 활성산소를 제거하라, KBS문화사업단(1998).
- 홍쌍리 아줌마의 놀라운 매실 여름 건강법, (주) 서울문화사(2001).

　　지금까지 이 책을 쓰면서 많은 참고서적과 논문 그리고 컴퓨터 해당 사이트를 검색하면서 느끼게 됨을 본다면 많은 사람들의 공통적으로 이야기를 한 체험담 속에 기록된 내용을 위주로 그 효능에 대해서 참고하여 보았다.

　　약방에 감초가 있다면 식생활에는 식초가 있었다. 식초는 인류 최초의 조미료라 부른다. 수천 년 역사를 자랑하고 전 세계 식초 종류만도 수천여 종에 이른다. '시큼한 맛'을 흔히 산성으로 알고 있지만 알칼리성이다. 피로의 주범인 유산을 분해해 원기회복에 효과가 있고 동맥경화, 고혈압 등에도 효과가 있다고 한다. 무엇보다 식초가 없으면 음식 맛에 '악센트'가 없었다. 하지만 그동안은 주(主)가 되지 못하고 부(副)로서 만족해야 했다. 그러던 식초가 최근 식초음료 열풍과 함께 수면 위로 올라서고 있다.

　　특히 소나무로 빚은 솔식초와 매실로 위와 장에 큰 효험을 봤다는 분들이 많은 걸 보면 그쪽으로는 탁월한 효과가 있는 것 같다. 그리고 숙취해소에 이보다 더 큰 효험이 없는 것 같다는 내용을 기록한 사람의 수가 상당히 많은 것을 보아 숙취해소에 좋은 것 같다. 대개 술을 좋아하는 사람들 대부분이 과음을 하고 난 후 깨끗하다는 말들을 많이들 하고 다음으로 멀미를 하는 분들이 멀미에 좋았다는 분들도 꽤나 있었고 감기 기침 역시 그런 대로 좋은 반응을 보였으며 원기회복에는 더할 나위 없이 좋다고들 한다. 기타 편도선, 두드러기, 변비 등에도 효과가 있었다는 분들이 있었으며 비만에 사용하여 효험을 봤다는 분들이 있었는데 이 글을 쓰는 사람으로는 자신이 없지만 음용해서 손해 보는 게 아니니까 해볼 가치가 있다고 보아진다. 그리고 비만에 사용하시려는 분들은 송매(소나무와 매실이 어우러진)식품에다 소나무식초를 타서 복용하였는데 상당한 효과가 있었다고 하고 피부에 무엇이 자꾸 나는 분들도 이 방법으로 음용하니 아주 좋다고 한다.

이 글을 쓰면서 또한 제품을 만들면서 공통적으로 느끼게 된 사항은 모든 참고된 곳에 기록된 사항은 지나치게 과장을 한 것 같아 100% 믿어서도 아니 되며 어디까지나 참고할 뿐이라는 것을 강조해 드린다. 이 소나무와 매실을 어울러 만든 제품은 어디까지나 식품이지 만병통치약이 아닌데 만병통치약처럼 비쳐진 게 사실이었다. 그러나 좋은 것 또한 사실이다. 식초 먹고, 활용하고 예뻐지자 하니, '극기 훈련을 즐길 수 있는 강한 비위의 소유자들이 하는 소리'고, 식초로 목욕하고 세수하고 머리 감을 때도 써보시라 하니 '냄새나는 것을 어떻게 써' 하면서 이 인간이 미쳤나 하는 데에는 할 말이 없다. 그러나 식초 사용에 관해서는 전혀 미친 게 아니다. 그리고 이제, 거칠어진 피부에 보습을 위해 애용하던 향기 나는 바디로션을 버리고 비누로 목욕을 하고 나서 헹굴 때 식초를 살짝 떨어뜨려서 헹궈주면 거짓말처럼 피부에 코팅된 듯한 느낌을 가질 수 있다. 이걸로 보습은 끝이다. 식초를 너무 많이 넣지는 마시라. 당신의 몸은 오이피클이 아니다. 머리를 감을 때도 마찬가지이다. 비누로 거품을 내어 박박 잘 감아주고 헹굼물에 식초를 약간만 넣어주시면 샴푸나 린스가 필요 없다. 목욕하고 몸 헹굴 때, 세수하고 헹굴 때 식초를 한두 방울 넣어 헹구면 비눗기가 몸과 얼굴을 코팅해준다. 식초 냄새는 수건으로 닦자마자 없어진다. 사실, 머리 린스나 바디로션이나 섬유유연제를 식초로 대신하는 걸 거부하는 사람들도 많은데 이것은 아마 향 때문이 아닐까 싶다. 향기가 주는 기분전환 효과도 무시하기는 어려운 게 사실이니까. 그러나 어차피 그런 향은 나중에 인공적으로 첨가해 화학약품의 냄새를 없애기 위한 용도가 대부분인걸. 또한 그런 향조차 인공합성향이니까 딱히 향기를 원하신다면 에센셜 오일 같은 걸 쓰는 것이 좋다. 향수를 비롯한 인공합성향은 기실 냄새 좋은 화학약품범벅일 뿐이니까.(향수 잘못 뿌리고 외출하면 피부에 지울 수 없는 얼룩이 생기기도 한다.)

식초의 경우는, 적응기간이 조금 필요할 것이다. 정서적으로나 피부에 적응하는 기간도 그렇고……그러나 우리 몸은 태어날 때부터 보습제 따위는 필요 없이 살 수 있도록 태어났다. 즉 샴푸나 바디로션 없이도 충분히 살 수 있다는 뜻이다. 단, 그동안 써온 여러 가지 제품에 적응한 약해진 피부를 다시 건강하게 만들기 위해 얼마간 유예기간을 둬야 하며, 지금은 비누목욕에 달랑 식초 약간 넣은 물에 헹구기 이외엔 아무것도 없다. 그래도 피부가 좋단다. 그런데 먹으면 얼마나 좋을까? 상상에 맡길 수밖에 도리가 없다.

또한 매실은 피로를 불러일으키는 물질인 유산의 과잉 생산을 억제할 뿐만 아니라 혈액을 맑게 하여 영양소의 소화 흡수를 돕는다. 그리고 인체의 자연 치유력을 높이고 매실의 구연산은 해독과 살균 작용을 해서 식중독에 걸리기 쉬운 여름철에는 건강에 큰 도움을 주기도 한다. 매실은 알칼리성 식품으로 매실에 들어 있는 구연산은 해독작용과 강한 살균성이 있어서 식중독이 많은 여름철에도 변질된 식품에 소독을 하여 준다. 매실 엑스는 매실 시럽과 비슷한 매실추출물이지만 적은 양으로라도 효과가 크다. 무기질이 풍부한 강알칼리성 식품이기 때문에 요즘 산성식품 편향의 식탁으로 발생되는 심장병, 고혈압 등 성인병을 예방해주는 효과도 있다. 이러한 매실이 소나무와 어우러져서 면역의 핵심인 대식세포 활성화, 피부노화방지, 지방세포 분해 작용을 통해 체질을 강화하고 살균작용, 해독작용, 진정작용, 체질개선 작용, 간 기능 촉진작용, 혈액의 산성화 방지, 구연산의 칼슘 결석 억제, 무좀 예방, 타액분비촉진, 위액분비 촉진 등 제 효과를 내고 있음은 주지의 사실이다. 우리 것을 사랑하고 보존하도록 해야 되겠다.

· 저자 ·

이광묵

· 약력 ·

군 경력: ROTC#5기 육군 소령 예편
학위: 농학박사(영양학전공)
경력: 동의대학교 동의공업대학, 경북전문대학 교수, 한농식품
현재: 주식회사 유트랜스 대표이사

· 저서 ·

 1. 식양법에 대한 지식, 1996, 경인문화사
 2. 청소년기의 식행동과 건강, 1997, 현대연구소
 3. 노년기의 식행동과 건강, 1997, 현대연구소
 4. 식이섬유의 기능과 영양, 1997, 현대연구소
 5. 물의 이야기, 2001, 주)한농식품
 6. 영양의 보고 우리 민족수 소나무, 2003, 주)한농식품
 7. 소나무효소생즙과 프로폴리스, 2004, 주)한농식품
 8. 식이요소에 대한 일반 상식과 소나무 가치, 2006, 주)한국학술정보
 9. 소나무의 신비, 2006, 민중일보
10. 말과 행동의 의미, 2007, 주)한국학술정보
11. 아름다운 살결 보존과 소나무, 2006, 주)한국학술정보
12. 일상생활 속에서 성경의 진리, 2007, 주)한국학술정보
13. 소나무로 제조된 식초 2006, 주)한농식품

· 논문 ·

석사학위논문: Urease 특성과 저해물질(沮害物質)에 관한 연구
박사학위논문: 곡류(穀類)의 가공방법(加工方法)이 전분(澱粉)의 특성 및 이
　　　　　　용효율에 미치는 영향

혼합배양이 유산균의 생육에 미치는 영향, 1988
Microcomputer를 이용한 양파건조 특성, 1991
곡류의 가공방법이 전분 분해속도에 미치는 영향, 1990
Effect of intake level and particle size on starch digestion in steer animal, 1991
X－선 회절도에 의한 곡류의 호화도 측정에 관한 연구, 1991
효소이용 가스 생성법에 의한 곡류사료 가치 평가방법에 관한 연구, 1993
Cellulase－amyloglucosidase와 효모의 가스생성법에 의한 사료의 에너지가 측정에 관한 연구, 1993
견육(犬肉) 식용(食用)의 역사와 개소주의 영양성분에 관한 연구, 1995

식품위생 접객업소의 경쟁력 향상을 위한 방안, 1995
모발과 피부관리, 1996
피부관리와 식행동, 1997
꿀벌의 진위 판별에 관한 연구, 1997
소나무 추출물을 함유한 기능성 식품의 개발에 대한 연구, 2001
소나무를 이용한 식초산 발효에 관한 연구, 2001
소나무효소생즙의 Free－redical 소거작용에 관한 고찰, 2002
소나무 추출물의 첨가가 김치의 발효숙성에 미치는 영향, 2002

·특허·

특허출원번호 제37956호
발명특허 번호 제0198506호
발명 명: 소나무의 송절을 이용한 과일음료 가공방법

·개발·

개발 명: 청송음료 제조 폐기물의 사료자원화 기술개발

소나무와 청매실이 어우러지면

- 초판 인쇄　2008년 4월 21일
- 초판 발행　2008년 4월 21일

- 지 은 이　이광묵
- 펴 낸 이　채종준
- 펴 낸 곳　한국학술정보㈜
　　　　　경기도 파주시 교하읍 문발리 513-5
　　　　　파주출판문화정보산업단지
　　　　　전화　031) 908-3181(대표)·팩스　031) 908-3189
　　　　　홈페이지　http://www.kstudy.com
　　　　　e-mail(출판사업부)　publish@kstudy.com
- 등　　록　제일산-115호(2000. 6. 19)
- 가　　격　41,000원

ISBN　978-89-534-8656-0 98520 (Paper Book)
　　　　978-89-534-8657-7 98520 (e-Book)